신재생 에너지

RENEWABLE ENERGY ENGINEERING

신재생 에너지

Nick Jenkins · Janaka Ekanayake 지음

권일한 · 남충희 · 이동훈 · 이제찬 · 정성엽 · 정혜경 옮김

교문사

머리말

환경 피해를 최소화하면서 사회가 필요로 하는 전력, 빛, 열을 제공할 수 있는 방법을 찾아야 한다는 인식이 확산되면서 학부 차원의 연구 대상으로서의 재생 에너지의 인기는 빠르게 증가하고 있다. 전 세계의 많은 국가들은 온실가스 배출을 제한하겠다는 약속의 일환으로 재생 에너지 사용을 지원하는 정책을 채택하고 있으며, 재생 에너지 계획을 개발, 건설 및 운영할 기술자가 심각하게 부족한 실정이다.

본 교재는 저자에 의해 주어진 여러 과목에서 학부 공대생들의 수업까지, 이전에 다양한 과학 과목을 공부하였던 석사 전환 과정을 따르는 과목들과 함께 개발되었다. 다양한 배경을 가진 학생들은 재생 에너지의 공학적인 측면을 연구하기를 원하며, 본 교재는 그들 모두가 이용할 수 있도록 만들어졌다. 고등학교 물리학과 수학의 일반적인 수준을 가정하며, 본문 전반에 걸친 예시들은 다양한 계산 기법을 보여 준다. 연습 문제는 각 장의 끝부분에 그 답과 함께 제공된다. 연습 문제는 난이도 면에서 등급이 매겨지고 각 장의 초기 연습 문제는 독자가 주제에 대한 이해를 빠르게 확인하는 데 이용될 수 있다.

본 교재는 한 학기 과정의 강의를 뒷받침할 충분한 자료를 제공하며, 흔히 이용되는 재생 에너지 기술에 대해 소개한다. 다양한 재생 에너지 자원과 이를 계량화할 수 있는 방법 및 유용한 에너지로 전환하는 기본 원리를 설명한다. 학생들에게 제시된 자료는 자신들의 특별한 관심사와 배경에 따라 선택할 수 있다. 제1장 '현대 세계의 에너지' 이후 제4장 '태양에너지'가 제5장 '태양광 발전 시스템'과 제6장 '태양열 시스템'의 전제 조건이라는 예외를 제외하고는 독자의 관심을 반영하기 위해 거의 모든 순서로 장을 연구할 수 있다. 제7장 '해양에너지'는 제2장 '풍력에너지'와 제3장 '수력 발전'의 개념을 이용하여 서술하였으므로 그 다음에 읽기를 권한다.

저자들은 학업 경력 외에도 재생 에너지 계획을 개발하고 설치하는 작업을 직접 경험한 경력을 가지고 있다. 따라서 제9장 '신재생 에너지 프로젝트 개발 및 평가'는 프로젝트의 초기 단계에서 엔지니어가 수행하는 역할을 설명하고, 제10장 '전기에너지 시스템'은 재생 에너지의 높은 침투성을 전력 시스템에 어떻게 통합할 것인가에 대한 점점 더 중요한 문제를 다루고 있다.

공학적 교재로서는 신재생 에너지 기술의 원리를 증명하는 도면을 책 전체에 걸쳐 다량 사용하고 있으며, 식물과 장비의 예를 보여 주는 사진도 함께 사용하고 있다. Dave Thompson은 본 교재에서 전체적으로 삽화 제작에 도움을 주었고 여러 어려움에도 인내심을 가지고 참여해 주었다. 사진은 Ceylon Electricity Board, Drax Power, Gilkes, Lanka Transformers Ltd., New Mills Engineering, Renewable Energy Systems, RenewableUK, Richard Jones, Rhico, and RWE Innogy UK에 의해 친절하게 제공되었다. 저자들은 또한 Cardiff University colleagues 동료들, 특히 Muditha Abeysekera, Meysam Qadrdan, Richard Marsh, Tracy Sweet 등이 베풀어 준 아낌 없는 원조에 대해 감사를 전한다.

자료 출처

1. 현대 세계의 에너지

- Figure 1.1 and Figure 1.7 were taken from the BP Statistical Review of World Energy 2015 and used with permission. www.bp.com
- Figures 1.2, 1.4 and 1.5 were created using data from the World Bank. http://data.worldbank.org
- Figure 1.2 World population. Total population is based on the de facto definition of population, which counts all residents regardless of legal status or citizenship. The values shown are midyear estimates from: (1) United Nations Population Division. World Population Prospects, (2) United Nations Statistical Division. Population and Vital Statistics Report (various years), (3) Census reports and other statistical publications from national statistical offices, (4) Eurostat: Demographic Statistics, (5) Secretariat of the Pacific Community: Statistics and Demography Programme, and (6) US Census Bureau: International Database
- Figures 1.3, 1.4 and 1.5 were created using data from the International Energy Agency
- Figure 1.3 Annual energy consumption per capita used data from the International Energy Agency. IEA Statistics © OECD/IEA 2012 (www.iea.org/stats/index.asp), subject to www.iea.org/t&c/termsandconditions/
- Figure 1.4 Energy use versus life expectancy used data from the World Bank and IEA. Energy consumption data from IEA Statistics © OECD/IEA 2012 (www.iea.org/stats/index.asp), subject to www.iea.org/t&c/termsandconditions/

  World Bank life expectancy data were derived from male and female life expectancy at birth from sources such as: (1) United Nations Population Division. World Population Prospects, (2) United Nations Statistical Division. Population and Vital Statistics Report (various years), (3) Census reports and other statistical publications from national statistical offices, (4) Eurostat: Demographic Statistics, (5) Secretariat of the Pacific Community: Statistics and Demography Programme, and (6) US Census Bureau: International Database
- Figure 1.5: Energy use versus infant mortality used data from the World Bank and IEA. Energy consumption data from IEA Statistics © OECD/IEA 2012 (www.iea.org/stats/index.asp), subject to www.iea.org/t&c/termsandconditions/

  Life expectancy data. Number of infants dying before reaching one year of age. Estimates developed by the UN Inter-agency Group for Child Mortality Estimation (UNICEF, WHO, World Bank, UN DESA Population Division) at www.childmortality.org
- Table 1.4: Estimated carbon dioxide emissions from electricity generation in Great Britain Digest of UK Energy Statistics, Department of Energy and Climate Change. www.gov.uk
- Figures 1.10 and 1.11 were kindly supplied by Richard Jones RichardJones/BusinessVisual. Rights Managed

2. 풍력 에너지

- Figures 2.1 and 2.3 were kindly supplied by RWE Innogy UK
- Figures 2.2 and 2.12 were kindly supplied by Renewable Energy Systems
- Figure 2.23 and Table 2.2: Wind Energy Handbook, Burton A. et al., © John Wiley and Sons, 2001.
- Figure 2.26: Wind Energy Conversion Systems, Freris L. L. (ed), © Pearson Education Limited and Prentice Hall International (UK), 1990.

3. 수력 발전

- Figures 3.3, 3.9, 3.11, 3.17 and 3.20 were kindly supplied by Gilkes; www.gilkes.com
- Figure 3.4: E. M. Wilson, *Engineering Hydrology*, © Macmillan Education, reproduced with permission of Palgrave Macmillan, 1990.
- Figures 3.5, 3.6 and 3.29: Ian David Jones, Assessment and design of small-scale hydro-electric power plants, 1988, PhD thesis, University of Salford. http://usir.salford.ac.uk/2212/1/234664.pdf
- Figures 3.7 and 3.25: *Renewable Energy: Power for a Sustainable Future* by Godfrey Boyle, By permission of Oxford University Press, USA, 1996.
- Figures 3.12 and 3.24 were kindly supplied by New Mills Engineering Ltd
- Figures 3.19 and 3.21: *Mechanics of Fluids*, 9th Edition, Massey B. S. and Ward-Smith J., © Spon Press. Reproduced by permission of Taylor & Francis Books UK, 2012.
- Figures 3.26 and 3.27: Mosanyi E., *Water Power Development Volumes I and II*, Hungarian Academy of Sciences, 1957.
- Figure 3.28: Figure 3 of JWG 11/14.09 'Adjustable speed operation of hydroelectric turbine generators' *Electra* No. 167, © CIGRE, August 1996.
- Figure 3.30: was developed from one kindly provided by Spaans Babcock Ltd
- Figure 3.31: Stephen Fleming/Alamy. Rights Managed
- Figure 3.32 was kindly supplied by Renewables First Ltd; www.renewablesfirst.co.uk

4. 태양에너지

- The data for Figures 4.3 and 4.4 are from the European Union Joint Research Centre http://re.jrc.ec.europa.eu/pvgis/apps4/pvest.php
- Figures 4.6 and 4.11: Green M. A., Solar Cells; Operating Principles, Technology and System Applications, published by the University of New South Wales. Reproduced by permission of the author, 1998.
- Figures 4.7, 4.9 and 4.10: Masters G. M., *Renewable and Efficient Electric Power Systems*, 2nd Edition, Reproduced by permission of John Wiley and Son, 2013.

5. 태양광 발전 시스템

- Figures 5.1 and 5.2 were kindly supplied by Renewable Energy Systems
- Figures 5.15 and 5.16 were adapted from *Solar Photovoltaic Handbook*, Lasnier F., Gan Ang T., Lwin K. S. 1988. Unpublished manuscript
- Figure 5.21: data from *Photovoltaic System Technology*, Imamura M. S., Helm P., Palz W., Published by HS Stephens and Associates on behalf of the European Commission, 1992.

- Figures 5.22 and 5.23 were from a Cardiff University student-led project that was supported by the Mothers of Africa charity and Cardiff University. System design and photographs provided by D. J. Rogers, L. J. Thomas and J. M. Stevens
- Section 5.14 was written with Dr Tracy Sweet of Cardiff University in 2015 based on the technology available at that date
- Tables 5.3 and 5.4 used data from:

  [1] National Renewable Energy Laboratory (NREL) national centre for photovoltaics, best research-cell efficiency timeline, 2015. [www.nrel.gov/ncpv/] downloaded 15/09/15.

  [2] Green M. A., Emery K., Hishikawa Y., Warta W. and Dunlop E. D., Solar cell efficiency tables (version 46), *Progress in Photovoltaics: Research and Applications* 2015; 23: 805~812

6. 태양열 시스템

- Figure 6.1: Data from Digest of UK energy statistics-Energy consumption in the UK. Special Feature-Estimates of heat use in the UK 2013. Department of Energy and Climate Change. www.gov.uk/government/uploads/system/uploads/attachment_data/file/386858/Estimates_of_heat_use.pdf

  Contains public sector information licensed under the Open Government Licence v3.0
- Figure 6.12: *Renewable Energy: Power for a Sustainable Future* by Godfrey Boyle, By permission of Oxford University Press, USA, 1996.
- Figures 6.14, 6.15 and 6.18: *Understanding Renewable Energy Systems*, by Volker Quaschning, Earthscan, 2005.
- Figure 6.16: Shutterstock Stock Photo: Roy Pedersen/Shutterstock.com
- Figure 6.17: photo was kindly supplied by Rhico Ltd. www.rhico.co.uk
- Figure 6.22: Shutterstock Stock Photo: Tom Grundy/Shutterstock.com
- Figure 6.23: adapted from "The parabolic trough power plants Andasol 1 to 3", Solar Millennium
- Figure 6.25: Shutterstock Stock Photo: Eunika Sopotnicka /Shutterstock.com
- Figure 6.26: Shutterstock Stock Photo: raulbaenacasado/Shutterstock.com
- Table 6.6: data taken from Muller-Steinhagan H., Concentrating Solar Power, 2013, *Proceedings of the Royal Society Philosophical Transactions* A, 2013, 371.

7. 해양에너지

- Table 7.2: data from Energy Paper Number 57, 1989, The Stationary Office. Contains public sector information licensed under the Open Government Licence v3.0
- Figure 7.3: Elements of Tidal-Electric Engineering, R. H. Clarke, IEEE Press-Wiley, 2007.
- Table 7.4: data from Alcock G. A. and Pugh D. T., Observations of tides in the Severn Estuary and Bristol Channel, 1980, Report No 112 to the UK Dept of Energy. Unpublished manuscript. http://eprints.soton.ac.uk/14529/1/14529-01.pdf
- Data for Figures 7.9, 7.10 and 7.11 as well as Figure 7.14 were kindly supplied by Tidal Energy Ltd. www.tidalenergyltd.com
- Figures 7.13, 7.15 and 7.30 were kindly supplied by RenewableUK. www.renewableuk.com
- Table 7.8: data taken from T. W. Thorpe, A brief review of wave energy, Report for the UK Dept of Trade

and Industry, 1999, ETSU-R120. www.homepages.ed.ac.uk/shs/Wave%20Energy/Tom%20Thorpe%20report.pdf and AMEC Environment and Infrastructure UK Ltd, Report for the Carbon Trust, UK wave energy resource, 2012. www.carbontrust.com/media/202649/ctc816-uk-wave-energy-resource.pdf. Contains public sector information licensed under the Open Government Licence v3.0

- Figures 7.17 and 7.18: reprinted from *Wind, Waves and Shallow Water Phenomena*, Open University, 1999 with permission from Elsevier
- Figure 7.20: reprinted from Boyle G. (Editor), *Renewable Energy*, By permission of Oxford University Press, 1996.
- Figure 7.23: data taken from ETSU R120. A brief review of wave energy, a report to the UK Dept of Energy, 1999. www.homepages.ed.ac.uk/shs/Wave%20Energy/Tom%20Thorpe%20report.pdf Contains public sector information licensed under the Open Government Licence v3.0
- Figure 7.24: data from ETSU V/06/00181/REP, Pelamis-Conclusions of primary R&D, Ocean Power Delivery Ltd. webarchive.nationalarchives.gov.uk/+/http:/www.dti.gov.uk/renewables/publications/pdfs/v00181.pdf. Contains public sector information licensed under the Open Government Licence v3.0
- Figure 7.26: ETSU R120. A brief review of wave energy, a report to the UK Dept of Energy, 1999. www.homepages.ed.ac.uk/shs/Wave%20Energy/Tom%20Thorpe%20report.pdf. Contains public sector information licensed under the Open Government Licence v3.0
- Figures 7.29 and 7.30 were redrawn from images provided by EPRI and used with permission

8. 바이오에너지

- Sections 8.4.1~8.4.4 are based on the lecture notes of Dr Richard Marsh, Cardiff University and used with permission
- Figures 8.3~8.5, 8.12 and 8.13 were kindly provided by Lanka Transformers Ltd
- Table 8.3: data from 'Energy from Biomass', Quaak P., Knoef H. and Stassen H. World Bank Technology Paper No. 422, 1999.
- Equation 8.2 was taken from Gaur S. and Reed T. B. An atlas of thermal data for biomass and other fuels, NREL/TP-433-7965, National Renewable Energy Laboratory, Golden, CO., 1995.
- Figures 8.8 and 8.9 as well as the information for Tables 8.7 and 8.8 were kindly supplied by Drax Power Ltd
- Tables 8.5 and 8.6. All values taken from: Jenkins B. M. et al., Combustion properties of biomass, *Fuel Processing Technology*, *54*, 17~46 with permission of Elsevier, 1998.

9. 신재생 에너지 프로젝트 개발 및 평가

- Figures 9.1 and 9.2 were kindly supplied by Renewable Energy Systems

10. 전기에너지 시스템

- Figure 10.4 was kindly provided by Ceylon Electricity Board
- Figure 10.23 was kindly provided by Alstom

차례

6 태양열 시스템

7 해양에너지

8 바이오에너지

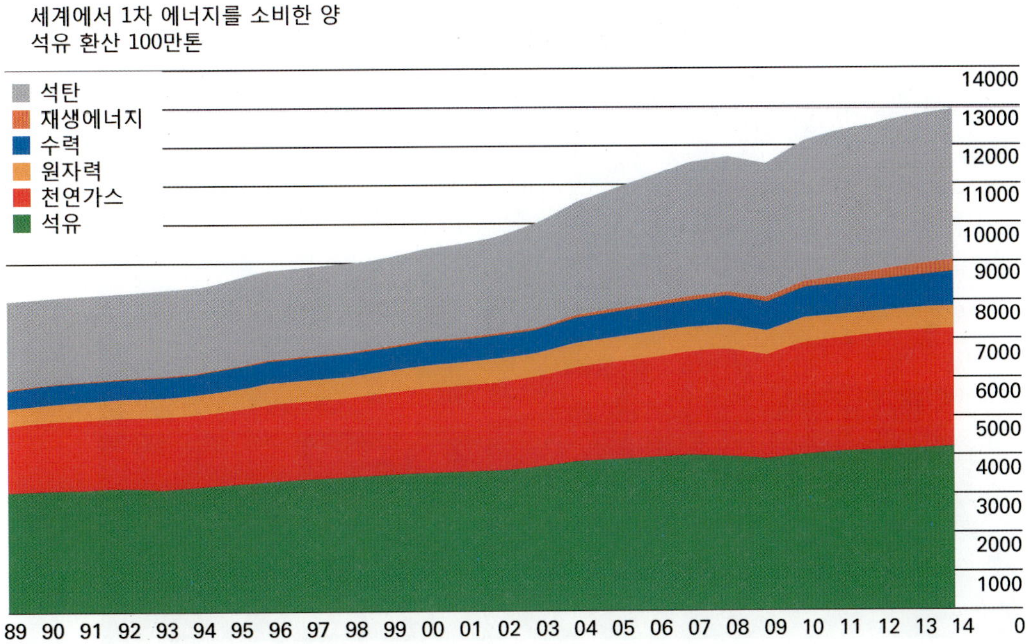

그림 1.1 25년에 걸쳐 1차 에너지를 세계에서 소비한 양을 석유 100만 톤에 해당하는 에너지양(석유 환산 100만 톤)으로 나타냄.
출처: BP Statistical Review of World Energy, 2015.

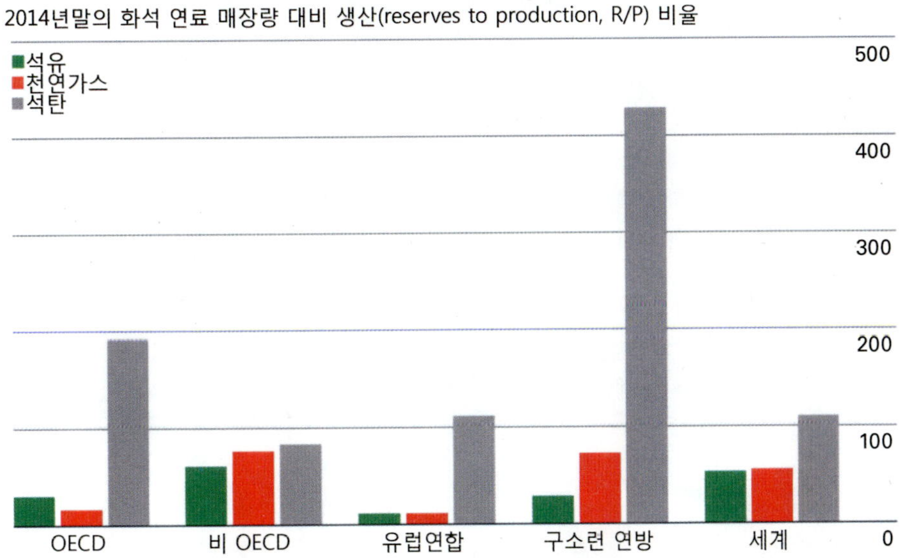

그림 1.7 2014년말 화석연료의 매장량 대비 생산 비율(OECD는 경제협력개발기구임)
출처: BP Statistical Review of World Energy, 2015.

그림 1.10 풍력 발전소
출처: Richard Jones/Business Visual, Rights Managed.

그림 1.11 태양광 발전소
출처: Richard Jones/Business Visual, Rights Managed.

그림 2.1 해상 풍력 터빈과 해상 변전소(배경)
출처: RWE Innogy UK.

그림 2.2 해상 풍력 터빈 건설 모습. 잭업 바지선(Jack-up barge)을 이용하여 마지막 풍력 터빈 블레이드를 들어 올리고 있음.
출처: Renewable Energy Systems.

그림 2.4 풍력 터빈이 설치된 미국의 어느 평원
출처: RWE Innogy UK.

그림 2.12 풍력 터빈의 회전자를 들어서 저속 주 샤프트에 연결하는 모습
출처: Renewable Energy Systems.

그림 3.3 아프리카의 어느 수력 발전 시설. 총낙차는 176m이고 각 수압관에서의 유량은 3000 litres/s이며, 각 터빈 발전기 유닛의 정격 출력은 4.2MW임.
출처: Gilkes.

그림 3.9 공장안에 놓여 있는 소형 수력 터빈
출처: Gilkes(주석은 저자에 의한 작성됨).

그림 3.11 2개의 펠톤 러너
출처: Gilkes.

그림 3.12 발전소 내의 수평축 펠톤 터빈과 제어 장치들
출처: New Mills Engineering(주석은 저자에 의한 작성됨).

그림 3.20 프란시스 터빈에 사용되는 러너
출처: Gilkes.

그림 3.22 프로펠러 터빈의 러너

그림 3.24 500 kW급 작은 낙차 축류 터빈에서 사용되는 흡출관
출처: New Mills Engineering.

그림 3.31 현장으로 이송되고 있는 아르키메데스 나선식 펌프 발전기
출처: Stephen Fleming/Alamy. Rights Managed.

그림 3.32 영국 웨일즈의 200 kW급 수력 발전소에 설치되고 있는 아르키메데스 나선식 펌프
출처: Renewables First Ltd(https://www.renewablesfirst.co.uk).

그림 5.1 도심 건물 옥상에 있는 다결정 실리콘 태양전지 모듈의 배열
출처: 신재생 에너지 시스템.

그림 5.2 영국 외곽 지역의 태양광 집단발전 시설
출처: 신재생 에너지 시스템.

그림 5.22 잠비아의 시골 보건소에 설치된 독립형 태양광 시스템 어레이. 아프리카 어머니 자선 단체와 카디프대학교가 지원한 카디프대학교 학생 주도 프로젝트임.
출처: D. J. Rogers, L. J. Thomas, J. M. Stevens가 설계 및 사진을 제공함.

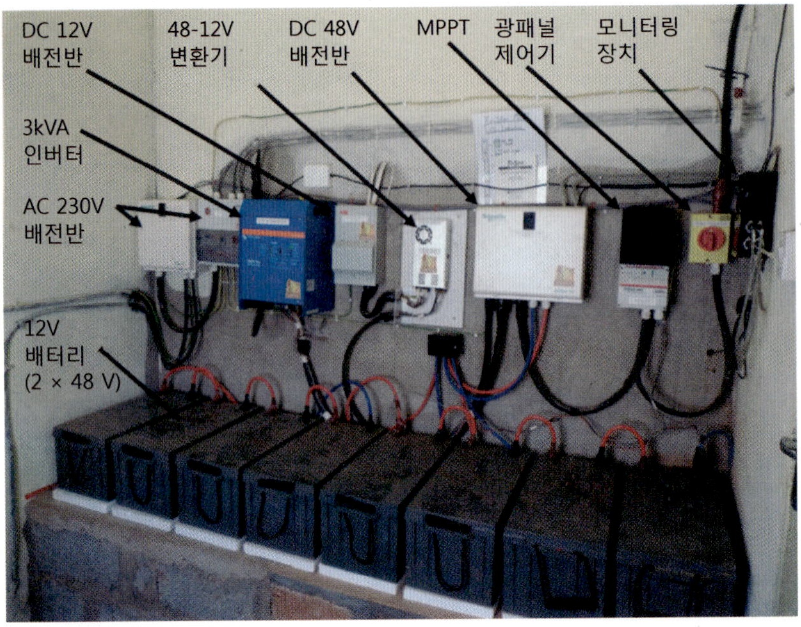

그림 5.23 독립형 태양광 시스템의 배터리 장치, 인버터 및 컨트롤러(사진 관련 설명은 그림 5.22와 동일함)

그림 6.17 영국에 있는 어느 학교 옥상에 있는 진공관 태양열 집열기
출처: Rhico(주석: 저자).

그림 6.22 태양열 발전소
출처: Tom Grundy/셔터스톡(shutterstock.com).

그림 6.25 프레넬 렌즈를 사용한 태양열 발전소
출처: Eunika Sopotnicka/셔터스톡(shutterstock.com).

그림 6.26 태양 발전 타워 시설
출처: raulbaenacasado/셔터스톡(shutterstock.com).

그림 8.4 고정층 퍼니스 내부 사진
출처: Lanka Transformers Ltd.

그림 8.5 발전기와 연결된 증기 터빈
출처: Lanka Transformers Ltd.

그림 8.8 대규모 발전용 연료로 사용되는 우드펠릿
출처: Drax Power Ltd.

그림 8.9 드락스(Drax) 발전소의 바이오매스 연료 취급 설비. 우드펠릿은 왼쪽의 큰 돔에 저장됨.
출처: Drax Power Ltd.

그림 8.12 35 kW_e급 왕복 기관 발전기 세트(앞쪽)와 가스화 반응기(뒤쪽)
출처: Lanka Transformers Ltd.

그림 8.13 바이오매스 가스화 반응기
출처: Lanka Transformers Ltd.

그림 9.1 건설 중인 풍력 발전 단지에 브레이드를 배달(납품)하는 모습
출처: 신재생 에너지 시스템.

그림 9.2 풍력 터빈 콘크리트 슬래브 및 타워 인터페이스 캔 배치
출처: 신재생 에너지 시스템.

그림 10.4 수력 발전소와 변전소
출처: 실론(Ceylon) 전기 보드.

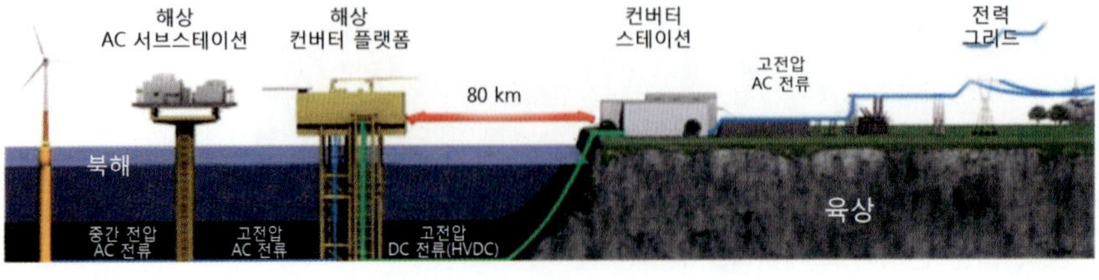

그림 10.23 해상 풍력 단지의 DC 연결

1 현대 세계의 에너지

소개

현대 사회에서 활동하기 위해서는 충분한 에너지 공급이 필수적이다. 음식 조리, 난방 또는 냉방, 조명, 재료 공정 및 운송에는 에너지가 필요하다. 현재 대부분의 에너지는 화석연료에서 비롯된다. 화석연료로부터 얻어지는 1차 에너지(석탄, 석유 및 가스)는 곧바로 사용되거나 전기로 변환되어 사용된다. 컴퓨터 및 통신 장비의 작동에는 점점 더 많은 양의 전기에너지가 소비되고 있다.

지난 25년 동안 주로 화석연료로부터 공급되는 세계 에너지 수요는 매년 약 2.5% 증가율로 지속적으로 증가하고 있다. 이러한 소비 증가는 매장량의 고갈과 더 시급하게는 화석연료의 연소가 환경에 미치는 영향 때문에 무한정 지속될 수 없다. 현재 사용되고 있는 석탄, 석유 및 가스 매장량은 지구상에 수백만 년에 걸쳐 퇴적된 자원이지만 불과 300년도 채 안 되어 수탈당하고 있다. 앞으로 언젠가는 석유 및 가스 추출 비용이 사용 제한을 해야 할 정도로 높아질 것이다. 기후 과학자들 사이에서는 화석연료를 태우고 결과적으로 이산화탄소가 대기로 방출되는 것이 기후 변화에 악영향을 미친다는 뚜렷한 공감대를 형성하고 있다. 대부분의 정부들은 사용되고 있는 에너지 효율을 개선하고 수요를 통제하기 위해 필사적으로 노력하고 있다. 그러나 에너지 수요를 통제하려는 시도에서 얻은 성과는 적다. 세계 인구가 증가하고 사회가 더욱 부유해지면서 에너지 소비는 증가한다.

재생 에너지의 사용은 미래의 에너지 공급과 보다 지속 가능한 경제로 전환하는데 있어 중요한 역할을 하지만 재생 에너지만의 문제를 가지고 있다. 일반적으로 재생 에너지 설계에 드는 초기 자본 비용이 높고 생산량은 전적으로 자원에 의존하므로 태양과 바람의 강도에 따라 달라진다.

본 교재는 다양한 재생 가능한 에너지 자원과 이것을 어떻게 효과적으로 사용할 수 있는지를 검토하고 있다. 향후 30년 동안 에너지 공급에 크게 기여할 수 있는 기술에 중점을 두고, 특히 재생 가능 에너지 자원에 주목하고 있다. 좋은 에너지 자원 없이는 비용 효율적인 재생 가능한 에너지 계획을 발전시키는 것은 불가능하다.

이 장에서는 현대 세계에서 에너지 사용에 대한 소개 및 검토를 하며, 지속 가능한 에너지 시스템으로 이동하려고 할 경우 세계가 직면한 도전의 규모가 어느 정도인지를 명확히 보여 주고 있다. 지수 성장을 설명하는 간단한 방정식의 의미가 설명되어 있다. 1.2절에서는 에너지 수요를 제한하는 방법과 어떤 방법으로 할인된 현금 흐름 분석이 에너지 효율 측정의 재무 평가에 사용되는지에 대한 중요한 문제를 다루고 있다. 마지막 절은 석유 및 가스 매장량이 고갈되고 화석연료 연소가 환경에 미치는 영향이 증가함에 따라 재생 에너지의 필요성에 대해 설명하고 있다.

1.1 현대 세계에서의 에너지 사용

그림 1.1은 1989년부터 2014년까지 25년에 걸쳐 1차 에너지의 전 세계 소비량을 보여 주고 있다. 이 기간 동안 세계 에너지 소비는 꾸준히 증가해 왔으며 가끔 경제 활동 수준 변화에 따른 증가율의 변화만 있었을 뿐이다. 2009~2010년도에는 서구 국가들의 경제 위기로 인한 에너지 소비 증가율이 멈추었다. 1차 에너지 공급은 주로 화석연료(석유, 가스 및 석탄)로부터 온다. 석유가 지속적으로 가장 널리 사용되는 연료인 것처럼 보여지지만 세계 에너지의 상당 부분이 석탄에서 생산되고 있으며, 천연가스가 차지하는 비중 또한 증가하고 있다. 전기를 생산하기 위한 원자력 발전소와 수력 발전소의 사용은 최근에 들어서야 상당히 일정하게 유지되고 있다. 이 데이터는 바이오매스, 풍력 및 태양열 등 다른 형태의 재생 가능 에너지 소비량이 작지만 빠르게 증가하고 있음을 보여 준다. 2014년도에는 이러한 재생 에너지의 공급원이 거래된 전체 에너지의 약 2.5%를 공급하였으며 약 6%의 전력을 생산하였다.

그림 1.1은 상업적으로 거래되는 에너지 공급원만 보여 주고 있으며 전통적인 바이오매스는 포함하고 있지 않다. 나무와 다른 바이오매스 연료들은 일부 개발 도상국 지역에서 요리

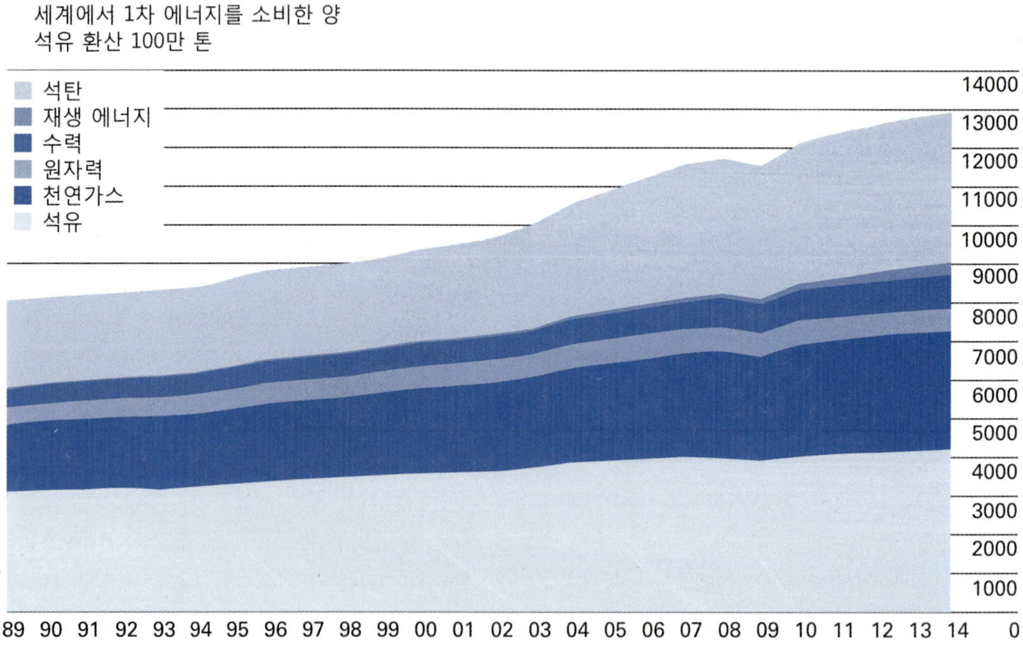

그림 1.1 세계에서 25년에 걸쳐 1차 에너지를 소비한 양을 석유 100만 톤에 해당하는 에너지양(석유 환산 100만 톤)으로 나타내고 있음.
출처: BP Statistical Review of World Energy, 2015.(컬러 사진 참조)

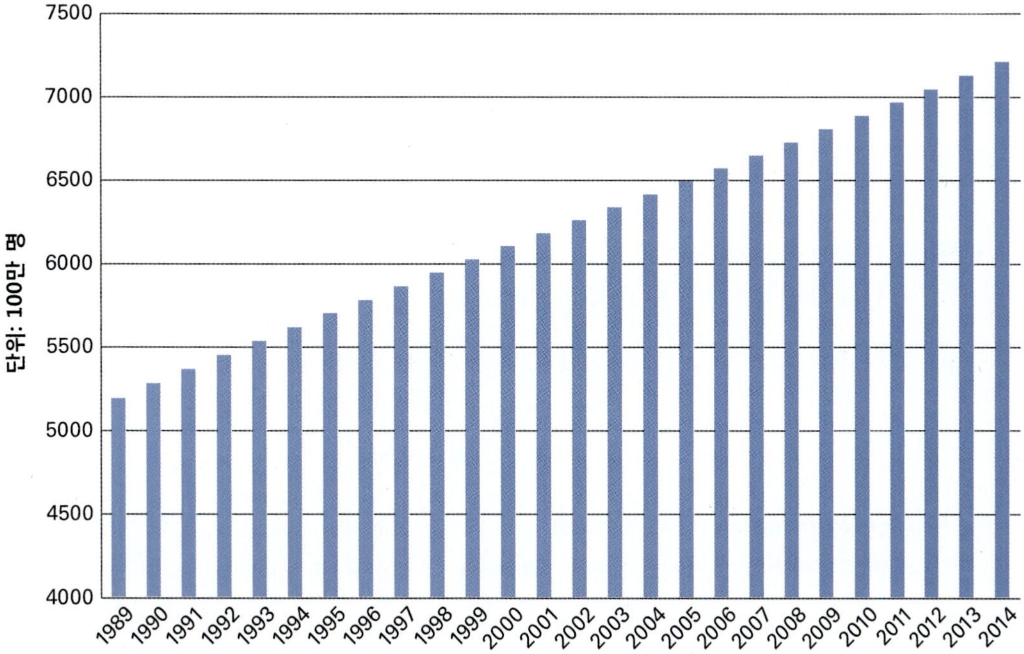

그림 1.2 25년간의 세계 인구
출처: 세계 은행.

하는 데 사용되므로 특히 중요하다. 나무의 부족과 이로 인한 높은 가격은 일부 가난한 농촌 사회 지역에서 발생하는 주요 문제이다. 세계 인구 증가뿐만 아니라 많은 국가가 산업화되고 사람들의 생활 수준이 높아지면서 세계 에너지 소비가 증가하고 있다. 1989년부터 2014년까지 25년에 걸쳐 전 세계 인구가 약 50억 명에서 70억 명 이상으로 증가하였다(그림 1.2 참조). 현 세기에서는 세계 인구가 100억 명에서 120억 명 사이로 유지될 것으로 예상되고 있다.

세계 각 지역에서 사용되는 연간 1인당 에너지 소비량에는 극적인 차이가 있다. 북미에서 연간 1인당 1차 에너지를 석유 약 7000 kg을 연소시켰을 때에 해당하는 에너지양을 사용하는 반면, 유럽에서는 평균 석유 환산 약 3500 kg을 사용한다. 사하라 이남 아프리카와 같은 세계 일부 지역에서는 1인당 매년 평균 석유 환산 약 700 kg을 사용한다. 전 세계적으로 1차 에너지의 평균 연간 사용량은 1인당 석유 환산 1800 kg을 사용한다.

에너지를 정량화하는 데 사용되는 단위

줄(Joule, J): 줄은 에너지의 국제단위(SI unit)이다.

킬로와트시(kilowatt-hour, kWh): 킬로와트시는 전기 생산량 또는 소비량의 일반적인 단위이다.

1 kWh는 3.6×10^6 J과 동일하지만 대형 발전기는 수천 kWh를 생산하여 Mwh, GWh, TWh와 같은 단위로 표현된다. 이 단위들의 관계는 다음과 같다.

$$1\ \text{MWh} = 1000\ \text{kWh}$$
$$1\ \text{GWh} = 1000\ \text{MWh}$$
$$1\ \text{TWh} = 1000\ \text{GWh}$$

석유 환산 톤(tonne of oil equivalent): 에너지를 논할 때 종종 단일 단위를 사용하는 것이 편리하다. 단일 단위는 다른 연료들로부터 얻는 에너지양을 석유 1톤을 연소함으로써 발생하는 에너지양으로 환산하면 된다. 원유 1톤의 열량은 원산지에 따라 다르겠지만 일반적으로 41.87 GJ로 간주된다. 일반적으로 다음과 같은 단위를 전환하여 사용한다.

석탄 1톤의 열량 = 29.3 GJ = 석유 환산 0.7톤

1 MWh 전기에너지 = $3.6 \times 10^6 \times 1000$ J = 3.6 GJ = 석유 환산 0.086톤

석유 환산 1 kg은 11.64 kWh와 같다.

이와 같이 전기 발전을 석유 환산 톤으로 환산할 때는 화력 발전소의 효율이 100%라고 가정한다. 발전소의 효율이 단일 사이클 열발전기(single cycle thermal generators)의 실제 수치인 38%인 경우 석유 환산 1 kg은 11.64×0.38 kWh = 4.42 kWh와 같다.

그림 1.3은 영국과 미국 등 특정 국가들의 1인당 연간 에너지 사용량이 감소하고 있음을 보여 준다. 이는 제조 산업이 생산 비용이 보다 낮은 다른 지역으로 이전함에 따라 발생한 것이다. 또 2009년부터 서방 국가들의 경기 침체와 따뜻한 겨울 날씨가 에너지 사용을 단기적으로 감소시켰다. 그러나 브라질, 인도, 중국 등과 같이 인구가 많은 일부 국가를 포함한 다른 나라들이 급속도로 산업화하면서 1인당 에너지 소비량이 증가하고 있다. 1인당 에너지 사용량이 증가하면서 인구 증가는 당연히 해당 국가의 에너지 사용량의 증가로 이어진다.

따라서 에너지 사용량이 전 세계적으로 증가하는 이유는 인구 증가와 1인당 에너지 사용량 증가에 의해 발생하기 때문이다. 이것을 예제 1.1에서 설명한다.

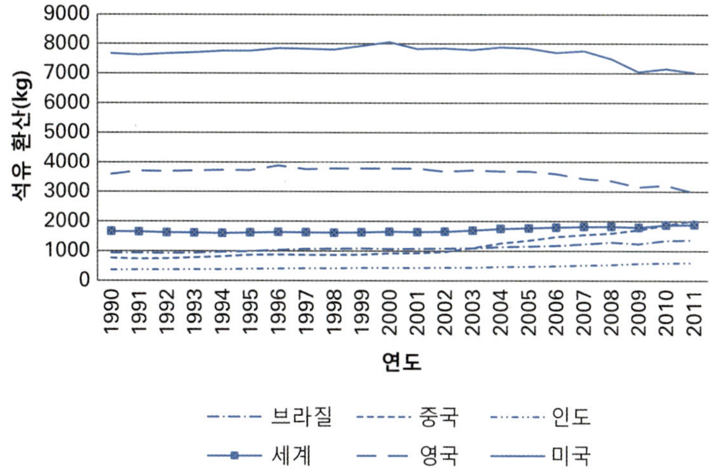

그림 1.3 1인당 연간 에너지 소비량
출처: 국제 에너지 기구.

예제 1.1 | 에너지 사용의 증가

인구가 25% 증가하고 1인당 에너지 소비량이 석유 환산 2000 kg에서 석유 환산 4000 kg으로 증가하는 경우 국가의 에너지 소비량의 증가율을 계산하시오.

• **해답**

증가하기 전의 인구를 P라고 하고 25% 증가한다고 하면 새로운 인구는 $1.25P$이다. 초기 에너지 소비는 석유 환산 $2000P$ kg이다. 1인당 에너지 소비량이 석유 환산 4000으로 증가하면 새로운 에너지 소비량 $= 1.25P \times 4000 =$ 석유 환산 $5000P$ kg이다.

$$\text{에너지 소비의 증가 } \% = [(5000P - 2000P)/2000P] \times 100 = 150\%$$

에너지 사용은 인간의 웰빙 지수를 설명해 주는 기대 수명 및 유아 사망률과 연관되어 있다. 그림 1.4와 그림 1.5는 세계 100여 개국이 넘는 국가의 이러한 지수들의 회귀선을 산점도로 나타내고 있다. 일반적으로는 에너지 소비에 따라 기대 수명이 증가하고 영아 사망률이 감소한다. 물론 에너지 사용을 늘림으로써 기대 수명이 증가하거나 유아 사망률이 낮아지는 것은 아니다. 오히려 그림 1.4와 그림 1.5에서는 국민 건강이 더 나은 부유한 사회가 더 많은 에너지를 사용하고 있음을 나타내고 있다.

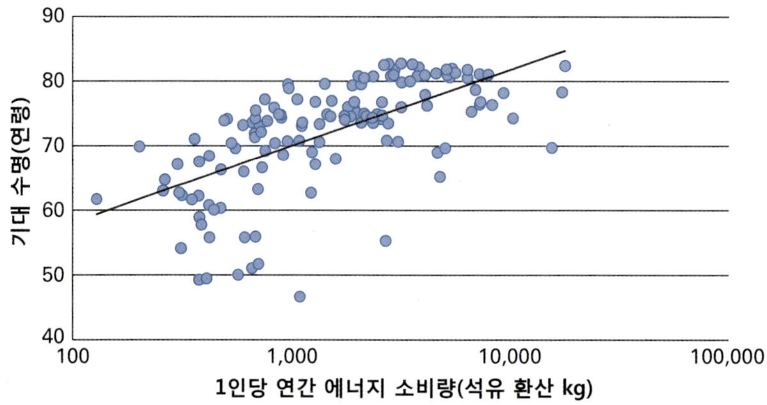

그림 1.4 에너지 소비량 대비 100개국의 기대 수명
출처: 국제 에너지 기구와 세계은행.

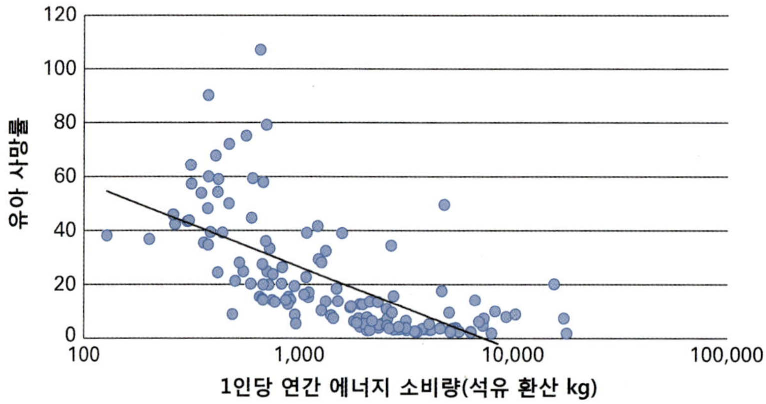

그림 1.5 2009년도 에너지 소비량 대비 100개국의 유아 사망률. 유아 사망률은 1000명당 1세 이전에 사망하는 어린이 수임.
출처: 국제 에너지 기구와 세계은행.

1.1.1 지수 성장(Exponential Growth)

지난 25년 동안 세계 에너지 소비량은 매년 약 25%씩 지속적으로 증가해 왔으며 계속 증가하고 있다. 다소 적은 소비 증가율은 분명히 처음에는 크게 우려할 만한 이유가 되지 않는다. 그러나 이러한 기하급수적 증가세는 다음 방정식으로 설명된다.

$$E_n = E(1 + r_e)^n \tag{1.1}$$

여기서

E_n은 n기간 동안 사용한 에너지

E은 현재 사용한 에너지

r_e은 에너지 사용 증가율

n은 햇수(years)

식 (1.1)은 25년 동안 연평균 25%의 성장률이 에너지 사용량을 1.85배만큼 증가시킨다는 것을 보여 주고 있다. 만약 이러한 에너지 사용 증가율이 유지된다면, 세계 에너지 소비량은 현재 가치인 약 13,000 mtoe(석유 환산 100만 톤, million tonnes of oil equivalent)에서 향후 25년 동안 24,000 mtoe 이상으로 증가할 것이다.

지수 성장의 또다른 상징은 시간이다. 기하급수적으로 증가하는 수량이 2배로 늘어나는데 걸리는 기간을 다음 표 1.1에서 볼 수 있다. 배가 시간(doubling time)은 72를 백분율의 증가율로 나누면 대략적으로 추정할 수 있다.

요약하면, 전 세계적으로 1차 에너지 사용이 매년 거의 25%의 정기적인 비율로 증가하고 있다고 말할 수 있다. 이 비율은 1차 에너지 사용량이 30년마다 2배로 증가하고 있음을 의미한다. 부분적으로 세계 인구의 증가, 일부 국가의 생활 수준의 증가와 그로 인해 향상된 국민들의 건강이 에너지 사용의 증가를 부추기고 있다.

표 1.1 지수 상승의 배가 시간

증가율(연간 %)	대략적인 배가 시간(년)
0.1	720
0.5	144
1	72
2	36
3	24
5	14

예제 1.2 지수 상승

일부 비전통(셰일, shale) 가스의 개발로 인해 적어도 천연가스의 사용이 증가할 것으로 예상된다. 2011년도에는 전 세계적으로 1차 에너지원으로 가스를 사용하는 것이 3×10^9 석유 환산 톤/년이었다(그림 1.1 참조). 증가율이 매년 1%에서 4%로 변한다고 가정할 경우 향후 50년 동안 가스 사용량을 보여 주는 표를 구성하시오.

• 해답

식 (1.1)과 함께 현재 가스 소비량인 3×10^9 석유 환산 톤/년을 이용한다.

표 1.2 50년 동안의 가스 사용량, 10^9 석유 환산 톤

	증가율 %/년			
증가한 연도 수	1	2	3	4
5	3.15	3.31	3.48	3.65
10	3.31	3.66	4.03	4.44
20	3.66	4.46	5.42	6.57
30	4.04	5.43	7.28	9.73
50	4.93	8.07	13.15	21.32

30년 동안 매년 2%씩 증가하면 3×10^9에서 5.43×10^9 석유 환산 톤으로 거의 2배로 증가하는 반면, 50년 동안 매년 4%씩 증가하면 가스 사용량이 21.32×10^9 석유 환산 톤으로 7배로 증가한다고 볼 수 있다.

1.2 에너지 사용 제한

향후 30년 동안 전 세계 에너지 사용량이 2배로 증가한다는 것은 지속되고 있는 과거 증가율로부터 간단히 예상할 수 있으며, 이는 지구의 에너지 자원과 생태계에 큰 부담이 될 것이다. 이에 대한 첫 대응은 당연히 사용량을 줄이거나 적어도 증가율을 제한하는 것이며, 많은 양의 에너지를 소비하는 대부분의 국가의 정부는 에너지 사용의 효율성을 향상시키기 위해 프로그램을 적극적으로 운영해야 한다. 이는 에너지 효율(energy efficiency)과 에너지 절약(energy conservation)이라는 두 가지 측면에서 고려될 수 있다.

1.2.1 에너지 효율

에너지 효율(energy efficiency)은 에너지를 더 적게 사용하고도 동일한 수준의 편의와 서비스를 유지하고 동일한 에너지 사용 목적을 달성하는 것이다. 성공적인 에너지 효율 측정의 예는 현재 유럽 전역에서 의무화되어 있는 백열등에서 저에너지 전구로 전환하는 것이다. 이러한 에너지 사용 방식의 변화는 소형 형광등(CF) 및 발광 다이오드(LED) 램프와 같은 새로운 조명 기술 개발과 더불어 새로운 제품에 대한 기준으로 인해 백열 전구의 판매를 효과

표 1.3 각 전구의 광 출력과 전략 소비량

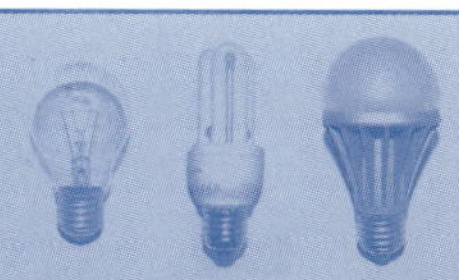

광 출력(lumens)	전력 소비량		
	백열등(W)	소형 형광등(W)	발광 다이오드 램프(W)
400~500	40	7~11	4~5
650~900	60	13~18	6~8
1100~1750	75	18~22	9~13
>1800	100	23~30	16~20
>2700	150	30~55	25~28

적으로 금지함으로써 가능해졌다. 저에너지 조명은 백열 전구와 동일한 수준의 빛을 생성하면서도 단 15~30%의 전기에너지만을 사용한다(표 1.3 참조). 즉, 동일한 수준의 빛의 결과를 더 높은 에너지 효율로 달성한 것이다. 성공적인 에너지 효율 측정의 또 다른 좋은 예는 자국의 모든 새로운 중앙 난방 가스 보일러를 고효율 응축 장치로 제한한 영국의 규제이다. 새로운 보일러는 기존 비응축 보일러와 동일한 수준의 열이 발생하지만 더 적은 양의 가스를 소비한다.

미국에서는 주요 에너지의 약 40%가 건물 내에서 소비된다. 건물 내에서 에너지는 조명 및 전자 제품들과 함께 난방, 냉방 및 환기에 사용된다. 연구 결과에 따르면 현재 이용 가능한 기술을 사용하여 에너지 효율을 알맞게 개선하면 건물의 성능이 저하되지 않으면서도 에너지 사용을 최대 30%까지 줄일 수 있다. 건물의 단열을 개선하고 건물에 첨단 서비스 기술을 설치하는 비용은 향후 몇 년간 에너지 사용을 절감함으로써 회수될 수 있다. 건물 내에서 동일한 수준의 안락함과 서비스가 유지될 것이다.

건물의 에너지 효율을 개선하는 것은 언뜻 보기에 더 높은 효율의 장비를 사용하고 에너지 손실을 제한하는 기술적인 문제이다. 여기에 해당하는 예로 건물의 구조를 통한 열 손실 감소를 들 수 있다. 이익을 보이는 경제적 사례가 만들어진다면 건물과 장비에 대한 적절한 수정이 이루어질 수도 있다. 그러면 에너지와 재정적 비용 절감이 뒤따를 것이다. 그러나 경험에 따르면 에너지 효율 향상은 실제로 단순한 엔지니어링과 경제적 평가보다 훨씬 더 복잡하다. 언뜻 보기에 재정적 이익이 확실하게 주어지는 에너지 효율 대책 시행을 사람들이 왜 꺼려하는지를 설명하려는 문헌이 상당히 많다. 에너지 효율 프로그램 시행에 대한 잘 알려진 어려움의 예는 다음과 같다.

- 많은 개인에게 있어서 자동차와 같은 특정 상품의 구매를 결정할 때 미래의 에너지 사용에 대한 어떠한 평가도 포함되지 않는다. 많은 현대 자동차들은 간단한 운송 기능에 필요한 것보다 훨씬 더 강력한 엔진이 장착되어 있어 운전자와 승객을 운송하는 데 필요한 연비보다 더 낮은 연료 효율을 가지고 있다.
- 건물주와 세입자 문제는 건물 내의 에너지 효율화 대책 시행 비용이 집주인에게 돌아가지만 에너지 요금 인하로 인해 세입자에게는 이익이 되는 상황을 말한다. 그러면 건물주는 초기 투자를 꺼린다. 마찬가지로 새로운 주거지나 사무실의 설계자와 건설자는 건물 이용자에게 이득이 되는 장기적으로 사용할 수 있는 저에너지 성능을 원하기보다는 본인에게 부담되는 초기 자본 비용을 줄이는 데 더 신경을 쓸 수 있다.
- 사람들은 미래에 발생하는 이익보다 즉각적인 지출에 더 신경을 쓴다. 종종 이러한 사람들을 높은 개인 할인율(personal discount rate)을 가지고 있다고 설명한다.
- 기관이 조달할 수 있는 자본의 액수는 제한적일 수 있다. 따라서 에너지 효율에 대한 투자가 예를 들어 3년 내에 투자 회수를 이끌어 낼 수 있을 것으로 보일지라도 변경에 필요한 초기 자금을 기관에서 지원하지 못할 수도 있다. 이 문제는 흔히 유지 보수 예산을 1년 단위로만 운영하고 있는 공공 건물들의 특정 문제이다.
- 기존 건물의 효율을 향상시키는 것이 입주자에게 피해를 줄 가능성이 높으면 입주자는 경제적으로 합리적인 개선을 하기보다는 이를 지연하는 쪽을 선택할 수 있다.

산업의 에너지 효율성은 가변속 구동 장치를 사용하여 크게 향상될 수 있다. 공업 단지(industrial drivers)에 사용되는 많은 모터들은 고정 속도형이며 너무 크다. 펌프 또는 팬의 출력은 소비되는 전력을 감소시키기보다는 유체 흐름 또는 공기를 조절함으로써 제어된다. 가변속 구동 장치(VSD: variable speed drive)를 이용한 모터 속도 제어는 다양한 듀티 사이클(duty cycle)과 부하 조건에서 모터가 고효율로 작동할 수 있도록 한다. 유량의 속도에 비례하는 팬과 펌프와 같은 원심 기계에서 가장 큰 이득을 얻을 수 있다. 그러나 많은 산업 발전소는 계속해서 과도한 크기의 고정 속도형 펌프와 공기 출력 또는 유체 조절 팬 모터를 사용하고 있으며 상당한 에너지 낭비를 하고 있다.

1.2.2 에너지 효율 대책의 경제성 평가

에너지 효율 대책은 일반적으로 초기 투자가 필요하며 그 후 수년에 걸쳐 이루어진 에너지 비용 절감을 통해 투자 비용이 회수된다.

에너지 효율 프로젝트를 평가하는 가장 간단한 방법은 회수 기간법(payback period)을 계산하는 것이다.

$$회수\ 기간(payback\ period) = \frac{자본\ 경비}{연간\ 절약된\ 비용}$$

그러나 대부분의 사람들과 기관들은 돈에 대한 시간 선호(time preference)를 하여 차라리 내년보다는 오늘 돈을 받고, 오늘보다는 내년에 돈을 지불하는 것을 선호한다. 이로 인해 시간상 나중에 이익이 발생하는 초기 비용 지출은 에너지 효율 대책을 정당화하기 어렵게 만든다. 화폐의 시간 가치를 반영한 재무 분석을 현금 흐름 할인법(DCF: discounted cash flow)으로 알려져 있으며, 이것은 9.2.1절에서 논의된다.

현금 흐름 할인법(DCF) 분석 방법은 간단하며, 컴퓨터용 회계 처리 프로그램(spreadsheet)에서 계산을 쉽게 실행할 수 있다. 주요 기능은 종종 컴퓨터 상용 패키지에 포함되어 있다.

할인율 r_d가 주어졌을 때 향후 n년에 지불하거나 받은 금액의 현재 가치는 다음과 같다.

$$V_p = \frac{V_n}{(1+r_d)^n}$$

여기서

V_n은 n년도에 받거나 지불한 금액

V_p는 수령하거나 지불한 금액의 현재 가치

r_d는 화폐의 시간 가치를 나타내는 할인율

선택한 할인율은 의사 결정자가 돈에 두는 가치와 프로젝트에서 예상되는 위험도를 반영한다. 높은 할인율의 효과는 향후 발생하는 금액을 그다지 중요하지 않은 것으로 보이게 한다. 10~15%의 할인율은 산업 에너지 효율 프로젝트의 경우 흔하다.

예제 1.3 에너지 효율 대책의 경제성 평가

대형 건물의 냉난방 시스템을 제어하는 빌딩 관리 시스템의 설치를 고려하고 있다. 관리 시스템 설치 비용은 £30,000이며 연간 £10,000가 절약될 것이다. 투자 회수 기간(payback period) 및 순 현재 가치(NPV: net present value)를 15%의 할인율로 계산하여 프로젝트를 평가하시오.

할인율을 적용하지 않은 단순 평가 방법은 다음과 같이 계산한다.

$$회수\ 기간(payback\ period) = \frac{자본\ 경비}{연간\ 절약된\ 비용} = \frac{30{,}000}{10{,}000} = 3년$$

그러나 단순 회수 기간법은 화폐의 시간 가치를 반영하지 않는다. 15%의 할인율을 적용한다고 가정하자.

할인율				
n년도	지출금 £	절약된 비용 £	$\frac{1}{(1+r_d)^n}$	n년도에 순 현재 가치
0	−30,000		1	−30,000
1		10,000	0.869	−21,304
2		10,000	0.756	−13,743
3		10,000	0.657	−7,168
4		10,000	0.571	−1,450
5		10,000	0.497	3,522

3년 후의 순 현재 가치(NPV)는 −£7168로 여전히 적자이지만 단순 회수 기간법 계산으로는 프로젝트에 들어간 초기 비용이 회수되고 있음을 나타내고 있다. NPV가 음수(negative value)로 나오면 프로젝트를 진행해서는 안 된다는 것을 나타낸다.

프로젝트를 실행한지 5년차 또는 낮은 할인율을 선택하였을 경우에만 NPV가 정수(positive value)가 된다.

위 표에 보여지는 계산은 만약에 현금 흐름 할인법(DCF) 분석을 사용할 경우 최초 투자 비용이 어느 정도 시간이 경과해야만 회수할 수 있는 에너지 효율 대책이 얼마나 매력적이지 않은가를 보여 준다.

1.2.3 에너지 절약

에너지 절약(energy conservation)은 개인의 행동과 그들이 에너지를 사용하는 방식을 변화시킴으로써 에너지 효율의 개념에서 더 진전된 것이다. 편의과 서비스 수준이 유지되고 에너지 사용 감소로 이어지는 기술 개발과 같은 에너지 효율 개선은 1.2.1절에서 논의된 기술의 장벽들로 인해 달성하는 것이 어렵다. 개인의 행동을 변화시켜 사람들의 에너지 수요를 줄이고, 그래서 전체 에너지 수요가 감소되는 에너지 절약의 실행은 훨씬 더 어렵다. 성공적인 에너지 절약 대책 예로는 온도 조절 장치의 설정 온도를 에어컨을 사용하는 사무실 건물의 온도보다 더 높게 조절하고 직원들에게 비격식 복장(예를 들어, 재킷과 넥타이를 뺀 남성 복장)을 권장하여 실내 환경의 온도가 높더라도 편안하게 지낼 수 있도록 하는 것이다. 그러나 사무실 복장 변화를 수반하는 계획은 사무실 내에서의 분명한 사회 질서에 변화를 가져오기 때문에 신중하게 도입되지 않는다면 일부 직원들에게는 위협적으로 느껴질 수 있다. 이와 비슷한 방법으로 가정집에서는 온대 기후 때에 난방 온도 조절기의 설정점을 줄이고 겨울철에는 실내에서 스웨터를 입는 것이 에너지 사용을 줄이는 당연한 방법이지만 불편함으로 여겨질 수 있다.

1.2.4 에너지 가격만을 이용한 에너지 수요 관리

지나치게 단순한 경제적 견해는 에너지 가격을 올리면 에너지 소비량이 감소한다는 것일 수도 있다. 외부 비용으로 알려진 환경 비용을 포함한 모든 비용을 반영하여 에너지 가격이 정해지게 한 다음에 에너지 사용 가격 상승을 허용한다면 경제적으로 적정한 수준 내에서 에너지 가격이 정해짐이 제한될 수 있다고 주장할 수 있다. 그러나 에너지 수요를 줄이기 위해 단순히 가격 상승에만 의존하는 것은 불만족스러운 일이다. 에너지가 전체 비용의 극히 일부인 부유한 개인과 일부 산업의 에너지 수요는 에너지 가격이 상승하더라도 크게 감소하지 않는다. 이러한 현상을 더 형식적으로 말하자면 에너지 수요가 가격에 대해 비탄력적(inelastic)이라고 한다. 가난한 개인이나 가정에서는 자신들의 소득에서 에너지 소비가 불균형적으로 큰 부분을 차지하고 있으며 대개는 단열이 좋지 않은 주택에서 거주한다. 에너지 가격 인상은 에너지 수요의 일부 감소로 이어지지만 에너지 사용을 줄일 수 없고, 합리적인 수준의 안락함을 유지할 수 없는 저소득층에게는 상당한 어려움을 줄 수 있다. 단열 상태가 좋지 않은 주택의 에너지 부족은 인간의 건강에 심각한 결과를 초래한다는 것으로 밝혀졌다.

1.2.5 스마트 미터(Smart Meter)

전통적으로는 기계 계량기를 사용하여 정기적으로 전기와 가스 소비량을 읽고 종이 청구서를 작성하여 소비자에게 보내진다. 현재는 많은 국가에서 가스 및 전기 에너지 사용에 대해 훨씬 더 정확한 정보를 시시각각 제공하는 스마트 미터기를 도입하고 있다. 주택의 경우 주택 내에서 사용되고 있는 에너지를 보여 주는 가정용 디스플레이를 주방과 같이 편리한 장소에 설치하여 기존 계량기를 보완할 수 있다. 더 나은 정보를 제공하는 스마트 계량기를 통해 소비자들이 에너지 소비를 줄일 수 있기를 바란다. 이 가정용 디스플레이는 하루 종일 얼마나 많은 전기와 가스를 사용하고 있는지 보여 줄 것이며, 에너지가 낭비되고 있는 곳을 확인하는 데 도움이 될 수 있다.

스마트 계량기는 에너지 수요 감소를 돕기 위한 두 가지 뚜렷한 목표를 가질 수 있다. 소비자에게 다음 내용을 줄일 것을 권장하는 데 스마트 계량기를 사용할 수 있다.

- 전체(예: 연간) 에너지 수요
- 최대 시스템 부하 시 전력 소비량

전체(연간) 에너지 수요의 감소는 감소된 연료 사용량과 낮은 배출량으로 이어진다. 이것은 언제나 바람직한 일이다. 만약에 최대 전력 수요 발생 시 필요한 최대 전력이 제한될 경우 전기 발전소 또는 가스 인프라 발전소(gas infrastructure plant)의 필요성을 줄어들게 한다. 신규 공장 건설에 이용할 수 있는 자본이 제한적인 경우 최대 전력 수요를 줄이는 것이 특히 중요하다.

전기 스마트 미터의 초기 시험 결과들과는 상충되지만 일부 시험 결과는 전기 스마트 미터가 최대 10%의 최대 전력 수요와 최대 5%의 연간 전기에너지 사용을 감소시키는 것이 가능함을 보여 준다. 그러나 성공적인 시험에서는 초기 감소를 유지하려면 에너지 공급자와 고객 간의 지속적인 참여가 필요하였다.

1.2.6 수요 측면 대응과 전기의 가변 가치

전기의 가치는 연중 변동하며 최대 전력 부하가 발생하거나 발전소가 부족할 때는 전기의 가치가 정점을 이루는 반면, 잉여 발전 시에는 매우 낮아진다. 전기는 저장하는 데에 비용이 많이 들고 교류 전력 시스템에서는 주파수를 50 Hz 또는 60 Hz로 유지하기 위해 초 단위로 공급과 수요의 균형을 맞출 필요가 있다. 수요에 맞춰 발전기 출력을 변화시키는 것에만 의존하기보다는 공급 부족 시 소비자에게 전력 부하를 제한하도록 장려하는 것이 점점 더 일반화되고 있다. 이러한 방식으로 최대 소비 전력 시스템 수요를 충족시키기 위한 발전소의 필요성은 줄어든다.

전기 출력이 재생 자원(바람, 태양 또는 비)에 의존되는 재생 에너지가 발전량을 많이 생산하는 전기 시스템에서는 수요 측면 대응(DSR: demand side response)은 특히 중요하다. 재생 자원이 풍부할 때 소비자에게 저렴한 가격을 매겨서 전기를 사용하도록 권장하지만 부족할 때는 높은 가격을 매겨서 수요를 제한한다. 이는 그림 1.6에 설명되어 있으며, 시간에 따른 가격 결정 신호가 어떻게 수요 곡선 부분을 변경시키는지를 보여 준다.

요약하면, 세계 에너지 문제를 해결할 때 가장 먼저 에너지 사용을 제한하는 것은 당연하지만, 경험에 의하면 이 방법은 달성하기가 쉽지 않은 것으로 나타났다. 사용하고 있는 에너지의 효율을 높이고 또한 개인의 행동이 조금 변화되도록 장려하여 에너지를 절약하는 이미 입증되고 간단한 접근법이 많이 있다. 이러한 방법들은 당연히 실용적이고 개인이 실행하기에 경제적으로도 이득이며, 또한 에너지 사용이 환경에 미치는 영향을 낮출 것이다. 에너지

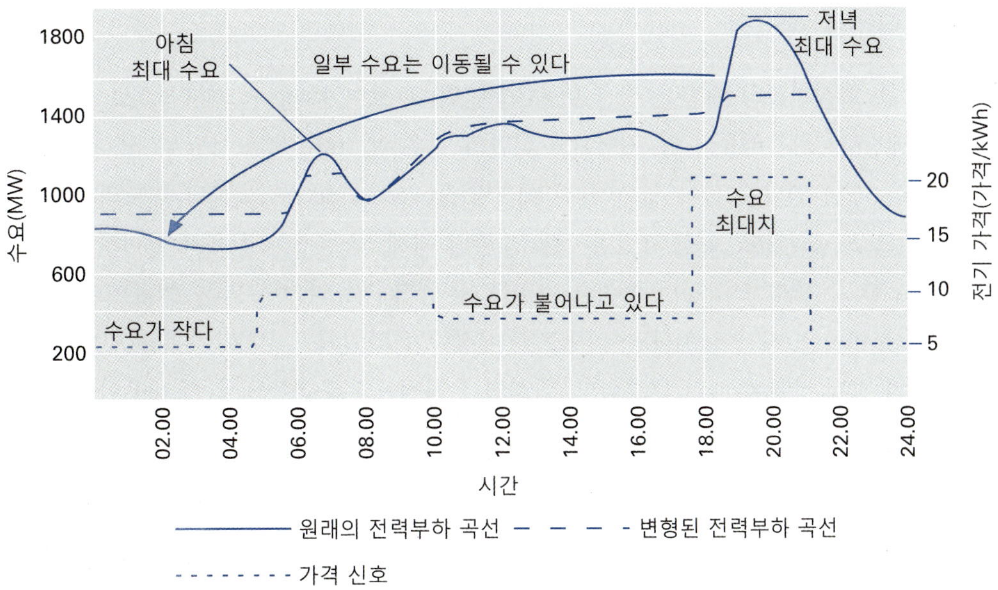

그림 1.6 전기 가격을 이용한 수요 이동

효율과 에너지 절약 대책들이 적극적으로 시행되어야 한다는 데에는 의심의 여지가 없다. 그러나 경험에 의하면 다양한 행정적 및 사람들의 개인적 이유로 인해 에너지 효율을 개선하거나 에너지를 절약하기 위한 시책들은 실행하기 어렵고, 에너지 수요 감소를 장려하는 제도의 결과는 실망스러운 경우가 많다.

1.3 재생 에너지의 필요성

전 세계적으로 에너지 사용이 지속적으로 증가하고 있으며 에너지 효율과 절약을 통해 수요를 관리하기 위한 모든 노력을 기울여야 한다는 것은 분명하지만 이는 결코 달성하기 쉽지 않다. 전 세계에 에너지를 공급하기 위해 화석연료에 계속 의존하는 것은 두 가지 큰 문제를 내포하고 있다. 합리적인 가격으로 살 수 있는 화석연료가 부족해질 수 있는 가능성과 연소로 인한 배출량이다. 화석연료를 태우면 대기오염과 같이 지역 환경에 미치는 영향, 산성비와 같은 영역 효과(regional effect), 그리고 기후 변화가 세계적으로 미치는 영향 등으로 이어진다.

1.3.1 화석연료 매장량

그림 1.7은 화석연료의 매장량/생산 비율(연 단위)을 보여 준다. 전 세계적으로 석유와 천연가스의 매장량/생산 비율이 약 50년이고 석탄의 경우 약 100년으로 보일 수 있다. 매장량/생산 비율은 매년 연말에 남아 있는 확정 매장량(proved reserves)을 해당 연도의 생산량으로 나눈 값으로 정의된다. 확정 매장량이란 '기존의 경제 및 운영 조건에서 알려진 매장량을 미래에 회수할 수 있다고 상당히 확실한 지질학 및 공학 정보가 가르키는 수량'이다. 따라서 매장량/생산 비율은 시간이 지나면서 새로운 매장량이 확인되고, 새로운 추출 방법이 개발되며 그때의 경제 상황에 따라 변화한다. 화석연료 자원을 추출하는데 있어 비용이나 기술적 어려움을 고려하지 않고도 사용할 수 있는 훨씬 더 많은 화석연료 자원의 전체 매장량 추정값을 화석연료 매장량과 혼동해서는 안 된다.

그림 1.7은 세계의 석유와 가스가 50년 후에 갑자기 고갈되거나 석탄이 100년 후에 고갈된다는 것을 의미하지 않으므로 주의해서 해석해야 한다. 오히려 화석연료에 대한 수요가 공급을 초과하면 가격이 오를 수밖에 없다. 매장량/생산 비율은 현재의 기술과 경제 상황에서 화석연료의 사용 가능성에 대한 일반적인 인상을 준다. 비전통적인 가스 매장량 개발과 석유 채굴을 위한 셰일샌드 개발과 같은 기술 혁신들로 인한 추가 생산량이 확인되어 시장 상황에 변화를 가져올 것으로 보인다. 높은 가격의 화석연료 장기화는 추가적인 탐사 활동으로

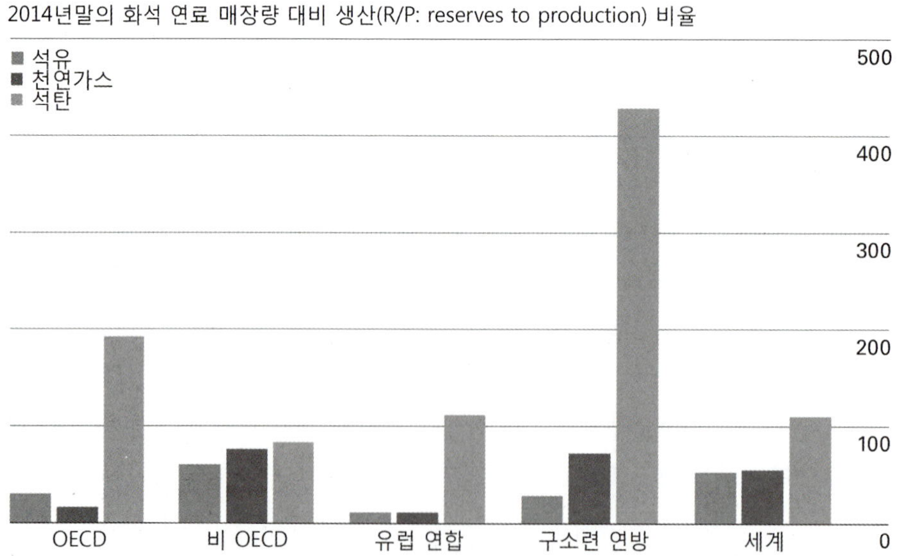

그림 1.7 2014년말 화석연료의 매장량 대비 생산 비율(OECD는 경제협력개발기구임)
출처: BP Statistical Review of World Energy, 2015.(컬러 사진 참조)

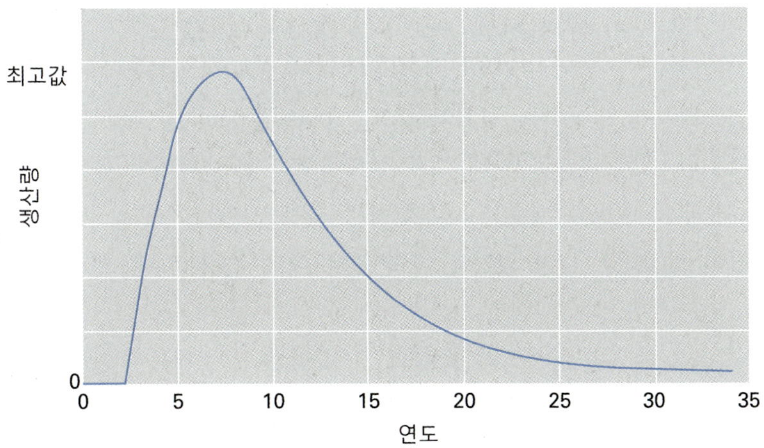

그림 1.8 유전의 전형적인 생산

이어질 것이다.

새로운 매장량이 확인되고 생산되는 속도와 시간이 흐르면서 감소되는 유전(또는 광산)의 생산량에 의해 화석연료의 이용 가능성이 결정된다. 그림 1.8은 시간에 따른 유전의 전형적인 생산량을 보여 준다. 대부분의 유전 생산량은 회수가 가능한 석유량의 절반 미만이(보통 1/3 미만) 생산되면 감소하기 시작한다. 전 세계적으로 약 7만 개의 유전이 있지만 생산량의 50%는 100개의 큰 유전에서 생산되고 있고, 이들 대부분은 수십 년이 된 유전들로 잘 알려져 있으며 이 유전들은 이미 최고 생산량을 넘어선 상태이다. 여전히 논쟁의 여지가 있지만 세계의 기존 석유 생산량은 2030년 이전에 최고조에 달할 것으로 보인다.

매장량 대비 생산 비율과 기존 석유 및 가스전의 생산 행동을 고려할 때 그림 1.1에 나타난 에너지 수요율(rates of energy demand)에 따른 화석연료 사용이 무한정 지속될 수 없음을 알 수 있다.

1.3.2. 화석연료 연소가 환경에 미치는 영향

더욱 시급한 문제는 화석연료 연소로 인한 환경 영향이다. 화석연료 연소의 결과는 다음과 같이 간주될 수 있다.

- 지역 효과(local effect): 미립자 배출 및 공기의 질에 미치는 영향
- 영역 효과(regional effect): 산성비
- 글로벌 효과(global effect): 기후 변화

화력 발전소, 내연 기관, 건물 난방 시스템은 모두 가스 배출과 매우 작은 입자를 생성시켜 인간의 건강을 해칠 수 있다. 이러한 배출의 지역적 결과의 예로는 일부 대도시에서 대개는 차량 배기가스로부터 발생하는 광화학 스모그(photo-chemical smog)가 있다. 산업용과 가정용 난방을 위한 석탄 연소로 인해 주로 발생하였던 1950년대의 유명한 런던 스모그는 영국 도시들에서 무연 연료의 사용을 의무화하는 법안을 만들어졌다. 특히, 대기 조건으로 인해 오염 물질이 밀집되는 대기 환경을 가진 많은 대도시들의 나쁜 대기질은 인간의 건강을 악화시키는 원인이다.

발전소에서 석탄을 태우면 이산화황(SO_2)과 그 밖의 오염 물질들이 생성되어 대기로 방출될 때 산성비가 발생하면서, 특히 호수와 산림에 심각한 환경 피해가 발생한다. 산성비는 영역 효과를 보이는 경향이 있는데, 예를 들면 서쪽에서 부는 우세한 바람으로 인해 영국의 발전소가 독일과 스칸디나비아에 환경 피해를 초래하였다. 산성비는 중요한 환경 문제로 인식되어 왔으며, 미국 일부 지역의 규정은 발전소에서 연소될 수 있는 석탄의 황 함량을 제한하는 반면, 유럽에서는 탈황 설비(FGD: flue gas desulfurization)가 장착되지 않은 대형 석탄 화력 발전소를 단계적으로 폐지하고 있다. 탈황 설비는 발전소 보일러의 연도 가스(flue gas)에서 나오는 SO_2를 추출하지만 비용이 추가되고 작동하는 데에 상당한 전력이 소모되어 발전기의 효율이 저하된다.

지구 기후가 인간의 활동에 의한 온실가스의 배출을 통해 변화되고 있다는 과학적 공감대가 뚜렷하다. 주요 온실가스는 이산화탄소(CO_2), 메탄(CH_4), 질소 산화물(NO_X) 및 플루오르화 탄소(fluorocarbons) 등이다. 수증기 또한 온실 효과에 큰 역할을 한다. 온실 효과는 지구의 온도를 높이거나 낮출 수 있는 대기 중의 기체와 입자에 중요한 영향을 미치는 매우 복잡한 현상이다. 그러나 온실 효과를 지구 표면에서 방출되는 긴 파장 복사열(long wavelength radiation)을 흡수하는 상층 대기 기체의 효과로 단순히 이해할 수 있다(그림 1.9 참조). 태양은 외부 표면에서 약 6000K의 실감 온도(effective temperature)를 가지는 고온의 자원이며, 지구의 대기권을 통과하는 단파(고주파) 복사열을 방출한다. 이 복사열이 지구를 강타하여 따뜻하게 만들면 그 다음 지구는 더 낮은 표면 온도에서 긴 파장(저주파) 복사열을 재방사한다. 태양으로부터 나오는 고주파 복사열은 지구 대기권에 의해 크게 영향을 받지 않고 통과하며, 상층 대기(upper atmosphere)의 기체 농도는 낮은 주파수(긴 파장) 복사열의 흡수로 이어진다.

지구의 온도는 태양으로부터 들어오는 고주파 복사열과 지구 표면에서 재방사하는 저주파 복사열 사이의 균형에 따라 달라진다. 대기 중의 온실가스 농도를 증가시킴으로써 저주파 복사열이 더 많이 갇히게 되고 따라서 지구의 온도가 상승하게 된다. 지구 대기에 존재하는 온

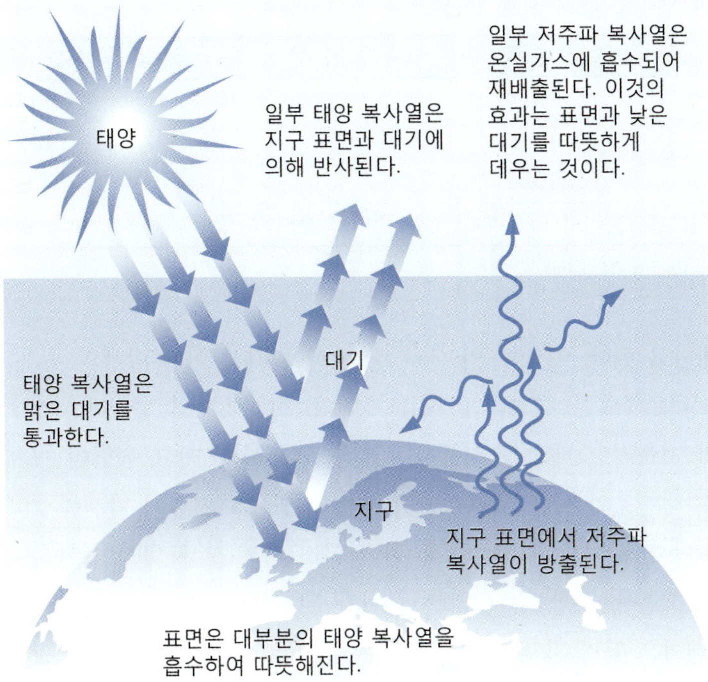

그림 1.9 온실 효과의 간단한 설명

실가스의 농도는 지구의 온도가 생명체에 적합한 수준으로 유지되게 하는데 만약에 온실가스가 없다면 지구는 약 30℃ 더 추워질 것이다. 우리가 현재 하고 있는 것처럼 온실가스의 농도를 높이면 지구의 온도가 상승하고 기후도 변화한다. 평균 기온의 상승이 미치는 영향은 상당하다. 북극의 얼음이 녹고 기상 이변의 발생 빈도 수가 증가하는 등 결과적으로 생기는 영향은 잠재적으로 훨씬 더 위험하다. 온실가스는 지구 대기 전체로 분산되기 때문에 그 영향은 전 세계에 미친다.

이산화탄소는 화석연료를 태워서 발생하는 불가피한 산물로 일단 배출되면 대기 중에 최고 100년까지 남아 있다. 이산화탄소는 가장 중요한 온실가스 중의 하나이고, 특히 많은 국가가 전기 발전으로 인한 이산화탄소 배출량을 줄이기 위한 정책을 시행하고 있다. 영국은 2030년까지 전력 부문의 저탄소화(decarbonising)를 중간 목표로 하고 2050년까지 CO_2 배출량을 80% 줄여서 이산화탄소 배출량을 1990년 수준으로 만들겠다는 목표를 가지고 있다. 전력 부문에서의 저탄소화 목표는 약 450톤의 CO_2/GWh에서 50톤의 CO_2/GWh로 전기를 발생시키는 탄소 농도의 감소를 의미한다(표 1.4 참조).

CO_2와 기타 온실가스의 배출을 제한함으로써 지구 평균 표면 온도 상승 폭을 약 2℃로

표 1.4 영국에서의 전기 발생으로 인한 이산화탄소 추정 배출량

연료	CO_2 톤/전기 생산량 GWh
석탄	915
석유	633
가스	405
영국 전기 발전 포트폴리오(원자력과 재생 에너지 포함)	452

출처: Digest of UK Energy Statistics.

제한되기를 기대하고 있다. 이 정도의 온도 상승 폭은 기상 이변 발생의 증가와 관련하여 농업과 생물 다양성에 중요한 결과를 가져올 것이다. 화석연료의 연소에 주로 의존하는 전력 부문에서 CO_2의 지속적인 배출을 허용하면 기후 변화를 초래할 위험이 크게 증가한다.

현대 사회는 화석연료의 사용, 운송, 난방 산업 생산, 특히 전기 발전에 기반을 두고 있다. 그러나 화석연료의 가용성과 그 사용으로 인한 환경 영향 모두 화석연료만을 사용하여 세계 미래의 에너지 수요를 충족할 수 없다는 근거가 된 것은 분명하다.

재생 에너지 계획은 환경 자체에 영향을 미친다. 풍력 발전소는 시각적으로 상당한 영향을 미칠 수 있으며 주의 깊게 배치하지 않으면 소음이 발생될 수 있다. 재생 에너지가 동식물군에 미치는 영향은 반드시 고려되어야 한다. 일부 태양광 패널은 잠재적으로 독성이 될 수 있는 물질이 들어 있으므로 패널 사용 수명이 다한 후에는 조심스럽게 폐기해야 한다. 이러한 모든 환경 영향은 프로젝트가 진행되기 전에 수행되는 환경 영향 평가(environmental impact assessment)를 통해 고려해야 하지만, 적절한 설치 위치를 선택하면 재생 에너지 계획의 환경적 영향은 제한적이고 지역적인 경향을 보일 것이다.

1.3.3 저탄소 전기 발전

화석연료를 태우는 과정에서 발생하는 이산화탄소 배출로 인한 기후 변화는 많은 나라에서 에너지 정책을 실행하는 주요 원동력이다. 따라서 화석연료, 특히 석탄을 태우는 것에 대한 대안이 시급하다. CO_2를 방출하지 않고 전기를 생산하는 옵션은 다음과 같이 한정되어 있다.

- 재생 에너지
- 원자력
- 탄소 포집 및 저장 시설을 갖춘 화석연료 발전기

그림 1.10 풍력 발전소
출처: Richard Jones/Business Visual, Rights Managed(컬러 사진 참조).

그림 1.11 태양광 발전소
출처: Richard Jones/Business Visual, Rights Managed(컬러 사진 참조).

그림 1.10과 그림 1.11은 사우스 웨일스의 옛 탄광 지역 위의 언덕에 위치한 풍력 및 태양 에너지 발전소를 보여 준다. 이 에너지 계획이 환경에 미치는 영향은 제한적이며 그 땅은 계속해서 양을 방목하는 데 사용되고 있다.

핵분열로 인한 전기에너지 생성은 매력적인 기술이며 원자력 발전을 확대해야 한다고 생각하는 사람들이 있다. 그러나 원자력 발전은 높은 자본 비용과 핵 폐기물의 처리에 대한 계속되는 불확실성 등 여러 가지 주요 어려움들을 내포하고 있다. 또 민간 및 군사 핵 프로그램 사이의 밀접한 관련은 많은 국가에서 핵 프로그램의 개발에 대한 우려로 이어지고 있다. 2015년 본 교재를 집필할 당시 독일과 일본 모두 원자력 발전을 단계적으로 중단하겠다는 뜻을 밝힌 바 있다. 국민들이 핵분열 사용을 지지하는 국가에서 핵분열을 전력 생산에만 쓰거나 또는 다른 용도로 그 사용을 확대한다고 해도 에너지 수요가 증가하고 있는 세계에서 화석연료를 대체할 수 있는 충분한 에너지를 공급할 수는 없을 것이다. 현재 핵융합 기술은 개발 단계에 있다.

화석연료가 연소되기 전후에 탄소를 제거하고 이산화탄소를 지하에 저장하는 것은 상당히 전통적인 발전기를 계속 사용할 수 있다는 점에서 분명한 매력을 가지고 있다. 이를 탄소 포집 및 저장 CCS(carbon capture and storage)라고 한다. 그러나 화석연료에서 탄소를 추출하는 기술과 이산화탄소를 저장하는 기술은 아직 성공적으로 상업화되지 않았다.

예제 1.4 이산화탄소 목표 배출량 달성

2050년 영국의 전력 수요는 약 800 TWh가 될 것으로 추정된다. 이는 가스 연소 복합 사이클 발전소에서 200 TWh, 원자력 발전기에서 300 TWh, 재생 에너지(풍력 및 태양열)에서 300 TWh로 구성될 수 있다. 재생 에너지의 이산화탄소 추정 배출량은 25톤/GWh이고, 원자력 발전기는 15톤/GWh이다.

(a) 2050년 발전 GWh당 CO_2 배출량을 계산하시오.
(b) 복합 사이클 가스 터빈 발전기에 탄소 포집 및 저장 장치가 설치되어 있으면 이산화탄소 배출량은 250톤/GWh로 감소한다. 새로운 CO_2 배출량을 구하시오.
(c) 2050년 영국 CO_2 배출량 목표 달성에 필요한 재생 에너지의 추가적인 발전량을 결정하시오.

• 해답

(a) 표 1.4에서 복합 화력 발전소(combined cycle power plants)는 405톤의 CO_2/GWh를 방출한다. 따라서 총 CO_2 배출량은

$$200 \times 10^3(\text{Gwh}) \times 405 + 300 \times 10^3 \times 15 + 300 \times 10^3 \times 25$$
$$= 93 \times 10^6 \text{톤의 } CO_2$$
$$CO_2 \text{ 배출량/GWh} = 93 \times 10^6 / 800 \times 10^3 = 116.25\text{톤/GWh}$$

이다.

(b) 탄소 포집 및 저장을 통해 복합 화력 발전소는 250톤의 CO_2/GWh를 배출한다.
따라서 총배출량은

$$200 \times 10^3 \times 250 + 300 \times 10^3 \times 15 + 300 \times 10^3 \times 25$$
$$= 62 \times 10^6 \text{톤의 } CO_2$$
$$CO_2 \text{ 배출량/GWh} = 62{,}000 \times 10^6 / 800 \times 10^3 = 77.5\text{톤/GWh}$$

이다.

(c) 영국의 목표는 2050년까지 전기 발전으로 인한 이산화탄소 배출량을 50톤의 CO_2/GWh로 제한하는 것이다. 이를 재생 에너지의 발전량 G TWh를 생산함으로써 달성할 수 있다고 가정해 보자.
총 CO_2 배출량은

$$(200 - G) \times 10^3 \times 250 + 300 \times 10^3 \times 15 + (300 + G) \times 10^3 \times 25$$
$$= (62{,}000 - 225G) \times 10^3 \text{톤의 } CO_2$$

이다.

$$CO_2 \text{ 배출량/GWh} = (62{,}000 - 225G) \times 10^3 / 800 \times 10^3 = 50\text{톤/GWh이다.}$$
$$\therefore\ G = 97.8 \text{ TWh}$$

설비 이용률(capacity factor)이 30%이면 재생 에너지 발전소에서 추가적으로 37.2 GW가 필요하다.

다음 식을 참고한다.

$$\frac{97.8 \times 10^{12}}{365 \times 24 \times 0.3} = 37.2 \times 10^9$$

결론적으로 화석연료의 사용 제한을, 특히 전기 발전 때문에 시급히 실행해야 하는 이유가 있다. 전기를 생산하는 모든 방법에는 장단점이 있지만 다양한 형태의 재생 에너지를 사용하면 미래의 지속 가능한 에너지 시스템에 중요한 기여를 할 것이다.

현재 재생 에너지원에서 전기에너지를 생산하는 것은 화석연료를 사용하는 것보다 비싸지만 화석연료를 태우는 것은 환경에 중대한 영향을 미치며 지속 가능하지 않다.

재생 에너지 시스템 연구가 중요하다는 결론에 도달한 것이다. 모든 에너지 기술과 마찬가지로 재생 에너지 시스템에도 한계와 어려움이 없는 것은 아니다. 재생 에너지 시스템은 바람과 태양으로부터 에너지를 사용한다. 그래서 재생 에너지의 생산량은 재생 가능한 자원의 변화에 따라 다양하다. 재생 에너지 시스템은 풍력 발전소의 시각적 침해(visual intrusion)와 같은 환경에 미치는 영향이 있지만, 이는 지역(local)에만 미치는 경향이 있다. 재생 에너지원에서 나오는 전력은 현재 화석연료를 사용하는 것보다 더 비싸지만, 화석연료를 태우는 것은 환경에 큰 영향을 미치고 지속 가능하지 않다.

요약

1. 세계 에너지 수요에 대한 고려 사항에서 도출할 수 있는 중요한 결론들이 많이 있다.
   (a) 세계 인구는 매년 약 8000만 명 비율로 증가하고 있다. 세계 인구의 수는 현재 70억 명에 육박하고 있으며 100억 명에서 120억 명 사이에서 안정될 것으로 보인다.
   (b) 합리적인 수준의 1인당 에너지 사용은 모든 사회의 정당한 열망이자 인간의 건강 상태 지표와도 상관관계가 있다.

2. 세계 에너지 소비량의 기하급수적 증가세는 다음 방정식으로 설명된다.

   $$E_n = E(1 + r_e)^n$$

   여기서
   E_n은 n기간 동안 사용한 에너지
   E은 현재 사용한 에너지
   r_e은 에너지 사용 증가율
   n은 햇수

   지난 25년 동안 세계 에너지 소비량은 매년 약 25%씩 지속적으로 증가해 왔으며, 만약 이 증가율이 지속된다면 세계 에너지 소비량은 향후 30년 안에 2배가 될 것이다.

3. 현재의 속도로 화석연료를 계속 사용하는 것은 지속될 수 없다. 세계의 화석연료 자원은 고갈되고 있으며, 그 사용은 다음과 같은 매우 심각한 환경적 효과로 이어지고 있다.

   - 지역 효과(local effect): 미립자 배출 및 공기의 질에 미치는 영향
   - 영역 효과(regional effect): 산성비
   - 글로벌 효과(global effect): 기후 변화

4. 기후 과학자들 사이에서 화석연료를 태우는 것이 기후 변화(지구 온난화)로 이어진다는 데에 압도적으로 공감하고 있다. 화석연료 발전소의 배출은 대기 중 농도의 주요 원인이다.

연료	CO_2 톤/전기 생산량 GWh
석탄	915
석유	633
가스(복합 발전, combined cycle)	405

위 표는 영국의 전기 발전에 의한 배출량을 보여 준다. 필요한 경우 합리적인 목표는 전기 발전에서의 배출량을 50톤의 CO_2/GWh로 감소하는 것이다.

5. 에너지 효율과 에너지 절약은 에너지 사용을 제한하는 데 이용된다. 스마트 미터기(smart meters)는 소비자들이 다음과 같은 것을 줄이도록 장려하는 데 사용된다.

- 전체(예를 들어, 연간) 에너지 수요
- 최대 시스템 부하 시 전력 소비량

6. 화폐의 시간 가치를 반영한 경제 분석(economic analysis)을 현금 흐름 할인법(DCF: discounted cash flow)이라고 한다. 현금 흐름 할인법은 에너지 효율 프로젝트를 평가하는 데 이용되지만 장기간 투자로 인해 에너지 효율 프로젝트를 매력적으로 보이지 않게 한다. 향후 n년에 지불하거나 받은 금액의 현재 가치는 다음과 같다.

$$V_p = \frac{V_n}{(1+r_d)^n}$$

여기서

V_n은 n년도에 수령하거나 지불한 금액

V_p는 수령하거나 지불한 금액의 현재 가치

r_d는 화폐의 시간 가치를 나타내는 할인율

7. 핵분열을 통한 전기에너지 생산에는 자체 문세가 있으며 다른 국가들과 다르게 현재 일부 국가에서는 핵분열 사용을 확대하고 있다. 화석연료를 사용하는 발전소에서 배출되는 이산화탄소의 포집 및 저장 기술이 아직 성공적으로 상업화되지 않았다.

연습 문제

1. 에너지 효율과 에너지 절약을 통해 수요를 조절한다는 것은 무엇을 의미하는지 다음에서 각 접근 방식의 예를 제시하시오.

   - 가정
   - 산업/상업
   - 개인 수송

2. 화석연료 매장량과 자원을 명확하게 구별하시오.

3. 전력 부문(electricity power sector)의 저탄소화(decarbonise)에 이용될 수 있는 기술에 대해 간단히 설명하시오.

4. 돈에 대한 시간 선호(time preference)라는 것은 무엇을 의미하는지 설명하시오. 또 높은 할인율을 선택하면 에너지 효율 대책의 설치가 정당화되기 어려운 이유는 무엇인지 설명하시오.

5. 스마트 계량(smart metering)이란 무엇이며, 다음과 같은 것을 줄이는 데 어떻게 기여하는지 쓰시오.

   - 온실가스 배출
   - 전력 시스템의 자본 비용

6. 석탄에서 전기를 발생시킴으로써 환경에 미치는 영향을 나열하고, 이에 대해 논의하시오. 지역(local), 영역(regional) 및 글로벌(global) 효과를 명확하게 구분하시오. 또 전기 발전에서 석탄의 향후 사용에 대해 논의하시오.

7. 가정 A는 전기 히터를 사용하며 연간 전기 사용량은 3000 kWh이다. 가정 B는 난방에 가스를 사용하고 연간 가스 소비량은 1000 m^3이다.

   (a) 두 가정의 에너지 사용량을 kWh와 석유 환산 kg으로 변환하시오.

   (b) 두 가정의 연간 배출량을 비교하시오.

   다음 자료를 참고한다.

   - 전기의 평균 CO_2 배출 계수는 0.527 kg/kWh이다.
   - 천연가스 연소로 인한 CO_2 발생량은 0.185 kg/kWh이다.
   - 전기 변환 효율(conversion efficiency)이 100%일 때 1 석유 환산 톤(toe, tonnes of oil

equivalent)은 에너지 출력 11.6 MWh에 해당된다.

증기 터빈 발전 장치의 전기 변환 효율이 35%라고 가정하자.
천연가스 1 m^3를 연소시키면 11.2 kWh의 유용한 열에너지가 생산된다.
[답: (a) 3000 kWh, 739 kgoe(석유 환산 kg), 11,200 kWh, 965 kgoe,
(b) 1581 $kgCO_2$, 2071 $kgCO_2$]

8. 상업용 건물에는 15 W CFL 전등 200개가 있다. 광 출력을 동등하게 하는 LED 전등로 교체하는 것이 제안되었다. 다음과 같은 자료가 주어질 때 전등 교체의 간단 회수 기간을 계산하시오.

- 7 W LED 전등의 가격=£6
- 평균 전기 가격=16 p/kWh(pence/kWh)
- 전등은 하루 평균 5시간 사용한다.
- 건물 사용 기간은 250일/년

[답: 3.75년]

9. 위 연습 문제 8에 나오는 건물의 세입자는 5년간 임대하며 에너지 효율 프로젝트를 평가할 때 15%의 할인 요소를 적용한다. 램프 교체의 NPV는 무엇이며, 전등 교체 프로젝트가 진행되어야 하는지 여부를 평가하시오.
[답: £−127. 전등 교체 프로젝트를 진행해서는 안 된다]

10. 지수 성장(exponential growth)과 함께 배가 시간(doubling time)이 72를 백분율의 증가율로 나누면 추정될 수 있음을 보이시오[연(year) 단위로 나타낸다].

11. 영국에서 전기 발전의 탄소 강도가 450톤의 CO_2/GWh에서 50톤의 CO_2/GWh로 20년 동안 감소한다면 지수 감소를 가정 하에 연간 감소율이 얼마가 되는지 계산하시오.
[답: 10.4%]

더 읽을거리

많은 고전 서적에서 화석연료의 사용 증가에 따른 사회의 과제에 대해 논의하였다. 다음 책들은 재생 에너지의 중요성을 강조할 뿐만 아니라 에너지 및 환경 정책의 틀에 중요한 기여를 하였다.

- Brundtland G. O., *Our Common Future*, *World Commission on Environment and Development*,

Oxford University Press, 1987, reprinted 2009.

The influential report that led to the concept of Sustainability Development becoming accepted widely, i.e. '…development that meets the needs of the present without compromising the ability of future generations to meet their own needs'.

• Meadows D., Randers J. and Meadows D., *Limits to Growth, the 30-year Update*, Earthscan, 2005.

An update to the Report to the Club of Rome published in 1972 *that addressed how global ecological constraints of resource use and emissions from fossil fuels would influence developments in the twentyfirst century.*

• Schumacher E. F., *Small is Beautiful. A Study of Economics as if People Mattered*, Blond and Briggs, 1973.

A classic book that questioned the assumptions of conventional economics with particular reference to energy. Dr Schumacher was Chief Economist to the British Coal Board and the founder of the Intermediate Technology Development Group.

• Stern N., *The Economics of Climate Change*, Cambridge University Press, 2007.

An economic analysis showing that the costs of mitigating climate changes and limiting emissions to 500~550 *ppm* CO_2e *are around* 1% *of world GDP per year and that earlier action will be cheaper than delay.*

웹 사이트

• Data were taken from the following websites.

• *BP Statistical review of world energy*, 2015.
www.bp.com/statisticalreview

• *World Bank Data*
http://data.worldbank.org

• *International Energy Agency*
http://www.iea.org/stats/index.asp

2 풍력에너지

소개

재생 에너지를 가장 저렴한 방법으로 활용하는 방법 중의 하나는 풍력 발전이며, 많은 국가에서 풍력 발전용 터빈의 설치를 계속해서 늘려 나가고 있다. 2015년 기준 전 세계적으로 풍력 터빈을 이용한 발전 용량은 430 GW 이상이다. 참고로 영국의 전력 수요 피크는 약 55 GW이며, 미국은 약 800 GW이다.

현대식 풍력 터빈은 지름 100 m 이상의 회전자(rotor)와 비슷한 높이의 타워로 구성되어 있다. 이런 거대한 구조물에 영향을 주는 바람의 힘과 중력을 버티기 위해 복합 신소재를 사용한다. 가장 중요한 하중은 극한의 풍속과 기계의 피로하중에 의해 발생한다. 이들은 바람의 난기류 또는 풍력 터빈의 운행 기간 동안 매우 빠른 기계의 회전과 그로 인해 발생하는 터빈 블레이드의 상반 응력에 의해 생성된다. 현대식 대형 풍력 터빈에서는 모두 가변 회전 속도로 동작하고 동력 변환 장치를 통해 전력 계통에 연결되어 있다. 풍력 터빈의 크기가 커질수록 구조가 더 역동적으로 변하고, 정교한 능동 제어 시스템을 사용해서 부하를 관리하고 있다.

다른 모든 재생 에너지 기술처럼 풍력 자원이 시설의 수익성을 결정하게 된다. 이 장에서는 풍력 자원에 관한 내용과 풍력 발전 단지에서 생산하는 에너지를 어떻게 예측할 수 있는지에 대한 내용을 다루고 있다.

많은 국가의 행정 당국은 시각적인 영향과 소음 등과 같은 풍력 발전 단지의 환경적인 영향을 고려하여 건설을 허가할지 여부를 결정한다. 환경 문제에 대한 해결책으로 일부 풍력 터빈은 근해에 설치되는데, 특히 유럽의 해안에서 그렇다. 근해에 풍력 터빈을 설치하면 전기 생산 비용이 높아지지만, 환경에 미치는 영향을 덜 고려하면서 대규모 해상 풍력 발전 단지를 건설할 수 있다.

이 장에서는 풍력에너지 자원과 풍력 터빈, 풍력 발전 단지에 관해 설명한다. 2.1절부터 2.3절까지는 풍력에너지의 역사와 장단점, 풍력 터빈에서 확보할 수 있는 전력과 전력 곡선 및 바람으로부터 얻을 수 있는 에너지를 추정하는 방법에 관해 설명한다. 2.4절에서는 선형 운동량 이론(linear momentum theory)을 기초로 풍력 터빈 작동 원리를 소개하며, 2.5절부터 2.6절까지 고정 풍력 터빈과 가변 풍력 터빈에 관해 설명한다. 2.7질에서 정격 풍속 이상일 때 전력을 제어하는 기술을 다루며, 2.8절은 풍력 자원의 특성과 이 자원의 통계적인 표현 방법에 대해 설명한다. 2.9절에서는 풍력 발전 단지를 개발할 때 고려해야 할 요소에 관해 검토한다.

2.1 풍력 터빈

2.1.1. 역사

지난 수백 년간 인류에게 바람은 중요한 동력원이었다. 12세기 중반부터 증기 엔진이 상용화되는 19세기 중반까지 유럽 전역에서는 수평축 풍차를 활용해서 옥수수를 분쇄하는 제분소가 많았다. 그보다 훨씬 이전에는 이란과 중국 일부 지역에서 양력 대신에 공기저항을 활용하여 작동하는 수직축 풍차를 건설하여 이용하였다. 미국에서는 1850년대부터 물을 끌어올리기 위해 소형 다중 블레이드 풍력 터빈을 활용하였다. 이것은 1930년대 농촌 지역에 전기가 보급되어 전기 펌프를 활용하기 전까지 중요한 역할을 하였다. 19세기 후반에서 20세기 초에 다양한 풍력 터빈이 시범 개발되었는데 그중 하나가 1941년 미국 버몬트(Vermont) 주에서 개발된 지름 53 m의 1250 kW급 Smith-Putnam 터빈이다. 하지만 저유가 시기였던 1945년부터 1973년까지는 기름이 안정적으로 공급되었으므로 전력 생산을 위해 풍력 발전을 활용하는 것에 대한 관심이 적었다. 1973년 첫 오일 쇼크 이후 다시 관심이 많이 늘어났고 많은 국가에서 전력망에 풍력 터빈으로 전기를 공급하기 위한 기술 개발 프로그램을 시작하였다.

이런 국가 규모 개발 프로그램들이 대규모 시범 풍력 터빈으로 이어졌다. 독일의 경우 지름 100 m 크기, 3 MW 용량의 Grovian 터빈(1982년), 미국의 경우 지름 91 m 2.5 MW급 Mod2 터빈(1983년), 영국의 경우 지름이 60 m인 3 MW 규모의 LSI 터빈(1988년)이 개발되었다. 이런 개발 프로그램에서 많은 정보를 축적할 수 있었으나 지름이 큰 풍력 터빈을 건설하는 것과 바람에 의해 증폭되는 부하를 예측하는 것의 기술적 난이도가 과소평가되었었다. 따라서 이런 초기 시작품은 상용 단계까지 성공적으로 이어지지 못하였다. 그러나 많은 기업에서 이때 개발된 기술적 노하우를 활용하여 소형 모델을 만들었고, 시간이 지나면서 현재의 대형 장치로 발전하였다. 2005년까지는 가변 피치(pitch) 및 가변 속도로 작동하는 초기 모델들의 특성이 지름 60 m에서 80 m 사이의 대형 상용 터빈에 성공적으로 적용되었다.

2.1.2 풍력에너지의 장단점

풍력 발전의 장점은 다음과 같다.

- 각각의 풍력 터빈은 최대 지름이 120 m인 회전자를 활용하여 7 MW급의 대용량의 전력을 생산할 수 있다.

• 건설 허가 후 6개월 이내에 풍력 발전 단지를 빠르게 건설할 수 있다.
• 풍속이 빠른 육상에서는 전력 생산 비용이 저렴하다.

주요 단점은 다음과 같다.

• 터빈의 시각적인 영향이 크다.
• 바람이 간헐적으로 불어올 수 있어서 전력 출력량이 일정하지 않을 수 있다.

근해에서 풍력 발전 단지의 개발이 증가하고 있는데, 그 이유는 다음과 같다.

• 시각적인 영향이 적다.
• 평균 풍속이 더 크다.
• 근해 바람에서는 난기류가 적다.

하지만 해양 환경은 까다롭고 설치 및 운용 비용이 크기 때문에 육상 풍력 발전 단지에 비해 최소 2배 이상의 전력 생산 비용이 소요된다. 그림 2.1은 근해 풍력 터빈과 건설이 진행

그림 2.1 해상 풍력 터빈과 해상 변전소(배경)
출처: RWE Innogy UK(컬러 사진 참조).

그림 2.2 해상 풍력 터빈을 건설하는 모습. 잭업 바지선(Jack – up barge)을 이용하여 마지막 풍력 터빈 블레이드를 들어 올리고 있음.
출처: Renewable Energy Systems(컬러 사진 참조).

중인 해상 변전소를 보여 주며, 그림 2.2는 건설이 진행 중인 해상 풍력 터빈을 보여 주고 있다.

2.2 풍력 터빈의 작동 원리

모든 풍력 터빈은 그림 2.3과 같이 회전면을 통과하는 공기 흐름으로부터 생기는 에너지를 이용하여 작동한다.

회전면을 지나가는 공기의 질량 유량은 다음과 같이 계산할 수 있다.

$$\dot{m} = \rho AU \ \text{[kg/s]}$$

따라서 단위 시간당 운동에너지는 아래 식으로 계산한다.

$$\frac{1}{2}\dot{m}U^2 = \frac{1}{2}\rho AU \cdot U^2 \ \text{[W]}$$

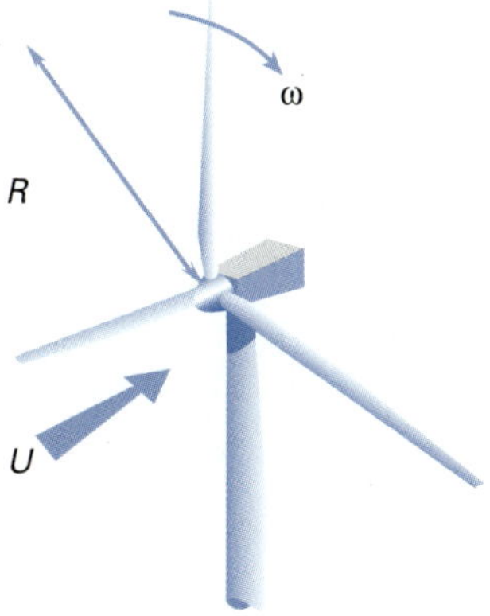

그림 2.3 풍력 터빈의 회전면 모습(U는 자유 풍속, R는 회전자의 반지름, ω는 회전 속도를 의미함)

$$P_{AIR} = \frac{1}{2}\rho A U^3 \ [\mathrm{W}] \tag{2.1}$$

여기서

ρ는 공기 밀도, 1.25 kg/m^3

A는 회전자가 쓸고 가는 부분[스윕 영역(swept area)]의 면적(πR^2, m^2)이다.

풍력 터빈은 바람의 모든 동력을 이용할 수는 없으므로 전력 계수(C_P: power coefficient)라는 개념을 도입하여 설명한다. 전력 계수는 전체 바람에서 활용 가능한 동력 대비 풍력 터빈 회전자로부터 얻게 되는 전력(P_{WT})으로 간단하게 계산한다.

$$C_P = \frac{P_{WT}}{P_{AIR}}$$

그러므로 아래의 식을 도출할 수 있다.

$$P_{WT} = C_P P_{AIR} = C_P \frac{1}{2}\rho A U^3 \ [\mathrm{W}] \tag{2.2}$$

풍력 터빈은 회전자에 의해 쓸려지는 영역을 지나가는 공기의 흐름으로부터 에너지를 이용하여 작동하게 된다. 회전자는 수평축이나 수직축으로 회전한다.

직선형 수직 블레이드를 활용하거나 다리우스(Darrieus)형이라고 불리는 달걀 거품기 모양의 구조를 이용하는 수직축 풍력 터빈은 1980년대에 개발되어 판매되었으나 상업적 성공에는 이르지 못하여 현재 대량 생산되지는 않고 있다. 수직축 풍력 터빈의 블레이드가 바람

방향 또는 반대 방향으로 움직이면서 겉보기 풍속(apparent wind speed)이 달라져 회전자에 큰 순환 토크(cyclic torque)가 발생한다. 이런 순환력은 저항을 강하게 받기 때문에 회전자와 지지 구조물 등 수직축 풍력 터빈의 전체적인 비용이 증가해서 상업적 경쟁력이 없었다. 수직축 풍력 터빈은 일반적으로 자체적으로만 작동되지는 않으며 모터로 작동하는 발전기와 함께 사용한다.

풍력 터빈의 회전자를 구성하는 블레이드의 숫자는 다양하게 선택할 수 있다. 블레이드의 숫자가 적으면 회전면을 통과하는 공기에서 최대한의 동력을 뽑아 내기 위해 빠른 속도로 회전해야 한다. 회전자에서 발생하는 소음은 팁 속도(tip speed)가 빨라지는 것의 5배만큼 증가한다. 육상에 설치된 풍력 터빈의 경우 소음을 억제해야 하기 때문에 회전자의 팁 속도를 보통 초속 60 m에서 80 m로 제한한다.

낮은 풍속에서 큰 시동 토크가 필요한 양수(water pumping) 풍력 터빈은 24개 이상의 블레이드를 천천히 회전시킨다.

1980년대에는 단일 또는 이중 블레이드 수평축 터빈이 상용화되었으나 현재는 삼중 블레이드 수평축, 맞바람(upwind) 회전자를 이용한 터빈이 실제 풍력 발전 단지에서 사용되고

그림 2.4 풍력 터빈이 설치된 미국의 어느 평원
출처: RWE Innogy UK(컬러 사진 참조).

있다. 삼중 블레이드 풍력 터빈은 이중 또는 단일 블레이드 터빈 설계보다 시각적으로 더 부드럽게 보인다. 회전 속도가 불균형하게 보이는 것은 착시 현상의 탓이지만, 풍력 터빈이 일반인에게 어떻게 인식되는지에 따라 풍력 발전 단지의 건설 허가 여부가 결정되기 때문에 시각적 효과는 매우 중요하다. 다른 재생 에너지 시설의 설치 계획에서도 마찬가지이지만, 풍력 발전 단지의 개발 단계에서 이런 대중의 인식이 매우 중요하다. 이중 블레이드 풍력 터빈은 시각화와 소음에 대한 환경적인 영향을 덜 고려해서 대규모로 설치할 수 있는 근해 풍력 발전 단지에 적용될 수 있을 것이다.

미국의 어느 평지 지역에서 풍력 터빈이 일렬로 배치된 것을 그림 2.4에서 볼 수 있다.

2.2.1 풍력 터빈의 전력 곡선

지름 50 m짜리 풍력 터빈 회전자의 전력 계수(C_p)가 0.4라고 할 때 얻을 수 있는 전력을 그림 2.5에서 볼 수 있다. 풍속이 초속 4 m 미만일 때 바람에서 얻을 수 있는 전력이 거의 없기 때문에 터빈은 정지 상태를 유지한다. 풍속이 초속 5 m를 넘어설 때부터 식 (2.2)에 나와 있는 것처럼 전력 생산이 풍속의 세제곱에 비례하여 빠르게 증가한다. 정격 풍속은 바람에서 얻을 수 있는 모든 동력이 회전자의 축인 샤프트(shaft)에 전달되지 않을 정도로 높은 범위에서 결정된다. 정격 풍속과 정격 전력 이상일 때는 터빈에 걸리는 회전 부하와 다른 구성 성분[기어박스(gearbox)와 발전기]의 최대 발전 용량을 제한해야 한다. 터빈 설계자는 터빈 설치 장소의 예상 풍속을 고려하여 정격 풍속을 결정한다. 이 예에서는 초속 13 m의 풍속에서 발전 용량이 1000 kW인 것을 알 수 있다.

바람이 초속 13 m보다 빨라지면 풍력 터빈 블레이드에서 발생한 양력을 제어하여 회전자로부터 얻는 동력을 제한한다. 2.4절에 자세히 설명되었지만 터빈 블레이드를 세로축을 중심으로 회전시키거나 블레이드의 회전을 실속(stall)시켜 동력을 조절해야 한다. 초속 25 m 이

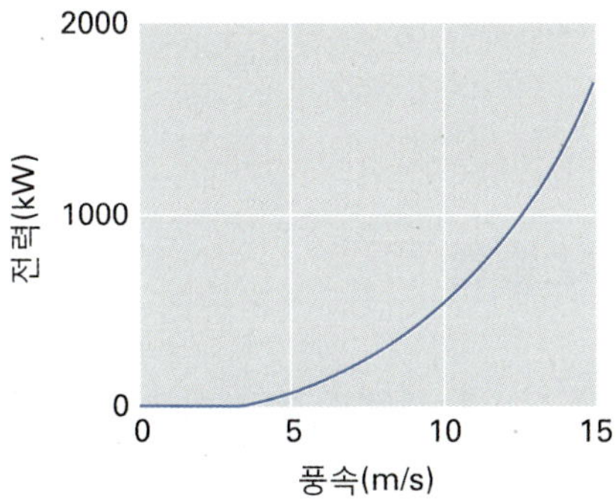

그림 2.5 직경 50 m, 전력 계수 0.4에서 회전자로 확보할 수 있는 전력

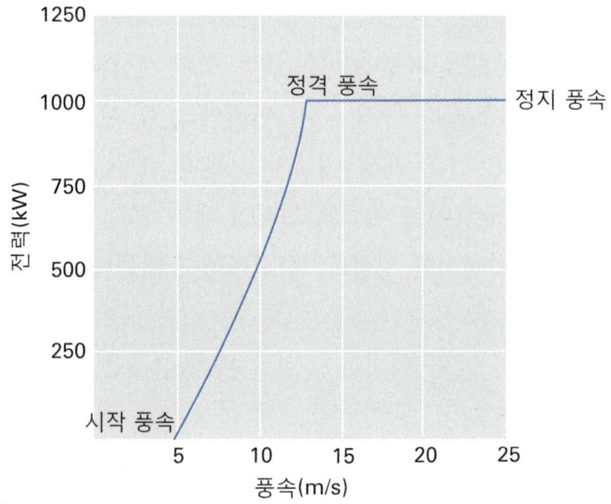

그림 2.6 지름이 50 m인 풍력 터빈의 전력 곡선

상의 초고속 풍속은 아주 드물게 발생하는데, 에너지 발생량이 크지 않으면서도 풍력 터빈 구조물에 매우 높은 부하를 준다. 이런 고속의 바람에서는 회전자를 정지시키거나 대기 상태에 두어 터빈을 멈추도록 한다.

그림 2.6에서 설계자가 설정한 정격/정지 풍속에서의 전력 곡선을 볼 수 있다. 풍력 터빈의 전체적인 운전 특성을 전력 곡선을 통해 볼 수 있다. 전력 곡선은 회전자 상부에서의 자유 풍속과 발전량의 관계에 대해 설명하며, 일반적으로 풍력 터빈 타워의 바닥 부분에서 측정한다. 전력 곡선은 풍력 터빈의 기어박스와 발전기에서 발생하는 기계적, 전기적 손실, 그리고 전력 계수의 변화 역시 반영한다. 풍력 터빈의 주요 작동 특성을 보여 주는 전력 곡선은 제조업체가 보장한다. 이 전력 곡선은 특정 지역의 풍속에서 발생할 수 있는 에너지의 양을 예측하는 데 쓰인다.

풍력 터빈의 전력 곡선은 고정 또는 가변 속도와 실속 또는 피치 전력 조절에 따라 세부적인 모양이 결정된다. 하지만 대부분의 풍력 터빈의 전력 곡선은 그림 2.6과 비슷하다.

2.3 풍력 터빈의 에너지 출력

풍력 터빈에서 생긴 에너지는 전력 곡선과 풍력 터빈이 설치된 장소의 풍속에 의해 결정된다. 영국의 어느 지역에서 측정된 단위 시간당 평균 풍속을 그림 2.7(a)에서 볼 수 있다. 터빈이 설치될 장소와 풍력 터빈 허브 높이의 풍속계에서 1시간 동안 평균 풍속을 측정하였다. 이 통계는 1년 동안 1시간 단위 평균 측정값으로 구성하기 때문에 365일간 매일 24시간의 측정값이 쌓여서 8760개의 측정값이 얻어진다. 측정값은 풍속의 중심값을 정수로 하여 초속 1 m(1 m/s) 단위로 표시하였다. 예를 들어, 측정값이 초속 7 m라면 6.5에서 7.5 사이의 값을 증분한 것이다.

그림 2.6에 나타낸 전력 곡선을 초속 1 m 풍속 단위로 표현한 것이 그림 2.7(b)이다. 기준 풍속에서 1년 동안 생산한 총에너지는 그림 2.7(c)를 살펴보면 알 수 있듯이 연간 풍속 시간

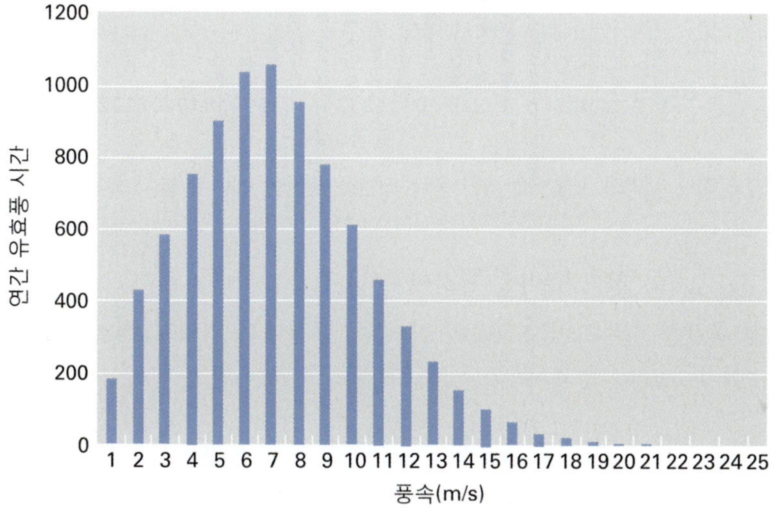

그림 2.7(a) 영국 어느 지역의 시간당 평균 풍속(초속 1 m 단위로 표시)

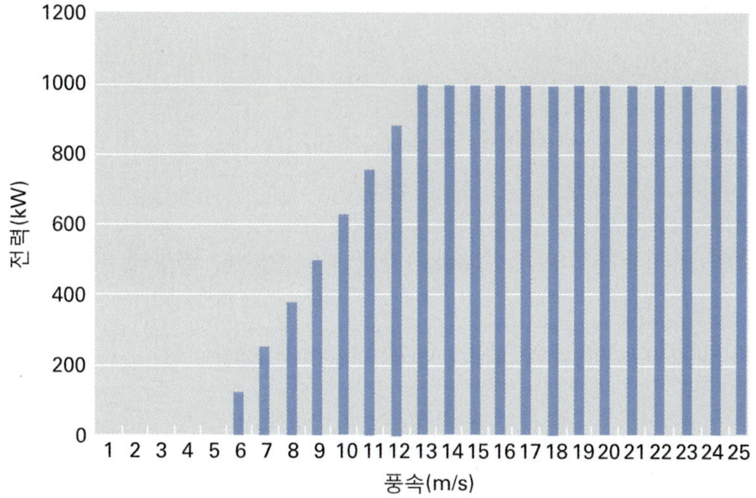

그림 2.7(b) 지름이 50 m인 풍력 터빈 전력 곡선(초속 1 m 단위로 표시)

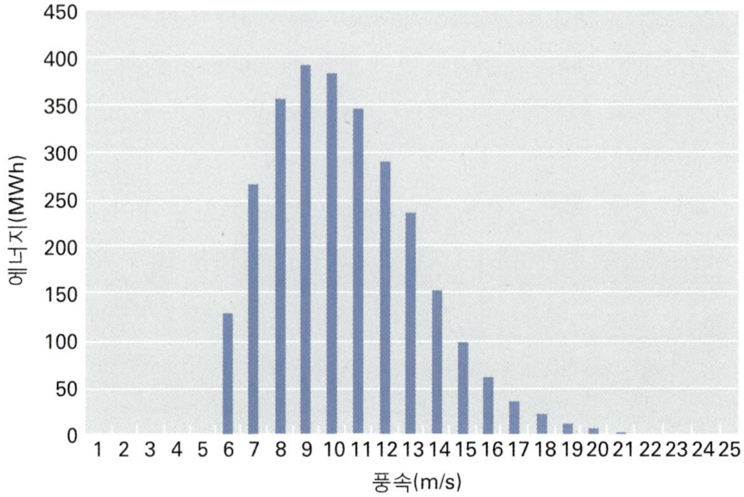

그림 2.7(c) 영국 어느 지역의 지름 50 m인 풍력 터빈을 활용한 에너지 출력(초속 1 m 단위로 표시)

과 각 풍속 구간에서의 전력 출력을 곱하여 구하였다.

연간 에너지 총생산량은 그림 2.7(c)의 각 풍속 구간에서 얻어진 에너지를 합산하여 계산한다. 따라서 연간 에너지 총생산량은 다음 식으로 계산한다.

$$\text{연간 에너지 출력} = \sum_{i=1}^{i=25} H(i) \times P(i)[\text{Wh}] \tag{2.3}$$

여기서

$H(i)$는 풍속 구간(i)의 연간 시간

$P(i)$는 풍속 구간(i)에서의 전력

전력 곡선으로 풍력 발전 단지에서 생산되는 에너지를 모든 손실을 포함하여 추정하기 위해서는 다음 사항도 필수적으로 고려해야 한다.

- 설치 장소의 국지적 변화와 후류(wake)가 터빈에 미치는 영향에 따라 각 터빈 회전자에 나타나는 풍속 변화
- 풍력 발전 단지의 전력 수집 시스템에서 발생하는 손실

2.4 풍력 터빈 선형 운동량 또는 액추에이터 디스크(Actuator Disk) 이론

유체역학이 익숙하지 않은 독자는 기본 개념을 익힌 다음에 읽기를 바란다.

모든 풍력 터빈은 회전면을 지나가는 바람에서 에너지를 얻어 내어 작동한다. 회전자를 1차원 방향의 기류로부터 에너지를 추출하는 기능을 하는 요소로 간주하면 이 작동 원리를 간단하게 이해할 수 있다. 이 방법은 풍력 터빈 선형 운동량 이론 또는 액추에이터 디스크 이론이라고 한다.

급가속과 큰 힘으로 인한 갑작스러운 풍속 변화는 일어날 수가 없다. 그렇지만 압력의 단계적인 변화에서 에너지를 얻는 것이 가능하고, 이런 원리에 의해 풍력 터빈이 작동한다. 따라서 터빈 회전면 바로 앞에서 압력이 상승하는 동안 회전자 뒤에서 급격한 압력 감소가 발생한다. 공기가 아래로 흐르면 압력이 대기압으로 다시 돌아온다. 회전면 중심을 관통하는

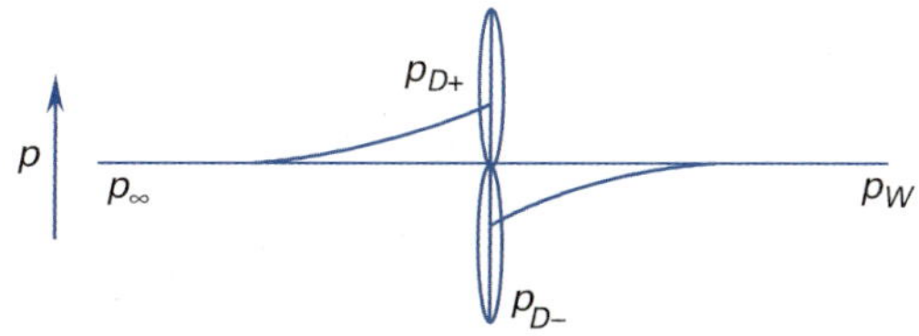

그림 2.8(a) 회전자 축을 따라 그린 정압(static pressure)

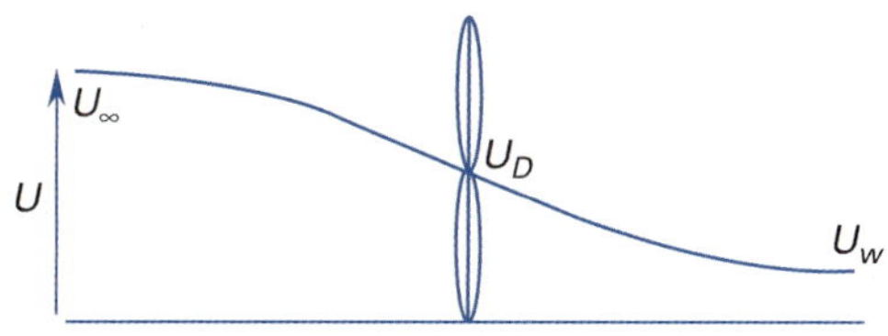

그림 2.8(b) 회전자 축을 따라 그린 바람 속도

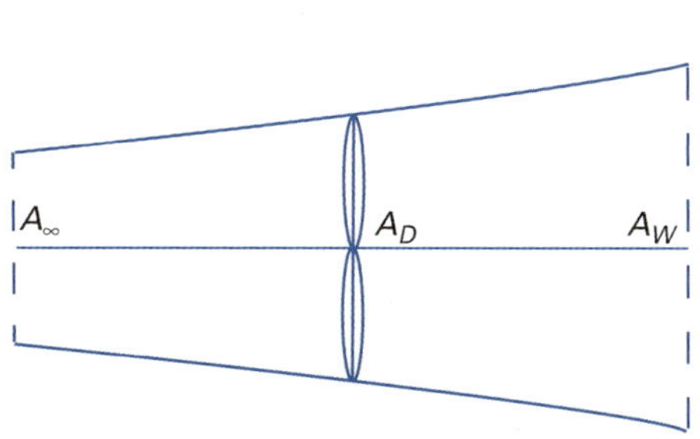

그림 2.8(c) 회전자 통과 바람 단면적

축을 따라 압력이 어떻게 변하는지 그림 2.8(a)에서 볼 수 있다.

그림 2.8(b)와 같이 바람이 회전면에 도달하면 유속이 줄어들고 지속적으로 감소해서 후류로 떨어진다.

공기 질량 유량이 일정한 유선형 관(stream tube)을 그림 2.8(c)에서 볼 수 있다. 풍속이 상부 흐름에서 더 빨라서 이 지점의 더 작은 횡단면을 가지고, 속도가 더 느린 후류가 생기는 하부 흐름에서 더 큰 횡단면을 가지게 된다. 질량 유량이 일정한 유선형 관의 경우는 다음과 같은 식으로 나타낼 수 있다.

$$\rho A_{\infty} U_{\infty} = \rho A_D U_D = \rho A_W U_W$$

여기서

A는 유선형 관의 면적

U는 속도

ρ는 밀도

∞는 상부 흐름

D는 원판

W는 후류

축 간섭 계수(a: axial flow induction factor)를 정의하는 것이 일반적이다. 여기서 aU는 회전면에서 축속도의 감소를 뜻하며, 이 식은 다음과 같다.

$$U_D = (1-a)U_{\infty}$$

회전면을 통과하는 공기 운동량 변화율은 질량 유량과 속도의 전체 변화를 곱한 값이다.

$$\text{운동량의 변화율} = (U_{\infty} - U_W) \cdot \rho A_D (1-a)U_{\infty}$$

이 운동량의 변화율은 회전면을 통과하는 압력의 변화에 의해 발생하는 힘과 같다. 따라서 이 힘을 수식화하면 다음 식과 같다.

$$(p_D^+ - p_D^-)A_D = (U_{\infty} - U_W)\rho A_D (1-a)U_{\infty} \tag{2.4}$$

여기서

p_D^+는 회전자 상부 흐름에서의 압력

p_D^-는 회전자 하부 흐름에서의 압력

베르누이의 정리(Bernoulli's theorem)를 활용하여 압력 차이를 계산하며, 이 정리는 제어 부피 내에서 흐르는 총에너지가 일정하다는 내용이다. 다시 말하면 운동에너지와 정압과 중력 에너지의 합은 항상 일정하다. 따라서 단위 질량 공기에 대해 베르누이 정리는 다음 식과 같다.

$$\frac{1}{2}\rho U^2 + p + \rho gh = \text{const.} \tag{2.5}$$

수평 흐름이라고 가정한다면 h가 일정하며 다음 식과 같다.

$$\frac{1}{2}\rho U^2 + p = \text{const.}$$

회전면 상부 흐름의 부피를 알 때 제어 부피를 다음 식으로 결정할 수 있다.

$$\frac{1}{2}\rho U_\infty^2 + p_\infty = \frac{1}{2}\rho U_D^2 + p_D^+ \tag{2.6}$$

회전자 하부 흐름의 부피를 알 때 제어 부피를 다음 식으로 결정할 수 있다.

$$\frac{1}{2}\rho U_D^2 + p_D^- = \frac{1}{2}\rho U_W^2 + p_W \tag{2.7}$$

베르누이 정리를 간단하게 적용하려면 회전자 상부와 하부 흐름에 별도의 제어 부피를 사용한다.

긴 거리의 상부 흐름과 멀리 있는 후류에서의 정적 압력($p_\infty = p_W$)은 동일하다. 그러므로 식 (2.5)에서 식 (2.6)을 빼면 다음 식이 된다.

$$p_D^+ - p_D^- = \frac{1}{2}\rho(U_\infty^2 + U_W^2) \tag{2.8}$$

식 (2.8)을 식 (2.4)에 대입하면 다음 식이 된다.

$$\frac{1}{2}\rho(U_\infty^2 - U_W^2)A_D = (U_\infty - U_W)\rho A_D(1-a)U_\infty$$

$$\frac{1}{2}(U_\infty - U_W)(U_\infty + U_W) = (U_\infty - U_W)(1-a)U_\infty$$

그러므로 다음 식이 나오게 된다.

$$U_W = (1-2a)U_\infty \tag{2.9}$$

이 중요한 결과 식을 통해 축방향 속도의 손실의 절반이 회전자 상부 흐름에서 발생하고, 나머지 절반은 하부 흐름에서 발생한다는 것을 확인할 수 있다.

2.4.1 베츠의 한계(Betz limit)

회전자 추력(thrust)은 공기 때문에 발생한 힘과 같아서 식 (2.4)에서 U_W를 없애야 한다.

$$F = (p_D^+ - p_D^-)A_D = 2\rho A_D U_\infty^2 (1-a) \tag{2.10}$$

회전자에서 얻을 수 있는 전력을 FU_D나 다음 식으로 계산할 수 있다.

$$P_{WT} = FU_D = 2\rho A_D U_\infty^3 a(1-a)^2 \tag{2.11}$$

식 (2.2)에서 구한 전력 계수를 다시 떠올려 보면 다음 식과 같다.

$$C_P = \frac{P_{WT}}{P_{AIR}} = \frac{P_{WT}}{\frac{1}{2}\rho U_\infty^3 A_D}$$

그러므로

$$C_P = 4a(1-a)^2$$

그리고 C_P를 a에 대하여 미분하면 다음 식이 나온다.

$$\frac{dC_P}{da} = 4(1-a)(1-3a)$$

C_P가 최대일 때 $\frac{dC_P}{da}$가 0이고, a는 0.33이거나 1이다.

a가 1일 때는 바람이 회전자에서 멈춰서 전력이 생성되지 않음을 뜻하므로 제외한다.

$a = 0.33$일 때, $C_P = C_{P\max} = 16/27 = 0.593$이며, 이것이 베츠의 한계이다.

베츠의 한계는 풍력 터빈 회전자에서 유효 바람 중에서 가용 가능한 전력의 최대 비율이다. 실제로 현대식 풍력 발전 터빈 회전자의 최대 성능을 위해서는 C_P가 보통 0.4에서 0.5 사이의 값이 되어야 한다.

베츠의 한계를 유도하는 것은 회전면을 가로지르는 바람에서 전력을 얻는 일반적인 풍력 터빈 액추에이터 디스크 모델을 기반으로 한다. 그러므로 이 이론은 수평 및 수직 축 풍력 터빈에 모두 적용이 가능하고, 블레이드 개수에 상관없이 다양한 회전자에 모두 적용할 수 있다.

2.4.2 추력 계수(Thrust Coefficient)

추력 계수(축력 계수)는 다음 식으로 정의할 수 있다.

$$C_T = \frac{F}{T_{MAX}}$$

여기서 회전자 영역의 바람에 의해 생길 수 있는 최대 축방향 추력은 다음 식과 같다.

$$T_{MAX} = \frac{1}{2}\rho U_\infty^2 A_D$$

따라서 식 (2.10)에서 다음 식을 도출할 수 있다.

$$C_T = 4a(1-a)$$

축 간섭 계수(a)에 따라 C_P와 C_T가 어떻게 변하는지 그림 2.9에서 볼 수 있다.

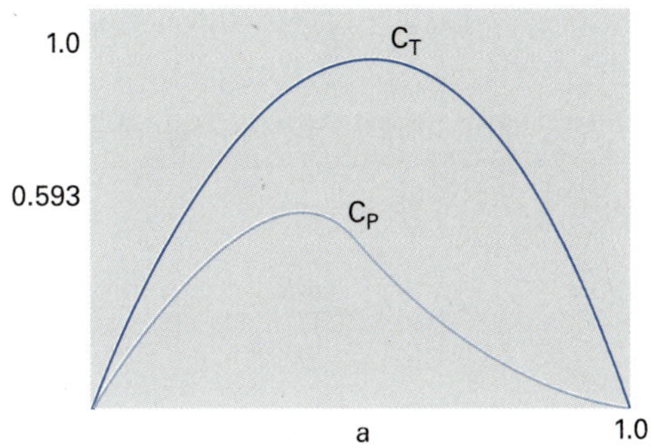

그림 2.9 축 간섭 계수(a)에 따른 전력 계수(C_P)와 추력 계수(C_T)의 변화

2.4.3 운동량 이론의 한계

식 (2.9)를 살펴보면 a가 0.5 이상일 때 후류가 역전될 가능성이 있어 a가 $\frac{1}{2}$에 가까워질 때 운동량 이론이 적용이 안 되는 것을 알 수 있다. 그래서 a가 0.4보다 클 때 운동량 이론에 대해 실험적으로 얻어진 값을 이용한다.

2.4.4 토크 계수

토크 계수 C_Q는 회전자에 의해 발생하는 토크(Q)에 대한 가능한 최대 토크 Q_{MAX}의 비로 정의할 수 있다.

$$C_Q = \frac{Q}{Q_{MAX}}$$

최대 토크 Q_{MAX}는 최대 추력이 회전자의 평면에 있는 블레이드 가장 바깥쪽 끝에 걸렸을 때 발생한다.

반지름이 R인 회전자의 경우 다음과 같은 식으로 계산한다.

$$Q_{MAX} = T_{MAX}R$$

그리고

$$T_{MAX} = \frac{1}{2}\rho U_\infty^2 A_D$$

그러므로

$$Q_{MAX} = \frac{1}{2}\rho U_\infty^2 A_D R$$

일반적으로 블레이드 팁 속도 대비 회전자 상부의 자유 풍속의 비율에 대해서 팁 속도 비(λ)라고 정의하며, 다음과 같이 표현한다.

$$\lambda = \frac{\omega R}{U_\infty} \tag{2.12}$$

여기서 ω는 회전자의 회전 속도로 단위는 rad/s이다.

그러므로

$$Q_{MAX} = \frac{1}{2}\rho U_\infty^2 A_D \frac{\lambda U_\infty}{\omega} = P_{MAX}\frac{\lambda}{\omega}$$

회전자 샤프트의 동력은 다음 식으로 계산한다.

$$P = Q\omega$$

그래서

$$P = C_P P_{MAX} = C_Q Q_{MAX} \omega = C_Q P_{MAX} \frac{\lambda}{\omega} \omega$$

다음과 같은 식을 얻을 수 있다.

$$C_P = C_Q \lambda$$

2.4.5 회전자의 C_P/λ 곡선

풍력 터빈 회전자 성능은 C_P/λ 곡선으로 설명한다. 식 (2.2)로부터 구할 수 있는 전력 계수(C_P)는 단위가 없으며, 식 (2.12)의 팁 속도비(λ)도 마찬가지이다.

따라서 C_P/λ 곡선은 모든 크기의 풍력 터빈 회전자의 성능을 설명하기 위해 활용할 수 있다. 그림 2.10에서 삼중 블레이드 고정 피치 회전자의 C_P/λ 곡선을 볼 수 있다. 이 예시에서 C_P는 팁 속도 비율 7에서 최대가 된다. 회전자의 최대 효과는 최대 C_P일 때 생기며, 블레이드가 회전할 때 팁 속도 대비 자유 풍속 비율이 오직 7일 때 발생한다.

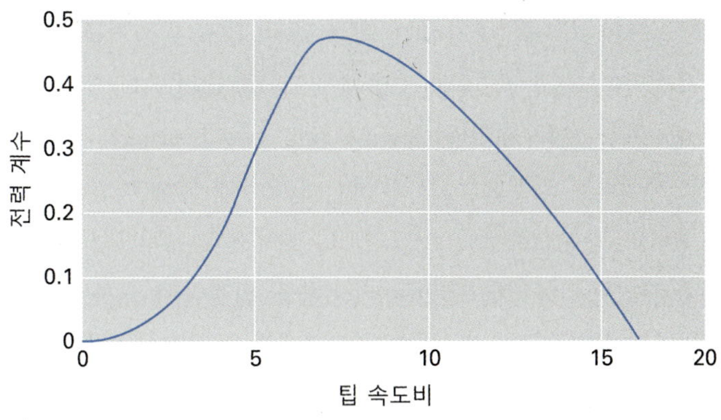

그림 2.10 전력 계수(C_P)와 삼중 블레이드의 팁 속도비(λ) 곡선

2.5 고정 속도 풍력 터빈

전력 생산을 위한 초기 모델의 풍력 터빈은 간단한 장치였다. 공기역학적인 회전자는 발전기의 주파수에 맞춰서 고정하였는데, 이는 50 Hz(유럽)이나 60 Hz(북미)인 전력 계통 주파

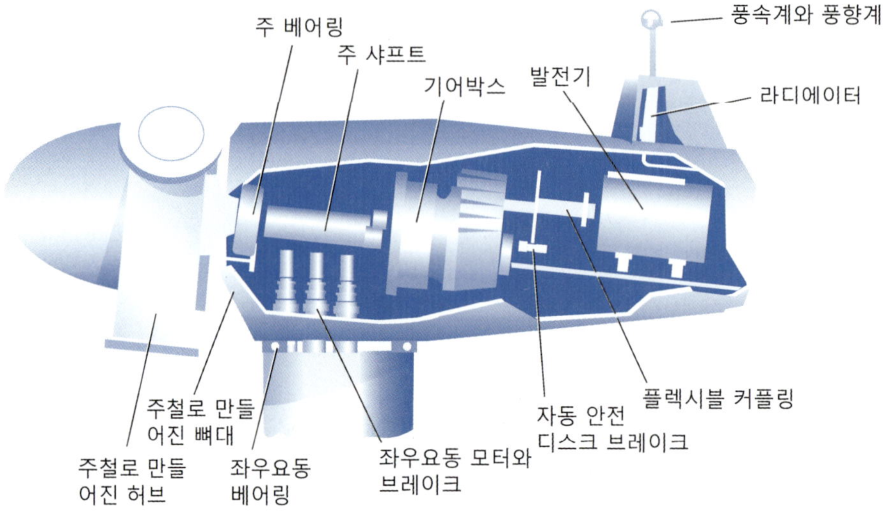

그림 2.11 고정 속도 풍력 터빈 나셀에 대한 모식도

수에 맞추기 위함이다.

그림 2.11에서 700 kW 고정 속도 풍력 터빈의 나셀(nacelle) 단면을 확인할 수 있다. 나셀은 타워의 앞바람 부분에 부착한 삼중 블레이드와 저속의 주 샤프트로 구성되어 있는데, 기어박스를 통해 샤프트의 속도를 증가시켜 액체 냉각 유도 발전기를 구동한다. 블레이드는 허브에 단단하게 고정되어 있고 풍속과 전력 출력이 정격값을 초과할 때 실속한다. 나셀은 타워 상단에 있는 큰 회전 요동 베어링(slewing ring yaw bearing) 위에 설치하며, 나셀 상부에 있는 풍향계로 제어하는 좌우요동 모터(yaw motor)에 의해 바람 방향으로 향하게 된다. 풍향계는 나셀이 바람의 방향으로부터 어느 정도 멀어져 있는지 알려 준다. 나셀이 2~3회 회전하는 것을 버틸 수 있는 유연한 펜던트 케이블을 활용하는 요동 베어링을 가로질러 발전기에서 타워 아랫부분까지 송전한다. 풍향계와 가까운 풍속계는 터빈의 시동 및 정지를 제어하는 용도로만 이용된다.

제어 시스템은 매우 간단하며 샤프트 브레이크를 해제하여 시작 풍속에 도달할 때 터빈을 작동시키도록 한 다음 풍속이 정지값을 초과할 때 터빈을 정지시킨다. 이 제어 시스템은 터빈 작동을 관찰하고 나셀을 바람의 방향으로 향하게 하는데 이것이 능동형 제어이다. 터빈 블레이드의 공기역학적 성능은 회전자가 기준보다 높은 풍속에서는 실속하고 양력과 회전자 토크가 감소하도록 배열한다. 이 실속 제어는 완전 수동형이고 블레이드가 허브에 일정한 각도로 단단히 고정되도록 한다. 풍속계를 이용하여 풍속을 측정하는 것은 회전자 후류 난기류 내의 단일 지점을 측정한 것이기 때문에 회전면을 관통하는 풍속은 잘 측정되지 못한다. 풍

그림 2.12 풍력 터빈의 회전자를 들어서 저속 주 샤프트에 연결하는 모습
출처: Renewable Energy Systems(컬러 사진 참조).

속 측정은 터빈 가동을 시작하고 정지하는 샤프트 브레이크를 제어하는 데만 활용한다.

그림 2.12는 지면에서 조립한 회전자를 들어 올리는 모습을 나타낸 것이다. 저속 샤프트에서 높은 토크를 얻기 위해서는 큰 지름으로 연결해야 한다는 것을 유의해야 한다.

2.5.1 고정 속도 풍력 터빈의 발전기

전기 발전기에 익숙하지 않은 독자는 기본 개념을 익힌 다음에 읽기를 권한다.

풍력 터빈의 구동열(drive train)과 회전자의 회전 속도는 전력 계통의 주파수인 50 Hz나 60 Hz로 고정된 발전기에 의해 일정하게 유지된다. 풍력 터빈은 강력한 50 Hz나 60 Hz 전력망에 연결한 경우에만 작동시킬 수 있다. 이 전력망은 전기 공급을 안정적으로 지속해 줄 수 있는 전압을 제공하고, 고정 회전 속도를 유지할 수 있도록 한다. 풍력 터빈의 보조 장치를 구동하기 위한 전력도 전력망에서 끌어온다.

고정 속도 풍력 터빈을 고려하는 한 가지 방법은 모터에 연결된 대형 팬으로서 블레이드를 지나는 바람으로부터 주 구동 트레인 샤프트에 토크를 가하는 것이다. 구동열의 회전 속도는 전력망의 주파수인 50 Hz 또는 60 Hz로 고정하며 토크는 풍속에 따라 변한다.

대형 화력, 수력, 원자력 발전소는 항상 동기식(synchronous) 발전기를 사용한다. 동기식 발전기에서 회전자는 인가된 전계 전류에 의해 생기는 전력망의 주파수(50 Hz 또는 60 Hz)에 정확히 고정된다. 동기식 발전기는 전력 손실이 작고 실제 전력과 무효 전력의 독립 제어가 가능하다. 하지만 고정 속도 풍력 터빈에서는 동기식 발전기보다 유도 발전기를 사용한다. 유도 발전기는 공기역학적 회전자의 토크가 변함에 따라 회전자의 속도가 바뀐다. 약 1~2%의 속도 변화가 있는 것이 일반적이다. 회전 속도 변화가 생길 때 구동열에 감쇠(damping)가 생기지만 변화가 매우 작아 '고정 속도 터빈'으로 간주한다. 풍속 변화는 구동열의 토크 변화를 일으키지만, 실질적으로 전력 시스템의 일정한 주파수에 맞추어진 전기 발전기에 의해 고정된다.

풍력 터빈의 블레이드가 풍력 타워를 통과함에 따라 회전자는 정격 토크의 최대 20% 토크 맥동(pulsation)을 경험하게 된다. 고정 속도 풍력 터빈에 직접 연결된 동기식 발전기를 사용하는 경우 구동열이 크게 손상되고 큰 토크 진동(oscillation)이 발생할 수 있다. 그러므로 유도 발전기는 전력 시스템을 작동하는 데에 어려움이 약간 있음에도 불구하고 고정 속도 풍력 터빈에 항상 이용된다. 유도 발전기를 이용하는 고정 속도 터빈이 대규모 풍력 발전단지에 설치되려면 전력 계통 연결 조건을 맞추기 위한 추가적인 전력 전자 장비들이 필요하다.

예제 2.1 풍력 터빈의 작동

풍속이 초속 12 m일 때 작동하는 700 kW급 지름 45 m 수평축 고정 속도 풍력 터빈이 있다고 생각해 보자. 주철(cast iron) 허브에 장착된 삼중 블레이드는 전체 비율 1:50인 3단계 변속기를 통해 발전기를 구동한다. 유도 발전기는 50 Hz 전력망에 직접 연결되어 있고 고속 샤프트 회전수를 분당 1500회로 유지하며, 저속 샤프트는 분당 30회로 회전시킨다. C_P, λ, 회전자 팁 속도 및 샤프트 토크를 계산하시오.

• 해답

풍속이 초속 12 m일 때 회전면을 통과하는 바람의 전력은 다음 식으로 구한다.

$$P_{AIR} = \frac{1}{2}\rho AU^3 = \frac{1}{2} \times 1.25 \times 1590 \times 12^3 = 1718 \text{ kW}$$

터빈이 이 풍속에서 얻을 수 있는 정격 전력은 다음과 같다.

$$C_P = \frac{P_{WT}}{P_{AIR}} = \frac{700}{1718} = 0.41$$

풍속이 초속 12 m에서 팁 속도의 비율은 다음 식으로 계산한다.

$$\lambda = \frac{\omega R}{U} = \frac{\frac{30 \times 2\pi}{60} \times 22.5}{12} = 5.9$$

블레이트 팁 속도는 다음 식으로 계산한다.

$$\omega R = \frac{30}{60} \times 2\pi \times 22.5 = 71 \text{ m/s}$$

기어박스와 발전기에서 발생하는 손실을 무시한다면 저속 샤프트 토크는 다음 식으로 계산한다.

$$Q_{LS} = \frac{700 \times 10^3}{\frac{30}{60} \times 2\pi} = 223 \text{ kNm}$$

그리고 고속 샤프트 토크는 다음과 같다.

$$Q_{HS} = \frac{700 \times 10^3}{\frac{1500}{60} \times 2\pi} = 4.5 \text{ kNm}$$

2.6 정격 풍속 이상일 때의 전력 제어

시작 풍속에서 정격 풍속까지 증가할 때의 풍력 터빈의 전력 곡선을 그림 2.6에서 볼 수 있다. 풍속이 정격 풍속과 정지 풍속 사이일 때는 피치 조절이나 실속 조절을 통해 생산 전력이 일정하게 유지된다. 가변 속도 작동에는 일반적으로 피치 조절만 활용하나 고정 속도 풍력 터빈에서는 두 기술 모두 널리 활용한다.

풍력 터빈의 블레이드는 항공기 날개와 유사한 방식으로 에어로포일(aerofoil) 영역을 활용하여 작동한다. 그림 2.13에서 수평 기류에서 에어로포일이 보여 주는 일반적인 단면을 볼

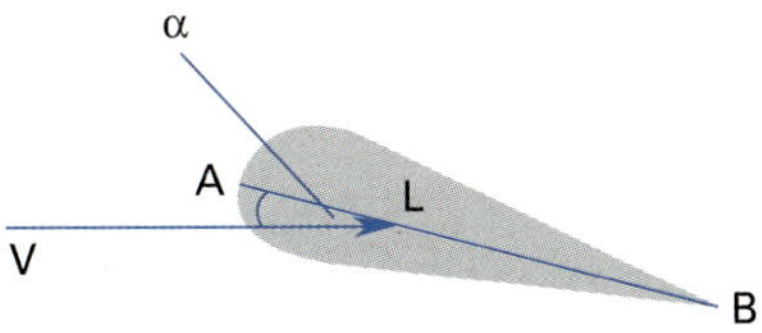

그림 2.13 수평 흐름에서의 에어로포일 영역: A는 앞 가장자리, B는 뒷부분 가장자리, L은 시위선(앞과 끝 가장자리를 연결하는 직선), α는 시위선과 바람 흐름 사이의 입사각, V는 에어로포일에 들어오는 풍속임.

수 있다. V는 시위선(chord line)과 각도 α를 이루는 에어로포일에 접근하는 겉보기 풍속이다.

바람이 에어로포일을 지나갈 때 상부 표면 압력이 감소하고 하부 표면 압력이 증가한다. 이는 식 (2.5)의 베르누이 정리로 이해할 수 있다. 바람의 속도는 에어로포일 상부 표면을 지나며 속도가 좀 더 빨라지면서 압력은 감소하게 된다. 이 압력 차이는 그림 2.14에서 볼 수 있다.

에어로포일을 가로지르는 압력 차이에서 생긴 힘 F는 양력(F_l)과 항력(F_d)의 두 가지 직교 성분으로 분할할 수 있다. 그림 2.14와 같이 양력은 입사 풍속에 수직이고 항력은 평행하다.

이 양력과 항력은 양력 계수(C_l)와 항력 계수(C_d)로 설명할 수 있다.

$$C_l = \frac{F_l}{1/2\rho V^2 A} \quad \text{및} \quad C_d = \frac{F_d}{1/2\rho V^2 A}$$

여기서

에어로포일 평면 면적이 A로 시위선과 블레이드의 길이를 고려해서 계산할 수 있다. dr는 그림 2.16에 표시하였다.

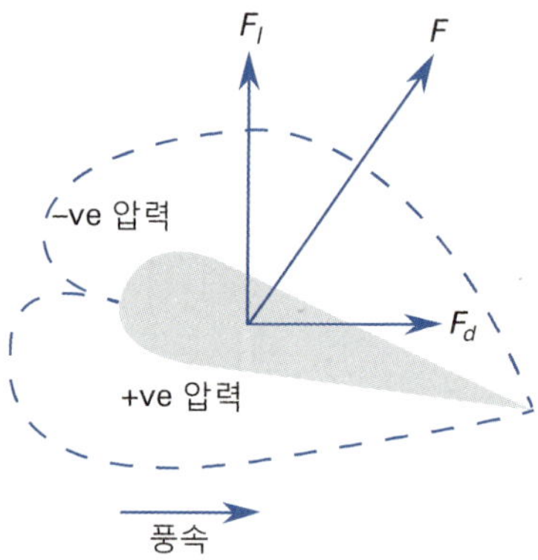

그림 2.14 에어로포일에서 수평 흐름의 힘

그림 2.15에 나타난 바와 같이 에어로포일의 양력 및 항력 계수는 입사각(α)에 따라 다르다. 입사각이 커지면 양력 계수는 선형으로 증가하고, 에어로포일은 실속한다. 실속 후에는 양력 계수가 감소하고, 항력 계수가 증가한다. 에어로포일 상부 경계층의 박리와 선회하는 후류 생성으로 실속이 발생한다.

지금까지 우리는 수평 입사 풍속이 V일 때를 가정하여 에어로포일을 항공기 날개인 것처

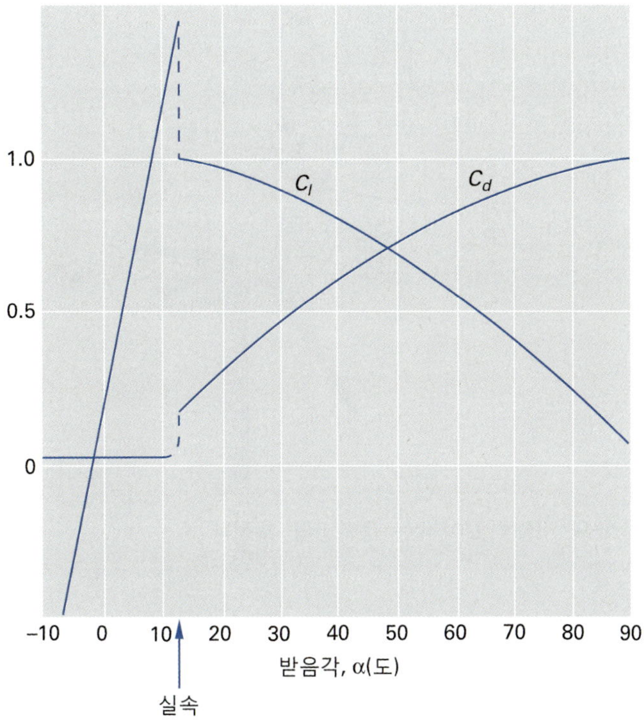

그림 2.15 전형적인 에어로포일의 특성

럼 간주하였다. 현대식 풍력 터빈의 회전자는 수평축을 중심으로 회전하며, 블레이드가 경험하는 풍속은 자유 풍속과 회전 운동에 의해 생성된 풍속의 조합에 의해 생성된다.

그림 2.16에서 일반적인 풍력 터빈 회전자와 블레이드의 방사형 요소 배열을 볼 수 있다.

블레이드 팁에서 바라본 블레이드 요소에 작용하는 힘과 풍속이 그림 2.17에 나타나 있다. 자유 풍속(U)과 블레이드 요소의 회전 속도(ωr)는 그림 2.17(a)에서 볼 수 있다. 겉보기 바람 속도(V)와 시위선 사이의 각도를 의미하는 입사각은 α로 표현하고, 겉보기 바람과 회전자의 회전면 사이의 각도는 φ로 표현한다. 그림 2.17(b)에서 나타나 있는 것처럼 입사 바람 속도(V)는 자유 풍속(U)과 블레이드 요소의 회전 속도($-\omega r$)의 벡터 합이다.

양력(F_l)은 입사풍에 수직이지만, 항력(F_d)은 입사풍과 평행하다. 터빈 블레이드를 회전시키는 토크(F_r)를 제공하는 유용한 힘을 다음 식으로 계산한다.

$$F_r = F_l \sin\phi - F_d \cos\phi$$

한편, 회전자의 추력(F_t)은 다음 식으로 구한다.

$$F_t = F_l \cos\varphi + F_d \sin\varphi$$

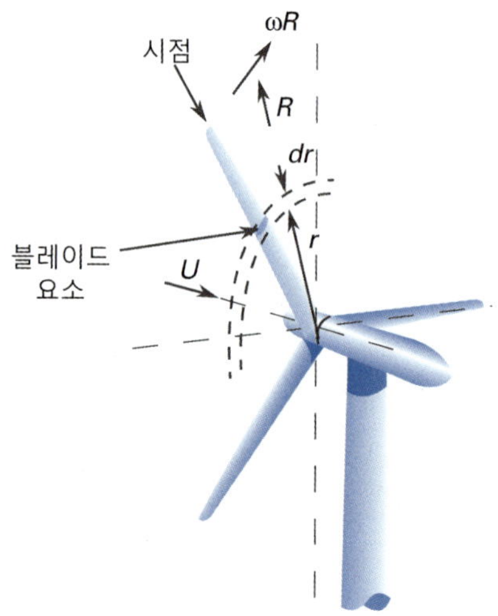

그림 2.16 블레이드 요소와 시점을 보여 주는 풍력 터빈 회전자

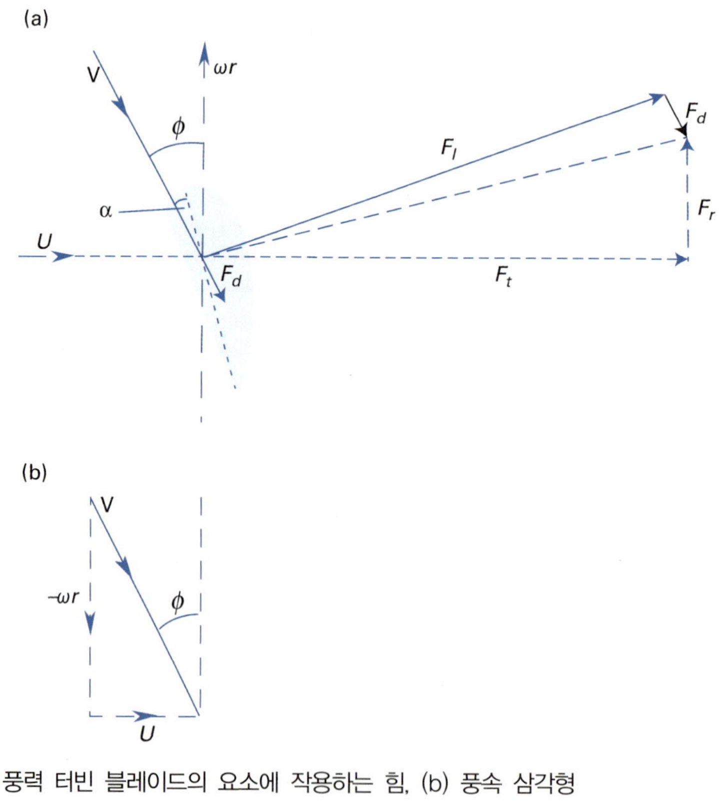

그림 2.17 (a) 풍력 터빈 블레이드의 요소에 작용하는 힘, (b) 풍속 삼각형

2.6.1 피치 제어와 실속 제어

풍력 터빈의 출력 동력, 즉 회전력(F_r)을 제어하는 두 가지 방법은 피치 제어와 실속 제어를 활용하는 것이다. 그림 2.15에 나타나 있는 것처럼 받음각이 10° 일 때 작동하는 블레이드를 가지는 에어로포일을 고려해 보자. C_d는 매우 작아 무시할 수 있으나 C_l은 거의 직선으로 가파르게 상승한다. 피치 제어를 활용하면 터빈 블레이드를 축을 중심으로 회전시키면서 입사각(α)을 줄어들게 된다. 입사각이 줄어들면 C_l, F_r 및 터빈에 의해 생기는 동력을 감소시킨다.

고정 속도 풍력 터빈에서 회전자의 각속도(ω)는 발전기에 의해 일정하게 유지되며 전력망 주파수는 50 Hz이나 60 Hz에 고정된다. 속도 V, U 및 $-\omega r$의 세 요소를 삼각형으로 보면 블레이드 요소의 회전 속도(ωr)가 일정하므로 자유 풍속의 증가는 φ의 증가로 이어진다. 따라서 V가 회전하면 입사각이 커진다. 초기 작동 받음각이 10° 인 그림 2.15를 생각해 보자. 받음각이 13° 를 넘어갈 정도로 자유 풍속이 빨라지면 터빈 블레이드가 실속하고 양력 계수가 커져서 토크가 작아진다. 이것이 실속 조절인데 터빈 블레이드의 피치 각도를 물리적으로 변경할 필요가 없어진다.

실속 조절은 움직이는 부품이 필요가 없기 때문에 매력적인 제어 방법이다. 아쉽게도 실제로 블레이드가 실속되도록 하는 풍속을 예측하는 것이 다소 어려울 수 있는데, 이는 실제로 공기역학적 실속이 이력현상(hysteresis)을 보여 주는 다소 복잡한 현상이기 때문이다. 피치 제어는 예측하기가 좀 더 쉽지만, 그림 2.18에 표시된 것처럼 블레이드의 피치 각도를 변경하기 위한 제어 메커니즘이 필요하다. 전력 변환기가 터빈 출력을 계산하기 위해 발전기 전압과 전류를 측정한다. 이 측정값을 바탕으로 정격 출력의 설정점과 제어 시스템 오류 신호와 비교하여 액추에이터를 작동하는데 액추에이터 베어링 회전자 허브에 장착한 터빈 블레이드 각도를 변경한다. 블레이드 피치 액추에이터는 유압식이거나 전기식일 수 있으며, 개별적 블레이드 또는 회전자의 모든 블레이드에서 집합적으로 작동한다.

실속은 블레이드의 반경 방향 위치에 따라 다르게 나타나는 다양한 풍속에서 발생한다. 그로 인해 실속 제어된 풍력 터빈의 전력 곡선은 에너지 포집 손실로 인한 피치 제어 블레이드의 전력 곡선보다 덜 가파르다. 이는 그림 2.19에서 볼 수 있다. 피치 제어 회전자는 블레이드가 축을 중심으로 회전할 때 높은 풍속에서 더 낮은 추력을 경험하게 된다. 전력 곡선은 회전자의 정상 상태 성능과 고정 속도만 보여 주며, 피치 제어된 터빈은 최대 정격 전력의 100%까지 전력 과도현상을 일으킬 수 있다. 최대 지름이 80 m인 2 MW급 발전 용량을 가지는 실속 제어와 피치 제어가 되는 고정 속도 풍력 터빈이 상용화되었다.

보조 실속 제어는 때때로 활성 실속 제어라고 하는데 이는 실속 제어가 개선된 형태 중의 하나이다. 이 기술에서는 블레이드 위치를 조정하는데 느린 터빈 블레이드 피치 액추에이터를 활용하지만, 주 제어 메커니즘은 풍속에 따라 입사각이 커지는 수동형의 공기역학적 실속 제어를 활용한다. 보조 실속 제어를 활용하는 이유 중의 하나는 초대형 풍력 터빈 제동에 터빈 블레이드 피치 액추에이터가 필요하기 때문이다.

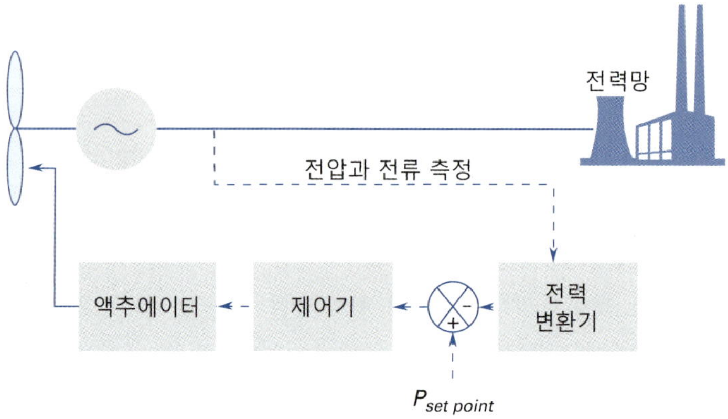

그림 2.18 고정 속도 풍력 터빈의 피치 제어

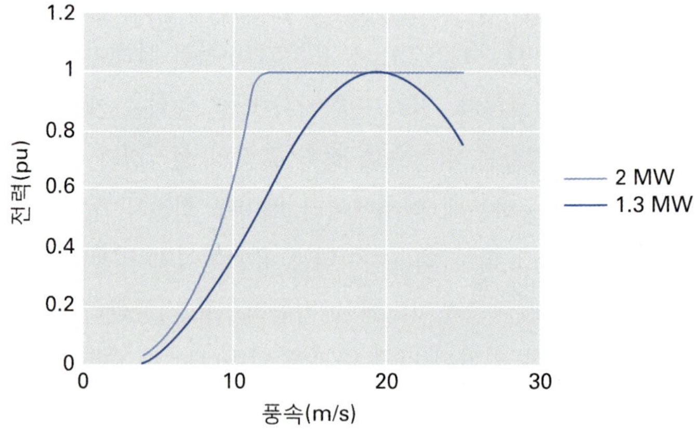

그림 2.19 2 MW급 피치 제어와 1.3 MW급 실속 제어 풍력 터빈의 전력 곡선. 전력은 각 터빈 정격 단위(pu)로 표시함.

피치 제어와 실속 제어의 특징은 표 2.1과 같다.

표 2.1 피치 제어와 실속 제어의 특징

피치 제어	실속 제어
• 베어링과 함께 허브에 장착한 터빈 블레이드를 회전시키기 위해 제어 시스템과 액추에이터가 필요하다	• 움직이는 부품이 필요 없다
• 최대 전력 효율을 얻을 수 있다	• 블레이드의 실속을 예측하기 어려울 수 있다
• 고정 속도 터빈 피치 제어와 함께 사용하면 블레이드에 걸리는 바람의 흐름이 역동적이어서 전력 과도현상이 크게 발생할 수 있다	• 더 부드러운 전력 제어가 가능하다
• 블레이드 피치를 변경하여 회전자를 제어할 수 있다	• 회전자를 제동하기 위해 대체적인 기술이 필요하다
• 블레이드 피치는 높은 풍속에서 추력을 줄인다	• 높은 풍속에서 큰 추력이 회전자에 생긴다

2.7 가변 속도 풍력 터빈

그림 2.10에서 볼 수 있듯이 C_P/λ 곡선에서 특정 풍속에 대해 회전자의 한 회전 속도에서만 바람으로부터 최대 전력을 얻을 수 있는 것으로 나타났다. 따라서 가변 속도 장비 비용과 에너지 손실이 크지 않다면 풍력 터빈의 회전 속도를 변화시키면서 작동하는 것이 좋다. 가변 속도 작동의 또 다른 중요한 특징은 회전자가 강풍에 부딪힐 때 회전자와 구동열의 속도를 변화시킬 수 있어서 터빈에 걸리는 기계적 부하를 줄일 수 있다는 것이다. 이렇게 부하를 줄이는 것이 가변 속도 작동이 필요한 1.5 MW에서 2 MW 이상의 정격 발전 풍력 터빈에 매우 중요하게 고려해야 할 사항이다.

50 Hz 또는 60 Hz의 전력망 주파수는 직접 연결된 발전기의 회전 속도를 결정한다. 2개의 자극(magnetic poles)으로 이루어진 발전기는 50 Hz 주파수 시스템에서는 회전수가 분당 약 3000회로 작동하고, 4개의 자극이 있는 발전기는 회전수가 분당 1500회이다. 구동열의 가변 속도 작동을 위해서는 발전기를 계통에서 분리하여 전력 전자 변환기를 통해 전력망에 연결하여 주파수를 변경해야 한다.

유성기어 장치(epicyclic gear)의 고리 속도를 제어하거나 유압 시스템을 활용하여 기계적 기어박스를 통해 공기역학적 회전자를 발전기에 연결하려는 연구가 있었다. 기계적 가변 속도 작동 풍력 터빈은 여러 제조업체에서 연구하고 있으나 전력 전자 시스템보다는 훨씬 덜 사용한다.

2.7.1 최대 전력 변환기 가변 속도 발전기

개념적으로 풍력 터빈의 변속 작동을 위한 가장 간단한 방법은 발전기의 모든 가변 주파수 출력을 직류(direct current)로 변환한 다음, 인버터를 사용하여 이 전력을 전력망의 50 Hz로 변환하는 것이다. 직류로 정류(rectification)시킨 후, 50 Hz로 전도(inversion)시키는 발전기는 모든 속도에서 회전이 가능하고, 어떤 주파수에서든지 전기를 생산해 낼 수 있다. 이 방법은 다음 그림 2.20에서처럼 전력망의 주파수와 발전기 회전 속도를 다르게 해서 작동할 수 있다.

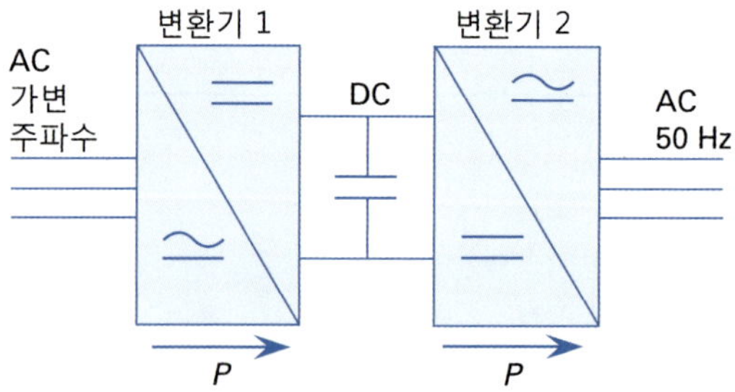

그림 2.20 최대 전력 변환

다양한 속도와 주파수로 동작하는 발전기를 50 Hz 전력망에 연결하기 위해서는 2개의 변환기를 활용한다. 첫 번째 변환기는 발전기의 다양한 주파수에서 전력을 끌어와 직류로 정류한다. 두 번째 변환기는 직류 전기를 전력망과 같은 주파수인 50 Hz로 전도시킨다. 이 두 변환기를 브릿지(bridge) 연결하여 대형 절연 게이트 양극성 트랜지스터(IGBT: insulated gate bipolar transistors)를 활용한다. 이러한 IGBT는 빠르게 켜고 끌 수 있는 큰 스위치로 간주할 수 있다. 첫 번째 변환기는 항상 직류로 정류하며, 두 번째 변환기는 전력망에 50 Hz 사인(sine) 함수 파동 전류로 전도한다.

발전기에서 얻는 모든 전력은 직류로 정류한 후 다시 50 Hz로 전환한다. 전환 과정에서 전력 손실이 약 1%에서 2% 정도 되는데 이 손실은 열로 전환되므로 강력한 변환기 냉각이 필요하다.

2.7.2 가변 속도 풍력 터빈의 제어

가변 속도 풍력 터빈의 재래식 제어 시스템은 구동열의 회전 속도를 입력 신호로 인식한다. 광학 인코더(optical incoder)를 활용하여 회전 속도를 간편하게 측정할 수 있는데, 회전면을 관통하는 풍속을 측정하는 것이 어렵기 때문에 풍속은 측정 신호로 활용되지 않는다.

가변 속도 풍력 터빈의 작동 지점을 그림 2.21에서 볼 수 있다. 풍속이 초속 5 m 이하일 때 터빈은 정지 상태를 유지하고 초속 5 m를 시작 풍속으로 간주하며, 초속 12 m에 이르기까지 발전기로부터 얻을 수 있는 전력은 회전 속도의 세제곱에 비례하도록 제어한다. 이런 특징은 다양한 풍속에서 최대한의 전력을 뽑아 낼 수 있도록 한다.

입사각을 줄이기 위해 블레이드가 기울어져서 바람에서 얻는 전력을 제한하게 될 때는 피치 각도가 정격 풍속에 도달할 때까지 고정 상태를 유지한다.

그림 2.22에서 완전 정격 전력 변환기를 활용하는 가변 속도 풍력 터빈의 제어 시스템을 볼 수 있다. 발전기의 속도는 터빈 설계에서 계산한 대조표를 통해 측정하고 통과한다. 이 대조표는 그림 2.21의 특성을 포함한다. 발전기에서 얻을 수 있는 전력과 발전기에 걸리는 토크는 대조표에서 찾고, 첫 번째 변환기에 적용한다. 제어 시스템은 발전기로부터 얻은 전력이 최적의 특성을 따르지 않도록 회전 속도를 조절하도록 해야 하는데, 이는 돌풍이 회전자에 부딪힐 경우 회전 속도가 빨라져 기계적 하중에 영향을 주기 때문이다. 이렇게 하면 최적의 경로를 따르지 않아 발생하는 손실을 최소화할 수 있으며, 기계적 하중을 줄일 수 있

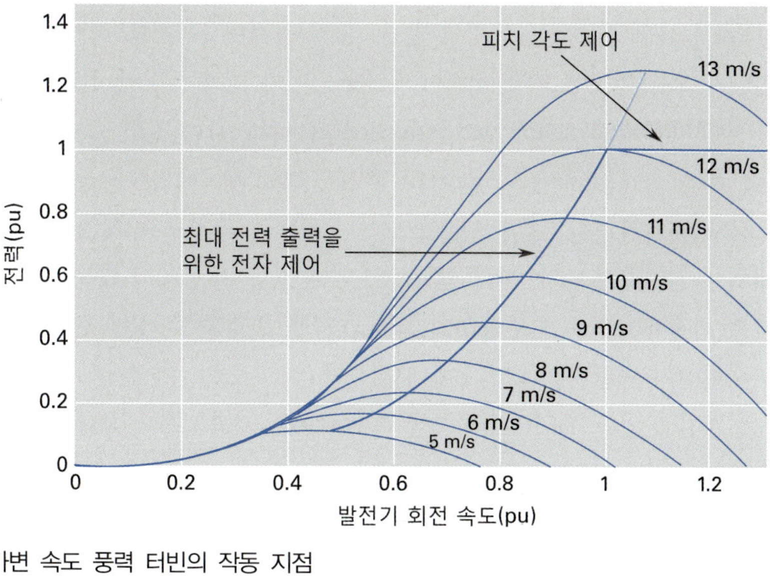

그림 2.21 가변 속도 풍력 터빈의 작동 지점

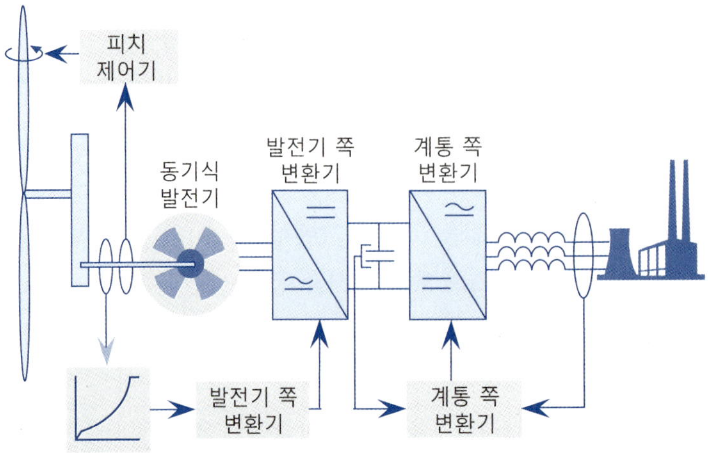

그림 2.22 완전 정격 전력 변환기를 활용하는 가변 속도 풍력 터빈의 제어

다. 산업 현장에서 활용하는 방법은 다양하지만 간단한 시스템에서는 발전기 쪽 첫 번째 변환기에서 이 모든 것을 제어한다. 전력망에 가까운 두 번째 변환기는 축전지(capacitor)에서 전력을 가져와서 전력망에 특정 주파수의 교류 전기로 전환 공급하는 역할만을 한다.

2.7.3 이중 공급 유도 발전기

완전 정격 전력 변환기를 2개 활용하여 풍력 터빈을 제어하는 것은 개념적으로 간단하므로 모든 형태의 동기식 또는 유도식 발전기와 함께 사용할 수 있다. 기어박스가 있는 동기식 발전기나 저속에서 직접 구동되는 동기식 발전기를 활용하여 고속 발전기를 사용할 수 있다. 그러나 두 변환기 모두 발전기 최대 전력에서 정격되어야 하고 상당한 전환 손실이 있다. 이중 공급 유도 발전기(DFIG: doubly fed induction generators)는 가변 주파수를 권선형 유도 발전기(wound rotor induction generator)의 회전자 회로에 주입한다. 일반적으로 DFIG는 액면 속도의 30% 내외의 속도 범위 제한이 있으나 변환기 크기도 30% 밖에 안 된다. 이 제한된 속도 범위에서는 완전 정격 전력 변환기의 가변 속도 작동에서 많은 에너지를 얻지만, 더 중요한 것은 회전자가 돌풍에 반응하여 회전 속도를 변경할 수 있게 한다. 하지만 권선형 유도 발전기는 발전기 변환기를 회전자에 연결하기 위한 슬립 링, 그리고 회전자와 고정자 사이의 공극을 가지고 있다. DFIG의 독특한 특성으로는 고속으로 동작할 때 전력이 고정자와 회전자에서 전력망으로 전달하나, 회전자에서 재생성된 전력 일부를 회전자로 역주입하여 마찰을 주어 회전을 느리게 한다는 것이다.

2.8 바람의 구조와 통계

풍력 터빈에 작용하는 풍속은 다음 사항을 고려하여 생각해 볼 수 있다.

- 에너지 생성량과 프로젝트의 수익성을 결정하는 평균 풍속
- 터빈 손상을 막기 위한 안전 한계 풍속
- 난기류처럼 터빈 피로 부하와 수명에 영향을 주는 풍속의 변화

바람이 가지고 있는 동력은 풍속의 세제곱 함수이지만, 바람에 의해 발생하는 힘은 풍속의 제곱에 비례한다. 따라서 풍속의 작은 변화는 전력과 에너지 수율뿐만 아니라 터빈의 힘에도 큰 차이를 만든다. 풍력 터빈의 구성 요소 설계에 극한 돌풍과 같은 다양한 바람을 결정론적으로 표현할 수 있으나, 풍속의 변동은 임의적인 변화이기 때문에 통계적인 값을 활용해야 한다.

다양한 높이에서 기록되는 풍속은 다음과 같은 지면 근처 바람의 특성에 대해 설명한다.

(1) 풍속은 계속해서 변한다.
(2) 풍속 변화는 다양한 빈도 범위에 걸쳐 퍼져 있다.
(3) 풍속은 고도가 높아질수록 빨라진다.

일반적으로 두 가지 시간 척도로 풍속 변화를 고려한다. 바람이 고르지 않거나 지면이 거칠거나 장애물이 많은 곳을 통과할 때는 풍속이 잦은 빈도로 변한다. 이렇게 기계적으로 유도된 난기류는 풍력 터빈의 구성 요소에 피로 부하를 일으키며, 특히 고정 속도 풍력 터빈에서 발생하는 전력의 잦은 변동을 일으킨다. 날씨 전선의 통과는 좀 더 낮은 빈도로 일어나는 변화이지만, 일부 국가에서는 육지가 데워지고 냉각됨에 따라 매일 매우 큰 변화가 발생할 수도 있다.

설치할 부지에서 풍력 터빈의 예상 에너지 수율을 추정하기 위해 평균 풍속은 보통 1시간 단위로 측정한다. 1시간 평균으로 반영하면 난기류로 인한 잦은 변동은 평균화할 수 있고 날씨 패턴으로 인한 변화도 반영할 수 있다. 이는 그림 2.23에서 볼 수 있는 1950년대 뉴욕 주(New York)에서 측정하여 잘 알려진 Van der Hoven 스펙트럼에서 확인할 수 있다. 이 방법은 전력 스펙트럼 밀도 $S(f$, power spectral density)를 계산하고 로그 스케일로 x축에 일정 주기로 일련의 풍속을 측정해서 그렸다. 전력 스펙트럼 밀도로 빈도에 따른 바람의 운동에너지를 알 수 있다. 날씨 전선으로 인한 종관적(synoptic) 변화, 일일 변화, 잦은 빈도로 발생하는 난기류에 의한 변화에 따라 세 가지 피크가 발생할 수 있다. 흔히 스펙트럼 갭(spectral gap)이라고 하는 10분에서 2시간 사이의 귀환 주기의 풍속 변화에서는 에너지가

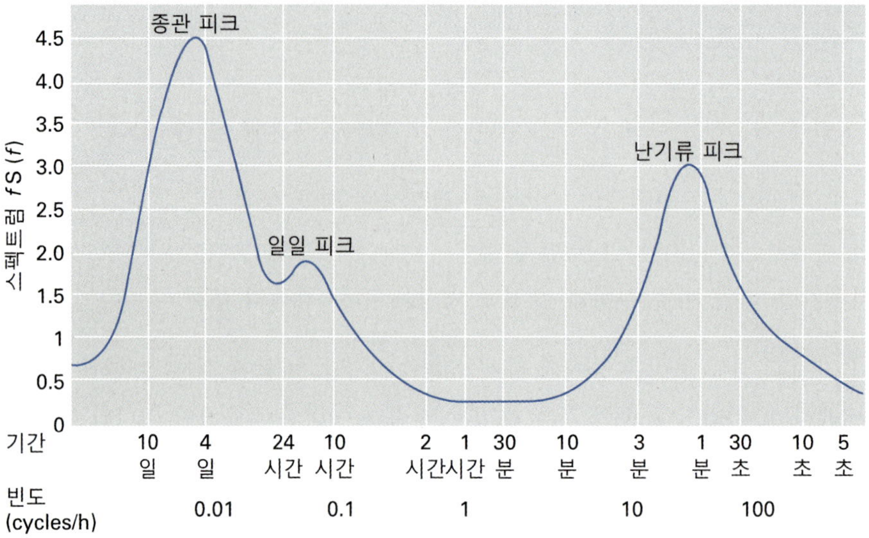

그림 2.23 Van der Hoven 스펙트럼
출처: *Wind Energy Handbook*, Burton A. et al., © John Wiley and Sons, 2001.

거의 없다. 스펙트럼 갭은 더 자주 일어나는 난기류의 영향을 배제하고 낮은 빈도로 일어나는 변화를 확인할 수 있도록 한다. 어떤 연구자들은 Van der Hoven 스펙트럼의 일반적인 적용 가능성에 대해 이의를 제기하지만, 다양한 시간대에서 풍속의 변화가 어떻게 고려될 수 있는 것인지를 이 스펙트럼은 보여 준다.

그림 2.6과 그림 2.19에 나타나 있는 풍력 터빈 전력 곡선은 10분 평균의 풍속과 전력 출력값을 활용하여 그린다. 10분 평균 기간으로 측정하면 잦은 빈도로 일어나는 난기류의 영향을 평균화하여 스펙트럼 갭에서 가장 짧은 측정 기간 동안 가장 많은 양의 데이터를 확보할 수 있다.

평균 풍속 측정값(U_i)을 아래에서 확인하려고 한다. 일반적으로 10분 단위나 1시간 단위로 기간을 선택한다.

평균 풍속은 다음과 같다.

$$\overline{U} = \frac{1}{n}\sum_{i=1}^{n} U_i$$

여기서 n은 총 판독 수이다.

풍속 데이터의 분산(variance)은 다음과 같다.

$$\sigma^2 = \frac{1}{n-1}\sum_{i=1}^{n}(U_i - \overline{U})^2$$

다음과 같이 식을 재작성할 수 있다.

$$\sigma^2 = \frac{1}{n-1}\left[\sum_{i=1}^{n}U_i^2 - n\overline{U}^2\right]$$

풍속의 표준편차는 분산의 제곱근이다.

불연속적인 풍속 변화가 관측될 확률은 다음과 같다.

$$p(U_i) = \frac{f_i}{n}$$

여기서 f_i는 풍속이 i일 때의 관측 횟수이다.

이산 누적 분포 함수(discrete cumulative distribution function) $F(U_l)$는 관측된 풍속이 U_l 이하일 확률이다.

$$F(U_l) = \sum_{i=1}^{l}p(U_i)$$

풍속은 보통 이산값의 표보다 연속 함수로 모델링하는 것이 더 편리하며, 그 후에 $p(U_i)$는

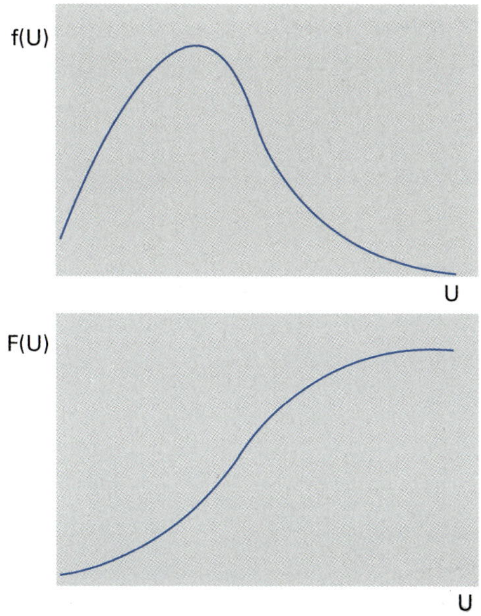

그림 2.24 확률 밀도 함수 $f(U)$와 누적 분포 함수 $F(U)$

밀도 함수 $f(U)$가 되어 풍속이 U를 중심으로 초당 1 m 간격에 있을 확률을 나타낸다. 이와 비슷하게 연속 누적 분포 함수[$F(U)$: continuous cumulative distribution function]는 아래 식과 같다.

$$F(U) = \int f(U)dU$$

그리고

$$f(U) = \frac{dF(U)}{dU}$$

그림 2.24에서 $f(U)$와 $F(U)$의 일반적인 형태를 볼 수 있다.

처음 읽을 때 다음 내용은 넘어가도 무방하다.

빈(bins) 방법

풍속은 여러 번 측정하여 각 평균 풍속의 아날로그 값을 기록하는 대신에 '빈 방법(method of bins)'을 활용하는 것이 더 편리하다. 일반적으로 초속 0 m에서 25 m의 풍속 범위를 빈에 구분한다. 빈은 보통 0에서 1, 1에서 2, 2에서 3으로 구분한다. 10분 평균이나 1시간 평균 풍속 측정값이 해당하는 빈의 측정 수를 증가시킨다. 이는 계산에 대한 부담을 줄이면서 풍속 데이터를 편리하게 요약 정리할 수 있는 방법이다. 풍력 터빈 전력 곡선을 그리기 위해 풍속 및 전력 측정에도 이와 유사한 방법을 활용한다.

이 빈 방법을 활용하면 풍속의 평균과 분산을 아래 식으로 계산할 수 있다.

$$\overline{U} = \frac{1}{n}\sum_{j=1}^{B} m_j f_j$$

$$\sigma^2 = \frac{1}{n-1}\left[\sum_{j=1}^{B} m_j^2 f_j - n\overline{U}^2\right] = \frac{1}{n-1}\left[\sum_{j=1}^{B} m_j^2 f_j - n\left(\frac{1}{n}\sum_{j=1}^{B} m_j f_j\right)^2\right]$$

여기서

m_j는 각 빈의 중심 풍속

f_j는 각 구간의 관측값 수

B는 풍속 빈의 개수

$$n = \sum_{j=1}^{B} f_j$$

2.8.1 와이블(Weibull) 통계와 레일리(Rayleigh) 통계

장기간의 풍속 기록을 확률 형태로 설명하기 위해 와이블 분포나 레일리 분포를 활용할 수 있다는 것이 경험적으로 가능하다고 알려졌다.

이 중에서 와이블 분포는 아래 확률 밀도 함수식으로 구한다.

$$f(U) = \frac{k}{c}\left(\frac{U}{c}\right)^{k-1} \exp\left[-\left(\frac{U}{c}\right)^{k}\right]$$

여기서

c는 척도 매개변수(scale parameter) [m/s]

k는 형상 매개변수(shape parameter)

그리고 풍속이 U 이하인 누적 분포 함수는 다음 식으로 계산한다.

$$f(U) = 1 - \exp\left[-\left(\frac{U}{c}\right)^{k}\right]$$

풍속이 U보다 큰 누적 분포 함수는 다음 식으로 구한다.

$$Q(U) = 1 - f(U) = \exp\left[-\left(\frac{U}{c}\right)^{k}\right] \tag{2.13}$$

와이블 분포에서 k가 2일 때를 특별히 레일리 분포라고 한다.

보통 k 값이 1.5에서 3 사이일 때 와이블 분포 특성은 c를 아래 식으로 비교적 정확하게 예측할 수 있도록 한다.

$$c = 1.12\overline{U}$$

따라서 처음 추정하는 값으로 c는 $\overline{U}$의 1.12배한 값으로 하고, 레일리 분포를 사용하는 k를 2로 간주하여 사용할 수 있다.

데이터 묶음에서 와이블 매개변수를 좀 더 정확하게 계산하기 위해 최소 제곱법 맞춤 프로그램(least squares fitting program)을 활용하거나 식 (2.13)을 고려하고, 로그를 2회에 걸쳐 취하는 방법을 사용하는데 다음 식으로 구한다.

$$\ln\{-\ln[1 - F(U)]\} = k \ln U - k \ln c$$

$\ln U$를 $\ln\{-\ln[1 - F(U)]\}$에 대한 그래프를 그리면, 그림 2.25와 비슷한 그래프가 된다.

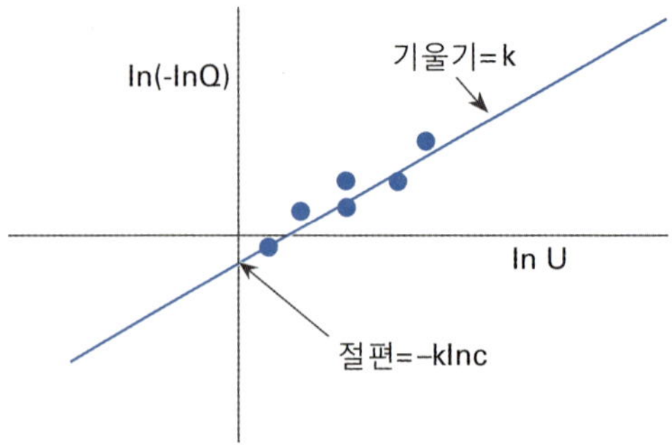

그림 2.25 그래프를 활용하여 와이블 매개변수를 결정하는 방법

이 그래프로 c와 k를 추정할 수 있다.

2.8.2 고도에 따른 풍속의 변화

경계면에서 부는 바람은 표면 거칠기에 의한 마찰 때문에 느려진다. 이는 그림 2.26에 도표로 표시되어 있다. 표면부터 고도가 높아질수록 평균 풍속이 변하는 것은 다음 식으로 구할 수 있다.

$$\overline{U}(z) = \frac{U^*}{k}\ln\left(\frac{z}{z_0}\right)$$

여기서

$\overline{U}(z)$는 지상에서 z만큼의 고도에서의 평균 풍속

U^*는 마찰 속도

k는 폰 카르만(Von Karman) 상수 (약 0.4)

z_0는 지형의 거칠기 길이(roughness length) 특성

z_0의 일반적인 값들은 표 2.2에 나타나 있다.

일반적으로 10 m인 기준 고도에서의 풍속이 알려진 경우 알려지지 않은 마찰 속도를 제거할 수 있으며, 아래 식과 같이 표현할 수 있다.

$$\frac{\overline{U}(z)}{\overline{U}(h)} = \frac{\ln\left(\frac{z}{z_0}\right)}{\ln\left(\frac{h}{z_0}\right)}$$

표 2.2 다양한 종류의 지형들이 가지는 거칠기 길이

유형별 지형	거칠기 길이 z_0(m)
도시, 숲	0.7
교외, 나무가 우거진 시골	0.3
마을, 나무와 울타리가 있는 시골	0.1
탁 트인 농지, 몇 개의 나무와 건물들	0.03
평평한 잔디 평원	0.01
평평한 사막, 거친 바다	0.001

출처: Burton A. et al., *Wind Energy Handbook*, © John Wiley and Sons, 2001.

위 식에서 h는 기준 고도이다.

위 식보다 일반적으로 더 간단한 경험적인 멱법칙(power law)을 활용하면 대략적인 계산이 가능하다.

$$\frac{\overline{U}(z)}{\overline{U}(h)} = \left(\frac{z}{h}\right)^{\alpha} \tag{2.14}$$

여기서 지수(exponent) α는 표면 거칠기와 고려하는 고도 범위에 따라 다르다. α가 1/7일 경우 이를 1/7 제곱 멱법칙이라고도 한다. 하지만 이런 간단한 방정식은 고도에 따라 변

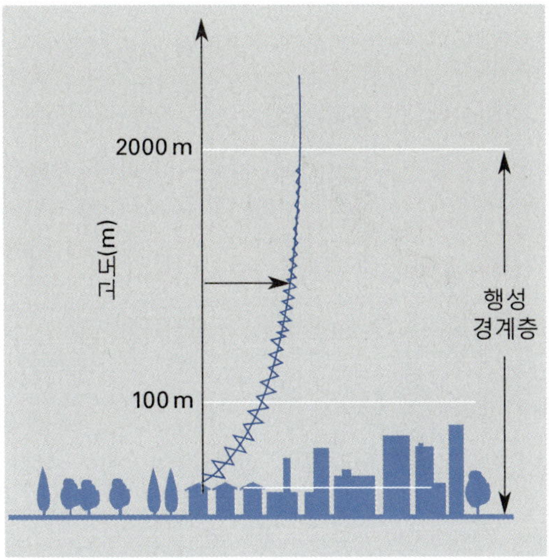

그림 2.26 고도에 따른 풍속 및 난기류의 변화

출처: *Wind Energy Conversion Systems*, Freris L. L. (ed.), © Pearson Education Limited and Prentice Hall International (UK), 1990.

하는 풍속의 근삿값만 주는데 풍력 발전 단지에서 에너지 출력을 정확하게 예측하기 위해서는 풍력 터빈 허브 높이에 높은 풍속계 돛대를 활용하는 것이 일반적이다.

예제 2.2 와이블 매개변수 활용

풍력 터빈 설치 장소의 허브 고도에서 시간당 평균 풍속에 대한 연간 분포를 다음 매개변수와 함께 와이블 분포로 설명할 수 있다.

$$\text{척도 매개변수 } c = 8.5$$
$$\text{형상 매개변수 } k = 2$$

이 지역에 설치한 풍력 터빈의 연간 총에너지 수율을 아래 표에 적힌 전력 곡선을 활용하여 계산하시오.

풍속(m/s)	출력(kW)
0~5	0
6	50
7	120
8	280
9	440
10~25	600

• 해답

이 계산에서는 초속 1 m 단위의 빈을 활용한다.

풍속이 초속 5.5 m 미만인 경우 시간은 아래 식을 이용하여 계산한다.

$$F(U) = 1 - \exp\left[-\left(\frac{U}{c}\right)^k\right] = 1 - \exp\left[-\left(\frac{5.5}{8.5}\right)^2\right]$$
$$F(U) = 0.342 \text{ 또는 } 2997\text{시간/년}$$

이 시간 동안에는 전력이 생산되지 않는다.

풍속이 초속 9.5 m 이상이며 터빈이 600 kW 전력을 생산하는 시간은 아래 식으로 계산한다.

$$Q(U) = \exp\left[-\left(\frac{U}{c}\right)^k\right]$$
$$Q(U) = 0.286 \text{ 또는 } 2512\text{시간/년}$$

정격 풍속보다 빠를 때 생성하는 에너지는 1507 MWh이다.

$f(U) = \frac{k}{c}\left(\frac{U}{c}\right)^{k-1}\exp\left[-\left(\frac{U}{c}\right)^{k}\right]$을 활용하여 풍속이 각각 초속 6 m , 7 m, 8 m, 9 m일 때의 시간을 초속 1 m 단위로 계산할 수 있다.

빈(m/s)	P(kW)	U(m/s)	$f(U)$	시간/년	에너지(MWh)
5.5~6.5	50	6	0.101	884	44.2
6.5~7.5	120	7	0.098	861	103.3
7.5~8.5	240	8	0.091	800	224
8.5~9.5	440	9	0.081	711	312.8

에너지를 합하면 생성된 총에너지는 2.19 GWh이다.

2.8.3 난기류

바람은 천천히 변하는 준-정상 상태(quasi-steady-state)에 잦은 빈도로 발생하는 난기류가 영향을 주는 것으로 간주할 수 있다. 따라서 평균 풍속을 정의할 때 난기류 변동도 반드시 설명해야 한다. 난기류 $V(t)$는 평균 U로부터 순간 풍속 $U(t)$의 편차로서 정의될 수 있다.

$$V(t) = U(t) - \overline{U}$$

풍속의 분산은 아래 식으로 계산한다.

$$\sigma^2 = \frac{1}{n-1}\sum_{i=1}^{n}(U_i - \overline{U})^2$$

이 풍속 변화는 난기류의 강도에 따라 측정한다.

$$I_u = \frac{\sigma}{\overline{U}}$$

I_u를 측정하기 위해서는 10 Hz에서 10분간 측정한 풍속 샘플을 활용하는 것이 일반적이다. 난기류의 강도는 일반적으로 고도가 높아지면 감소하는데, 기준 고도 z_0에서 측정한다면 아래 식이 합리적이다.

$$I_u(z) = I_u(z_0) \cdot \frac{1}{\ln\left(\frac{z}{z_0}\right)}$$

난기류의 강도는 설치 장소나 대기 환경에 따라 다르지만, 풍력 터빈 설계의 경우 20% 값을 쓰는 것이 일반적이다.

2.8.4 극한 풍속

많은 현장에서 시간당 평균 풍속에 와이블 분포는 잘 맞는 편이나 매우 드물게 아주 짧은 시간 동안 발생하는 극단적인 풍속 변화를 예측하는 데 유용한 방법은 아니다. 굼벨(Gunbel) 분포와 같은 대체 빈도 분포는 이런 극단적인 풍속 변화를 더 잘 표현할 수 있으나 풍력 터빈의 설계와 적용에는 지금까지 정의된 결정론적인 기준을 기반으로 한다. 극한 풍속과 그 풍속의 지속 시간은 설치 장소와 설치할 터빈 등급에 의해 정의한다. 일반적인 설계 기준은 기준 풍속 V_{REF}를 장기간의 평균 풍속의 5배로 정의할 수 있으며, 50년 주기에 1회 발생하는 극한 풍속 V_{50}은 V_{REF}의 1.4배로 계산한다. 더 잦은 빈도로 나타나는 강풍의 속도를 V_{REF}로 간주한다. 돌풍의 지속 시간은 3초나 5초로 가정한다.

이런 높은 풍속에서는 풍력 터빈이 멈춘다. 만약 터빈이 한쪽으로 흔들리면서 터빈 블레이드가 정확하게 피치된 경우, 모든 안전 시스템이 올바르게 작동한다면 이런 설계 계산을 위해 V_{50} 값이 가정되어야 한다. 전력 계통과 연결이 끊어지고 좌우요동 모터에 전원을 공급하지 않는 경우 설계 기준에 따라 연간 극한 풍속만 고려하면 된다. 이는 전력망이나 풍력 터빈의 고장이 50년 동안 극심한 돌풍과 동시에 발생하지 않을 것이라는 가정을 기반으로 한다.

난기류 강도와 함께 돌풍 및 평균 풍속이 이 풍력 발전소 단지의 등급에 따라 결정된다. 그러므로 풍력 발전 단지 시설의 개발자는 설치 장소의 특정 등급으로 정의하기만 하면 되고 설계 계산의 세부 사항에 대해서는 더 이상 관심을 가지지 않는다.

2.9 풍력 발전 단지의 개발

육상 풍력 발전 단지 프로젝트에서 터빈을 설치하는 데에 총비용의 65~70%가 소요되고, 나머지는 기초 공사, 현장 도로, 하역/기중기 구역, 전기 시스템 등의 보조 비용(balance-of-plant)과 프로젝트 개발 비용이다. 해상 풍력 발전 단지의 경우에 기초 공사, 해저 케이블의 설치 및 설비 접근 비용이 증가되어 보조 비용이 총비용의 절반 이상을 차지하게 된다. 풍력 발전 단지의 상업적 개발자들은 종종 전력 계통의 연결, 프로젝트 설정, 관리 및 금융 비용에 관해 더 큰 투자를 받을 수 있는 대규모 프로젝트를 선호한다. 하지만 소규모 풍력 발전 단지와 단일 풍력 터빈의 설치를 계획하는 개인이나 지역 단체도 있다. 이 프로젝트에 지역 단체가 참여하게 되면 인근 주민들에게 실질적인 혜택이 제공될 가능성이 크므로 당국의 허가를 받기 쉽다는 장점이 있다.

역사적으로 오랜 기간 사용된 격자 강철 타워는 매우 효율적인 구조로 되어 있으나, 요즈음에는 주로 관형 타워가 이용되고 있다. 관형 타워가 미관상 좀 더 낫고 터빈 블레이드에 여유 공간이 좀 더 있어서 강풍에 더 잘 견디기 때문이다. 그리고 관형 타워에 수직 사다리나 리프트를 장착하여 전기 장비를 올릴 수도 있고, 탑의 수직 하중과 풍력 터빈 나셀을 지지하도록 하면서 회전자와 전도 모멘트(overturning moment)의 하중을 버틸 수도 있다. 보통 기초 구조 설계는 극한 풍속에서 일어나는 전도 모멘트나 비상 정지를 고려하여 설계한다. 지면 조건이 좋다면 철근 콘크리트 평판(slab) 기초 토대를 적용하지만, 지면 조건이 불량하다면 파일식 기초(piled foundation)를 적용해야 할 수도 있다. 이는 그림 9.2에서 볼 수 있다. 철근 콘트리트 기초 구조물에 볼트 패턴이나 인터페이스 캔(interface can)을 적용하여 관형 타워를 고정한다. 이 기초 구조물에 가해지는 부하는 공학적으로 원형이나 팔각형이 효율적이나 건설의 편의성을 위해 정사각형 형태를 선택하기도 한다.

풍력 터빈의 부품 조달과 기중기의 이용을 위해 현장 도로를 설치한다. 이 도로는 보통 자갈로 포장한 도로인데, 일부 약한 지반 위에 토목 섬유를 깔아 만든 임시 도로를 이용하기도 한다. 또 블레이드와 나셀을 적재할 수 있으며 기중기를 가동할 수 있는 튼튼한 지반이 있는 공간도 필요하다.

제일 최신식 풍력 터빈은 690 V 전압에서 3상 발전을 한다. 이는 2~3 MW급 발전기로서는 상당히 낮은 전압이다. 이런 저전압을 활용하는 이유는 1000 V를 초과하는 전압 활용에 좀 더 엄격한 안전 규정이 적용되고 저전압 전기 부품이 다양하기 때문이다. 하지만 전력 손실을 줄이기 위해 변압기를 타워 내부나 타워 근처에 배치해야 한다. 보통 변압기에서 690 V를 10 kV나 30 kV로 변압하여 이 전력을 지하 케이블을 이용해 수집한다. 대형 풍력 발전 단지에는 주 전력망으로 계속 송전하기 위해 추가 승압을 위한 추가 변압기로 50 kV나 150 kV로 변압한다. 풍력 발전 단지에서 생산한 전력을 지역 전력망에 송전하는데, 일반적으로 풍력 발전 단지는 인구 밀집 지역에서 멀리 떨어진 지역에 건설하기 때문에 이 풍력 발전 단지 인근에 기존에 깔린 강력한 전력망이 없는 경우가 많다. 풍력 발전 단지를 건설하기 전에 세부적인 전기 연구가 필요하다. 표 2.3에서 볼 수 있는 경험적인 규칙(rules-of-thumb)을 활용하여 전기적인 연결이 가능한지 평가할 수 있다.

풍력 발전 단지의 건설은 다른 재생 에너지 프로젝트와 비슷한 과정을 거치지만, 가장 중요한 차별점은 에너지 생산을 극대화할 수 있도록 바람이 강한 곳에 설치해야 한다는 것이

표 2.3 영국 표준 전압 풍력 발전 단지의 전력망 접속

접속 위치	풍력 발전 단지의 최대 용량(MW)
11 kV 전력망	1~2
33 kV 전력망	12~15
132 kV 전력망	30~60

다. 그리고 현대식 풍력 터빈의 크기와 빠른 속도의 바람이 필요하다는 점은 시각적인 영향을 매우 중요하게 만든다. 풍력 발전 단지의 건설 및 개발에 있어서 다음과 같은 세 가지 중요한 요소가 있다. (1) 기술 및 상업적인 문제, (2) 환경적인 고려 사항, (3) 주민 간담회 및 당국과의 대화이다. 기술과 상업적인 문제는 상대적으로 덜 복잡한 문제이나 환경적인 고려 사항과 주민 간담회 및 당국과의 대화가 풍력 터빈 발전 단지 프로젝트의 성사를 결정하는 중요한 요소이다.

우선, 풍력 발전 단지의 건설을 위한 적절한 장소를 찾고 후보지의 적합성에 관한 조사를 진행한다. 2.2절에서는 좋은 풍력 자원의 중요성만 볼 수 있었으나 환경적인 영향과 지역 주민과 당국의 수용 여부에 대한 고려도 역시 중요하다.

토지 소유주는 이 계획에 상당히 긍정적인 지지자여야 하고, 또 그 지역에 대한 적절한 진입로가 있어야 한다. 터빈 블레이드의 길이는 보통 50 m 정도일 수 있으며 매우 큰 기중기가 필요하다. 따라서 좁은 도로나 급격한 커브가 있는 작은 도로에서는 운송하는 데에 어려움이 있을 수 있다. 또 풍력 터빈을 현장으로 운송할 때 도로의 구조를 개선하거나 시설물을 제거하는 직업의 필요한 경우가 종종 있다. 대규모 풍력 발전 단지의 경우 변전소가 현장에 있으면 주 변압기가 제일 무거운 장비일 것이다.

많은 국가에서 환경적인 제한이 풍력 터빈 발전 단지의 건설 계획을 막는 걸림돌로 작용하였다. 따라서 주요 환경적 고려 사항을 가능한 한 빠르게 검토하는 것이 합리적이다. 환경적인 문제에 대한 조사를 빠르게 진행하면 인력과 비용의 낭비를 방지할 수 있다. 가장 중요한 환경적인 제약 조건으로 국립 공원과 같이 국가가 환경 보호를 위해 개발을 제한한 지역이거나 특정 편의 시설 또는 과학적 가치가 있는 곳으로 지정된 지역을 피하는 것을 포함한다. 또 소음과 시각적 영향, 일조권과 기타 주거지에 영향을 주는 환경 문제로 인해 풍력 터빈 인근에 주거지가 없어야 한다. 특히, 공공 관점에서 중요한 풍력 발전 단지의 시각적 외관을 고려하여 시각적 환경 영향에 대한 예비 평가가 필요하다. 풍력 발전 단지 인근의 동식물로 인해 특별한 생태학적 가치가 있는 지역을 피해야 한다. 고고학적 가치가 있는 지역도 마찬가지이다. 풍력 발전 단지는 텔레비전, 라디오, 마이크로파와 같은 전파 방해와 항공 레이더와 같은 통신 시스템 교란을 일으킬 수 있으므로 이를 프로젝트 초기 단계부터 고려해

야 한다.

일반적으로 기술 평가와 환경 평가를 하면서 지역 사회의 허가를 얻기 위한 노력을 동시에 실시한다. 후보지가 정해지면 이 프로젝트의 수익성 여부를 확인하기 위해 보다 자세한 고 비용의 조사를 진행해야 한다.

2.9.1 풍력 발전 단지의 전력 출력

식 (2.2)를 살펴보면 알 수 있듯이 풍력 터빈의 전력 출력은 풍속의 세제곱에 비례하므로 풍력 발전 단지의 에너지 출력과 경제성은 프로젝트 진행 기간 동안 터빈에 작용하는 풍력에 상당히 민감하다. 바람 지도(wind atlases)와 풍속 데이터베이스는 바람에 대한 일반적인 표시만 제공한다. 풍력 터빈 설치 장소의 바람은 지형에 따라 다를 수도 있고 매년 달라질 수도 있다. 일반적으로 현지 기상 관측소에서 기록한 장기간의 풍속 기록을 활용하여 예측한다. 따라서 측정-상관-예측(measure-correlate-predict)법으로 알려진 기술을 활용하여 장기 풍력 자원을 추정한다.

풍력 발전 단지의 중앙부 부근에는 다양한 높이의 풍속계와 풍향계가 있는 돛대를 설치한다. 돛대의 높이는 풍력 터빈 허브 높이 정도로 충분히 높게 만드는 것이 일반적이며, 수직 전단 흐름(vertical wind shear)은 고려할 필요가 없다. 허브 높이에서 측정하려면 매우 높은 돛대가 필요할 수 있는데 이는 지역의 관심을 유도할 수도 있고, 풍력 터빈 설치 계획에 필요할 수도 있기 때문이다. 설치 장소에서 바람을 측정하는 것은 최소 6개월 이상 진행한다. 더 많은 데이터를 확보할수록 결과가 좋을 것이다.

측정-상관-예측 기술은 풍력 발전 단지의 부지에 설치한 돛대에 풍속과 방향에 대한 일련의 측정을 진행하고, 인근에 있는 공항이나 기타 기상 관측소에서 측정하는 동시간의 풍속과 상관관계를 확인한다. 현장 측정 데이터 평균 기간은 기상 관측소 데이터 평균 기간과 동일하게 정한다. 그림 2.27과 같이 한 축에는 돛대의 측정 결과를, 다른 축에는 동시 기상 관측소의 측정 결과를 두어 산포도(scatter plot)로 표현한다. 선형 회귀(linear regression)법은 현장에서 측정한 풍속과 장기 기상학적 풍속 데이터 사이의 관계를 밝히는 데 활용하여 다음과 같은 식으로 나타낸다.

$$U_{site} = a + bU_{met\ station}$$

두 가지 측정 데이터 묶음과 관련된 속도 향상 인자(speed-up factors) 계수는 방위를 12개로 나누어 30° 방향마다 계산한다. 그 후 이 계수를 적용하여 기상 관측소의 장기 데이터 기록을 현장으로 보낸다. 속도 향상 인자를 활용하여 기상 관측소의 장기 풍속 기록을 풍력 발전 단지 부지의 동 기간 풍속 예측에 사용한다. 장기 풍속 기록은 보통 20년 분량을 활용하는 것이 일반적이다. 이 풍력 발전 단지의 예상 운영 기간의 풍속을 나타내는 것으로 간주한다.

측정-상관-예측 기술을 활용하는 데 있어 대형 풍력 터빈을 건설할 계획을 가지고 있을 경우 더 높은 현장 돛대가 필요하다는 단점이 있다. 50 km 이내의 지역이나 비슷한 바람 기후를 가지는 곳에 적합한 기상 관측소가 없는 경우도 있다. 그리고 기상 관측소에서 측정한 데이터가 항상 좋은 데이터가 아닐 수도 있고 빠진 기간이 있을 수도 있다. 따라서 현장 데이터와의 상관관계를 적절하게 분석하려면 오랜 시간이 소요될 수도 있다. 이 기술은 이전의 긴 기간의 기록이 풍력 발전 단지 운영 기간의 풍력 자원에 대한 적절한 추정값을 제공한다고 가정한다.

측정-상관-예측법으로 확보한 미래 장기 풍속 추정값은 현장의 돛대 위치에만 해당한다. 풍력 발전 단지 설계 프로그램을 활용하여 돛대 위치의 풍속을 풍력 단지 내의 풍력 터빈 허브 높이의 풍속으로 전환한다. 이런 풍력 발전 단지 설계 프로그램은 특정 터빈 배치에서의 에너지 수율을 계산하여 풍력 터빈의 후류 간섭 효과와 함께 지형에 의해 발생하는 풍속 변화를 설명한다. 전산 유체역학(computational fluid dynamics)이나 분석 해결 프로그램을 활용하여 바람의 흐름을 알 수 있다. 다양한 풍력 터빈 위치에서 풍속 추정값과 터빈 전력 곡

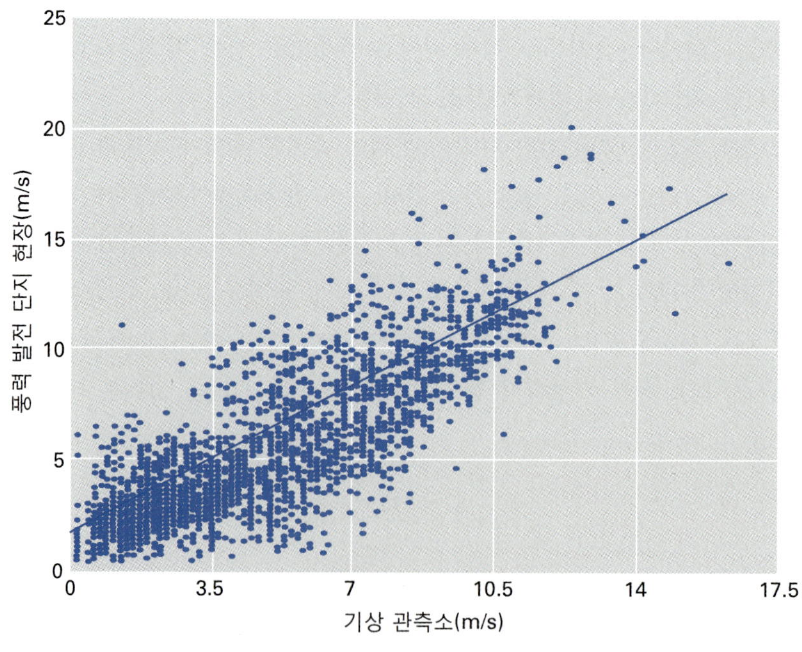

그림 2.27 측정-상관-예측 산포도

선을 함께 활용하여 프로젝트의 에너지 수율과 경제성을 추정한다. 이 내용은 2.2절을 참조하면 된다. 이 에너지 수율 추정은 불확실성이 존재하여 이 프로젝트의 경제성 평가에서 제시된 예상 수입에 대한 상업적 판단을 시행하게 된다.

2.9.2 자세한 현장 조사 및 환경평가서

풍속 데이터를 수집하면서 동시에 다양한 현장 조사를 수행한다. 기존 토지 사용에 대한 평가, 풍력 발전 단지와 농업 활용을 어떻게 통합할 수 있는지도 조사한다. 기초 토대 공사, 진입로, 현장 지형 조건 등 병행해야 할 조사가 많다. 현지 지형 조건은 기초 공사 비용에 영향을 줄 수 있다.

풍력 발전 단지는 환경에 큰 영향을 미치기 때문에 허가 신청을 위해서는 환경평가서(environmental statement)가 필요하다. 환경평가서 작성은 비용이 많이 소요되고 시간이 오래 걸리는 작업이며, 일반적으로 조경사나 조류학자 등의 전문가 의견도 필요하다.

전력을 내보내기 위한 가공전선(overhead line)을 망으로 확장 연결하는 것 역시 환경평가서에서 다룰 내용이다. 최근 여러 사례에 따르면 격자 철탑으로 연결한 가공전선의 외관이 풍력 발전 단지 자체의 환경 영향만큼이나 중요하다고 간주된다.

시각 평가와 조경 평가는 가장 중요한 고려 사항일 수 있으나 상당히 주관적인 평가이다. 활용하는 주요 기술은 풍력 발전 단지를 볼 수 있는 지역을 나타내는 시각적 영향 지역(ZVI: zones of visual influence), 와이어 프레임 분석, 현장 몽타주에 이미지를 합성한 사진합성법(photomontages) 등이 있다. 가상 현실(VR) 기술이나 동영상 화면도 활용할 수 있다.

2.9.3 풍력 터빈의 소음

환경 평가에서 시각적 영향 다음으로 중요한 것이 소음이다. 프로젝트 진행에 따른 소음을 예측할 때 가장 가까운 거주지의 주택에서 들리는 소음에 유의해야 한다. 풍력 발전 단지를 가동한 후 일련의 소음을 측정하여 주거지에서의 배경 소음을 규명해야 터빈 증분 효과를 결정할 수 있다.

풍력 터빈에서 발생하는 소음에 대해 두 가지 측정법을 활용한다. 소음 측정법은 소리의 원천인 풍력 터빈의 음력 수준(L_W: sound power level) 측정과 음압 수준(L_P: sound pressure level)에 대한 측정이다. 사람이 들을 수 있는 청각 한계에 해당하는 수준을 기준으로 로그 스케일을 활용한다. 거기에 사람 귀에서 일어나는 반응을 반영하기 위해 소리의 주파수에 A-가중(A-weighting)을 적용한다. L_P와 L_W 단위는 모두 A-가중 데시벨(dBA)이다.

소음 원천은 아래 식의 음력 수준(L_W)으로 설명한다.

$$L_W = 10\log_{10}\left(\frac{W}{W_0}\right)$$

여기서

W는 원천에서 방출되는 총음력(watts 단위)

W_0는 기준값, $10^{-12}W$

음압 수준(L_P)은 다음 식으로 계산한다.

$$L_P = 10\log_{10}\left(\frac{P^2}{P_0^2}\right)$$

여기서

P는 음압의 평균 제곱근(RMS: root mean square) 값

P_0는 $2g * 10^{-5}$Pa의 기준 압력

소리의 세기 I는 단위 면적 A를 통해 퍼지는 음력

$$I = \frac{W}{A}$$

그리고 균일한 유동으로 음원에서 떨어진 경우에는 다음 식으로 계산한다.

$$I = \frac{P^2}{Z_0}$$

여기서

P는 음압 수준의 RMS 값

Z_0는 특성 음향 임피던스(impedance)

I_{ref}(10^{-12}W/m^2)에 적절한 값을 활용하면 음압 수준은 다음과 같이 음의 세기로 계산할 수 있다.

$$L_P = 10\log_{10}\left(\frac{I}{I_{ref}}\right)$$

구형으로 퍼지면 아래 식을 활용한다.

$$I = \frac{W}{4\pi R^2}$$

여기서

R는 음원으로부터의 거리이다.

따라서 구형으로 퍼지는 조건과 $W_0 = 10^{-12}W$ 임을 떠올리면 아래 식으로 정리할 수 있다.

$$L_P = 10\log_{10}\left(\frac{W}{4\pi R^2 10^{-12}}\right) = L_W - 10\log_{10}(4\pi R^2)$$

반구형으로 확산한다고 가정하고 대기 중 흡수를 설명하는 부분을 포함하여 풍력 터빈에서 거리 R만큼 떨어진 주거지에서 대략적인 소음 추정값은 다음 식으로 계산한다.

$$L_P(R) = L_W - 10\log_{10}(2\pi R^2) - 0.005R \tag{2.15}$$

음압 수준에 영향을 주는 풍력 터빈이 여러 대 있는 경우에는 개별 기여를 계산하여 합산한다.

$$L_{P1+P2+\cdots} = 10\log_{10}\left(10^{\frac{L_{P1}}{10}} + 10^{\frac{L_{P2}}{10}} + \cdots\right)$$

예제 2.3 주거지에서의 음압 수준 예측하기

103 dBA 음력 수준을 가진 풍력 터빈은 어느 주택에서 400 m 거리에 있다. 소음 규제에 따라 거주지에서의 음압 수준이 45 dBA를 넘어서는 안 되는데 터빈이 이 규정을 준수할 수 있는지 알아보시오.

• 해답

식 (2.15)를 활용하여 주거지에서의 음압 수준을 계산할 수 있다.

$$L_P = 103 - 10\log_{10}(2\pi \times 400^2) - 0.005 \times 400$$

$$L_P = 103 - 60 - 2 = 41 \text{ dBA}$$

따라서 이 풍력 터빈은 규정을 준수할 수 있을 것이라고 예상한다.

예제 2.4 풍력 터빈의 음력 수준 예측하기

60 m 높이의 풍력 터빈은 타워 바닥에서 100 m 떨어진 거리에서 55 dBA 음압 수준을 측정하여 테스트한다.

(a) 풍력 터빈의 음력 수준을 계산하시오.

(b) 그림 2.28과 같이 3개의 비슷한 풍력 터빈이 위치하고 있다. 지점 A에서의 음압 수준을 추정하시오.

• 해답

(a) $R = \sqrt{60^2 + 100^2} = 116.6\ \text{m}$

$$L_W = L_P + 10\log_{10}(2\pi R^2) + 0.005R$$

$$= 55 + 49.3 + 0.6 = 105\ \text{dBA}$$

(b) 각 터빈의 음압 수준을 각각 계산한다.

$$R_1 = \sqrt{60^2 + 400^2} = 404.5\ \text{m}$$

$$R_2 = R_3 = \sqrt{60^2 + 500^2} = 503.6$$

$$L_{P1} = 105 - 10\log_{10}(2\pi \times 404.5^2) - 0.005 \times 404.5$$

$$L_{P1} = 105 - 60 - 2 = 43\ \text{dBA}$$

$$L_{P2} = L_{P3} = 105 - 10\log(2\pi \times 503.6^2) - 0.005 \times 503.6$$

$$L_{P2} = L_{P3} = 105 - 62 - 2.5 = 40.5\ \text{dBA}$$

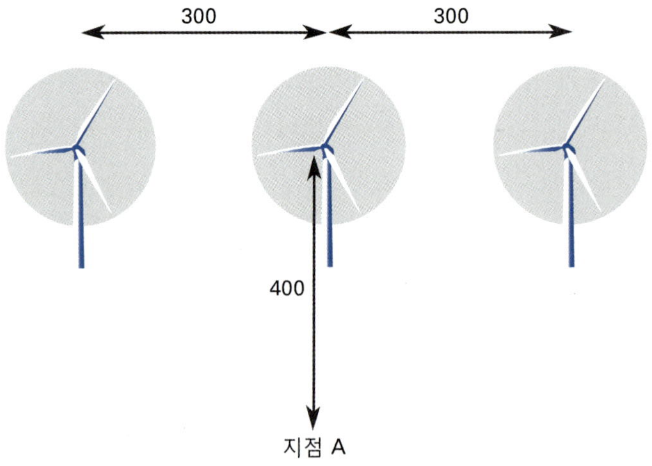

그림 2.28 예제 2.4(b)의 풍력 터빈의 배치

그 후 개별 음압 수준을 합산하면 된다.

$$L_{P1+P2+P3} = 10\log_{10}\left(10^{\frac{43}{10}} + 10^{\frac{40.5}{10}} + 10^{\frac{40.5}{10}}\right)$$
$$= 46.3 \text{ dBA}$$

요약

1. 모든 풍력 터빈은 회전면을 지나가는 공기 흐름에서 에너지를 가져와서 작동한다. 공통적으로 활용하는 건축 양식은 타워의 맞바람 회전자에 있는 수평축 삼중 블레이드 방식이다. 2.4절의 운동량 이론은 수평축, 수직축, 블레이드의 숫자에 무관하게 모든 건축 양식에 적용할 수 있다.

2. 전력 곡선은 전체 풍력 터빈의 작동을 설명한다.

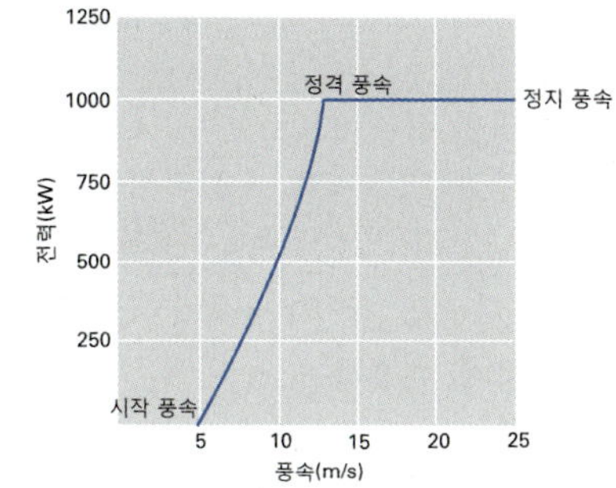

그림 2.6 전력 곡선

3. 전력 계수 C_P는 회전자의 효율을 정의한다.

$$P_{WT} = C_P \frac{1}{2} \rho A U^3 \text{ [W]}$$

4. 풍력 터빈과 풍속 분포를 결합하여 풍력 터빈에 의한 연간 에너지 출력을 얻을 수 있다.

$$\text{연간 에너지 출력} = \sum_{i=1}^{i=8760} H(i).P(i)$$

5. 베츠의 한계는 풍력 터빈 회전자에서 유효 바람 중에서 가용 가능한 전력의 최대 비율이다. 이 값은 $\frac{16}{27}$이다.

6. 팁 속도비 λ에 대해 다음 식으로 정의한다. $\lambda = \dfrac{\omega R}{U}$

7. 풍력 터빈 회전자 작동에 대해 C_P/λ 곡선으로 설명할 수 있다. 어떤 풍속에서 최대 출력을 낼 수 있는 회전 속도가 하나로 정해져 있다는 것을 알 수 있다.

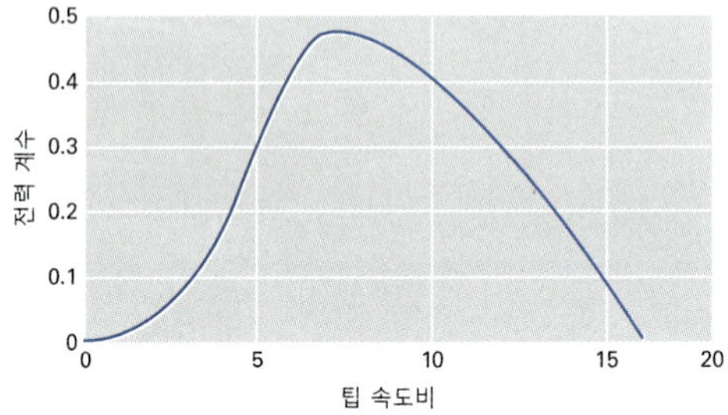

그림 2.10 전력 계수 대비 팁 속도비의 곡선

8. 정격 풍속보다 빠른 속도에서 고정 속도 풍력 터빈의 출력은 피치 제어나 실속 제어로 제한할 수 있다.

표 2.1 피치 제어와 실속 제어의 특징

피치 제어	실속 제어
• 베어링과 함께 허브에 장착한 터빈 블레이드를 회전시키기 위해 제어 시스템과 액추에이터가 필요하다	• 움직이는 부품이 필요 없다
• 최대 전력 효율을 얻을 수 있다	• 블레이드의 실속을 예측하기 어려울 수 있다
• 고정 속도 터빈 피치 제어와 함께 사용하면 블레이드에 걸리는 바람의 흐름이 역동적이어서 전력 과도현상이 크게 발생할 수 있다	• 더 부드러운 전력 제어가 가능하다
• 블레이드 피치를 변경하여 회전자를 제거할 수 있다	• 회전자를 제동하기 위해 대체적인 기술이 필요하다
• 블레이드 피치는 높은 풍속에서 추력을 줄인다	• 높은 풍속에서 큰 추력이 회전자에 걸린다

9. 가변 속도 풍력 터빈은 발전기의 토크를 제어하여 정격 전력에 도달할 때까지 $P \infty \omega^3$의 최적 위치를 따라 작동한다.

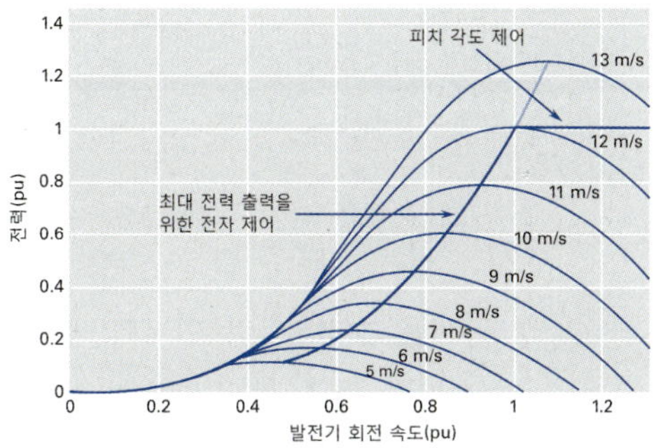

그림 2.21 가변 속도 풍력 터빈의 작동 시점

10. Van der Hoven 스펙트럼은 날씨 전선과 난기류로 인한 풍속 변화 피크를 보여 준다.

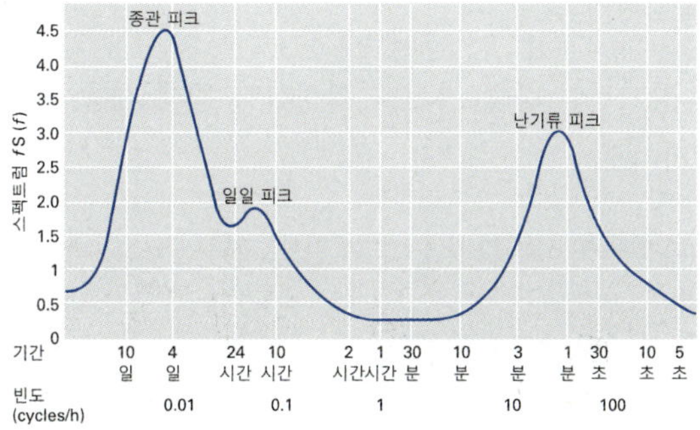

그림 2.23 Van der Hoven 스펙트럼

11. 평균 풍속은 보통 와이블 분포로 설명할 수 있다.

$$f(U) = \frac{k}{c}\left(\frac{U}{c}\right)^{k-1} \exp\left[-\left(\frac{U}{c}\right)^{k}\right]$$

12. 풍속 분포와 그로 인한 풍력 발전 단지의 성능은 측정-상관-예측법을 활용하여 추정한다.

13. 풍력 터빈 때문에 발생하는 주거지의 대략적인 소음 추정값은 다음 식으로 계산한다.

$$L_P(R) = L_W - 10\log_{10}(2\pi R^2) - 0.005R$$

연습 문제

공기 밀도를 1.25 kg/m³이라고 하자.

1. 풍력 터빈 전력 곡선을 그려서 설명하시오.

2. 풍력 터빈 회전자에 대한 C_P/λ 곡선을 그리고, 각 인자와 베츠의 한계에 대해 정의하시오.

3. 피치 제어와 실속 제어로 풍력 터빈의 발전량을 어떻게 조절하는지 도표와 그림을 활용하여 설명하시오. 실속 제어가 고정 속도 풍력 터빈에만 사용되는 이유도 설명하시오.

4. 대형 풍력 터빈이 가변 속도로 작동하는 이유를 설명하시오. 전력 변환기 가변 속도 풍력 터빈의 작동 원리도 설명하시오.

5. 풍력 발전 단지에서 장기적인 풍력 자원을 확정하기 위해 사용하는 측정-상관-예측법의 의미를 간략하게 설명하시오.

6. 와이블 매개변수를 활용하여 설치 장소의 시간당 평균 풍속 데이터를 정하는 방법에 대해 설명하시오.

7. 풍력 터빈의 회전자 지름이 33 m이고 풍속이 초속 13 m일 때 아래 문제를 해결하시오.
   (a) 바람 동력은 얼마나 되는지 계산하시오.
   (b) 회전자 전력 계수가 0.35인 경우 터빈 샤프트에서 얻을 수 있는 동력을 계산하시오.
   (c) 샤프트 회전 속도가 분당 35회일 때 샤프트 팁 속도와 토크를 계산하시오.
   [답: (a) 1.17 MW, (b) 411 kW, (c) 60.5 m/s, 112 kNm]

8. 지름 55 m인 풍력 터빈의 허브는 높이 60 m 위치에 있다. 기어박스 비율은 1:28이며 풍속이 초속 10 m일 때 팁 속도비 8에서 작동한다. 전력 계수가 0.35이고 추력 계수가 0.55일 때 다음을 계산하시오.
   (a) 발전기 샤프트의 토크
   (b) 탑 기저에서의 전도 모멘트
   [답: (a) 6.37 kNm, (b) 4.9 MNm]

9. 대형 수평축 풍력 터빈은 허브 높이가 90 m이고 지름이 80 m인 회전자를 가지고 있다. 기어박스와 발전기의 통합 효율이 95%이고, 회전 속도가 분당 15회로 작동하며, 2 MW급 출력 전력을 생산할 때 아래를 계산하시오.
   (a) 허브 고도에서 풍속이 초속 12 m일 경우 회전자의 전력 계수(C_P)를 계산하시오.

(b) 팁 속도비와 이로 인한 토크 계수(C_Q)를 계산하시오.

(c) 풍력 터빈에 가까운 높이 10 m 돛대에서 풍속을 추정하시오.

[답: (a) 0.39, (b) 5.23, 0.075, (c) 8.8 m/s]

10. 수평축 풍력 터빈의 회전자는 지름이 20 m이다. 풍속이 초속 13 m일 때 150 kW급 발전기 단에서 최대 부하 출력이 나온다. 기어박스와 발전기의 전체 효율이 94%이다. 회전면을 관통하는 바람에서 얻을 수 있는 동력과 공기역학적 회전자 전력 계수(C_P)를 계산하시오. 또 이 풍력 터빈은 팁 속도비(λ) 4로 작동한다. 공기역학적 회전자 회전 속도와 회전자 샤프트 토크를 계산하시오.

완전한 회전자, 기어박스, 발전기의 관성은 50×10^3 kgm^2이다. 전력망에서 연결을 끊은 0.5초 후의 회전자 속도를 계산하고, 이로 인해 회전자가 빠르게 정지할 때 브레이크에서 흡수되는 에너지를 계산하시오.

[답: 431 kW, 0.37, 5.2 rad/s, 30.7 kNm, 5.5 rad/s, 756 kJ]

11. 풍속이 초속 12.5 m에서 풍력 터빈 정격 전력은 400 kW이다. 현장 시간당 평균 풍속의 연간 분포를 와이블 분포로 표현할 수 있을 때 다음 값을 가진다.

척도 매개변수: 8.5

형상 매개변수: 2.5

풍력 터빈이 정격 전력으로 생산할 수 있는 1년 동안의 에너지 생산량을 연간 kWh 단위로 계산하시오.

[답: 254 MWh]

12. 풍력 발전 단지를 10개의 풍력 터빈으로 구성할 때 다음 수치를 참고하시오.

허브 높이	50 m
정격 전력	2 MW
시작 풍속	5 m/s
정격 풍속	13 m/s
정지 풍속	20 m/s

높이가 20 m인 풍속계를 활용하여 장기간 풍속을 관측하여 현장 풍속을 다음 값으로 와이블 분포로 표현할 수 있다.

척도 매개변수	8
형상 매개변수	2(레일리 분포)

척도 매개변수가 1/7 멱법칙을 따라 높이에 따라 증가한다고 가정해 보자.

이 경우 다음을 계산하시오.

(a) 매년 연간 터빈 작동 시간

(b) 정격 전력 이상으로 작동할 때 풍력 터빈이 생산할 연간 에너지 생산량(연간 MWh)

[답: (a) 6414 h, (b) 21.5 GWh]

다음 관계식이 유용하게 쓰일 수 있다.

$$\frac{U(z)}{U(h)} = \left(\frac{z}{h}\right)^{\alpha}$$

$$f(U) = 1 - \exp\left[-\left(\frac{U}{c}\right)^{k}\right]$$

13. 1년 동안 측정된 시간당 평균 풍속의 데이터를 활용하여 와이블 매개변수를 추정하시오.

풍속(m/s)	시간
0~4	2050
4~8	4000
8~2	2200
12~6	460
16~0	50

[답: c 7.2, k 2]

그래프 용지와 아래 식이 유용하게 쓰일 수 있다.

$$f(U) = 1 - \exp\left[-\left(\frac{U}{c}\right)^{k}\right]$$

14. 어느 풍력 터빈의 설치 현장에서 허브 고도의 시간당 평균 풍속 연간 분포가 아래와 같은 와이블 분포로 설명할 수 있다고 한다.

척도 매개변수(c)는 8.5

형상 매개변수(k)는 2

이 현장의 전력 곡선을 아래 표와 같이 나타낼 수 있다. 이 전력 곡선을 활용하여 풍력 터빈의 총 연간 에너지 생산량을 계산하시오.

[답: 2191 MWh]

풍속(m/s)	출력(kW)
0~5	0
6	50
7	120
8	280
9	440
10~5	600

다음 식들이 유용하게 쓰일 수 있다.

$$f(U) = \frac{k}{c}\left(\frac{U}{c}\right)^{k-1} \exp\left[-\left(\frac{U}{c}\right)^{k}\right]$$

$$f(U) = 1 - \exp\left[-\left(\frac{U}{c}\right)^{k}\right]$$

더 읽을거리

- Boyle G. (ed.), *Renewable Energy: Power for a Sustainable Future*, 3rd Edition, Oxford University Press, 2012.
- Hansen M. O. L., *Aerodynamics of Wind Turbines*, 2nd Edition, Earthscan, 2008.
- Jamieson P., *Innovation in Wind Turbine Design*, Wiley, 2011.
- Manwell J. F, McGowan J. G. and Rogers A. L., *Wind Energy Explained*, 2nd Edition, Wiley, 2009.
- Musgrove P., *Wind Power*, Cambridge University Press, 2011.
- Twidell J. and Weir A., *Renewable Energy Resources*, 3rd Edition, Routledge, New York, 2015.

RENEWABLE ENERGY ENGINEERING

3 수력 발전

소개

전 세계적으로 900 GW 이상의 발전 용량을 가지는 수력 발전소에서 생산하는 전기에너지는 전 세계 총 전기에너지 생산량의 약 16%(연간 3500 TWh)에 달한다. 수력 발전소에서 만들어지는 전력은 물의 흐름과 물의 낙차에 따라 달라진다. 유럽의 경우 대규모 수력 발전 시설에 적합한 장소가 대부분 이미 개발되어 있으며 향후 개발 가능한 규모는 작을 것으로 예상된다. 수력 발전소가 상대적으로 덜 보급된 아시아, 남아메리카 및 아프리카 일부 국가에서는 아직 개발되지 않은 대규모 수력 발전 시설의 설치가 가능한 장소가 남아 있다. 전 세계적으로 수력 발전에 활용 가능한 자원이 현재의 4.5배 수준인 16,400 TWh 이상으로 추정되나 대부분 환경 또는 비용 측면의 제약으로 인해 개발되지 않을 것으로 여겨진다.

수력 발전 시설에 사용되는 물의 흐름이 계절마다 바뀌고 발전량이 일정하지 않기 때문에 연중 전력 생산 변화가 크다. 대형 설비 내의 저수지에 물을 저장하여 균일하게 전력을 생산할 수 있지만, 적절한 저수지 환경 조건을 유지하도록 잘 관리해야 한다. 또 강의 수위와 흐름을 적절하게 조절하고 유지하여 하천 내의 생태계를 보전해야 한다. 전 세계 수력 발전 시설의 연간 용량 계수(annual capacity factor)[1]는 최대 44%이고, 수력 발전 시설은 종종 일부 시간대에서만 운영한다. 영국의 수력 발전 시설은 당해 강우량에 따라 용량 계수가 변하지만, 전체 용량 계수는 최대 39% 정도이다. 발전 설비 가동률이 다소 낮은 것은 물의 사용가능 여부 때문이기도 하지만, 발전기의 출력 전력이 매우 빠르게 변할 때 전기 부하를 조절하여 균형을 맞추기 위해 조절하기 때문이기도 하다.

중국에 있는 22 GW급 장강 삼협(Three Gorges), 브라질과 파라과이 국경 14 GW급 이타이푸(Itaipu) 수력 발전 시설과 같은 몇 가지 대규모 수력 발전 시설이 이미 개발되어 있다. 전 세계 수력 발전 용량의 약 10%는 5 MW에서 10 MW급의 소규모 수력 발전 시설에서 나온다. 대용량 수력 발전 시설은 환경이나 사회에 중대한 영향을 미칠 수 있다. 특히, 농업에 종사하는 사람들을 강제 이주시키거나 중요한 야생 생물의 서식지를 파괴할 수도 있다. 큰 저수지가 필요 없는 소규모 수력 발전 시설은 환경적, 사회적인 문제를 상대적으로 덜 일으키기 때문에 많은 국가에서 적극적으로 권장하고 있다.

대형 수력 발전 시설은 항상 동기식 발전기를 활용하지만, 소형 시설(10 MW 미만)은 유도 발전기를 활용할 수 있다. 때때로 가변 속도 발전기를 활용하는데 이는 일부 소형 작은 낙차 설비에서 볼 수 있는 광범위한 유압 조건에서 높은 터빈 효율을 유지하기 위함이다.

이 장에서는 수력에너지 자원과 터빈 및 수력 발전소에 관해 다룬다. 3.1절에서는 수력 발전의 역사와 장

1) 3.3.1절에서 용량 계수 정의를 나타냈다.

단점을 이야기하고, 3.2절과 3.3절은 수력 발전 시설의 작동 원리와 출력에 대해 알아본다. 3.4절에서는 수력 발전 시설의 유형을 간단히 소개한다. 3.5절부터 3.7절까지는 다양한 종류의 터빈, 비속도(specific speed), 유량이 감소하였을 때의 작동, 그리고 가변 속도에 대해 다룬다. 3.8절과 3.9절은 유효 낙차의 계산과 과도 조건(transient condition)에 대한 논의를 간단히 알아본다. 마지막으로 3.10절에서는 소규모 수력 발전 시설의 개발을 다룬다.

3.1 수력 발전

3.1.1 역사

수천 년 전부터 곡물을 분쇄하기 위해 기계적인 힘을 확보할 수 있는 수직축 수차를 이용하였으며 히말라야 일부 산악 지역에서는 여전히 이용하고 있다. 때때로 노즈휠(norse wheels)이라고도 하는 이 간단한 목재 수직축 외륜은 물이 한쪽 방향으로만 흐르면서 부딪히고 그 수류에서 확보되는 운동에너지를 활용하여 맷돌을 직접 돌리는 수직 샤프트(shaft)를 구동한다.

19세기 중반까지 유럽과 미국에서는 수평축 수차를 이용하여 곡물을 갈고 산업 혁명 기간에 공장에 동력을 공급하였다. 이 수평축 수차는 중요한 기술 개발의 관심 대상이었으며 많은 개선이 이루어졌다.

수차의 몇 가지 주요 유형을 그림 3.1에서 볼 수 있다. 그림 3.1(a)에 있는 하사식 수차(undershot wheel)는 강에서 우회한 수로에 설치하고 직선형 목재 블레이드(blade)를 이용하여 운동에너지를 얻는다. 이 단순한 하사식 수차는 주로 작은 개울의 운동에너지를 활용하기 때문에 작은 양의 동력을 확보하는데, 수차를 가로지르면서 흐르는 물의 낙차가 크지 않다. 실용적으로 활용할 수 있는 하사식 수차의 효율은 최대 20%이다.

그림 3.1(b)의 상사식 수차(overshot wheel)는 버킷(bucket)을 활용하여 물을 담아 작동하기 때문에 그 버킷에 담기는 물의 무게가 중요하다. 버킷을 채우는 수류의 운동에너지 영향은 무시할 수 있다. 상사식 수차는 최소한 수차의 지름 이상의 낙차가 있는 물을 공급해야 하고 이를 위해 강력한 지지 구조물이 필요하다. 최대 12 m 낙차를 활용한 지름 10 m의 금속 상사식 수차를 활용하였을 때 40%의 실제 효율을 달성한 바가 있다.

그림 3.1(c)는 중력과 수류의 운동에너지를 모두 활용하는 전사식 수차(breast wheel)이다. 이 수차는 앞에서 설명한 두 수차의 절충안이다. 취수문(intake gate)을 엮어서 개방하거나 폐쇄하여 가변 유량을 수용할 수 있다. 전사식 수차의 설계와 금속 가공은 산업 혁명 기간에 고도로 발달하였으며 최대 70% 효율을 달성하였으나 회전 속도가 분당 3회에서 7회밖에 되

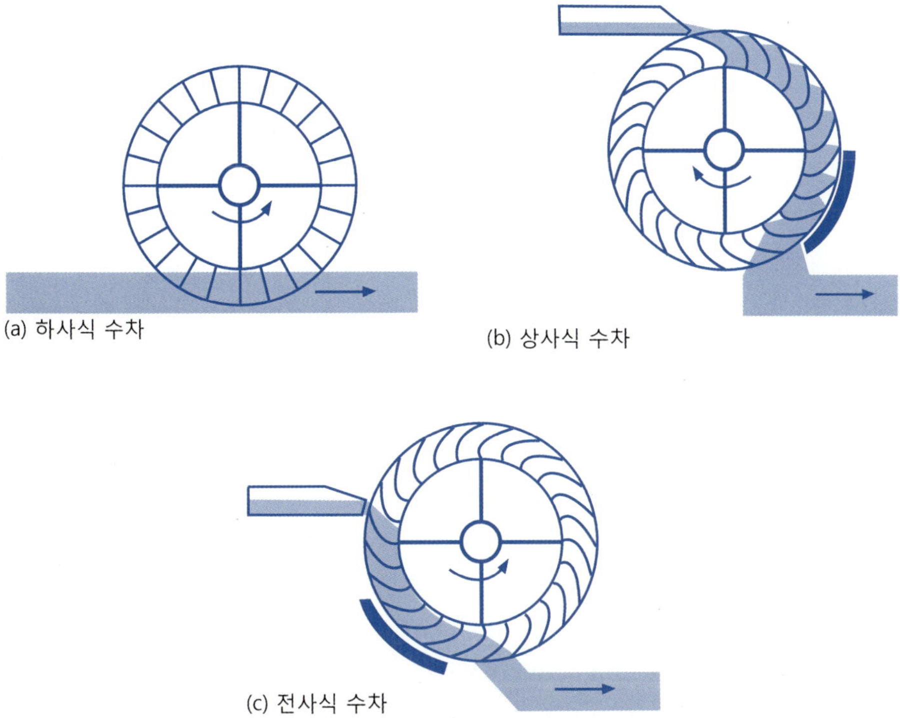

그림 3.1 수차의 종류

지 않았다.

작은 낙차를 이용하는 수차는 큰 동력을 만들기 위해 대형 수류가 필요하기 때문에 19세기 중반부터 수력 터빈을 대체재로 활용하였다. 터빈은 더 작은 유량에서도 더 큰 낙차로 전력을 만들 수 있다. 중요한 점은 터빈은 수차보다 더 빠른 속도로 회전하여 작동한다는 것이다. 전기 발전기는 공극을 가로지르는 고정자와 회전자 사이의 속도가 고속일 때 더 효율적으로 작동한다. 고속 터빈을 이용하면 발전기를 구동축에 직접 연결할 수 있으며 기어박스(gear box)가 필요 없다.

1832년식 푸르네롱(Fourneyron) 터빈은 최초의 수력 터빈으로 여겨진다. 이 장치는 중앙에 고정된 안내날개(guide vane)를 이용한 수직축 장치로 물의 흐름을 외부 러너(external runner)로 향하게 바깥쪽 방사 방향으로 물이 흐르게 한다. 터빈은 수차의 방수로 수위 아래에 위치해서 완전히 잠수된 상태로 작동시켰다. 이 초기 터빈은 1849년 프란시스(Francis)의 내류 반동 터빈(inward flow reaction turbine)[2] 개발로 이어지는 중요한 기초가 되었다. 동시에 펠톤(Pelton)은 1890년에 처음으로 상용화하여 제조한 충동 터빈(impulse turbine)을

2) 3.5절에 2반동 터빈과 충동 터빈에 대한 설명이 있다.

개발하고 있었다. 카플란(Kaplan)은 1913년 고정 블레이드 프로펠러 터빈으로 특허를 냈으며 얼마 후 가변 피치 블레이드(variable pitch blade)를 갖춘 프로펠러 터빈을 개발하였다. 특히, 프로펠러 터빈은 작은 낙차를 활용하는 데 효과적이었으며, 카플란은 고정 속도 터빈과 가변 속도 터빈 블레이드 개발에 중요한 기여를 하였다. 현재는 가변 블레이드 피치 프로펠러 터빈만 카플란 터빈으로 알려져 있다. 프란시스, 고정 블레이드 프로펠러 및 카플란 반동 터빈, 그리고 펠톤 충동 터빈은 오늘날 수력 발전에 널리 활용되고 있다.

최근에는 작은 낙차를 가진 수력 자원을 활용하기 위해 아르키메데스 나선식 펌프(Archimedes screw)를 이용하는 것을 포함하여 소규모 수력 발전을 위한 새로운 장치 활용에 대한 관심이 집중되고 있다.

3.1.2 수력 발전의 장단점

수력 발전은 19세기 후반부터 전력을 생산하는 데에 이용되었고, 산업 혁명 기간에 전기 공급의 주요 에너지원이었다. 출력을 신속하게 제어할 수 있으므로 전력 공급 시스템을 작동할 때 수력 발전이 매우 유용하며, 종일 변화하는 부하 수요의 균형을 맞출 때에도 종종 활용된다. 수력 발전을 이용하여 전력을 생산하는 것의 장점은 아래와 같다.

- 운영 비용이 매우 낮다. 많은 수력 발전소에서 최소한의 현장 직원만으로도 원격으로 영구 운영이 가능하다.
- 터빈 발전기 출력을 빠르게 조정할 수 있다.
- 저수지를 이용하는 경우 물을 저장하여 필요할 때 사용할 수 있다.
- 수명이 최대 100년으로 매우 길다.

주요 단점은 아래와 같다.

- 수력 발전 시설의 초기 투자 비용, 특히 토목 공사 등의 설치 비용이 높다.
- 큰 저수지가 필요한 경우에는 주변 환경이나 지역 주민들에게 큰 영향을 미치고 가용 토지를 많이 침식할 수 있다.
- 강 흐름 유입식 발전소 시설의 전기 출력은 강우량 및 저수지 지역 환경에 따라 달라진다. 에너지를 저장하지 않는 유입식 시설은 용량 계수가 30% 정도로 낮다.
- 저수지에 처음 물을 저장할 때 잠긴 식물이 분해되어 많은 메탄이 배출될 수 있으며, 이때 그 메탄은 강력한 온실가스로 작용한다.
- 대규모 댐이 붕괴될 경우 재앙적인 인명 피해를 입을 수 있다.

3.2 수력 발전 시설의 작동 원리

그림 3.2에서 수력 발전 시설의 개략도를 볼 수 있다. 주요 구성 요소는 아래와 같다.

- 흡입구(이물질 제거를 위한 쓰레기 선반을 포함)
- 수압관(penstock)
- 수압관의 과도 압력을 제한하기 위한 서지 탱크(surge tank)
- 과잉 공급된 물을 우회시켜 댐이 넘치지 않게 하는 배수로(spillway)
- 출력 제어를 위한 운영 시스템이 있는 터빈
- 발전기
- 반동 터빈의 흡출관(draft tube)

고압을 견딜 수 있는 관은 높은 곳의 흡입구로부터 높이가 낮은 곳에 있는 터빈으로 물을 이동시킨다. 이때 물이 흐르면서 터빈을 작동시키는데, 터빈에 직접 연결되거나 기어박스를 통해 연결된 발전기를 작동시킨다. 터빈을 통과한 물은 방수로로 나와서 강에 합류한다.

고압관은 수압관이라고도 한다. 초기에는 수압관이라는 용어를 흡입구로 들어오는 물의 흐름을 제어하는 수문을 설명할 때 사용하였으나 이제는 고압의 관을 의미한다. 수압관은 미관이 좋지 않아서 미관을 위해 보통 매립해서 설치한다.

수압관 내 물의 정압(static pressure) p는 간단하게 아래 식으로 정리한다.

$$p = \rho g h \ [\text{Pa, N/m}^2]$$

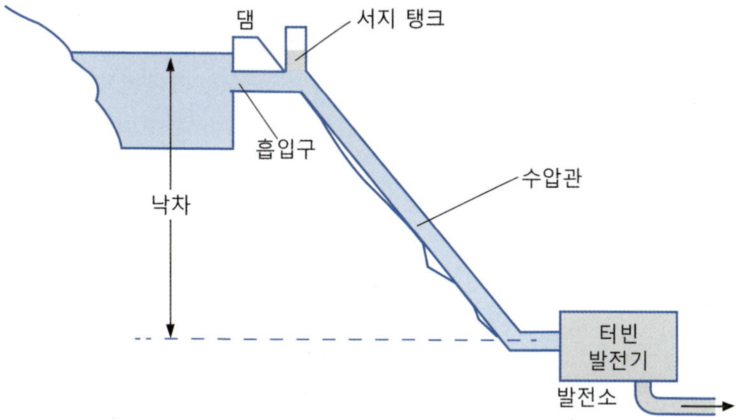

그림 3.2 큰 낙차 수력 발전 시설의 개략도

여기서
h는 낙차 [m]
ρ는 물의 밀도 1000 kg/m^3
g는 중력 가속도 9.81 m/s^2

일부 수력학적 계산에서는 물의 비중(γ)을 이용한다.

$$\gamma = \rho g = 9.81 \ [\mathrm{kN/m^3}]$$

결과적으로 아래와 같은 식으로 정리한다.

$$p = \gamma h$$

정압은 낙차(h)에 비례한다. 충동 터빈을 이용하는 경우 총낙차는 높은 곳에 위치한 흡입구 수면과 터빈 분출구의 수직 높이 차이다. 반동 터빈의 경우 총낙차는 흡입구 수면과 방수로 수위 높이 차로 측정한다.

대기압은 약 10^5 Pa이므로 낙차가 10 m 커질 때마다 수압관 압력이 약 1기압씩 증가한다. 따라서 큰 낙차를 활용하는 시설의 경우 수압관이 상당한 고압을 견딜 수 있어야 한다.

물 흐름으로부터 얻을 수 있는 힘은 정압과 유량의 곱으로 계산할 수 있다.

$$P_{WATER} = p \times Q = \rho g h \times Q \ [\mathrm{W}] \tag{3.1}$$

여기서
Q는 유속 [m^3/s]

수압관 속에서 물이 흐를 때 당연히 마찰에 의한 손실이 발생하여 터빈과 발전기에서의 손실로 이어진다. 하지만 풍력 터빈과 달리 수력 터빈 효율은 기본적으로 상한선이 없다. 대형 수력 터빈은 90%에서 95% 효율도 달성할 수 있다. 정격 출력에서 동작하는 수력 발전 시설의 일반적인 총효율은 60%에서 70% 수준이다.

저장된 물의 수심이 일정하게 유지된다고 가정하고 높은 곳의 저수조에서 흡입구로 물이 공급된다고 하면 저장되는 에너지(E)는 다음 식으로 계산한다.

$$E = \rho V g h \ [\mathrm{J}]$$

이 식에서 V는 상단 저수지에서 이용할 수 있는 물의 부피(m^3)이다.

수력 발전 시설에 물을 공급하는 강물과 저수지에 저장된 모든 물을 전력 생산에 사용할 수 있는 것은 아니다. 환경을 보호하기 위해 저수지에 일정 수위를 유지해야 하고 강물 흐름도 일정 부분을 유지해야 한다. 이를 보상 흐름(compensation flow)이라고 한다. 많은 수력 발전소는 관개(irrigation)와 공공 용수 공급에 있어서 중요한 요소이며, 물을 사용하는 용도에 따라 시설 작동 여부를 결정할 수 있다.

예제 3.1 수력 발전 시설의 작동

낙차가 30 m이고 유속이 3 m^3/s인 작은 수력 발전 시설을 고려할 때, 정격 출력에서 주요 구성 요소들의 효율이 다음과 같다.

수압관 효율: 0.9
터빈 효율: 0.85
발전기 효율: 0.93

이때 전력 출력을 계산하시오.

이 시설에 물을 공급하는 저수지의 활용 가능한 물이 10^5 m^3이다. 저수지를 보충하지 않는다면 얼마나 많은 전기에너지를 생산할 수 있는지 구하시오. (단, 저수지 깊이 변화로 인한 영향은 무시한다)

• 해답

물 흐름으로부터 얻어지는 힘은 다음과 같다.

$$P_{WATER} = \rho g h Q = 1000 \times 9.81 \times 30 \times 3 = 883 \text{ kW}$$

수력 발전 시설의 전체 효율은 다음 식으로 계산한다.

$$\eta_{OVERALL} = 0.9 \times 0.85 \times 0.93 = 0.71$$

전력 출력은 다음 식으로 계산한다.

$$P_{ELECTRICAL} = 883 \times 0.71 = 628 \text{ kW}$$

저수지에 저장된 위치에너지는 다음 식으로 계산한다.

$$PE = \rho V g h = 1000 \times 10^5 \times 9.81 \times 30 = 2.943 \times 10^{10} \text{ J}$$

전환 효율이 0.71일 때 생성되는 전기에너지의 총량은 다음 식으로 계산한다.

$$E_{ELECTRICAL} = \frac{2.943 \times 10^{10} \times 0.71}{3600} = 5.8 \text{ MWh}$$

그리고 그만큼의 전력이 생산되는 데 필요한 총시간은 다음과 같다.

$$\frac{5.8 \times 10^6}{628 \times 10^3} = 9.2\,\text{시간}$$

아프리카에 있는 소규모 수력 발전 시설을 그림 3.3에서 볼 수 있다. 3개의 수압관이 물을 발전소로 운반하는 것을 주목해서 살펴보자. 건너편에 있는 발전소 내의 스위치야드(switchyard)에는 6 kV의 발전기 전압을 33 kV로 변압하기 위한 변압기가 있으며, 각 코너에 피뢰침을 배치하여 낙뢰 손상에 대비하여 보호하고 있다.

그림 3.3 아프리카의 어느 수력 발전 시설. 총낙차는 176 m이고 각 수압관에서의 유량은 3000 litres/s이며, 각 터빈 발전기 유닛의 정격 출력은 4.2 MW임.
출처: Gilkes(컬러 사진 참조).

3.3 수력 발전 시설의 전력 출력

그림 3.4에서 볼 수 있는 것처럼 수력 발전 시설에서 확보하는 에너지는 수문학적 주기에 따르는 강우량에서 비롯된다. 태양복사는 육지와 바다에서 모두 증발 현상을 일으키고 구름을 만들며 비가 내리도록 한다.

지표면으로 내리는 강우는 증발, 식물에 의한 증산 작용과 표면 흡수 작용으로 인해 사라진다. 남은 지표수는 하천과 강으로 흘러간다. 집수 지역(catchment area)은 특정 하천이나 강으로 유출수가 배출되도록 하는 지역이고, 분수령(watershed)을 통해 집수 지역이 나뉜다. 집수 지역은 강수를 강으로 집중시키는데 이 지역 특성에 따라 물이 저장되는 양과 강물의 유량이 달라진다.

집수 지역의 지표수 양은 다음과 같이 계산할 수 있다.

$$\text{지표수의 양} = (\text{강우량} - \text{증발량 및 증산량} - \text{표면에 흡수된 물의 양}) \times \text{집수지의 면적}$$

영국 전역의 평균 강우량은 연간 1000 mm이나 지역에 따라 상당히 다르다. 전체 강우량의 평균 40% 정도가 증발하나 영국 남부 지방은 80%가 증발하고, 1년 내내 강우량과 증발량의 변화가 크다.

수문곡선(hydrograph)을 이용하여 일일 유량의 시계열을 구하거나 특정 유량 이상일 때의 시간을 백분율로 나타내는 유량 지속 곡선(flow duration curve)을 이용하여 강의 흐름을 설명한다. 유량 지속 곡선은 보통 x축을 정규 확률 스케일로, y축을 로그 스케일로 하여 그린

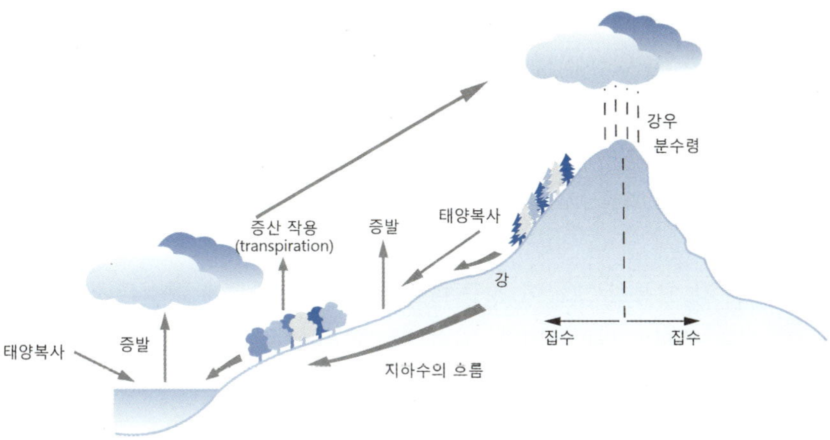

그림 3.4 수문학적 주기

출처: E. M. Wilson, *Engineering Hydrology*, Macmillan Education, reproduced with permission of Palgrave Macmillan, 1990.

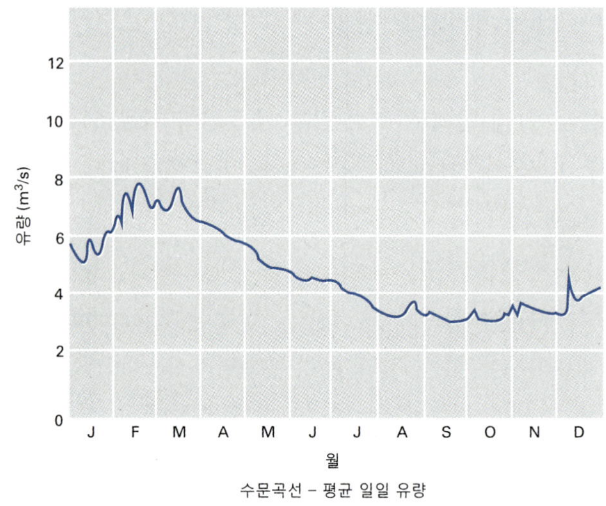

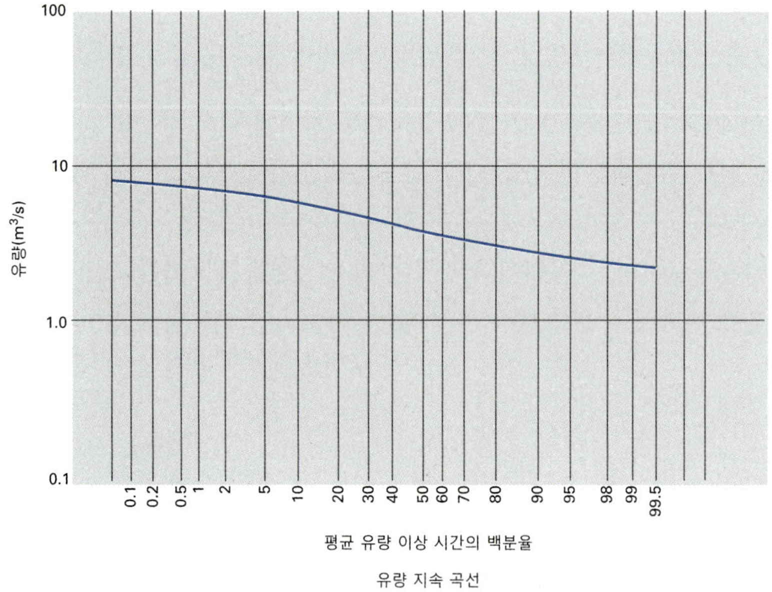

그림 3.5 평균 일일 유량 및 유량 지속 곡선(연간 균일한 유량)

다. 대부분의 경우 강 흐름 로그값이 정규 분포를 따르기 때문에 곡선은 직선이 된다. 균일한 흐름에서는 평평한 선이 나타나지만, 변화가 매우 심한 흐름의 경우 가파른 유량 지속 곡선을 볼 수 있다.

영국 남부 지방에 있는 하루 강의 흐름에 관한 수문곡선과 유량 지속 곡선을 그림 3.5에 나타냈다. 이 강은 길고 부드러운 경사가 있는 바닥이 있는데 집수 지역에 두꺼운 토양과 많은 식생이 있어서 연중 강의 흐름이 일정하다.

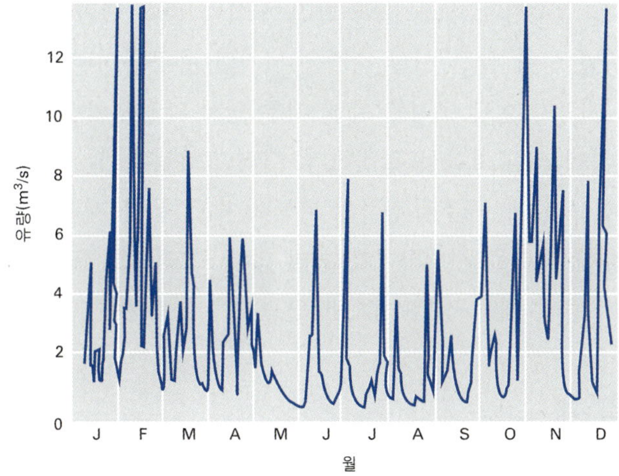

수문곡선 - 평균 일일 유량

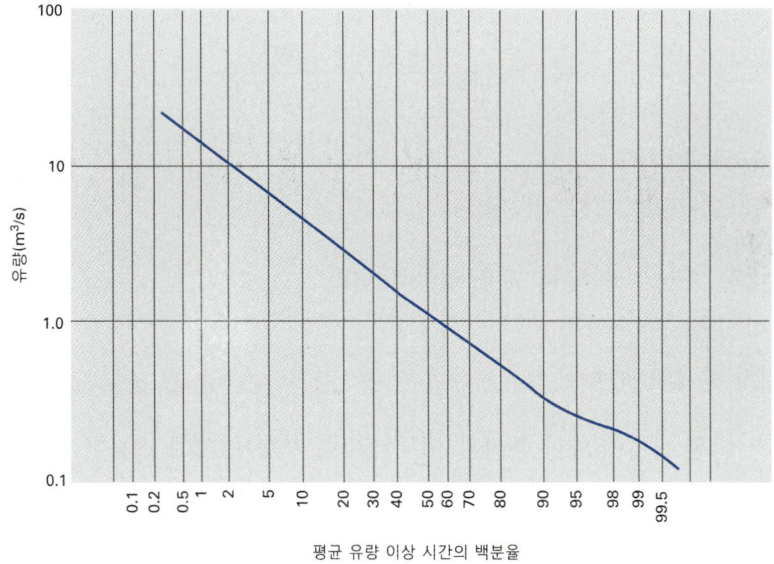

유량 지속 곡선

그림 3.6 평균 일일 유량 및 유량 지속 곡선(연간 유량의 변동이 심할 경우)

영국 웨일즈(Wales)에 있는 한 강의 수문곡선과 유량 지속 곡선을 그림 3.6에 나타냈다. 이 두 곡선은 유사한 결과를 나타낸다. 경사가 더 급한 집수지의 토양에는 식물이 거의 없는 암석 지대이다. 하루 유량 변화가 더 심하므로 유량 지속 곡선도 더 가파르게 나타난다. 이런 경우 수력 발전 설비에 큰 저수지가 없다면 출력 전력 변화가 강우량에 따라 크게 변한다는 것을 그림 3.6을 통해 알 수 있다. 특히, 집수지 토양과 식생 특성에 따라 물이 저장되는 양이 제한적이거나, 집수지가 작은 수력 발전 시설의 출력 변화가 심하다.

식 (3.1)에 따르면 수력 발전 시설 출력은 낙차와 유량에 따라 정해진다. 잠재적인 수력 발전 시설 낙차는 지도나 현장 조사를 통해 매우 쉽게 확인할 수 있으며, 몇몇 작은 낙차 시설을 제외하면 낙차에 의한 효율은 일정하다. 그러나 유량은 일 단위로 연중 계속해서 변할 수 있다. 수력 발전 시설에 공급될 강물의 흐름이 수년 동안 계측되지 않았다면, 시설의 사용 가능 수명에 대한 예측을 시행하기가 쉽지 않다. 그러므로 조사 중인 강의 흐름을 인근 강이나 지역의 강우량에 대한 장기 기록과 연관해서 예측해야 한다.

3.3.1 연간 용량 계수

연간 용량 계수(ACF: annual capacity factor)로 알려진 연간 발전 용량 계수는 1년간 발전 설비를 얼마나 잘 활용하는지를 보여 준다. ACF는 다음 식으로 표현한다.

$$ACF = \frac{\text{연간 발전량 [kWh]}}{\text{발전기 용량 [kW]} \times 8760}$$

1년은 총 8760시간이다.

ACF는 다음 요인들로 인해 감소할 수 있다.

- 재생 에너지 자원의 변화(물 가용 여부의 변화)
- 발전 설비 고장 및 오작동
- 전기에너지 수요의 부족

재생 에너지 발전 장치에 대한 투자가 이루어지면, 보통 당해에 가능한 정격 출력만큼 수력 발전 시설을 작동하는 것이 바람직하다. 이렇게 하여 최대 용량 계수와 수익을 확보할 수 있다.

3.4 수력 발전 시설의 유형

수력 발전 시설의 종류는 매우 다양하며 보통 시설 설치 장소의 세부 특성이 모두 다르므로 각 시설은 고유한 모습을 가진다. 현장 지형에 따라 낙차가 정해지고 집수 지역의 수문학에 따라 가용 수류가 결정된다.

수력 발전 시설은 여러 가지 방법으로 분류할 수 있는데 낙차에 따라 분류하면 다음과 같다.

- 큰 낙차(200~300 m 이상)
- 중간 낙차(30~200 m)
- 작은 낙차(30 m 미만)

그림 3.2와 함께 큰 낙차를 이용하는 수력 발전 시설에서는 제한된 유량으로도 높은 전력을 생산하는 것이 가능함을 보여 주었다. 하지만 고압에 견딜 수 있는 고가의 수압관이 필요하고, 전체 설비가 길어진다는 것을 확인할 수 있었다. 수압관은 여러 개의 관을 평행하게 연결하여 만들어지기 때문에 긴 수주에 걸리는 순간적인 유압으로 인해 생기는 관의 손상을 방지해야 한다. 그래서 서지 탱크 또는 안전밸브가 필요할 수 있다. 높은 낙차를 이용하는 경우 터빈이 있는 발전소는 흡입구로부터 약간 거리를 두어 설치한다.

중간 낙차를 이용할 때는 발전소를 댐의 바닥 부분에 위치시키고 수압관의 길이를 더 짧게 한다. 그림 3.7에 자세히 묘사되어 있다. 이 경우는 큰 유량을 이용하여 높은 전력을 얻는데, 대규모 수력 발전 시설들 중 일부는 프란시스 터빈을 함께 사용한다.

작은 낙차를 이용하는 경우 상대적으로 낮은 출력을 보이며 보통 대규모 저수지를 가지고 있지 않다. 그림 3.8에서 이를 보여 준다. 보통 수로를 따라 설치하게 되므로 토목 공사를 할 때 보트나 바지선을 위한 갑문의 설치를 고려해야 한다. 특히, 작은 낙차를 이용할 때 흡출관을 활용하는 것이 중요한데, 이를 통해 낙차를 크게 늘릴 수 있기 때문이다.

다양한 수력 발전소의 설계에 있어서 중요한 차이점은 저수지를 활용하여 저장한 물을 이

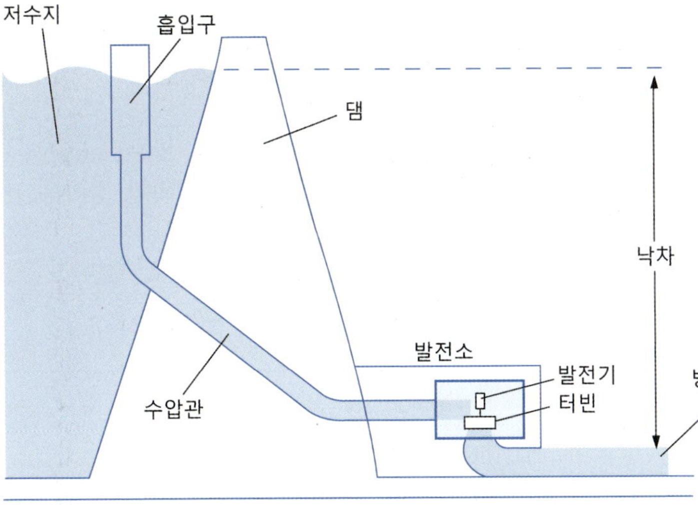

그림 3.7 반동 터빈을 이용하는 중간 낙차 수력 발전 시설의 개략도
출처: Godfrey Boyle, *Renewable Energy: Power for a Sustainable Future*, Oxford University Press, USA, 1996.

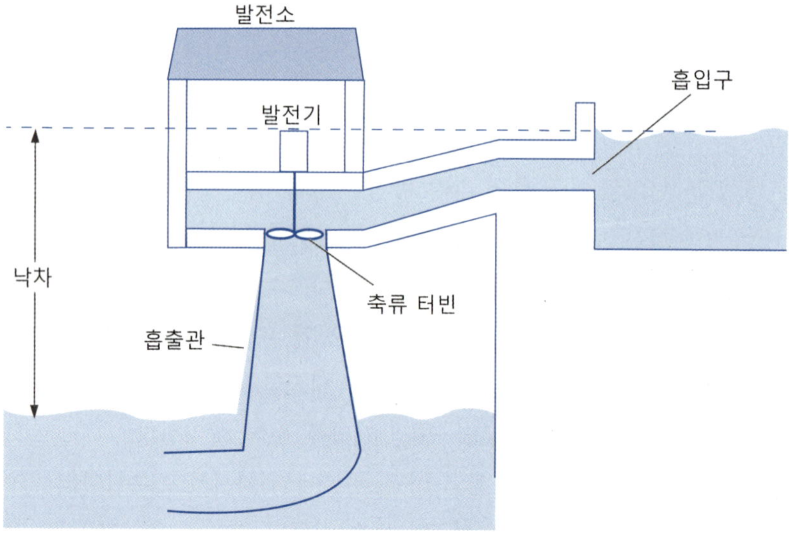

그림 3.8 반동 터빈을 이용한 작은 낙차 수력 발전 시설의 개략도

용하여 발전하는지 또는 강의 흐름에만 의존해서 발전하는지 여부이다. 강의 흐름을 이용하여 전력 생산을 하는 경우 강으로부터 이용 가능한 물의 흐름에 전력 생산이 크게 의존할 수밖에 없다. 강의 흐름은 계절에 따라 바뀌고 이로 인한 출력의 변화도 발생하게 된다.

전력 출력 등급의 측면에서 수력 발전 시설을 다음과 같이 분류한다.

- 50 MW 이상의 대규모 수력 발전
- 5~50 MW 용량의 소규모 수력 발전
- 25~250 kW 용량의 소형 수력 발전
- 25 kW 미만의 초소형 수력 발전

하지만 낙차 또는 전력 출력에 따른 수력 발전소의 분류가 정확한 정의는 아니며, 국가마다 쓰이는 용어가 각각 다르다.

3.5 수력 발전 터빈

수력 발전에서 사용되는 터빈은 터빈 러너(turbine runner)의 압력 강하에 따라 두 가지 주요 유형으로 나눌 수 있다.

충동 터빈은 상압에서 작동하는 러너에 하나 이상의 고속 제트를 충돌시키고, 이 물 흐름이 터빈 러너로 전달하는 운동에너지로부터 전력을 생산한다. 러너에서 생기는 압력 강하가 없으며 워터 제트(water jet)가 흐르는 방향이 바뀌면서 터빈이 운동에너지를 얻어 낼 수 있다. 수압관에서 발생하는 압력에너지가 노즐에서 워터 제트의 운동에너지로 전환된다. 충동 터빈은 큰 낙차 시설에서 주로 이용된다. 일부 소규모 수력 발전 시설에서도 충동 터빈을 사용할 수 있는데 사용할 수 있는 시설이 제한적이다.

충동 터빈의 유형에는 펠톤, 튜고(Turgo) 및 횡류(cross flow) 터빈이 있다.

반동 터빈의 경우 러너는 물에 완전히 들어가 있고, 러너에 생성되는 수력학적 양력(lift force)에 의해 터빈이 작동한다. 러너에 도달할 때의 물은 여전히 압력을 가지고 있으므로 터빈을 통과하면서 생기는 압력 강하에 의해 전력이 생산된다. 러너는 가압 케이싱(casing) 내에 위치하는데, 러너와 케이싱 사이에는 매우 신중하게 설계된 간극이 존재한다. 따라서 러너와 케이싱을 제조할 때는 정밀성이 매우 중요하다. 반동 터빈은 중간 낙차 및 작은 낙차 시설에서 많이 사용한다.

반동 터빈의 유형에는 프란시스 터빈 및 프로펠러 터빈이 있다. 카플란 터빈은 프로펠러 터빈에 가변 피치 블레이드를 추가해서 발전시킨 형태이다.

그림 3.9에서 소형 수력 터빈의 구성 요소인 러너, 나선형 케이싱 및 스피어 밸프를 보여

그림 3.9 공장 안에 놓여 있는 소형 수력 터빈
출처: Gilkes(컬러 사진 참조).

주고 있다.

3.5.1 충동 터빈

그림 3.10에 단일 제트를 이용하는 수평축 펠톤 터빈을 나타냈다. 높은 위치에 있는 흡입구에서 물이 유입되고 가압된 수압관을 통해 흐르게 된다. 가압된 물이 다시 노즐을 빠져나가면서 워터 제트가 대기압 상태에서 분사된다. 터빈에는 스플리터(splitter)를 포함하고 있는 버킷이 달려 있는데, 이 고속의 워터 제트가 스플리터에 의해 둘로 나누어졌다가 반대 방향으로 다시 흐르게 된다. 이로 인한 방향 변화와 운동량 변화를 통해 워터 제트는 터빈 러너로 힘을 전달하고, 발전기가 작동된다. 러너에 부딪히면서 운동에너지를 전달한 물은 중력에 의해 방수로로 수직 낙하한다. 케이싱의 기능은 물이 튀는 것을 조절하는 것이고, 케이싱 내의 압력은 대기압이다.

그림 3.11은 2개의 펠톤 러너 사진이다. 버킷의 스플리터가 명확하게 보인다.

물의 흐름과 그로 인해 생성되는 발전기 출력은 스피어 밸브로 제어한다. 스피어 밸브가 노즐에 들어가면 워터 제트의 흐름이 감소한다. 스피어 밸브를 천천히 작동시켜서 수압관 내

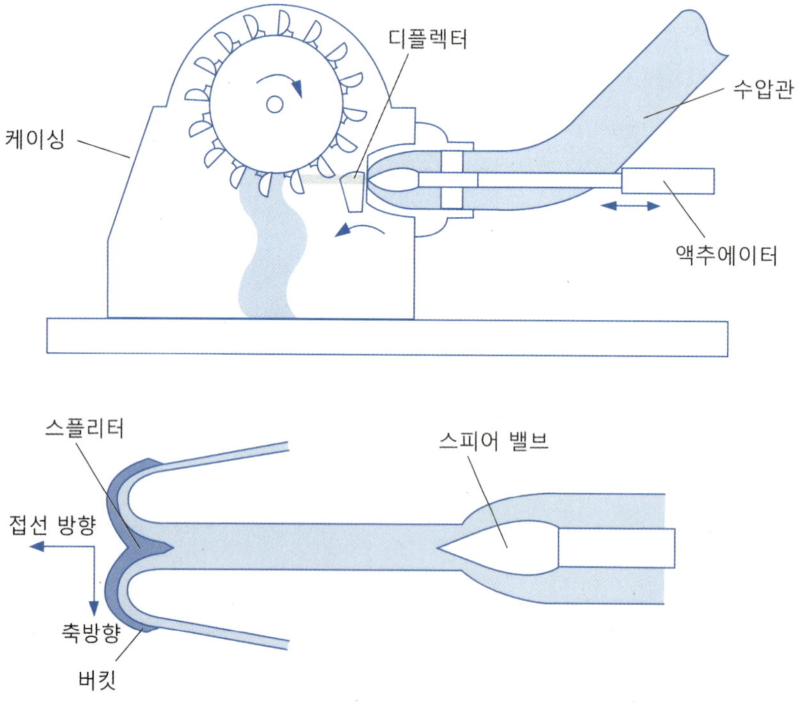

그림 3.10 펠톤 터빈의 개략도

그림 3.11 2개의 펠톤 러너
출처: Gilkes(컬러 사진 참조).

에 생기는 높은 과도 압력 또는 수격 현상(water hammer)을 피하기 위함이다.

발전기가 전기적 부하를 갑자기 잃을 때 터빈에 생기는 토크를 빨리 줄이지 않으면 터빈 속도가 너무 빨라져서 손상될 것이다. 디플렉터를 신속히 제어해서 워터 제트가 버킷을 우회하도록 한다. 이때 물의 흐름은 변화되지 않는다. 흐름을 급격하게 바꾸려고 하면 수압관이 손상될 수 있다. 스피어 밸브 이동 방향과 전향 장치 회전 방향은 그림 3.10에서 볼 수 있다. 펠톤 터빈 제어 장치는 그림 3.12에서 볼 수 있다.

3.5.2 펠톤 터빈 분석

제트가 터빈 러너에 부딪히기 전에 물이 흐르는 속도를 고려하여 펠톤 휠의 작동을 이해할 수 있다. 절대 속도 $\boldsymbol{V}$로 흐르는 제트가 버킷 속도 $\boldsymbol{R}$에 대해 상대적인 속도 $\boldsymbol{U}$로 움직이는 러너에 부딪힌다. 벡터 표기법에 따라 아래 식으로 나타낸다.

$$\boldsymbol{V} = \boldsymbol{R} + \boldsymbol{U}$$

모든 방사 방향의 흐름은 무시하고 이 속도 벡터는 두 방향의 흐름으로만 나타낸다.

그림 3.12 발전소 내의 수평축 펠톤 터빈과 제어 장치들
출처: New Mills Engineering(컬러 사진 참조).

(a) 러너로 제트가 주입될 때　　(b) 러너에서 제트가 나올 때

그림 3.13 제트가 펠톤 터빈의 러너와 충돌하기 전과 후의 제트 속도 표시: V_1은 제트가 러너와 충돌하기 전의 절대 속도, V_2는 제트가 러너를 떠난 후의 절대 속도, U는 러너의 속도($U = \omega r$), 여기서 r는 러너의 유효 반지름이고 ω는 각속도(rad/s), R_1은 제트가 러너에 부딪히기 전의 버킷에 대한 제트의 상대 속도, R_2는 제트가 러너를 떠난 후 버킷에 대한 제트의 상대 속도임.

(1) 러너 회전 방향에 접하는 흐름(V_θ) – 접선 방향

(2) 러너 회전축과 동일한 방향의 흐름 – 축방향

러너의 버킷은 접선 방향으로만 움직일 수 있으며 접선 방향의 속도만 토크 및 전력 출력에 기여한다. 그림 3.10에서 물 제트는 스플리터를 대칭으로 반으로 갈라지므로 흐름의 절반에 대한 속도만 그림 3.13에 표시하였다.

그림 3.13(a)에서 제트가 러너와 부딪힐 때의 속도를 볼 수 있다. 제트가 버킷에 부딪히면 모든 흐름은 접선 방향(원주 방향)이 되며, 접선 방향으로 스칼라로 표시하면 다음과 같다.

$$V_1 = R_1 + U$$

그림 3.13(b)에 나타낸 대로 러너를 떠날 때의 제트는 각도 β(약 165°)만큼 회전하며 버

킷 전체를 가로지른다. 제트의 상대 속도는 버킷 마찰 속도 계수 C_B(일반적으로 0.9)만큼 약간 감소한다.

$$R_2 = C_B R_1$$

절대 속도는 V_1에서 V_2로 감소하면서 제트 흐름의 방향이 반대로 된다. V_2는 접선 방향의 흐름 성분을 일부 포함하지만 대부분 축방향 흐름의 물이다. 물이 버킷을 떠나게 되고, 이때 버킷 흐름에 방해를 주지 않는다. 터빈의 고효율을 위해 V_2는 작게 유지해야 한다.

회전하는 러너와 접선 방향으로 흐르는 워터 제트의 절대 속도를 휠 속도라고도 하는데, 러너와 충돌하기 전후의 속도를 다음과 같이 표시할 수 있다.

$$V_{\theta 1} = V_1 = U + R_1$$

$$V_{\theta 2} = U + R_2 \cos\beta \ \ (\beta\text{는 } 90^\circ \text{ 보다 크므로 } \cos\beta\text{는 음수이다})$$

그러므로 제트의 접선 방향 속도 변화는 다음과 같다.

$$\begin{aligned} \Delta V_\theta &= V_{\theta 1} - V_{\theta 2} = U + R_1 - (U + C_B R_1 \cos\beta) \\ &= R_1(1 - C_B \cos\beta) \\ &= (V_1 - U)(1 - C_B \cos\beta) \end{aligned} \tag{3.2}$$

제트의 질량 유속($\dot{m}$)은 다음과 같다.

$$\dot{m} = \rho Q$$

그러므로 접선 방향으로의 운동량 변화율(또는 발생하는 힘)은 다음과 같다.

$$\Delta V_\theta \dot{m} = \Delta V_\theta \rho Q$$

러너의 유효 반경은 r이므로 토크는 다음과 같다.

$$\Delta V_\theta \dot{m} r = \Delta V_\theta \rho Q r$$

그리고 각속도 ω에서 러너에 의해 생성되는 동력은 다음과 같다.

$$P = \Delta V_\theta \dot{m} r \omega = \Delta V_\theta \rho Q r \omega = \Delta V_\theta \rho Q U$$

식 (3.2)를 활용하면 다음과 같은 수식으로 표현할 수도 있다.

$$P = \rho QU(V_1 - U)(1 - C_B \cos\beta) \tag{3.3}$$

워터 제트 V_1의 절대 속도는 유효 낙차에 의해 결정된다. 유효 낙차는 수압관과 노즐 내에서 생기는 마찰을 총낙차에 반영하기 때문에 총낙차보다 조금 감소된 값이다. 하지만 러너의 속도(U)는 러너의 유형과 디자인에 따라 다르다.

식 (3.3)을 U에 대한 미분 방정식으로 다음과 같이 표현할 수 있다.

$$\frac{dP}{dU} = \rho Q(1 - C_B \cos\beta)(V_1 - 2U)$$

이를 통해 러너의 속도가 제트 속도의 절반일 때 최대 동력(P)이 얻어짐을 알 수 있다.

실제 설비에서 다양한 손실을 고려하여 절반보다 좀 더 느린 러너 속도가 선택되며, 일반적인 러너 속도와 제트 속도에 관한 최적 비율은 다음과 같이 정한다.

$$U \sim 0.45V_1$$

러너의 효율은 식 (3.3)에서 보여 준 러너에 의해 생기는 동력을 제트가 가지는 힘으로 나눈 값이다.

균일한 유체 흐름을 가지는 부분을 영역 A라고 가정하면 식은 다음과 같다.

$$P = \frac{1}{2}\rho AV^3 = \frac{1}{2}\rho QV^2$$

그러므로 러너의 효율은 다음과 같이 얻을 수 있다.

$$\eta_R = \frac{\rho QU(V_1 - U)(1 - C_B \cos\beta)}{\frac{1}{2}\rho QV_1^2} = \frac{2U(V_1 - U)(1 - C_B \cos\beta)}{V_1^2}$$

펠톤 휠 러너의 효율을 속도에 대해 표시하면 그림 3.14처럼 나타난다.

앞에서 언급한 대로 펠톤 터빈의 최대 전력 효율은 버킷의 선형 속도가 제트 속도의 절반에 도달할 때 발생한다. 하지만 실제로는 제트가 180° 로 완전히 회전하지 않고 버킷을 통과할 때 마찰에 의한 손실도 발생한다. 그러므로 이론적 효율과 실제 효율의 차이가 그림 3.14와 같이 나타난다.

터빈의 전체적인 효율이 노즐의 효율에 따라 좀 더 감소할 수도 있다. 이는 다음 식으로

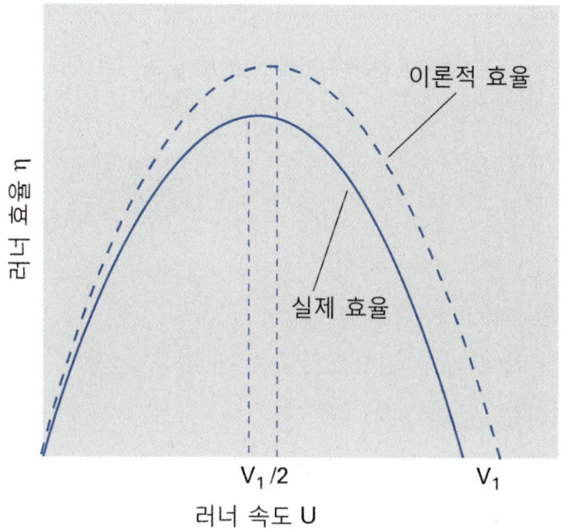

그림 3.14 러너 속도에 따른 펠톤 터빈의 효율 변화

표현할 수 있다.

$$\eta_N = C_V^2$$

여기서 C_V는 노즐 속도 계수이다. 수력 터빈과 발전기 전체 효율은 마찰과 바람에 의한 기계적 손실(η_M)과 발전기 내의 전기적 손실(η_E)도 반영해야 한다.

러너의 최대 속도는 러너에 부하가 걸리지 않는 조건에서 얻을 수 있으므로 작동 불능 상태가 되지 않도록 해야 한다. 이때의 러너 속도는 제트 속도에 근접할 수 있다. 작동 불능 속도가 생기지 않도록 하는 것은 수력 터빈을 작동할 때 중요하게 고려해야 할 사항이다. 동기식 발전기의 경우 작동 불능 상태가 되었을 때 회전자 권선이 손상될 수도 있기 때문에 과속 작동이 되지 않도록 제어한다.

예제 3.2 충동 터빈의 작동

수력 발전 시설 내의 단일 제트 충동 터빈은 200 m의 유효 낙차를 가지는 수압관과 연결되어서 물을 공급받고 있고, 노즐 속도 계수(C_V)는 0.97이다. 제트가 노즐을 떠날 때의 속도를 계산하시오.

충동 터빈 휠의 유효 지름은 1.1 m이며 500 rpm으로 작동하는 발전기에 직접 연결되어 있다. 제트의 지름은 100 mm, 버킷의 마찰 속도 계수(C_B)는 0.9, 버킷의 각도(β)는 165° 이다. 이때 터빈의 효율을 계산하시오.

• **해답**

그림 3.15는 발전 시설을 단순하게 표현한 개략도이다.

저수지 표면과 제트에서 베르누이 정리(Bernoulli's theorem)를 적용하면 다음과 같다.

$$p_R + \frac{1}{2}\rho V_R^2 + \rho g h_R = p_J + \frac{1}{2}\rho V_J^2 + \rho g h_J$$

이 식은 다음과 같이 단순화할 수 있다.

저수지와 제트 모두 대기압 상태에 있으므로 높이에 따른 기압의 차이는 무시할 수 있다. 그러므로 계기 압력으로 표시하면 p_R와 p_J는 0이다.

h_J를 기준점으로 정의해서 높이를 0이라고 하면

$$h_J = 0$$

H는 유효 낙차이므로 수압관에서의 마찰과 기타 손실들을 포함한다.

$$h_R = H$$

저수지 규모가 매우 커서 저수지 물 표면이 움직이지 않는다고 가정해 보자.

$$V_R = 0$$

그러므로 베르누이 정리를 다음과 같이 간소화할 수 있다.

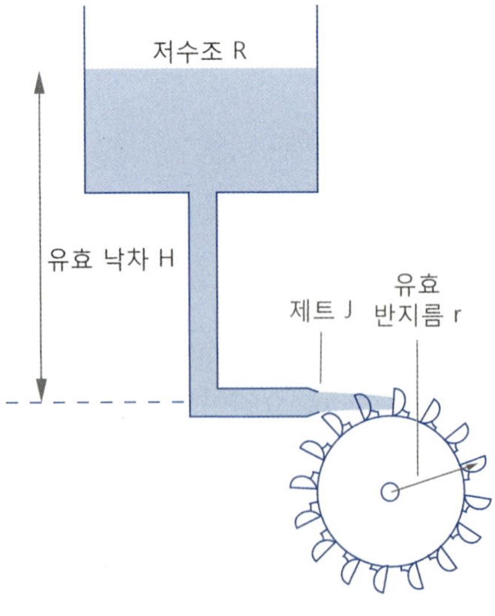

그림 3.15 충동 터빈으로 구성된 수력 발전 시설의 개략도

$$\rho g H = \frac{1}{2}\rho V_J^2$$

또는

$$V_J = \sqrt{2gH}$$

노즐 속도 계수에 의한 영향을 고려하면 제트의 속도는 다음과 같다.

$$V_J = C_V\sqrt{2gH} = 0.97\times\sqrt{2\times 9.81\times 200} = 60.8\ \text{m/s}$$

식 (3.3)에서 $V_1 = V_J$라고 하면 다음과 같다.

$$P = \rho QU(V_J - U)(1 - C_B\cos\beta)$$

그리고

$$Q = V_J\times\pi\frac{D_J^2}{4} = 60.8\times\pi\times 2.5\times 10^{-3} = 0.477\ \text{m/s}$$

$$\omega = \frac{500\times 2\pi}{60} = 52.36\ \text{rad/s}$$

$$U = r\omega = 52.36\times\frac{1.1}{2} = 28.8\ \text{m/s}$$

그러므로

$$\begin{aligned} P &= \rho QU(V_J - U)(1 - C_B\cos\beta) \\ &= 1000\times 0.477\times 28.8\times(60.8 - 28.8)\times(1 - 0.9\cos 165) \\ &= 822\ \text{kW} \end{aligned}$$

물 흐름에 의한 전력 생산을 계산하고 최종 효율을 구하면 다음과 같다.

$$P = \rho QHg = 1000\times 0.477\times 200\times 9.81 = 936\ \text{kW}$$

효율은 88%이다.

실제 설계 시 펠톤 터빈 제트의 지름을 버킷 지름의 1/4, 러너 지름의 1/10로 제한한다. 따라서 출력 전력을 증가시키기 위해 펠톤 터빈이 2개 이상의 제트를 가지도록 하는 것이 일반적이다. 수평축 터빈에서는 노즐의 수를 2배로 늘리고 그에 따라 출력을 2배로 늘리는

것이 일반적이다. 반면에 수직축 터빈에서는 최대 6개의 노즐을 사용할 수 있다. 수직축 터빈의 경우 배출되는 물이 서로 다른 제트를 방해하지 않고 방수로로 떨어진다.

그림 3.16과 그림 3.17에 있는 튜고 터빈은 펠톤 터빈에서 발전된 형태의 충동 터빈이다. 두 가지는 유사한 수압관과 노즐을 사용한다. 튜고 터빈은 제트를 분할하여 이용하는 대신에

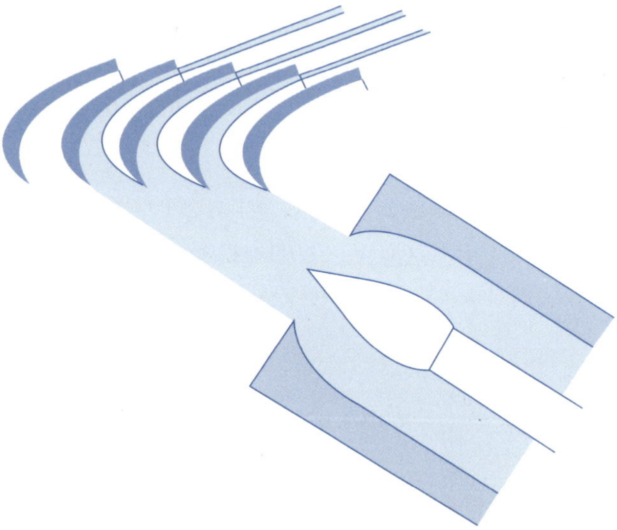

그림 3.16 튜고 터빈과 스피어 밸브

그림 3.17 튜고 터빈 러너
출처: Gilkes.

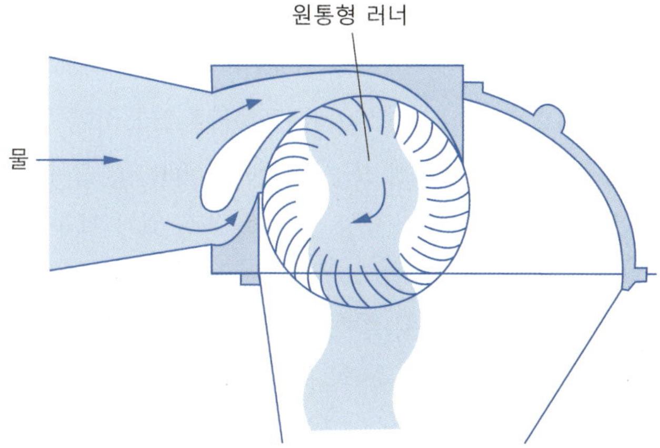

그림 3.18 횡류 터빈

러너의 흐름을 한쪽으로 돌리고 흐름을 약 160° 방향으로 바꾼다. 제트는 한쪽 방향에서 러너와 충돌하고 다른 쪽 방향을 통해 빠져나온다. 이러한 구조는 배출수가 제트를 방해하지 않고 더 큰 유속을 만들어 낼 수 있도록 한다. 따라서 회전 속도가 더 큰 작은 지름의 러너를 사용 가능하도록 한다. 그러므로 발전기의 회전 속도를 더 빠르게 하기 위해 필요한 기어박스의 사용을 줄일 수 있다는 장점이 있다.

펠톤 터빈과 튜고 터빈 모두 금속 주조 공정을 통해 제조된 러너를 사용한다. 그런 금속 러너들은 값비싸고 개발 도상국의 외진 지역에는 조달하기 어려울 수 있다. 대안적으로 그런 작은 낙차를 활용하는 곳에서 사용할 수 있는 저비용 충동 터빈으로 Michell-Banki 터빈이라고도 하는 횡류 터빈이 있다. 횡류 터빈의 원통형 러너에 대한 단면이 그림 3.18에 나타나 있다. 이 터빈은 원통형으로 제작된 러너를 가지고 있는데, 제트가 러너와 두 번 충돌하게 된다. 먼저, 제트가 상부에서 러너와 충돌하였다가 다시 러너를 떠나면서 확장되는 물 제트 흐름에 의해 러너와 두 번 충돌하게 된다. 일반적인 충동 터빈과 달리 일부 횡류 터빈의 설계 시에는 밀폐된 케이싱과 흡출관을 사용한다. 흡출관의 출구는 방수로의 표면 아래에 배치되는데, 약간의 음압을 생성시켜 제트 속도가 증가되도록 하기 위함이다. 횡류 터빈은 전력 정격 2000 kW 이하로 전력을 생산하는 경우에 제한적으로만 사용된다. 원통형 러너는 실용적으로 사용될 수 있는 길이 이상으로 만들지 않는데, 터빈의 정격 출력을 제한하기 위한 것이다.

3.5.3 반동 터빈

충동 터빈은 상압에서 하나 이상의 물 제트가 러너에 부딪히면서 작동한다고 앞에서 언급하였다. 충동 터빈에 있는 케이싱의 주 기능은 물이 튀는 것을 방지하는 것이므로 케이싱이 터빈의 작동에 영향을 주지는 않는다.

이와 대조적으로 반동 터빈은 러너 전체 둘레에 물이 흐르고 이런 물의 흐름이 터빈 러너 토크에 영향을 준다. 물은 나선형 케이싱 또는 볼류트(volute)를 통해 360° 모든 방향에서 터빈으로 유입된다. 반동 터빈의 러너는 항상 물속에 잠겨 있기 때문에 러너를 통과하면서 압력이 크게 낮아진다. 그러므로 케이싱과 고정자 안내날개가 터빈과 일체로 되어서 사용된다. 고정자 안내날개는 물 흐름을 러너로 향하게 한다. 주어진 낙차에서 반동 터빈은 더 높은 회전 속도로 작동하고 러너는 동일한 출력을 가진 충동 터빈보다 크기가 더 작다. 안내날개를 포함한 반동 터빈의 러너와 케이싱은 그것들 사이의 간격을 아주 정밀하게 유지하도록 만들어진다.

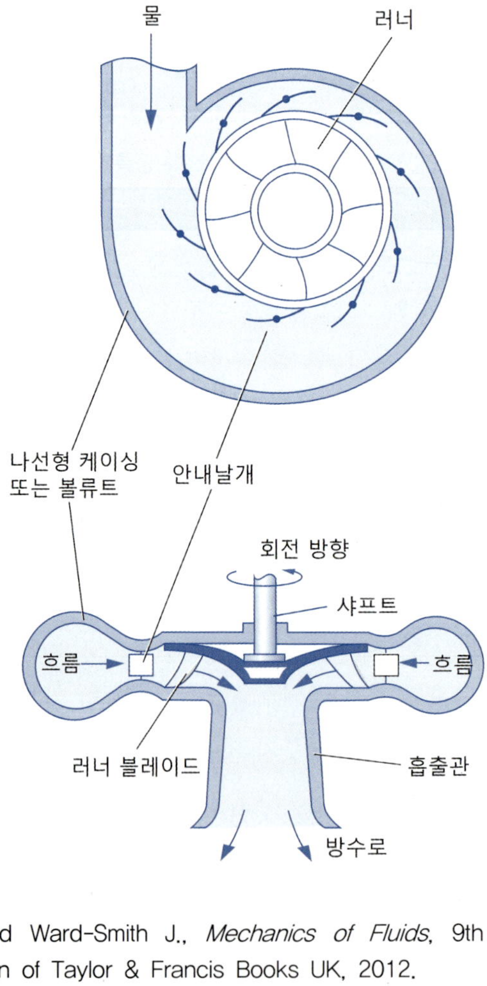

그림 3.19 프란시스 터빈
출처: Massey B. S. and Ward-Smith J., *Mechanics of Fluids*, 9th Edition, © Spon Press, reproduced by permission of Taylor & Francis Books UK, 2012.

그림 3.20 프란시스 터빈에 사용되는 러너
출처: Gilkes(컬러 사진 참조).

두 가지 일반적인 유형의 반동 터빈은 그림 3.19의 프란시스 터빈, 그림 3.21의 블레이드 고정형 프로펠러 터빈이다. 그림 3.20과 그림 3.22는 두 터빈의 소형 모델 사진을 보여 주고 있는데, 최고 정격 전력 500 MW의 대형 모델로도 제조와 활용이 가능하다. 두 가지 유형 모두 비슷한 구조의 나선형 케이싱을 사용하는데, 고정자 둘레에 있는 수압관으로부터 나오는 물의 흐름을 터빈으로 유도한다. 프란시스 터빈에서 물의 흐름은 주로 방사 방향이고 프로펠러 터빈에서는 축방향 흐름이다. 그림 3.9에 나타낸 것처럼 소형 프란시스 터빈의 경우 터빈의 축을 지면과 수평으로 설치한다. 하지만 대형 터빈의 경우는 보통 수직축을 사용한다. 그런 다음 발전기가 터빈 위에 장착된다.

카플란 터빈은 러너에 달린 블레이드의 각도를 조절할 수 있는 것으로 프로펠러 터빈의 발전된 형태의 터빈이다.

프란시스 터빈, 프로펠러 터빈, 그리고 카플란 터빈 모두 고정자 내에 조정이 가능한 안내날개를 활용하여 유량을 변경할 수 있고, 이를 통해 터빈의 출력 전력을 조절할 수 있다. 안내날개의 각도를 바꿔서 물의 흐름을 제어하고 러너로 들어가는 물의 각도를 조절할 수 있다. 그래서 고정자 안내날개 부분을 분배기(distributor) 또는 개찰구(wicket gate)라고도 한다. 카플란 터빈은 조정 가능한 피치 블레이드 러너를 사용하기 때문에 추가적인 터빈의 제어가 용이하다. 러너와 고정자 2개의 제어 요소를 사용함으로써 카플란 터빈은 물이 러너에

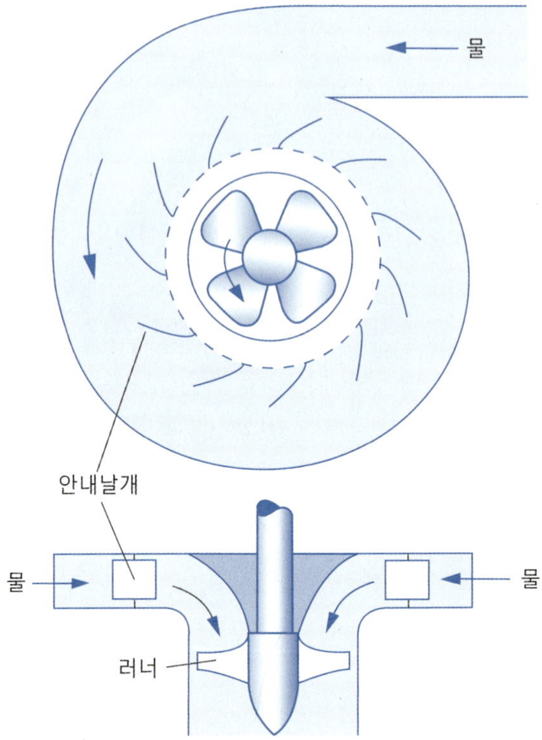

그림 3.21 프로펠러 터빈
출처: Massey B. S. and Ward-Smith J., *Mechanics of Fluids*, 9th Edition, © Spon Press, reproduced by permission of Taylor & Francis Books UK, 2012.

그림 3.22 프로펠러 터빈의 러너(컬러 사진 참조)

들어오고 나가는 각도를 최적으로 조절할 수 있다. 그러므로 다양한 범위의 전력 출력이 가능하고 적은 유량으로도 높은 효율을 얻어 낼 수 있다.

3.5.4 프란시스 터빈의 성능 분석

반동 터빈의 전력 출력은 물 흐름이 터빈의 러너를 통과하는 전과 후 회전의 접선 방향(소용돌이 속도) 절대 속도의 차이에 비례한다. 소용돌이 속도만 토크에 기여하므로 러너의 활용 여부에 따라 전력 생산에 차이가 크게 발생함을 알 수 있다. 프란시스 터빈과 프로펠러 터빈 모두 유사한 방식으로 분석이 가능하다.

그림 3.23에서 프란시스 터빈을 지나는 물의 흐름을 보여 준다. 러너 중심에서 축방향으로 물이 빠져나가지만 전력 출력을 예측하기 위한 간단한 유도식을 세우기 위해 축방향과 방사 방향의 물 흐름은 무시하였다.

그림 3.9에 나타낸 것처럼 수압관의 물은 나선형 케이싱을 통해 고정자의 둘레로 흘러 들

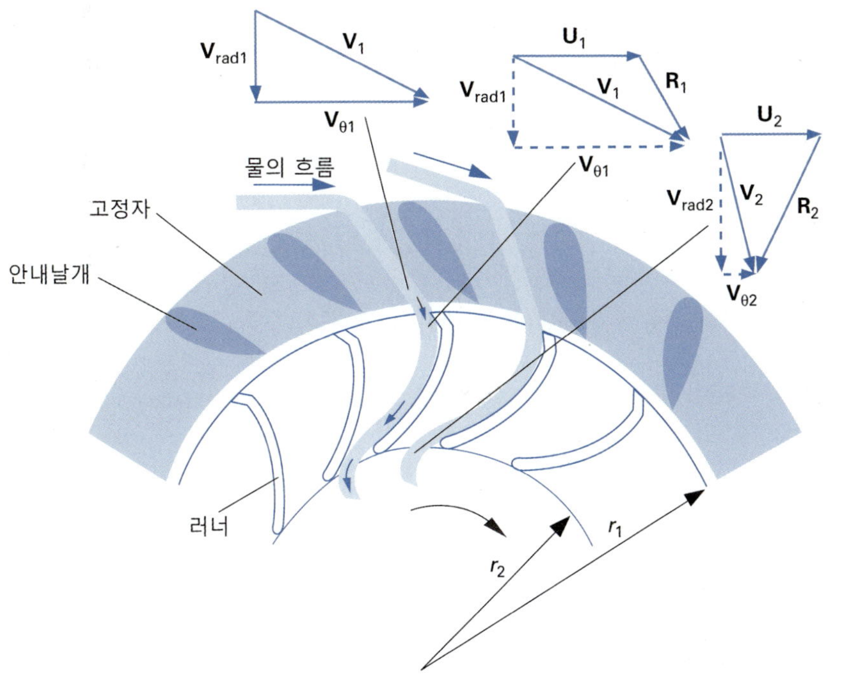

그림 3.23 프란시스 터빈에서 물의 흐름과 속도. V_1은 고정자를 떠나 러너로 들어갈 때 물 흐름의 절대 속도, V_2는 물이 러너를 떠날 때의 절대 속도, U_1은 반경 r_1에서 러너의 속도, U_2는 반경 r_2에서 러너 속도, $U=\omega r$, 여기서 r_1 및 r_2는 러너의 외부 및 내부 반경이고 ω는 각속도(rad/s), R_1은 러너로 유입되는 물 흐름의 상대 속도이고 R_2는 러너를 떠나는 물 흐름의 상대 속도임.

어오게 된다. 이어서 물의 흐름은 고정자 내의 안내날개에 의해 터빈 러너로 향하게 된다. 이때 러너의 반경 r_1에서 절대 속도는 V_1이고, 출구 반경 r_2에서의 절대 속도는 V_2이다.

벡터 표기법을 사용하여 러너의 입구와 출구에서 물 흐름을 속도 삼각형으로 표시하면 다음과 같다.

$$\boldsymbol{V}_1 = \boldsymbol{R}_1 + \boldsymbol{U}_1$$

그리고

$$\boldsymbol{V}_2 = \boldsymbol{R}_2 + \boldsymbol{U}_2$$

러너는 오직 접선 방향으로의 움직임만 가능하므로 다음과 같은 식을 세울 수 있다.

$$U_{1,2} = U_{\theta 1, \theta 2} = \omega r_{1,2}$$

접선 방향으로의 절대 속도 성분은 $V_{\theta 1}$과 $V_{\theta 2}$이다.

질량 유량은 다음과 같이 정의할 수 있다.

$$\dot{m} = \rho Q$$

그리고 러너의 입구에서 소용돌이 방향으로 각운동량 변화율은 다음과 같다.

$$\frac{dM_1}{dt} = V_{\theta 1}\dot{m}r_1 = V_{\theta 1}\rho Q r_1$$

그리고 출구에서의 각운동량 변화율은 다음과 같다.

$$\frac{dM_2}{dt} = V_{\theta 2}\rho Q r_2$$

러너에 의해 발생된 토크는 러너로 들어오고 나가는 물이 소용돌이 방향으로 가지는 각운동량 변화율의 차이로 표시할 수 있다.

$$T = \frac{dM_1}{dt} - \frac{dM_2}{dt} = V_{\theta 1}\rho Q r_1 - V_{\theta 2}\rho Q r_2$$

그리고 $P = T\omega$일 때 다음 관계식이 얻어진다.

$$P = \dot{m}\,(V_{\theta 1}U_1 - V_{\theta 2}U_2)$$

잘 설계된 터빈의 경우 배출 흐름에서 소용돌이 속도는 0, 즉 $V_{\theta 2}$는 0이므로 다음 식이 얻어진다.

$$T = \rho Q V_{\theta 1} r_1 \text{과 } P = \dot{m} V_{\theta 1} U_1$$

예제 3.3 프란시스 터빈의 작동

수력 발전소는 150 m의 유효 낙차와 12 m^3/s 유량의 흐름을 가지고 있다. 이때 250 rpm의 속도로 작동하는 24극 동기식 발전기를 사용한다. 프란시스 터빈 러너의 외부 반경은 1.2 m이다. 손실을 무시하고 러너 출구에서 흐름의 접선 속도가 0이라고 가정하여 다음을 계산하시오.

- 러너 입구 쪽 흐름의 접선 속도
- 샤프트에 생기는 토크
- 샤프트에 생기는 힘

• 해답

물 흐름이 가지고 있는 힘이 러너에 의해 생성되는 힘과 동일하다고 가정해 보자.

$$P = \rho g H Q = \dot{m} g H = \dot{m} V_{\theta 1} U_1 = \dot{m} V_{\theta 1} \omega r_1$$

따라서 러너로 유입되는 물 흐름의 접선 속도는 다음과 같다.

$$V_{\theta 1} = \frac{gH}{\omega r_1} = \frac{9.81 \times 150}{\dfrac{250 \times 2\pi}{60} \times 1.2} = 46.8 \text{ m/s}$$

이때 토크는 다음과 같다.

$$T = \rho Q V_{\theta 1} r_1 = 1000 \times 12 \times 46.8 \times 1.2 = 673.9 \text{ kNm}$$

그리고 여기서 생기는 힘은 다음과 같다.

$$P = T\omega = 673.9 \times 10^3 \times \frac{250 \times 2\pi}{60} = 17.6 \text{ MW}$$

물의 흐름에서 생기는 힘도 확인해 보자.

$$P = \rho g H Q = 1000 \times 9.81 \times 150 \times 12 = 17.6 \text{ MW}$$

그림 3.23은 안내날개를 통해 물이 러너로 향해 흐르는 것을 보여 준다. 터빈이 잘 설계된 경우 이 흐름은 안내날개와 블레이드 위로 부드럽게 통과하고 이 흐름의 각도는 러너 블레이드의 각도와 매우 비슷하게 된다.

3.5.5 흡출관과 공동현상(Cavitation)

반동 터빈의 러너는 완전히 잠겨 있는 상태에서 동작하고, 흡출관을 이용하여 터빈에서 방출되는 물을 방수로로 보낸다. 흡출관은 방수로에서부터 물기둥을 유지하고 터빈에서 배출되는 물의 속도로부터 에너지를 회수한다. 이 흡출관을 사용함으로 인해 반동 터빈의 낙차를 상부에 위치한 저수지 표면에서부터 방수로 표면까지 연장할 수 있다.

따라서 흡출관은 두 가지 목적으로 사용한다.

- 터빈의 출구에서부터 방수로 표면만큼의 높이 차이를 활용하기 위해 사용한다.
- 물의 흐름을 확장하여 터빈을 빠져나가는 물로부터 추가적인 운동에너지를 획득하고 터빈을 빠져나가는 물의 속도를 감소시키기 위해 사용한다.

그림 3.8에서 볼 수 있듯이 흡출관의 상부는 수직 단면으로 되어 있고 출구 흐름 방향의 끝부분이 구부러져 있다. 흡출관의 측면은 각도 10° 정도로 분기되어 물 흐름이 팽창될 때 부드러운 흐름이 가능하도록 하고 유속을 감소시킨다. 흡출관이 물기둥을 유지할 수 있도록 출구는 항상 물속에 잠기도록 한다.

흡출관에 의해서 터빈 출구 부분에 음압이 생성되면 공동현상을 야기할 가능성이 있다. 공동현상은 액체의 압력이 증기압까지 떨어질 때 발생한다. 이로 인해 액체가 끓게 되면서 작은 기포가 많이 생기게 된다. 이렇게 생긴 기포들은 물이 흐를 때 함께 움직인다. 기포들에 의해 고압이 발생하면, 갑자기 붕괴되어 반복적으로 매우 높은 과도 압력을 일으키게 되는데, 이는 효율성의 감소, 진동 및 소음뿐만 아니라 터빈의 재료나 흡출관에 큰 손상을 입힐 수 있다. 반동 터빈에서 가장 낮은 압력 지점은 일반적으로 러너의 출구 부분이다. 공동현상은 큰 피해를 줄 수 있기 때문에 수력 터빈에서 이런 현상을 피하도록 설계해야 한다.

공동현상 때문에 흡출관의 높이는 제한될 수 있다. 이로 인해 빠른 비속도를 활용하는 프로펠러 터빈을 활용하는 경우가 있다. 높은 낙차에서 프로펠러 터빈을 사용하려면 터빈은 방수로 표면에 가깝게 설치하고, 흡출관의 수직 부분을 짧게 설계한다.

흡출관은 반동 터빈에 있어서 필수 성분이라고 할 수 있다. 그래서 보통 흡출관을 반동 터빈의 일부라고 생각하고 제조한다. 그림 3.24는 공장에서 제조되어 나오고 있는 축류 터빈

그림 3.24 500 kW급 작은 낙차 축류 터빈에서 사용되는 흡출관
출처: New Mills Engineering(컬러 사진 참조).

흡출관의 모습이다. 나팔 모양의 흡출관이 왼쪽에 있고, 오른쪽에는 물 흐름 방향을 바꾸기 위한 추가적인 설비가 놓여 있다.

3.5.6 벌브 및 경사진 샤프트 터빈

작은 낙차용 프란시스 터빈을 용수로에 직접 설치하여 나선형 케이싱을 이용해 물의 흐름을 바꾸는 설비의 대안으로 활용할 수도 있다. 벌브(bulb) 터빈의 경우 전기 발전기를 물이 흐르는 곳에 배치되어 있는 방수 인클로저에 장착한다. 대안적인 배열 방법으로 경사진 샤프트 터빈을 사용하여 물 밖에 장착된 발전기로 동력을 전달하는 것도 있다. 이런 방법은 작은 낙차를 이용하는 경우에만 사용할 수 있다.

3.6 수력 터빈의 비속도

다양한 유형의 수력 터빈은 다양한 범위의 낙차와 유량에서 효율적으로 작동한다. 그림 3.25에서 여러 유형의 수력 터빈의 적용 예를 보여 주고 있다. 펠톤 휠 터빈은 낙차가 매우 크고 유량이 느린 곳에서 사용할 수 있다. 횡류 터빈은 원통형의 러너를 사용하기 때문에 러너의 강도가 좋지 않다. 그러므로 최대 출력 용량에 제한이 있다. 카플란 터빈을 포함한 프로펠러 터빈들은 큰 유량을 활용할 수 있지만 작은 낙차에서 가장 효과적이다. 프란시스 터빈은 적절한 설계를 통해 광범위한 낙차 및 흐름 조건에서 사용이 가능하다.

수력 터빈의 효과적인 작동 조건은 비속도(specific speed)를 이용해서 설명할 수 있다. 비속도는 터빈의 제조업체에 의해 정해지는데 터빈이 최고 효율로 작동하는 전력, 낙차 및 회전 속도의 조건을 가지게 되는 조건이다. 미터법 단위를 사용한 공학적인 연구에서 식 (3.4)를 이용하여 비속도를 정의하는 것이 일반적이다.

$$N_S = \frac{n_T P^{1/2}}{H^{5/4}} \tag{3.4}$$

여기서

N_S는 비속도

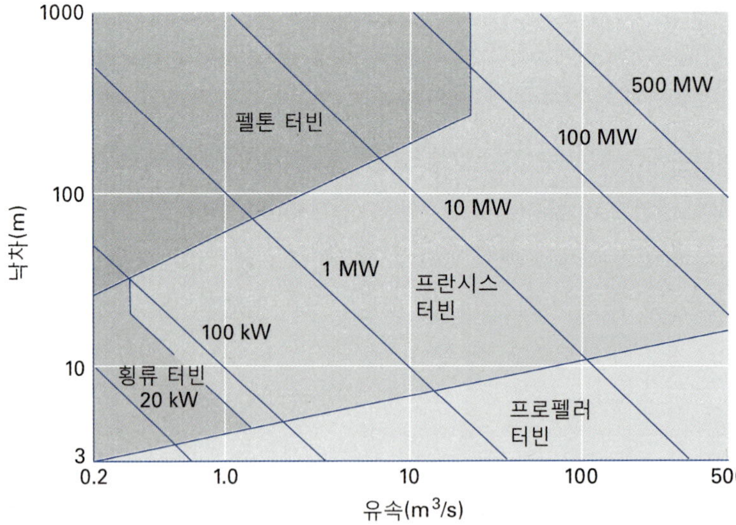

그림 3.25 수력 터빈 적용의 예

출처: Godfrey Boyle, *Renewable Energy: Power for a Sustainable Future*, By permission of Oxford University Press, 1996.

n_T는 터빈 속도 [rpm]

P는 전력 [kW]

H는 유효 낙차 [m]

터빈 제조업체에 의해 제시된 비속도(N_S) 값의 범위는 아래 표에 나와 있다.

터빈 유형	비속도 범위
충동 터빈	
단일 제트 펠톤 터빈	10~35
이중 제트 펠톤 터빈	10~45
튜고 터빈	20~80
횡류 터빈	20~90
반동 터빈	
프란시스 터빈	70~500
카플란 터빈	350~1000
프로펠러 터빈	600~900

반동 터빈의 비속도는 충동 터빈의 비속도보다 최대 10배 정도까지 빠르다. 주어진 출력 용량과 낙차에서 반동 터빈은 충동 터빈보다 더 높은 회전 속도로 가동된다.

예제 3.4 비속도의 활용

예제 3.1의 수력 발전 시설을 다시 살펴보자. 수압관의 손실을 무시하고, 유효 낙차가 30 m라고 가정하자.

사용되는 발전기가 500 rpm에서 작동하는 12극 동기식 발전기인 경우 어떤 유형의 터빈을 사용해야 하는지 설명하시오.

• 해답

터빈 샤프트의 출력 전력은 다음과 같다.

$$P_{SHAFT} = P_{WATER} \times \eta_{PENSTOCk} \times \eta_{TURBINE}$$

$$P_{SHAFT} = 883 \times 0.9 \times 0.85 = 675 \text{ kW}$$

그러므로 비속도는 다음과 같이 계산할 수 있다.

$$N_s = \frac{n_T\sqrt{P}}{H^{5/4}} = \frac{500 \times 675^{1/2}}{30^{5/4}} = 185$$

이런 비속도는 프란시스 터빈의 비속도 범위에 들어간다. 프란시스 터빈의 적합성은 그림 3.25를 이용해서 확인할 수도 있다.

이 정도의 중간 범위 출력 용량에서는 기어박스를 활용하는 것도 하나의 대안적인 방법이다. 3:1 기어박스를 사용하는 경우 발전기 속도를 500 rpm으로 유지하면서 터빈 속도를 167 rpm으로 줄일 수 있다. 그러면 비속도가 62로 줄어든다. 이는 4개 또는 6개의 물 제트를 이용한 펠톤 터빈 또는 튜고 터빈의 사용을 가능하게 한다.

식 (3.4)에 정의된 비속도(N_S)는 공학적인 방법으로 단순화한 값인데, 식 (3.5)에 있는 무차원의 전력 비속도 방정식을 이용해서 정확하게 구할 수 있다. 중력 가속도(g)와 물의 밀도(ρ)를 일정하다고 두고 rpm 단위의 러너 속도와 kW 단위의 전력 생산을 표현하는 것이 공학적인 관행이 되었다. 식 (3.5)로부터 식 (3.4)로 단순화하였지만, 결과식인 식 (3.4)는 무차원의 값이 아니다.

$$\Omega_S = \frac{\omega\left(\frac{P}{\rho}\right)^{1/2}}{gH^{5/4}} \tag{3.5}$$

3.7 낮은 유량, 가변 속도 조건에서 작동하는 수력 발전 터빈

주어진 유량과 출력 조건에서 비속도는 터빈의 최대 효율을 얻을 수 있는 작동 조건이라고 정의하였다. 대규모 수력 발전용 터빈은 최고 효율을 90% 이상 되도록 설계할 수 있으며, 소형 터빈의 최대 효율도 85% 이상이 가능하다. 하지만 이런 높은 효율을 달성하기 위해서는 낙차, 출력 및 회전 속도 등의 조건을 터빈의 비속도에 맞춰서 잘 설계해야 한다. 이는 식 (3.4)에서 알아보았다.

집수지로부터의 물 공급이 줄어들게 되어 터빈으로의 물 흐름이 감소하면 전력 생산 및 효율이 감소한다. 그림 3.26에서 동일한 낙차 및 유량 조건에서 운영할 수 있도록 설계된 펠톤 터빈과 프란시스 터빈의 효율을 보여 주고 있다. 출력 용량과 유량이 정격값의 40% 이상일 때 두 터빈 모두 80% 이상의 효율을 보였다. 프란시스 터빈이 펠톤 터빈보다 약간 높은

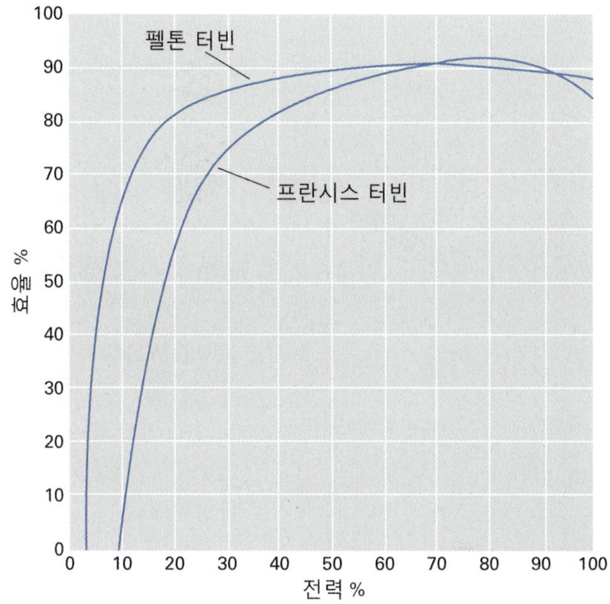

그림 3.26 펠톤 터빈과 프란시스 터빈의 효율 비교(일정한 낙차와 회전 속도 조건에서 운영이 될 경우)

최대 효율을 가지지만, 전력 출력이 낮을 때의 효율은 더 급격하게 떨어짐을 알 수 있다.

그림 3.27은 동일한 낙차와 동일한 회전 속도에서 작동하는 프로펠러 터빈과 카플란 터빈의 효율을 보여 준다. 고정 피치 프로펠러 터빈의 최대 효율이 카플란 터빈보다 높지만, 이는 출력이 거의 100%에 도달하였을 때만 가능함을 확인할 수 있다. 유량이 줄어서 출력이 낮아지면, 오히려 고정 피치 터빈의 효율은 거의 선형적으로 감소하게 된다. 카플란 터빈은 조정이 가능한 터빈 블레이드와 고정자 안내날개를 가지고 있기 때문에 더 넓은 전력 출력 범위와 유량에서 80% 이상의 효율을 가질 수 있다.

동기식 발전기의 효율도 전력 출력이 낮을 때 감소하는데, 이는 회전자 자기장에 필요한 동력이 거의 일정하게 유지되기 때문이다.

저유량 조건에서 터빈과 발전기 시스템의 효율이 감소한다는 것의 의미는 연간 또는 일일 평균 유량과 단일 효율을 기반으로 해서 전기에너지 생산량을 계산하는 방법에 오차가 생길 수 있다는 것이다. 그림 3.5 및 그림 3.6에 나타나 있는 유량 지속 곡선을 사용하여 연중 흐름 및 전력 출력이 어떻게 변하는지 계산하고 해당 전력 수준에서 적절한 효율을 계산할 수 있도록 적용하는 방식이 필요하다.

낙차가 일정할 때 가변 속도 및 가변 유량 조건에서 작동하는 수력 터빈의 효율을 힐 차트(Hill chart)로 설명한다. 그림 3.28은 일반적인 실험실 규모 수력 터빈 모델의 힐 차트를 보

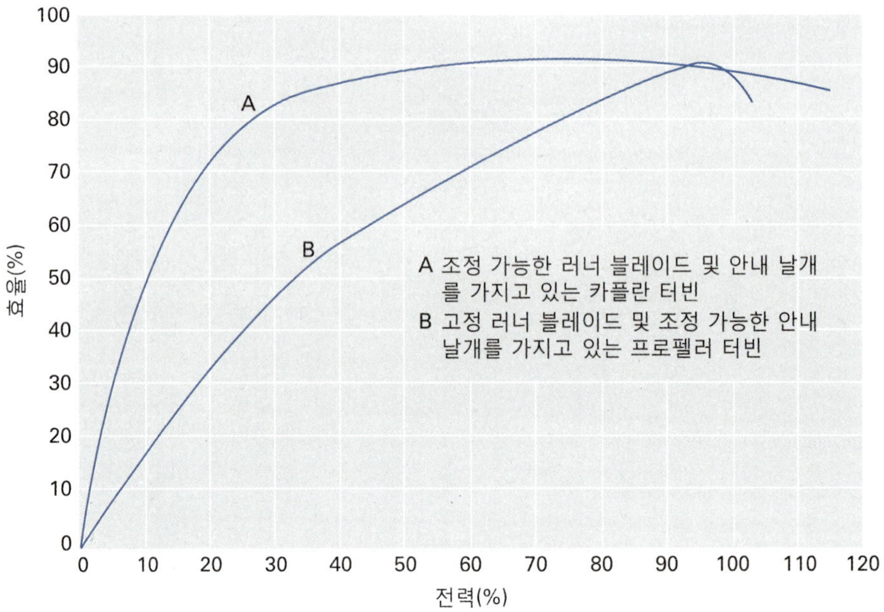

그림 3.27 동일한 낙차와 회전 속도 조건에서 작동하는 프로펠러 터빈과 카플란 터빈의 효율 비교

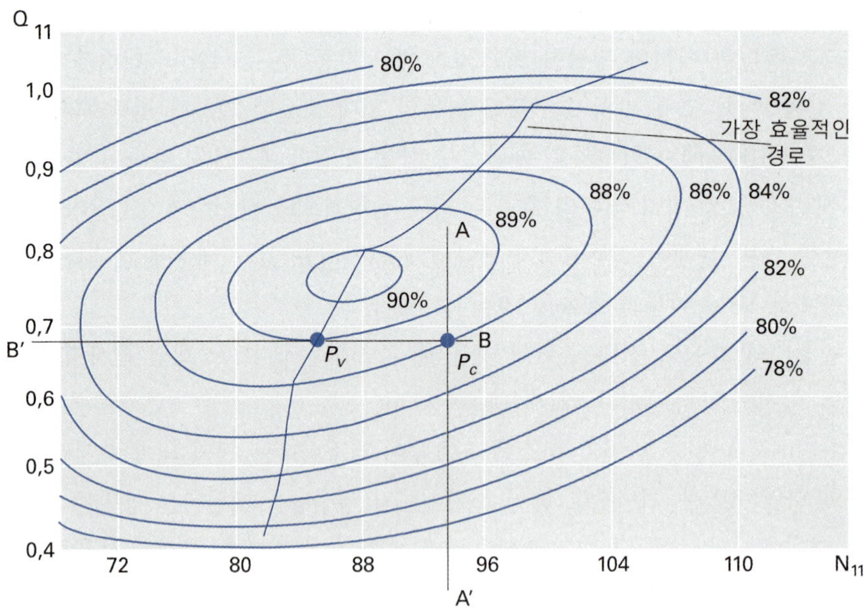

그림 3.28 정규화된 일반적인 수력 터빈 힐 차트

(N_{11} 및 Q_{11}은 1 m 낙차 조건에서 작동하는 지름 1 m 모델 터빈의 속도 및 유량)

출처: Figure 3 of JWG 11/14.09 'Adjustable speed operation of hydroelectric turbine generators' *Electra* No 167, © CIGRE, August 1996.

여 주고 있다. 이 모델은 대형 터빈과 기하학적으로 유사하기 때문에 스케일링 기법(scaling laws)을 이용하여 이 테스트 결과를 대규모 시설에 적용할 수 있다. 그림 3.28의 모델과 대형 터빈에서의 유량 조건은 유사하며, 이를 상응한다고 표현한다.

그림 3.28에서 정규화된 유량 Q_{11}과 정규화된 속도 N_{11}은 다음과 같이 표현할 수 있다.

$$Q_{11} = \frac{Q}{D^2\sqrt{H}}$$

$$N_{11} = \frac{ND}{\sqrt{H}}$$

여기서

Q는 물의 흐름

N은 회전 속도

D는 러너의 지름

H는 유효 낙차

A′－A를 잇는 수직선은 일정 속도에서의 작동을 보여 주며, 지점 P_c에서 효율이 88%임을 나타낸다. 유량을 유지하면서 회전 속도를 줄이는 선 B－B′을 그리면 지점 P_v에서 효율이 89%로 증가한다. 더 높은 유량에서 회전 속도를 증가시킴으로써 효율을 더 개선할 수 있다. 일정한 유량의 수평선이 효율성 윤곽선에 닿는 경우 모든 흐름에서 가장 효율적인 속도를 찾을 수 있다. 효율을 높이는 것 외에도 적절한 유량이 있는 수력 터빈의 작동 속도를 변경함으로써 난류를 줄이고 공동현상의 가능성을 줄일 수 있다.

고정 속도 수력 발전기는 연결된 전력 시스템의 주파수(50 Hz 또는 60 Hz)와 발전기가 이용하는 총극수에 따라 작동해야 할 특정 회전 속도를 정할 수 있다. 동기식 발전기는 정확히 이 속도로 작동하고, 유도 발전기는 약 1~2%의 슬립 속도 변화를 가지지만 고정 속도에서 작동한다고 볼 수 있다. 소형 수력 발전기가 가변 속도에서 작동할 때는 가변 속도 풍력 터빈과 유사한 방법으로 전력 전환 장비를 사용한다. 이는 2.7절에서 설명하였다. 모든 동력이 직류 전기로 전환되면 전원으로 변환시키거나 이중 여자 유도 발전기(doubly fed induction generator)를 이용하여 전환한다. 가변 속도 장비의 경우 비용과 변속으로 인한 전기 손실 때문에 10 MW급 미만의 수력 발전 시설에서만 사용한다.

그림 3.28에 나타나 있는 힐 차트는 일정한 낙차 조건에서의 결과를 보여 주는데, 가변 속도 작동으로 인한 효율 증가가 크게 보이지 않는다. 큰 낙차에서 작동하는 충동 터빈 방식의 경우 이용하는 시설의 낙차는 크게 변하지 않으므로 최대 효율을 위한 러너 속도와 제트 속

도는 거의 일정하다고 볼 수 있다. 그러므로 큰 낙차 설비의 가변 속도 작동으로 인한 이점은 크지 않다는 것을 알 수 있다.

대조적으로 작은 낙차에서 사용하는 반동 터빈은 강의 흐름이 변함에 따라 생기는 낙차 변화가 상대적으로 커진다. 프로펠러 유형의 터빈은 러너의 각도가 고정되어 있고 고정자 안내날개를 이용하여 물의 흐름을 제어할 수 있다. 러너 블레이드 각도가 고정되어 있기 때문에 가변 속도 작동으로 인해 효율성을 크게 향상시킬 수 있다. 고정자 헤드, 안내날개 및 러너 블레이드 각도를 모두 제어하는 카플란 터빈은 고정 속도에서도 광범위한 유량에 걸쳐 높은 효율을 유지할 수 있다. 이런 이유로 카플란 터빈은 가변 속도 작동으로 인해 얻을 수 있는 이점이 상대적으로 적다.

그림 3.28은 다양한 유량에서 최대 효율을 유지하기 위해 회전 속도를 어떻게 변화시켜야 하는지를 보여 준다. 낙차와 유량이 함께 변하는 경우 여러 변수를 동시에 고려해야 하기 때문에 다차원적인 제어 문제가 발생한다. 이런 문제들을 실질적으로 해결하기 위해서는 최적화 방법 또는 시행 착오법이라고 불리는 경험적인 기술 노하우가 필요하다.

3.8 유효 낙차

흡출관을 포함하는 반동 터빈 수력 발전 시설의 경우 총낙차(z)를 흡입수의 표면과 방수로 표면 사이의 높이 차이로 본다. 이는 그림 3.7 및 그림 3.8에서도 나타냈다. 충동 터빈을 사용하는 경우 총낙차는 흡입수의 위치와 터빈 노즐 위치의 차이로 본다. 이는 그림 3.2를 참조하면 이해하기 쉽다.

실제 발전 시설에서는 흡입구와 배출구에서의 유량뿐만 아니라 수압관의 마찰과 기타 손실로 인한 에너지 변화를 반영한 값인 유효 낙차(H)를 이용한다. 총낙차는 다음 관계식으로 표현할 수 있다.

$$z = z_I - z_E$$

여기서

z는 총낙차 [m]

z_I는 흡입구 높이 [m]

z_E는 배출구 높이 [m]

반면, 유효 낙차는 다음과 같이 나타낸다.

$$H = z + \frac{v_I^2}{2g} - \frac{v_E^2}{2g} - \sum h$$
$$= z_I - z_E + \frac{v_I^2}{2g} - \frac{v_E^2}{2g} - \sum h$$

여기서

H는 유효 낙차 [m]

v_I는 흡입구에서 유속 [m/s]

v_E는 배출구에서 유속 [m/s]

$\sum h$는 수압관 마찰 및 기타 손실 [m]

충동 터빈을 사용하는 큰 낙차 시설의 경우 일반적으로 입구 및 출구 흐름의 속도를 무시할 수 있다. 충동 터빈은 적당한 유속을 이용하므로 유입수 표면에서 유량이 작다. 충동 터빈을 잘 설계하는 경우 출구에서 배출수 유속도 매우 느리게 할 수 있다. 하지만 수압관이 길어져서 마찰로 인한 손실이 증가할 수 있다.

반동 터빈을 사용하는 작은 낙차 시설의 경우 흡출관의 입구와 출구에서의 유속이 매우 중요하다. 반동 터빈이 수압관 없이 용수로에 직접 장착된 경우에도 여전히 쓰레기 선반과 물 흐름의 방향에 따른 수압 손실이 발생한다.

큰 낙차 수력 발전 시설의 경우 수압관의 설치만으로도 터빈만큼 큰 설치 비용이 들 수 있다. 수압관의 지름을 늘리면 마찰 손실이 줄어들지만 비용이 크게 증가한다. 따라서 수압관의 지름은 마찰 손실로 인해 야기되는 에너지 손실과 수압관의 비용을 비교해서 최적화 작업을 시행해야 한다.

수압관 마찰로 인해 생기는 낙차의 손실은 다음 식을 이용하여 계산할 수 있다.

$$h_{friction} = \frac{v^2 L f}{2gD}$$

여기서

v는 평균 유속 $\frac{4Q}{\pi D^2}$ [m/s]

L은 수압관 길이 [m]

f는 마찰 계수

D는 수압관의 지름 [m]

마찰 계수(f)는 관의 거칠기와 관 내의 물 흐름에 관한 레이놀즈 수(Reynolds number)에 따라 달라진다. f는 관 제조업체에서 나온 Moody 차트를 이용하여 얻을 수 있다.

다른 손실들은 상대적으로 작은데, 이들은 흡입구, 굽혀지는 부분, 그리고 밸브에 의한 손실이다. 이 손실들은 다음과 같이 계산할 수 있다.

$$h_{other} = \sum K_L \frac{v^2}{2g}$$

여기서

v는 평균 유속 [m/s]

K_L은 다른 사소한 손실에 관한 계수들

수압관의 각 관들은 개별적인 크기로 제조되는데, 마찰로 인한 낙차 손실을 약 5~10%로 가정하고 스프레드 시트(spread sheet)를 만들어서 활용하는 것이 편리하다. 수압관 지름이 증가함에 따라 마찰로 인한 손실은 감소하지만 추가 비용이 발생한다. 지름을 증가시킴으로 인해 추가적인 이점이 없는 경우, 즉 지름을 증가시키는 데 드는 한계 비용 및 손실 감소로 인한 한계 이익이 동일할 때 최적의 지름을 찾을 수 있다.

$f' = \frac{f}{4}$를 이용하면, 마찰 계수의 정의에 대해 대안적으로 다음과 같이 쓸 수 있음을 알아두자.

$$h_{friction} = \frac{2v^2 L f'}{gD}$$

예제 3.5 수압관의 지름 선택하기

총낙차가 300 m인 수력 발전 시설의 수압관 길이는 500 m이고 유량은 2.5 m^3/s이다. 관의 마찰 계수(f)가 0.03 m이고, 다른 손실 계수로 다음과 같은 것이 있다고 가정해 보자.

구성 요소	손실 계수
흡입구	0.2
구부러진 부분	0.15
밸브	0.2
합계	0.55

이때 수압관의 지름을 결정하시오.

• 해답

사용 가능한 수압관의 지름(m)	유속(m/s)	낙차 손실(%)
0.7	6.5	15.8
0.8	**5.0**	**8.1**
0.9	3.9	4.5
1.0	3.2	2.7

관이 지름 0.8 m인 경우를 먼저 고려해 보자.

유속은 다음과 같이 계산할 수 있다.

$$v = \frac{4Q}{\pi D^2} \quad [\mathrm{m/s}]$$

그러므로 다음과 같은 값이 나온다.

$$v = \frac{4 \times 2.5}{\pi D^2} = 4.98 \text{ m/s}$$

이 속도에서 마찰로 인한 낙차의 손실은 다음과 같다.

$$h_{friction} = \frac{v^2 L f}{2gD} = \frac{4.98^2 \times 500 \times 0.03}{2 \times 9.81 \times 0.8} = 23.7 \text{ m}$$

다른 손실들의 합은 다음과 같이 계산할 수 있다.

$$h_{other} = \sum K_L \frac{v^2}{2g} = 0.55 \times \frac{4.97^2}{2 \times 9.81} = 0.69 \text{ m}$$

따라서 수압관의 지름이 0.8 m일 때 총손실은 24.4 m이고, 총낙차 대비 8.1%이다. 이 값은 합리적인 수준의 손실이다. 유속은 물 위에 떠다니는 부유물로 인한 관의 마모를 방지하기 위해 3~5 m/s 범위 내로 유지하는 것이 좋다.

수압관 지름이 달라질 경우의 손실도 비슷한 방식으로 계산할 수 있다. 수압관 지름을 변화시킴에 따른 비용의 변화와 그로 인해 손실되는 전기 생산량을 계산한 다음에 경제적인 최적화에 관해 계산할 수도 있다.

3.9 과도 조건

수압관의 하부는 물기둥의 높이 차로 인해 매우 큰 정압을 받을 수 있다. 그러므로 단단한 고가의 재료를 이용해서 만들어야 한다. 수압관은 터빈으로 유입되는 유량이 빠르게 변할 때 생기는 동압(dynamic pressure) 변화에 맞추어 설계해야 한다. 심각한 경우 터빈 발전기의 과속으로 인해 전기적인 부하와 손실이 발생하므로 과속을 잘 제어해야 한다. 수압관 내의 유량을 유지하면서 펠톤 터빈의 과속을 제어하기 위한 방법은 디플렉터를 회전시켜서 물의 흐름을 버킷으로부터 멀어지도록 유도하는 것이다. 반동 터빈에서는 개찰구라고도 부르는 고정자 안내날개를 조정하거나 보조 밸브를 이용하여 수압관을 통해 흐르는 물의 흐름을 제한해야 한다. 수압관 내의 긴 물기둥의 관성과 터빈으로 들어가는 물의 유속이 갑자기 감소하면 큰 압력파가 생기는데 이로 인해 수압관 내의 유속이 급격하게 변하고 수격현상이 발생할 수 있다. 그로 인해 수압관 내의 압력이 역학적으로 변하게 된다.

수격현상의 영향을 조절하기 위해 안내날개의 작동 속도를 제한하거나, 압력 조절 밸브를 사용하고, 압력파를 제어하기 위해 서지 탱크를 활용하기도 한다. 안내날개 또는 스피어 밸브가 너무 빨리 열려서 수압관에 일시적인 저압이 발생할 때, 이로 인한 문제들이 생길 수도 있다.

발전기의 전기 생산에 손실이 있는 경우 터빈은 에너지를 계속 얻게 되지만 발전기는 이 에너지를 전기 시스템으로 내보낼 수 없으므로 터빈 발전기에 과속이 생긴다. 각속도 변화율은 터빈으로부터의 토크와 터빈 발전기의 관성에 의해 결정된다.

$$\frac{d\omega}{dt} = \frac{T_M - T_E}{I} \quad [\mathrm{rad/s^2}]$$

여기서

$T_M - T_E$는 기계식 터빈과 전기 발전기 사이의 토크 차이 [Nm]

I는 터빈 발전기의 관성 [$\mathrm{kgm^2}$]

전기적인 보호 또는 전압 감소에 의한 고장 등에 의해 발전기 회로 차단기가 작동하게 되면 발전기 전기 생산에 문제가 생길 수도 있다. 이러한 기능은 모든 전기 네트워크에서 꼭 필요하며, 수력 발전 시설을 설계할 때도 반드시 고려해야 할 사항이다.

각속도 변화율은 터빈의 토크와 발전기가 필요로 하는 토크 사이의 차이와 터빈 발전기의 관성에 따라 변하게 된다. 높은 관성을 가지는 터빈 발전기는 과속 한계에 도달하기 전에 안내날개의 작동 속도를 늦추도록 한다. 그림 3.3의 튜고 터빈을 이용한 수력 발전 시설 같은 경우 관성력을 높이기 위해 구동 샤프트에 추가적인 플라이휠(flysheel)을 장착한다.

예제 3.6 터빈 발전기의 부하 제거

800 kW급 수력 터빈 발전기는 750 rpm에서 작동하다가 갑자기 전기 부하를 잃었다. 터빈과 발전기의 총관성은 1500 kgm^2이다.

발전기가 손상되기 전의 최대 허용 과속이 20%라면, 터빈으로 물이 흐르는 것을 얼마나 빨리 멈춰야 하는지 계산하시오.

• 해답

정상적으로 작동 중인 터빈 발전기의 운동에너지는 다음과 같다.

$$KE = \frac{1}{2}I\omega^2 = \frac{1}{2}\times 1500 \times \left(\frac{750\times 2\pi}{60}\right)^2 = 4.63\ \text{MJ}$$

최대 허용 속도는 900 rpm 또는 94.25 rad/s이므로 최대 허용 운동에너지는 다음과 같다.

$$KE' = \frac{1}{2}I\omega^2 = \frac{1}{2}\times 1500 \times \left(\frac{900\times 2\pi}{60}\right)^2 = 6.66\ \text{MJ}$$

전기 부하가 없고 터빈이 800 kW의 전력 생산을 이어갈 때 에너지의 증가(ΔE)는 다음과 같다.

$$\Delta E = P\times t = 8\times 10^5 \times t\ \text{J}$$

그러므로

$$t = \frac{6.66-4.63}{0.8} = 2.54\ \text{s}$$

수압관 내에서 수격현상을 피하면서 수력 터빈으로 물이 들어가는 것을 2.5초 이내에 막아야 한다.

3.10 소규모 수력 발전 시설의 개발

이미 많은 국가에서 대규모 수력 발전 시설에 적합한 부지에 대한 개발 및 조사를 끝냈다. 대규모 수력 발전 시설에 적합한 장소를 찾을 수 있다고 하더라도 그 시설에 의해 발생하는

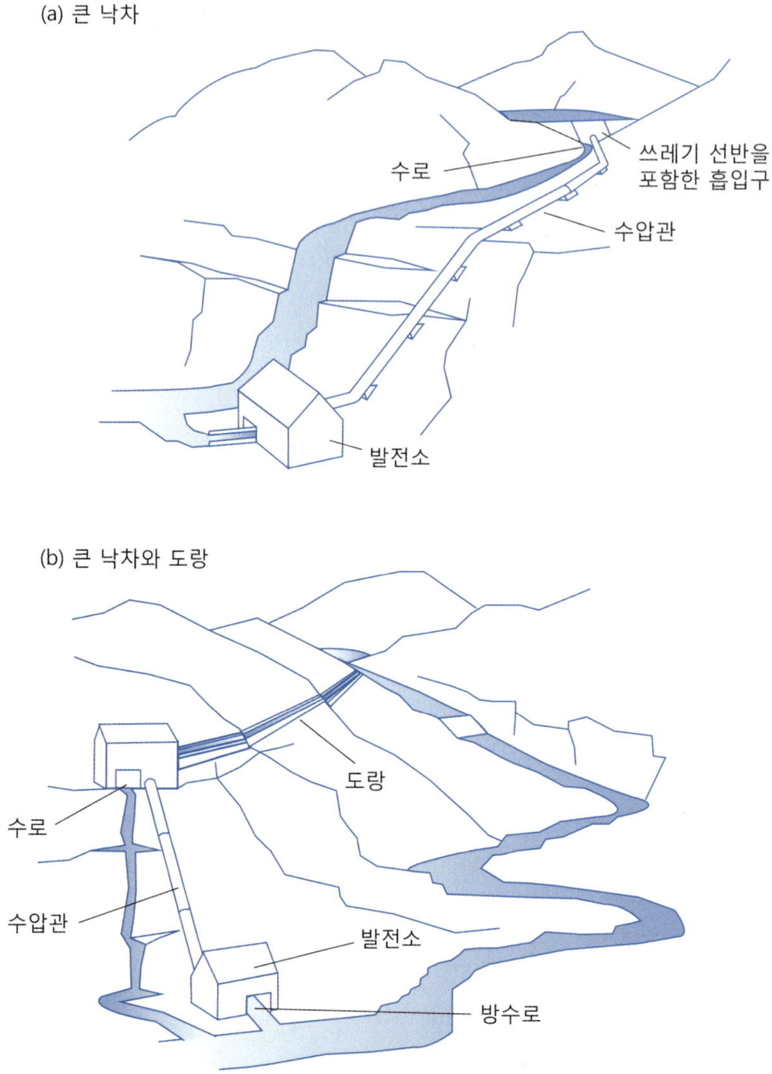

그림 3.29(a), (b) 큰 낙차에서 사용 가능한 소규모 수력 설비 시설의 모습들

환경적인 영향과 주변 거주민들에게 미치는 영향에 대해서 매우 신중하게 고려하여 프로젝트를 진행해야 한다. 또 주요 수력 발전 시설들에 대해서는 매우 큰 투자가 필요하며, 전체적으로 경제성이 있어 보이더라도 그런 큰 투자를 받는 것은 쉬운 일이 아니다. 소규모의 수력 발전 시설의 개발도 대규모 시설처럼 많은 단계를 필요로 하지만 더 적은 자본이 필요하기 때문에 개발이 더 용이하다.

이런 소규모 수력 발전 시설의 개발 과정은 다른 재생 에너지 프로젝트를 진행하는 경우와 비슷하다. 성공적인 시설을 개발하기 위해서는 낙차와 유량과 같은 수력 자원이 제일 중

(c) 작은 낙차

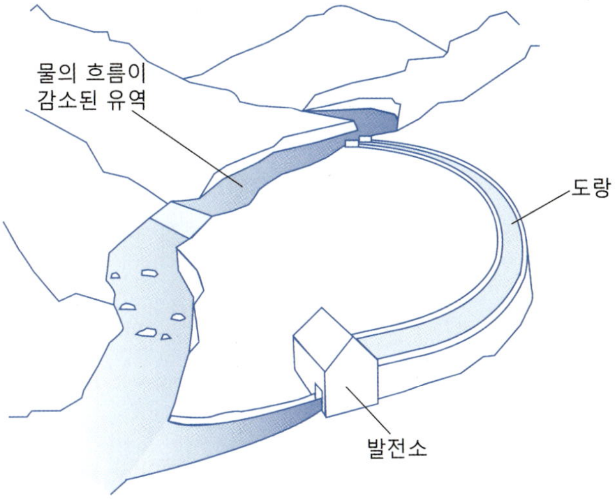

(d) 둑

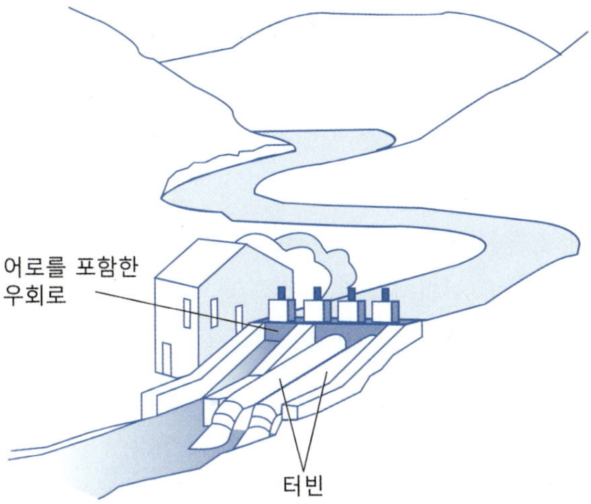

그림 3.29(c), (d) 작은 낙차에서 사용 가능한 소규모 수력 설비 시설의 모습들

요하므로 총낙차를 확인하는 초기 계획이 잘 수립되어야 한다. 그림 3.29는 소규모 수력 발전 시설에 대한 다양한 설비 배치도를 보여 주고 있다.

적절한 배치의 선택은 지형, 토지 소유권, 접근성, 건축 자재의 가용성 및 비용, 그리고 수자원을 함께 이용하는 다른 사람들의 요구 사항에 따라 달라질 수 있다. 예상되는 전력 출력은 저수지에서 물의 흐름과 그 지역의 수문학적 특성에 의해 결정된다. 시설의 설치에 관한 초기 평가를 위해 물의 연간 평균 흐름을 사용할 수 있지만 자세한 판단을 위해서는 매일의 흐름에 대한 자세한 정보가 필요하다. 연간 평균 흐름은 다음과 같은 방법을 활용하여 추정할 수 있다.

(1) 측정 설비가 잘 갖추어져 있다면 직접 측정
(2) 근처 강의 집수 지역이 20% 이하의 비슷한 크기를 가질 경우, 그곳의 측정값을 활용
(3) 국가 데이터베이스에 보관된 연간 강우량 기록을 다음 식을 이용해서 활용

$$Q = \frac{(SAAR - AE) \times A \times 10^3}{8760 \times 60^2} [\mathrm{m^3/s}]$$

여기서
*SAAR*는 표준 평균 연간 강우량(standard average annual rainfall) [mm]
*AE*는 실제 증발/증산량 [mm]
*A*는 집수지의 면적 [$\mathrm{km^2}$]

이런 방법으로 수력 발전 시설의 연간 전력 출력을 예측하는 것은 대략적인 수치를 제공한다. 이 정보를 이용하여 잠재적인 발전소 후보지에 대한 추가 조사 여부를 결정할 수 있다.

물의 일일 흐름에 관한 자세한 기록은 그림 3.5와 그림 3.6에서 살펴보았다. 물의 흐름은 매년 및 매일 크게 달라질 수 있으므로 수력 발전 시설의 성과를 예측하기 위해서는 장기적인 기록을 이용해야 한다. 장기 기록을 이용할 수 없는 경우의 대안적인 접근법은 현지에서 측정한 1~2년간의 단기 흐름을 10년 이상 측정한 지역의 강우량 또는 비슷한 크기의 인근 집수지에서의 장기 흐름 기록과 연관시켜서 예상해 보는 것이다. 조사 중인 강의 연간 평균 흐름과 인접한 강의 측정값 또는 강우량 사이의 비율을 통해 조정하면, 단기 측정 결과만으로 유량 지속 곡선을 만들 수 있다. 조사 중인 강에 임시로 둑을 설치하거나 연속적인 희석 측정 테스트를 통해 유량의 단기적인 측정을 실시할 수 있다.

강의 유량 지속 곡선이 얻어지면, 강에 필요한 만큼의 물 흐름이 있도록 보상 흐름을 고려해서 유량 지속 곡선을 수정해야 한다. 이 수정된 유량 지속 곡선을 이용해서 수력 발전 시설이 사용될 때 가용 가능한 물의 흐름이 얼마인지 예측할 수 있다.

그림 3.6에서 일부 강에서는 유량의 변동이 상당히 크고 유량이 낮을 때 터빈 발전기의 효율이 상당히 떨어지는 것을 확인할 수 있었다. 이러한 흐름에 따른 효율 변화 때문에 연간 에너지 생산량을 계산할 때는 유량 지속 곡선을 여러 구간으로 나누고, 각 흐름 구간마다 발전 효율을 계산한다. 마지막으로 각 흐름 구간에서 생성된 에너지를 합산하여 총발전량과 효

율을 계산한다. 환경적인 요인들과 터빈 발전기의 유형에 따라 터빈이 정지되지 않고 동작할 수 있는 최소 유량을 결정한다.

3.10.1 환경 영향 평가

수력 발전 시설을 개발하려면 현지 계획 당국과 수자원 책임자 모두에게 공식적인 허가를 얻어야 한다. 영국에서는 수자원을 환경청(Environmental Agency)에서 관리한다. 물을 끌어오거나 저장해 두려면 허가가 필요하고, 어로에 대해서도 반드시 승인을 받아야 한다. 수력 발전 시설에 대한 제안서를 내면 강의 범람 위험성에 대해서도 평가를 받게 된다.

영국과 같이 인구 밀도가 높은 국가에서 새로운 소규모 수력 발전 시설을 비용 효율적으로 사용하기 위해서는 기존의 둑이나 역사적 가치가 있는 제분소 또는 무너지고 있는 기존 수력 발전 시설을 활용하는 것도 좋은 방법이다. 물의 흐름이 도랑이나 2차 수로로 바뀌는 것이 확인된다면, 강의 주 흐름의 유량이 감소되는 것에 대한 우려가 생기기 때문에 주 흐름의 잔류 유량을 일정 수준 유지하도록 해야 한다. 규정에 따라 물의 주 흐름에서 반드시 유량이 일정 수준 유지되도록 해야 한다. 영국의 환경청 지침에 따르면 둑에 위치한 터빈의 경우 수력 발전 시설을 통과하는 물의 흐름은 그 강의 유량 지속 시간 곡선의 평균값(Q_{mean})은 되어야 한다. 만약 잔류 흐름이 강의 최소 흐름 아래로 떨어지면(Q_{95}라고 가정) 수력 터빈은 정지해야 한다. 더 큰 환경적인 영향으로 인해 유량이 감소되는 곳이 더 길어지면 수력 발전 시설을 위한 유량은 Q_{40}으로 제한되고(그 시간대 유량의 40%), 잔류 흐름이 Q_{85} 아래로 떨어지면 터빈을 멈춰야 한다. 대부분의 유럽 국가에서도 비슷한 규정이 적용된다.

물을 끌어오고 저장하는 것에 대한 규정 외에, 수력 발전 시설은 현지 계획 당국의 승인을 받아야 한다. 어떤 규모의 시설이라도 환경 영향 평가가 필요한데, 건설 기간과 운행 기간을 모두 고려해서 환경적인 영향에 대한 평가를 진행해야 한다.

3.10.2 소규모 수력 발전 시설용 발전기

대규모 수력 발전 시설은 항상 동기식 발전기를 활용한다. 동기식 발전기는 효율이 높고 실제 전력과 무효 전력 모두 독립적으로 제어할 수 있기 때문이다. 오랜 기간 많은 소규모 수력 발전 시설에서 유도 발전기를 사용하였다. 유도 발전기는 동기식 발전기보다 높은 과속을 견딜 수 있는 다람쥐장 모양의 단순한 회전자를 가지고 있다. 속도는 슬립에 따라 달라지지만, 부하에 따른 변동이 2% 정도에 불과하기 때문에 유도 발전기는 고정 속도에서 효과적으로 작동한다. 유도 발전기는 전력 계통에서 무효 전력을 가져올 수 있는데, 계통에 연결이 잘 안 되어 있는 시골 지역에서 사용하는 경우 전압 붕괴에 유의해야 한다.

3.7절에서 다룬 것처럼 소규모 수력 발전 시설을 가변 속도에서 작동할 때는 발전기를 국가 전력망에 연결하기 위해 전력 전자 변환기를 사용해야 한다.

3.10.3 독립형 수력 발전 시설을 위한 제어 장치

일부 매우 소규모의 100 kW급 이하 수력 발전 시설의 경우 국가 전력망에 연결하지 않고, 독립적으로 전기를 공급할 수 있다. 그리고 전기 공급을 제어하기 위한 기계적인 제어 장치의 지출을 줄일 수 있다. 발전기 회전 속도와 전력의 주파수가 상승하면 기계적인 토크와 전기적인 토크 사이에 균형을 맞추어 조절이 가능하다. 이런 독립적인 시설의 경우 터빈의 기계적 토크를 조절하는 대신에, 발전기의 전기적 부하를 조절해서 토크를 제어한다. 동적 부하를 이용하면 기계식 제어 장치의 사용을 피할 수 있지만, 추가적인 부하 때문에 일부 에너지가 손실될 수 있다.

이 흥미로운 방법은 아직까지 기술적인 어려움 때문에 상업적으로 크게 이용되고 있지는 않다. 대부분의 소규모 발전기는 전압과 주파수가 연결된 주 전원으로부터 얻는다.

3.10.4 아르키메데스 나선식 펌프 발전기

최근 들어 작은 낙차를 이용한 소형 수력 발전소에서 아르키메데스의 나선식 펌프 발전기를 사용하는 경우가 증가하고 있다. 전 세계적으로 500개 이상의 시설이 운영되고 있는 것으로 알려져 있다. 그 시설들은 둑과 같은 기존의 물 제어 구조물이나 사용되지 않고 있는 수력 발전소를 활용한다. 발전기 설비를 약간 기울어지게 놓고, 굵은 다중 꼬임 나사로 이루어진 나선식 펌프를 이용한다. 콘크리트나 강철로 만들어진 이 설비는 지름이 약 3.5 m이고 20 rpm에서 50 rpm 정도의 속도로 회전한다.

단일 나사는 최대 500 kW의 전력 출력을 낼 수 있는데, 일반적으로 1 m에서 6 m의 낙차 조건과 약 1.5 m^3/s에서 6 m^3/s 정도 유량을 가질 때의 출력은 250 kW 이하이다. 나선식 펌프의 회전 속도는 단계적인 기어박스를 이용하여 1000 rpm까지 증가시킬 수 있다. 전력망에 직접 연결된 고정 속도 유도 발전기 또는 가변 속도 전자식 최대 전력 변환기를 구동할 수 있다. 그러므로 고정 속도와 가변 속도 작동에서 모두 사용이 가능하다. 가변 속도 발전기는 설치 비용이 높고 효율이 약간 떨어진다. 그러나 유량을 제어하기 위한 수문의 필요성이 적고 소음을 줄일 수 있다.

아르키메데스 나선식 펌프는 나사의 꼬임들 사이에서 생성되는 '버킷' 안에 물 무게만큼의 정압이 생기면 작동한다. 어떤 면에서 보면 작동 원리는 상사식 수차와 비슷하다. 무한히 길고 마찰이 없는 아르키메데스 나선식 펌프는 이론상 누출 없이 물의 모든 위치에너지를 이용할 수 있다. 실제로 아르키메데스 나선식 펌프 발전기의 경우 효율이 70% 정도이며, 정격 유량의 20% 이상일 경우 효율이 거의 일정하다. 물이 과잉으로 흐를 경우 우회시키기 위해 배수로를 설치하고, 어로를 통해 어류나 포유류가 상류 및 하류 방향으로 모두 이동할 수 있도록 만든다.

다른 형태의 소형 수력 발전기에 비해 아르키메데스 나선식 펌프 발전기는 다음과 같은 이점을 가진다.

- 작동 속도가 느리고 여유 공간이 넓어서 환경에 미치는 영향이 제한적이다.
- 다양한 범위의 유량에서 높은 효율을 유지하며 작동이 가능하다.
- 설비가 튼튼하게 건설되어 있어서 부유물의 영향을 덜 받기 때문에 간단한 차단막의 설치로 부유물을 충분히 막아 낼 수 있다.

그림 3.30은 아르키메데스 나선식 펌프 발전기의 주요 구성 성분을 보여 주고 있다. 나선식 장치는 보통 수평으로부터 각도 22° 로 기울여서 설치하고, 상단과 하단의 베어링으로 지지한다. 연결부를 유연하게 기어박스의 저속 샤프트와 연결한다. 부유물과 큰 물고기를 막기 위해 튼튼한 차단막을 설치하는데 막대 간격을 100 mm에서 150 mm 정도로 두고 설치한

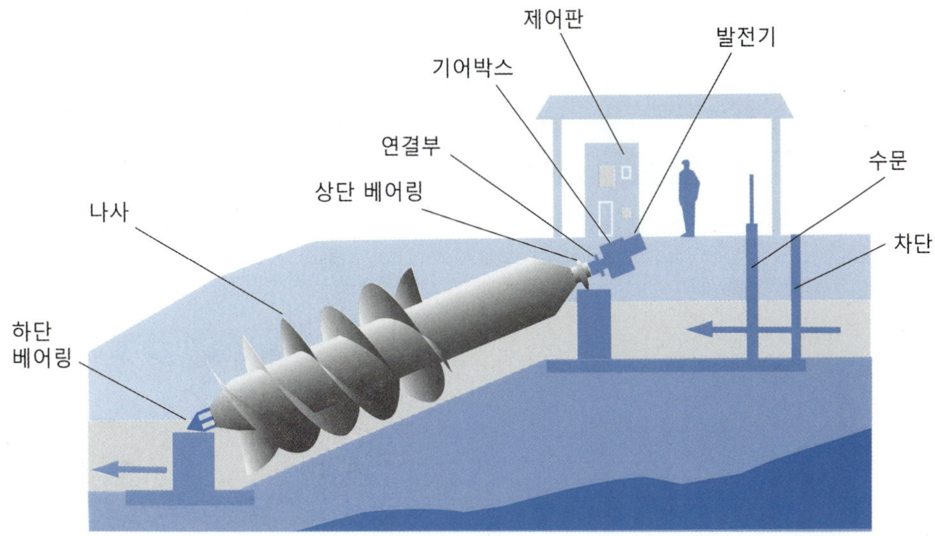

그림 3.30 아르키메데스의 나선식 펌프 발전기
출처: Spaans Babcock Ltd.

그림 3.31 현장으로 이송되고 있는 아르키메데스 나선식 펌프 발전기
출처: Stephen Fleming/Alamy. Rights Managed(컬러 사진 참조).

그림 3.32 영국 웨일즈의 200 kW급 수력 발전소에 설치되고 있는 아르키메데스 나선식 펌프
출처: Renewables First Ltd. https://www.renewablesfirst.co.uk(컬러 사진 참조)

다. 수문으로 물의 흐름을 제어하는데, 특히 고정 회전 속도로 작동시킬 때 필요하다.

그림 3.31과 그림 3.32는 아르키메데스 나선식 펌프 발전기의 모습이다.

요약

1. 물 흐름에서 얻을 수 있는 힘은 정압과 유량의 곱으로 계산할 수 있다.

$$P_{WATER} = p \times Q = \rho gh \times Q \text{ [W]}$$

여기서
ρ는 물의 밀도 1000 kg/m^3
h는 낙차 [m]
g는 중력가속도
Q는 유량 [m^3/s]

2. 강의 수력 자원은 일일 유량에 대한 수문곡선과 유량 지속 곡선을 이용해서 설명할 수 있다. 유량은 강우량과 집수지 특성에 따라 달라진다. 급격한 유량 지속 곡선은 유량이 일정하지 않음을 의미하는데, 집수지에서 물이 빨리 흘러넘치고 저장된 물의 양이 적은 경우이다.

3. 수력 발전 시설의 연간 용량 계수(ACF)는 수자원에 따라 달라지는데 보통 30%에서 50% 사이의 값을 가진다.

$$ACF = \frac{\text{연간 발전량 [kWh]}}{\text{발전기 용량 [kW]} \times 8760}$$

4. 수력 발전 터빈은 터빈 러너의 압력 강하 유무에 따라 두 가지 유형으로 나눌 수 있다.
충동 터빈은 상압에서 작동하는 러너에 하나 이상의 고속 제트를 충돌시키고, 이 물 흐름이 터빈 러너로 전달하는 운동에너지로부터 전력을 생산한다. 충동 터빈의 유형에는 펠톤, 튜고 및 횡류 터빈이 있다.
반동 터빈은 물의 흐름에 완전히 잠겨 있는 러너를 가지고 있고, 이 러너로부터 생성되는 수력학적 양력에 의해 작동한다. 반동 터빈의 유형에는 프란시스 터빈 및 프로펠러 터빈이 있다. 카플란 터빈은 프로펠러 터빈에 가변 피치 블레이드를 추가해서 발전시킨 형태이다.

5. 펠톤 휠 터빈의 출력 전력은 다음과 같다.

$$P = \rho QU(V_1 - U)(1 - C_B \cos\beta)$$

여기서
V_1은 워터 제트가 러너와 충돌하기 전의 절대 속도 [m/s]
U는 러너의 속도 [m/s]

Q는 유량 [m^3/s]

ρ는 물의 밀도 [m^3/kg]

C_B는 버킷 계수

β는 제트의 각도

6. 버킷의 속도가 물 제트 속도의 절반보다 약간 작을 때($U \sim 0.45V_1$) 펠톤 터빈으로부터 최대 전력을 얻을 수 있다. 작동 불능 속도는 워터 제트 속도와 거의 동일하다.

7. 반동 터빈의 전력 출력은 물의 흐름이 터빈의 러너 위로 지나가기 전후에 회전의 접선 방향(소용돌이 속도)에서의 절대 속도에 의해 정해진다.

$$P = \dot{m}\,(V_{1\theta}U_1 - V_{2\theta}U_2)$$

잘 설계된 터빈의 경우 다음과 같이 식을 간단히 할 수 있다.

$$P = \dot{m}V_{1\theta}U_1$$

8. 수력 터빈의 비속도는 다음과 같이 정의할 수 있다.

$$N_S = \frac{n_T P^{1/2}}{H^{5/4}}$$

여기서

N_S는 비속도

n_T는 터빈 속도 [rpm]

P는 전력 [kW]

H는 유효 낙차 [m]

충동 터빈의 비속도는 10에서 100 사이의 값이고, 반동 터빈의 비속도는 100에서 1000 사이의 값을 가진다.

9. 충동 터빈에서 총낙차는 물 저장소의 표면에서 제트까지의 수직 높이의 차이로 하고, 반동 터빈의 경우 방수로 물 높이까지의 차이로 한다. 유효 낙차는 총낙차에서 수압관 마찰 및 다른 손실들을 뺀 값이다.

연습 문제

1. 대규모 저수지를 확보하고 있는 대형 수력 발전소는 이산화탄소를 생산하지는 않지만, 환경에 부정적인 영향을 미치는 다른 이유가 있다. 이에 대해 설명하시오.

2. 큰 낙차 수력 발전 시설의 개략도를 그리면서 각 구성 성분의 역할 및 목적에 대해 설명하시오.

3. 충동 터빈과 반동 터빈의 작동 원리를 구분해서 설명하고, 각 터빈의 예를 제시하시오.

4. 총낙차가 100 m이고 유속이 5 m^3/s인 장소에 수력 발전 시설을 제안하려고 한다. 이 수력 자원으로부터 얻을 수 있는 총전력과 사용해야 할 터빈의 종류에 대해 설명하시오.
   [답: 4.9 MW, 프란시스 또는 다중 제트 펠톤 터빈]

5. 전력 150 MW를 생성하기 위해 전체 효율 84%와 유효 낙차 200 m를 가지는 수력 발전 시설이 필요하다. 이때 필요한 유량은 얼마인지 구하시오.
   [답: 91 m^3/s]

6. 위 연습 문제 5에서 설명한 수력 발전 시설의 저수지에는 사용 가능한 물이 108 m^3 들어 있다. 전력 150 MW를 얼마나 오래 생산할 수 있으며, 그곳에 저장되어 있는 총에너지는 얼마인지 구하시오.
   [답: 305시간, 196 TJ]

7. 수력 발전소는 다음과 같은 방식으로 운영된다.
   1월에서 3월, 그리고 10월에서 12월 동안 저수지는 최대 전력으로 수력 발전소를 운영하기 위한 충분한 물을 가지고 있다. 4월에서 9월 동안에는 저수지의 수위를 적절히 유지하기 위해 절반의 용량만으로 작동된다. 이때 연간 용량 계수(ACF)를 계산하시오.
   1월에 15일 동안 발전기를 멈춰 둘 경우 ACF는 어떻게 되는지 구하시오.
   [답: 75%, 71%]

8. 5 MW급 터빈은 4:1 기어박스를 이용하여 1200 rpm 발전기를 구동할 수 있다. 이 시설의 낙차가 180 m이면 비속도는 얼마인지 구하시오.
   [답: 32]

9. 지름 0.8 m, 길이 100 m인 수압관의 마찰 계수는 0.03 m이고, 방출 유량은 3 m^3/s, 물의 점도는 1.0 mPa.s이다. 다음을 계산하시오.

(a) 수압관의 낙차 손실

(b) 수압관의 상대적 거칠기

[답: (a) 6.8 m, (b) 0.05]

10. 펠톤 터빈에 관한 정보가 다음과 같다.

제트 지름	48 mm
유효 낙차	720 m
러너 유효 반경	0.7 m

이상적인 작동이라고 가정할 때, 다음을 계산하시오.

(a) 제트 속도

(b) 러너의 힘

(c) 러너의 토크

(d) 러너 회전 속도(rpm)

(e) 생산 전력

[답: (a) 119 m/s, (b) 25.5 kN, (c) 17.9 kNm, (d) 812 rpm, (e) 1.5 MW]

11. 이중 제트 펠톤 휠 터빈의 노즐은 저수지 표면으로부터 150 m 아래에 위치하고 있고, 각 노즐의 지름은 65 mm이며, 휠은 750 rpm으로 회전한다. 모든 손실은 무시한다. 이때 다음을 계산하시오.

(a) 버킷의 지름

(b) 샤프트 동력

(c) 500 rpm 발전기를 사용하도록 작동 속도를 변경한 경우의 토크

(d) 제어 불능 속도

[답: (a) 0.69 m, (b) 530 kW, (c) 8990 kNm, (d) 1500 rpm]

12. 프란시스 터빈에 대한 정보는 다음과 같다.

체적 유량	20 m^3/s
회전자 높이	300 mm
입구 반경	800 mm
러너 속도	52 rad/s
고정자 블레이드 각도	70°

이때 출력 전력을 계산하시오.

[답: 30.3 MW]

13. 프란시스 터빈 효율이 92%일 때 분당 250회 회전 속도로 작동한다면 50 MW 전력을 생산한다. 회전자의 높이는 1.5 m이고 입구 반경은 2.5 m이다. 물이 러너로 들어갈 때 각도는 방사 방향으로 450° 이고 터빈에서 나올 때도 방사 방향으로 나온다. 이때 체적 유량을 구하시오.

[답: 140 m^3/s]

14. 큰 낙차 수력 발전 시설 설치를 위한 예비 장소의 총낙차는 200 m이고 유량은 1 m^3/s이다. 수압관 길이는 450 m이고 관 지름은 400 mm이다. 마찰 계수가 0.03 m이고 다른 손실 계수가 0.5라고 가정한다. 다음을 계산하시오.

(a) 유효 낙차

(b) 터빈을 통해 얻을 수 있는 동력

[답: (a) 172 m, (b) 1.7 MW]

15. 1 MW급 수력 터빈 발전기는 90% 효율과 1000 rpm으로 작동한다. 터빈과 발전기의 관성은 750 kgm^2이다. 전기적 부하의 손실이 생긴 후 1초가 지났을 때의 과속은 어떻게 되는지 구하시오.

[답: 1126 rpm]

16. 식 (3.5)에서 주어진 비속도에 대한 식을 유도하시오.

더 읽을거리

- Boyle G. (Ed.), *Renewable Energy: Power for a Sustainable Future*, 3rd Edition, Oxford University Press, 2012.
- Fraenkel P. et al., *Micro-Hydro Power, a Guide for Development Workers*, Intermediate Technology Publications, ISBN 1-85339-029-1, 1991.
- Massey B. S. and Ward-Smith J., *Mechanics of Fluids*, *9th Edition*, Spon Press, 2012.
- Mosanyi E., *Water Power Development* Volumes I and II, Hungarian Academy of Sciences, 1957.
- Small Hydro Association, *Guide on how to develop a small hydropower plant*, 2004, available on-line (http://www.esha.be/) accessed December 2015.
- Twidell J. and Weir A., *Renewable Energy Resources*, 3rd Edition, Routledge, New York, 2015.
- Wilson E. N., *Engineering Hydrology*, 4th Edition, Palgrave McMillan, 1990.

RENEWABLE ENERGY ENGINEERING

4 태양에너지

소개

태양에너지는 지구에 있는 생물체에 필수적이며, 태양에너지가 없었다면 지구에 있는 식물과 동물은 존재하지 않았을 것이다. 태양복사 에너지는 조력에너지(tidal energy)를 제외하고 본 교재에서 다루는 모든 형태의 신재생 에너지의 근원이 된다. 태양에너지는 지표면에 도달하면 1000 W/m^{2}의 에너지 밀도를 가지며, 지구 내에서 바람, 파도, 강우, 바이오매스(biomass)와 같이 기계적 에너지와 전기적 에너지로 변환될 수 있는 자연적인 현상을 일으킨다.

태양에너지를 이해하는 것은 5장의 태양광 발전(photovoltatic electricity generation)과 6장의 태양열 시스템(solar thermal system)을 이해하는 데에 필수적이다. 이 장에서는 태양에너지에 대한 공학적 기술을 통해 5장과 6장의 이해를 도울 것이다. 4.1절과 4.2절에서는 태양에너지 자원에 대한 소개와 그 예를 보여 주고, 4.3절에서는 태양-지구 기하학(sun-earth geometry)을 소개한다. 4.4절에서는 태양광 패널 방향의 중요성을 다루고, 4.5절에서는 태양광 에너지 스펙트럼과 AM(air mass)에 대해 설명할 것이다. 마지막으로 4.6절에서는 빛의 이중성(입자와 파동)에 대해 간단히 소개할 것이다.

4.1 태양에너지란 무엇인가

태양은 지름이 1.4×10^6 km이고 내부 온도가 최대 20×10^6K인 구형의 고온 가스로 이루어져 있다. 지구는 태양에서 약 1500×10^6 km 떨어져 있는 지점에서 약간 타원형의 궤도로 태양을 공전한다. 태양의 중심은 간단히 핵융합로라고 생각할 수 있으며, 이곳에서는 수소-헬륨 핵융합 반응으로 에너지를 방출하고 있다. 태양의 중심에서 일어나는 핵융합 반응의 결과 생성된 에너지는 뜨거운 가스를 통해 태양의 표면으로 전달되면서 에너지 파장은 증가한다. 태양 표면의 6000K의 온도는 흑체복사와 유사한 스펙트럼을 가지고 태양복사 에너지를 발생한다. 태양복사 에너지는 우주 공간을 이동하여 약 1367 W/m^2 에너지 세기를 가지며 지구 대기권 외부에 도달한다.

태양복사 에너지는 지구 대기권 안에서는 여러 과정에 의해 반사되고 산란되는데, 이와 같은 산란 및 반사는 태양빛 에너지의 전체 강도를 줄이고 태양빛의 경로도 변하게 한다(그림 4.1 참조). 대기 표면의 가스와 입자가 특정 파장을 선택적으로 흡수함에 따라 스펙트럼이 바뀌면서 지표면에 입사된 태양빛 강도는 해수면 기준으로 1000 W/m^2 미만이 된다.

공학적 입장에서 태양에너지는 다음 두 가지로 구분한다.

- 직접 태양복사(direct or beam radiation)는 대기에 의해 산란되거나 편향되지 않고 태양

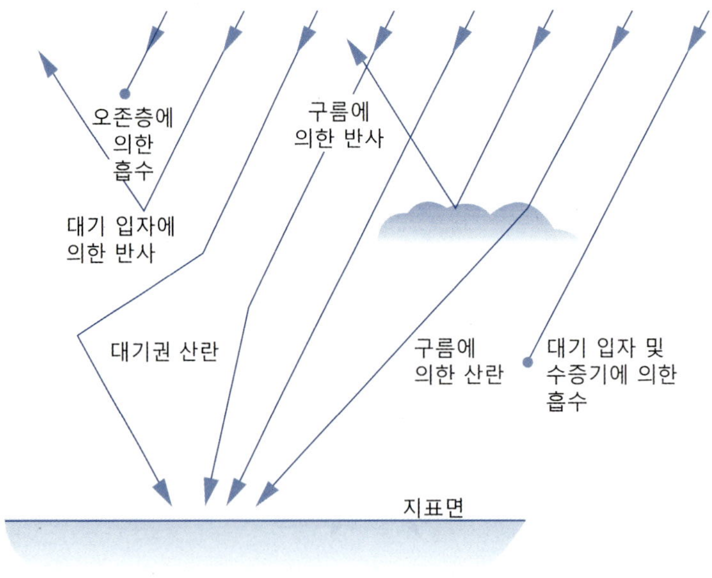

그림 4.1 대기권에 입사되는 태양복사 에너지

으로부터 직접 전달되는 태양복사 에너지이다.

- 확산 태양복사(diffuse radiation)는 지구 대기권의 구름과 작은 입자로 인해 산란이 일어나서 태양빛의 경로가 바뀐 후의 태양에너지이다.

경우에 따라 지표면에서 태양빛이 반사될 수도 있다. 이것은 알베도(Albedo)로 알려져 있으며 지표면의 조건에 따라 달라진다. 건물의 태양열 난방을 평가할 때 알베도가 중요할 수 있지만, 태양광 에너지 발전에 미치는 영향은 무시할 수 있다. 이렇게 가정하고 태양광 에너지를 계산하면 결과값이 작게 나타날 수 있다.

평판형 태양광 또는 태양열 모듈은 직접 태양복사와 확산 태양복사를 모두 에너지원으로 사용할 수 있고, 거울이나 프레넬(Fresnel) 렌즈를 이용하여 태양빛을 집중시키는 것도 가능하다. 이를 이용해서 집중 장치 시스템의 초점 부분의 작은 영역에서 고온이 생성되고 전력으로 변환된다. 태양에너지를 5~10배 이상 집중시키는 집중 장치 시스템은 직접 태양복사만 사용할 수 있다. 렌즈 또는 집중 거울을 태양 방향으로 향하게 하려면 단축 또는 2축 추적 시스템을 사용하는데, 이 경우 전기에너지 출력은 증가하지만 고정 방향 장치가 가지는 단순한 구조의 장점은 없다. 태양빛 집중률이 높은 경우에는 집중 장치 초점 부분의 온도가 고온으로 상승되어 문제가 발생할 수 있으므로 냉각 장치가 추가로 필요하다. 태양에너지 집중 장치 시스템은 평판 모듈보다 일반적이지는 않으며, 태양복사 에너지가 넓게 확산되는 위도에서는 효과적이지 않다.

4.2 태양에너지 표현의 예

태양에너지를 표현할 때 필요한 단위는 다음과 같다.

- 조도(irradiance, W/m^2): 단위 면적당 및 단위 시간당 표면에 입사되는 태양에너지이며, 보통 G라고 표현한다.
- 일사량(insolation, J/m^2 또는 kWh/m^2): 단위 면적당 표면에 입사하는 태양에너지이다. 일사량은 1개월 또는 1년의 기간으로 표현할 수도 있지만, 일반적으로 하루 동안의 복사량을 적분하여 나타낸다. 기호 H는 일반적으로 하루 동안의 일사량을 나타낼 때 사용한다.[3]

3) 일부 국제 표준에서는 조사량(irradiation)이라는 용어로 태양에너지를 나타내기도 한다. 본 교재에서는 일사량으로 태양에너지(J/m^2 또는 kWh/m^2)를 표현하며, 조사량과 조도(W/m^2)와 구분한다.

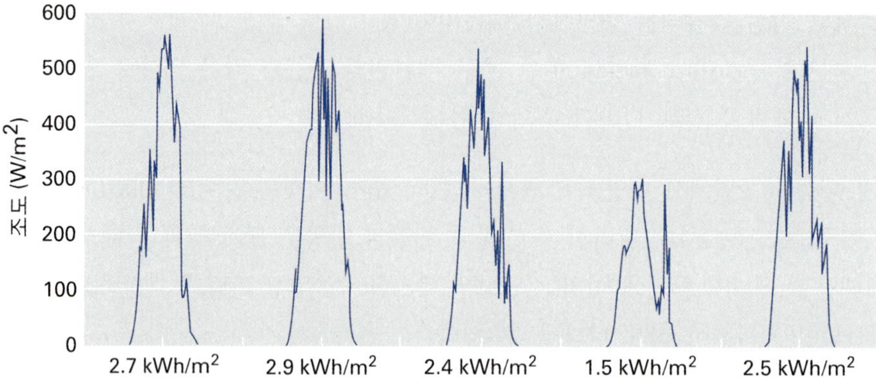

그림 4.2 1월의 5일 동안 캘리포니아 지표면에서의 태양에너지 조도(G) 곡선
일일 일사량(H)은 곡선 아래에 각각 나타나 있음.

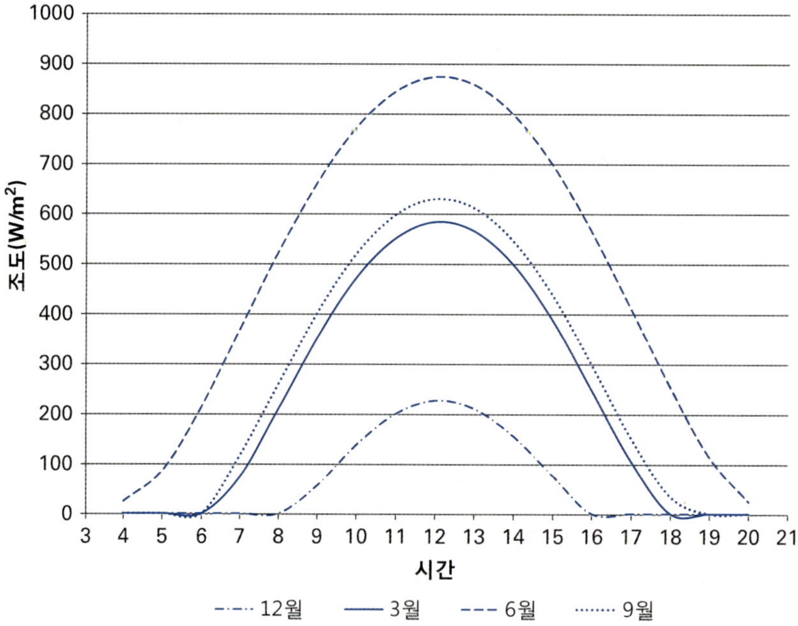

그림 4.3 맑은 하늘을 가정하여 나타낸 영국 카디프 지역 지표면에서의 조도(G)
출처: EU 공동연구센터(EU Joint Research Centre).

그림 4.2는 어느 해 1월에 5일간에 걸쳐 캘리포니아 지역의 지표면에서 측정된 태양복사에너지 조도를 보여 준다. 각 날의 일사량은 x축 아래에 표시되어 있는데, 그래프를 통해서 일출부터 일몰까지 태양의 위치 변화, 구름으로 가려진 효과 등으로 일조량의 일별 변화를 명확하게 볼 수 있다. 특히, 조도가 낮은 넷째 날의 특징은 날씨가 흐린 것으로 이해될 수 있다. 5일 동안 평균 조도가 정오에 600 W/m^2 미만으로 최고조에 달하였으며, 일일 일사량

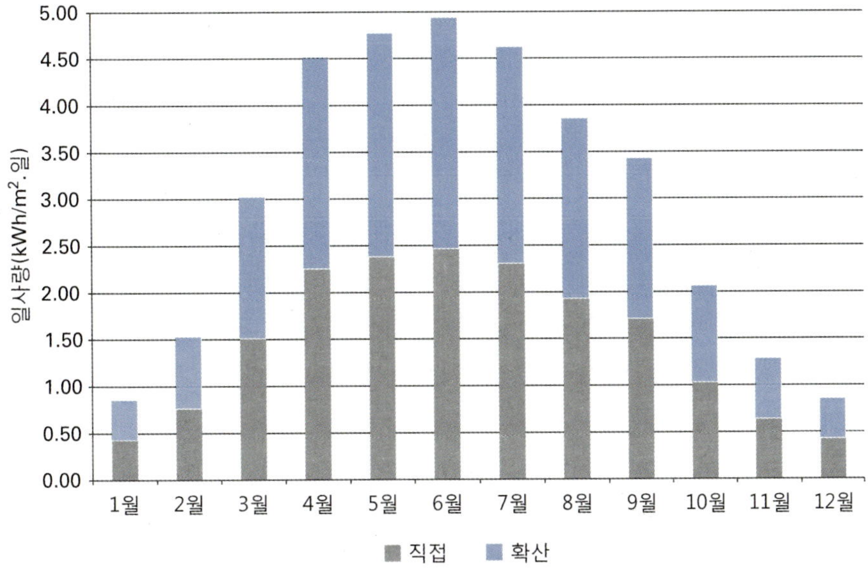

그림 4.4 카디프의 경사진 표면(38°)에서 매일 일사량(H)의 직접 및 확산 일사량
출처: 유럽 연합(EU).

은 1월의 겨울철 기간 동안 1.5~2.9 kWh/m^{2}로 큰 변화가 없다는 것을 알 수 있다.

태양에너지 표현은 맑은 하늘을 가정하여 나타내는 것이 유용하므로 구름의 영향 없이 나타낸다. 그림 4.3은 맑은 하늘을 가정하여 북위 51.5° 에 있는 영국 카디프(Cardiff) 지역의 전형적인 일일 전체 조도(G)의 변화를 보여 준다. 이 값은 위성 데이터와 지표면 측정값을 바탕으로 계산된 것이다.

겨울철과 여름철에 태양에너지는 상당한 차이가 있을 수 있다. 겨울철에는 조도가 최대 200 W/m^2 값을 가지며, 효율적인 태양에너지 사용은 약 6시간(09:00~15:00) 동안 가능하다. 여름에는 조도가 850 W/m^{2}에 해당하고 거의 15시간 동안 사용이 가능하다.

그림 4.3에서 구름의 영향은 무시되지만 수증기를 포함한 대기 흡수에 의한 복사량의 감소는 그래프에 나타나 있다. 3월의 조도는 대기가 더 깨끗한 9월의 조도보다 약간 적다는 것을 알 수 있다.

그림 4.4는 1년 동안 매월 카디프의 경사진 표면에 대한 평균 직접 및 확산 일일 일사량(H)을 보여 준다. 경사 각도(38°)는 최대 연간 에너지 생산을 위해 선택된 값이다. 북위도 지방에서는 구름에 의한 태양가림 효과와 태양이 지표면에 도달하는 낮은 각도 때문에 평균 확산 일사량은 직접 일사량과 거의 같다. 그림 4.4는 매월 평균 일일 일사량을 나타내는데, 같은 달이더라도 일사량은 매일 여러 이유로 분명히 차이가 있음이 틀림없다. 카디프에서의 일일 일사량의 일반적인 최댓값은 1월은 1~1.5 kWh/m^{2}이고, 6월은 7.5~8 kWh/m^{2}이다.

4.3 태양-지구 기하학

그림 4.5는 태양 주위의 지구 운동을 보여 준다. 지구는 1년 동안 원형에서 약간 벗어난 타원형 궤도를 따라 태양 주위를 공전하며, 24시간 동안 지구는 자전축을 중심으로 자전 운동을 한다. 자전축과 태양 주위의 지구 공전 평면에 수직인 선 사이의 각도는 23.5°를 유지하며 공전과 자전 운동을 한다. 대기의 영향을 무시하면 북반구 지역의 여름은 지구 자전축이 태양을 향해 기울어진 때에 해당하며, 태양에너지를 가장 많이 받는 날은 여름 하짓날에 해당한다. 마찬가지로 북반구에서 자전축이 태양으로부터 멀어지면 겨울 동짓날에 해당하고 최소의 태양에너지를 받는다. 봄과 가을의 춘분과 추분에는 지구의 자전축이 지구와 태양 사이의 선에 수직이며 낮과 밤의 길이는 같다.

지구의 기울어진 자전축과 공전 궤도는 지구의 한 지점에서 하늘을 볼 때 태양의 겉보기 운동을 일으키는데, 그림 4.6은 북반구에 있는 관측자가 남쪽 하늘을 향해 볼 때의 예시를 나타낸 것이다. 봄과 가을의 춘분과 추분 사이(약 3월 21일과 9월 23일 사이)에 태양은 동쪽에서 일출하고 서쪽에서 일몰한다. 춘추분의 태양 정오에서 태양의 고도는 90°-위도이며 태양의 편각(δ)은 0이다. 하지와 동짓날(대략 6월 21일과 12월 22일)의 경우에는 여름과 겨울

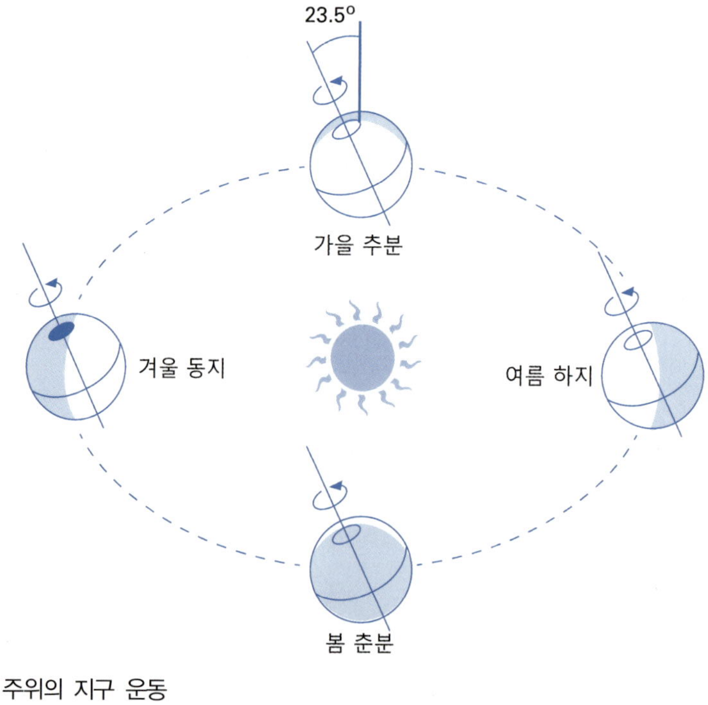

그림 4.5 태양 주위의 지구 운동

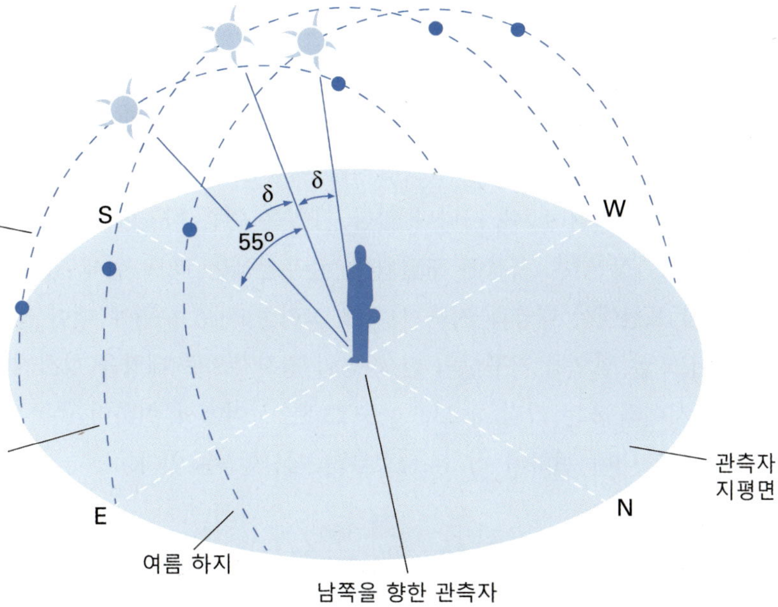

그림 4.6 위도 35°에서 태양의 겉보기 운동. 태양의 위치는 정오 때를 나타내며, 검은 점의 위치는 3시간 전후의 위치를 표시함. 편각(δ)은 최대 23.5°임.
출처: Green MA. 태양전지; 작동원리 및 기술, 시스템 응용(Solar Cells; Operating Principles, Technology and System Applications), 뉴 사우스 웨일즈 대학교(University of New South Wales), 1998.

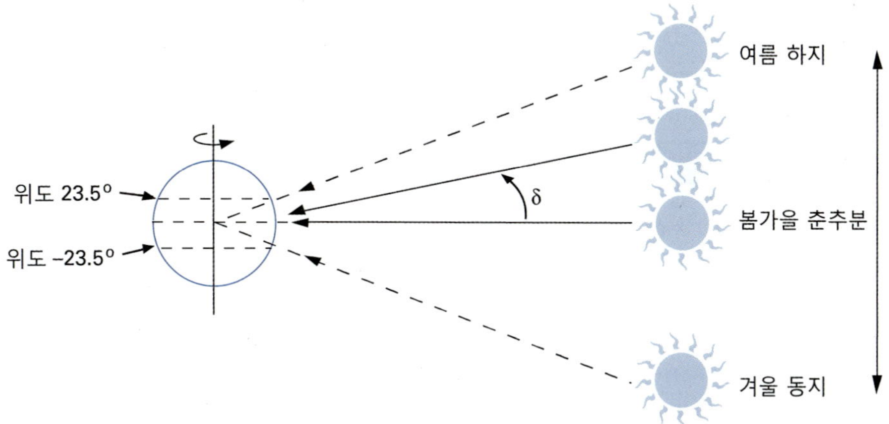

그림 4.7 연도별 편각 각도 δ의 변화(지구 중심 보기)
출처: Masters G. M. 재생 가능한 효율적인 전력 시스템(Renewable and Efficient Electric Power Systems), 2판, © John Wiley and Son, 2013.

에 해당하므로 각각 태양 편각은 $-23.5°$, $+23.5°$이다.

지구에서 볼 때 태양의 겉보기 운동을 쉽게 이해하려면, 자전하는 지구를 중심으로 계절에 따라 위아래로 움직이는 태양을 보면 용이하다. 지구 중심으로 태양의 움직임을 이해하는 것은 정확한 운동을 해석하기에는 무리가 있지만 태양광 모듈 방향을 결정할 때는 유용할 수 있다. 이러한 내용은 그림 4.7에 나타나 있다. 태양은 여름 하지에 가장 높은 지점에 도달하고, 겨울 동지에 가장 낮은 지점에 도달하며, 춘추분에는 적도 위에 있다.

이 지구 중심 표현에서 태양과 지구 사이에 그려진 선은 수평에 대한 경사각을 δ로 나타낼 수 있다. 어느 날 정오에 지구상의 한 지점이 경사각으로 태양을 향하게 되면, 여름 하지와 겨울 동지 사이의 δ는 각각 $+23.5°$, $-23.5°$ 사이에서 변하며 춘추분의 δ는 0이다.

편각(δ)은 일년 내내 변하며 식 (4.1)로부터 계산할 수 있다.

$$\delta = 23.45 \times \sin\left[\frac{360}{365}(n+284)\right] [\text{각도}] \tag{4.1}$$

여기서 n은 1월 1일부터 시작해서 연중 임의의 날에 해당한다.

대부분의 공학적 목적을 위해 편각 δ는 하루 동안 일정하다고 가정하며, 표 4.1은 편리를 위해서 식 (4.1)에 사용하기 위한 매월 첫날의 n번호를 보여 준다. 지구 표면의 한 점에 대한 태양의 위치는 그림 4.8에 표시된 두 각도로 정의된다. 고도 각도(β)는 수평면에 대한 고도를 정의하고, 방위각(Z)은 남쪽을 기준으로 수평면 상대적 각도를 나타낸다.

표 4.1 매월 첫날의 n 값

구분	해당 달의 첫날 n 값
1월	1
2월	32
3월	60
4월	91
5월	121
6월	152
7월	182
8월	213
9월	244
10월	274
11월	305
12월	335

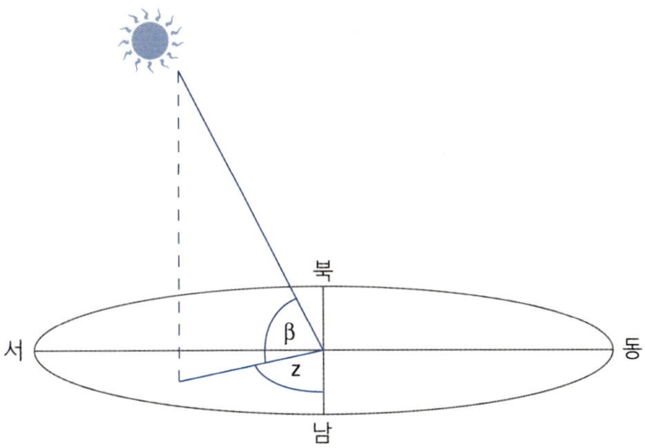

그림 4.8 지구의 한 지점에서 본 지구 주위의 태양 운동. β는 수평에 대한 고도이고, Z는 남쪽에 대한 방위각이며, 여기서 동쪽으로의 방위각을 양수로 함.

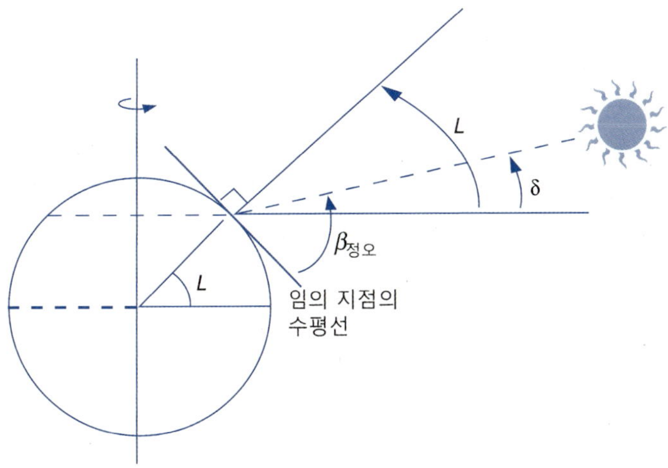

그림 4.9 태양 정오의 고도 $\beta_{정오}$

출처: Masters G. M., 재생 가능하고 효율적인 전력 시스템(Renewable and Efficient Electric Power Systems), 2판, © John Wiley and Son, 2013.

그림 4.7에 나타난 지구 중심 기준으로 태양 움직임을 표현하여 정오에 태양을 향한 어떤 위도(L)에서 지표면상의 한 점이 있다고 하자. 그림 4.9에서 알 수 있듯이 태양 정오($\beta_{정오}$)의 고도 각도는 다음과 같이 간단히 표현할 수 있다.

$$\beta_{정오} = 90° - L + \delta \tag{4.2}$$

위 식에서 $\beta_{정오}$는 태양 정오의 고도이며, L은 위도, δ는 편각이다.

예제 4.1　태양 정오에서의 태양의 고도

3월 26일 위도 35°에서 태양 정오 때 태양의 고도($\beta_{정오}$)를 계산하시오.

• 해답

3월 26일은 85일째(1월 1일부터 계산) 날이므로 식 (4.1)에서 경사각 δ는 다음과 같다.

얻어진 경사각을 식 (4.2)에 대입하면 $\beta_{정오}$를 다음과 같이 구할 수 있다.

$$\delta = 23.45° \sin\left[\frac{360}{365}(85+284)\right] = 1.6°$$

식 (4.2)로부터

$$\begin{aligned}\beta_{정오} &= 90° - L + \delta \\ &= 90° - 35 + 1.6 = 56.6°\end{aligned}$$

지구를 중심으로 볼 때 지구의 자전으로 인해 태양이 24시간 동안 지구 주위를 공전하는 것처럼 보이므로 시간 각도(H)도 정의할 수 있다. 시간각은 태양 정오 이전에 지구가 회전해야 하는 경도의 수(number of degrees of longitude)이며, 동쪽을 향할 때 양수로 정의하여 다음과 같이 나타낼 수 있다.

$$H = \frac{t}{24} \times 360° [각도]$$

여기서 t는 태양 정오 이전의 시간이다.

그림 4.8의 각도를 사용하여 지구에서 볼 때 태양의 위치는(여기에 설명되어 있지만 증명은 하지 않음) 식 (4.3)과 식 (4.4)와 같이 나타낼 수 있다.

$$\sin\beta = \cos\delta \cos H \cos L + \sin\delta \sin L \tag{4.3}$$

$$\sin Z = \frac{\cos\delta \sin H}{\cos\beta} \tag{4.4}$$

여기서 β는 고도각, Z는 방위각, δ는 편각, H는 시간각, L은 위도이다.

이른 아침이나 늦은 저녁에 식 (4.4)를 적용하면 방위각이 90°보다 큰 결과값이 나올 수 있으므로 유의해야 하며, 이런 경우에는 추가적인 계산이 필요하다.

예제 4.2 태양의 위치

(a) 카디프에서 5월 15일 태양 정오 2시간 전에 태양의 위치를 계산하시오(위도 51.5°).

(b) 5월 15일에 일광(빛이 비치는 시간)이 몇 시간인지 계산하시오.

• 해답

(a) 5월 15일은 135일째(1월 1일부터) 날이므로 편각 δ는 다음과 같으며, 시간각 H는 다음과 같다.

$$\delta = 23.45° \sin\left[\frac{360}{365}(135+284)\right] = 18.8°$$

그러므로 β와 Z는 다음과 같이 구할 수 있다.

$$H = \frac{2}{24} \times 360° = 30°$$

$$\begin{aligned}\sin\beta &= \cos\delta\,\cos H\,\cos L + \sin\delta\,\sin L \\ &= \cos 18.8 \times \cos 30 \times \cos 51.5 + \sin 18.8 \times \sin 51.5 \\ &= 0.5104 + 0.2522 \\ &= 0.7625\end{aligned}$$

$$\beta = 49.6°$$

$$\sin Z = \frac{\cos\delta\,\sin H}{\cos\beta} = \frac{\cos 18.8 \times \sin 30}{\cos 49.6} = 0.730$$

$$Z = 46.9°$$

(b) 새벽과 황혼에서 $\beta = 0$이므로 다음과 같이 구할 수 있다.

$$\sin\beta = \cos\delta\,\cos H\,\cos L + \sin\delta\,\sin L = 0$$

$$\cos H = \frac{-\sin\delta\,\sin L}{\cos\delta\,\cos L} = -\tan\delta \times \tan L = -\tan 18.8 \times \tan 51.5 = -0.4279$$

$$H = 115.33°$$

$$H = \frac{t}{24} \times 360°$$

$$t = \frac{24 \times H}{360} = \frac{24 \times 115.3}{360} = 7.7\text{시간}$$

따라서 그날에는 7.7시간의 2배인 15.4시간 동안 태양이 비춘다.

4.4 태양광 패널의 방향

태양광 패널은 적도에서 최대 연간 에너지 출력을 제공한다. 수평면에 평행하게 설치되지 않고, 최소 10°~15°의 경사각을 유지하는데 그 이유는 먼지와 오물 등에 의해 표면이 더럽혀지는 것을 방지하고 깨끗하게 유지하기 위함이다. 그림 4.9는 춘추분 때 태양 정오 시간에 조도가 90°-위도의 각도로 표면에 입사되는 것을 보여 준다. 여름에는 정오에 하늘을 볼 때 태양이 더 높은 각도, 겨울에는 더 낮은 각도에 위치하게 된다.

그림 4.10은 위도 L에 위치한 태양광 패널을 보여 준다. 패널의 기울기 각도(수평면을 기준으로 기울어진 각도)가 위도와 동일하게 설정되면 춘추분 때 정오 시간에 태양빛이 수직으로 닿아 최대 에너지를 제공하게 된다. 태양은 여름철 정오에는 하늘에서 23.5° 높아지고, 반대로 겨울철 동지에는 23.5° 낮아진다. 따라서 최대 연간 에너지 획득이 필요한 경우에는 태양광 패널의 기울기 각도를 위도와 동일하게 선택하는 것이 우선적으로 할 수 있는 일이다. 태양열 시스템과 같이 겨울에 추가로 에너지가 필요한 경우에는 경사각을 증가시켜야 효율이 좋다.

지역별 기상 조건은 다양한 조건이 변화될 수 있으므로 태양광 패널의 방향도 달라져야 한다. 구름에 의한 효과는 이미 그림 4.1에서 명확히 설명하였다. 열대 지역에서 몬순(monsoon) 기후의 효과는 몇 달 동안 일사량을 크게 줄이는 결과를 낳기도 한다.

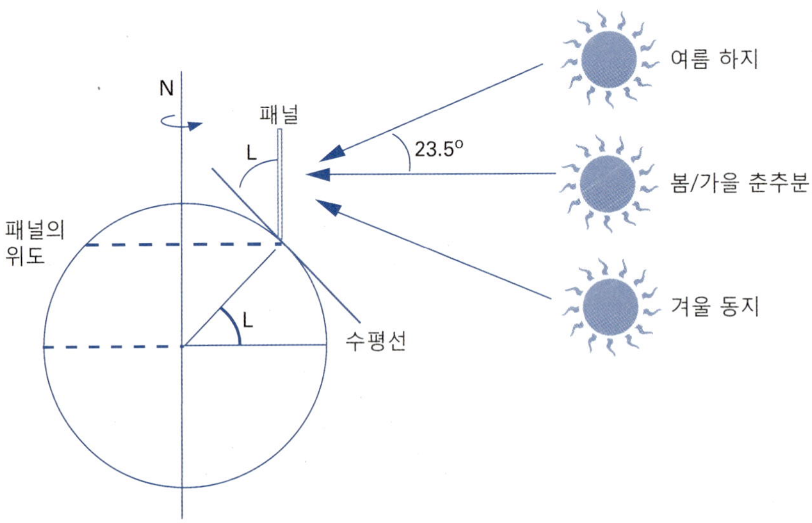

그림 4.10 태양광 모듈의 기울기 각도
출처: Masters G. M., 재생 가능하고 효율적인 전력 시스템(Renewable and Efficient Electric Power Systems), 2판, © John Wiley and Son, 2013.

높은 위도에서 최대 연간 에너지 출력은 종종 위도보다 약 10°~15° 낮은 평평한 경사각에서 얻을 수 있다. 그 이유는, 겨울철 태양복사는 대기에 의한 흡수가 증가하여 효율이 낮고, 전체 연간 에너지 흡수는 여름철에 주로 일어나기 때문이다.

최대 에너지를 위해 태양광 패널은 북반구에서 남쪽의 ±5°(남반구에서 북쪽의 ±5°) 내에 있어야 한다. 저녁에는 서쪽을 향할 때 전기 생산량이 증가하고, 아침에는 동쪽을 향할 때이다.

실제로 태양광 시스템의 성능 예측과 패널의 기울기 선택은 컴퓨터 프로그램을 통해 이루어진다. 컴퓨터에 입력되는 데이터는 인공위성과 다양한 방법으로 얻게 되는데, 지역별 기상변화와 태양에너지의 구체적인 내용을 포함하고 있다. 태양에너지 데이터는 태양광 시스템의 수학적 모델링을 통해 성능 예측에 사용된다. 여러 가지 상황에서 실제 태양광 패널의 기울기는 설치된 지붕의 각도 및 또 다른 기존의 지지 구조물에 의해서도 영향을 받으며, 최적의 경사각으로부터의 약간의 차이는 평판 태양광 패널 모듈의 연간 시스템 에너지 출력에 큰 영향을 미치지 않는다.

4.5 태양광 스펙트럼 및 AM(Air Mass)

태양에너지는 진공의 우주 공간을 거쳐서 지구에 복사에너지로 전달된다. 그림 4.11은 태양빛의 파장에 따른 복사에너지 스펙트럼을 보여 준다. 지구 대기권 밖에서 보았을 때 태양으로부터 나오는 빛은 태양 표면 온도(6000K)를 가지는 흑체복사의 스펙트럼 분포를 가진다(그림 4.11 참조). 그림 4.11에서 AM0(air mass zero) 곡선은 지구-태양 평균 거리에서 태양에 수직인 면을 기준으로 지구 대기권 밖의 태양에너지 스펙트럼을 보여 준다. 지구 대기권 밖의 태양복사의 에너지 밀도는 일반적으로 1367 W/m^{2}이며, 이것은 태양 상수로 정의된다.

표 4.2를 통해 알 수 있는 것은 지구에 입사되는 태양에너지의 대부분은 가시광선과 적외선 영역에 해당하며, 3 μm 이상의 원적외선과 자외선은 거의 포함하지 않는다는 것이다.

지구에 도달하는 태양복사 에너지는 대기를 통과하면서 감소하는데, 그림 4.11의 AM1.5 태양복사 곡선을 살펴보면, 대기 내의 다양한 가스와 에어로졸(예: O_3, O_2 및 H_2O)에 의한 태양복사 에너지가 상당히 감소함을 보여 준다. 오존(O_3)은 자외선 영역의 파장을 흡수하고, 수증기는 적외선 영역의 특정 파장의 에너지를 감소시킨다.

천정각(zenith angle)=0, 즉 태양이 지표면과 수직일 때 AM1 스펙트럼이라고 정의한다(그림 4.12 참조). 그러나 태양이 지표면과 수직일 때는 연중 제한되어 있기 때문에 태양광

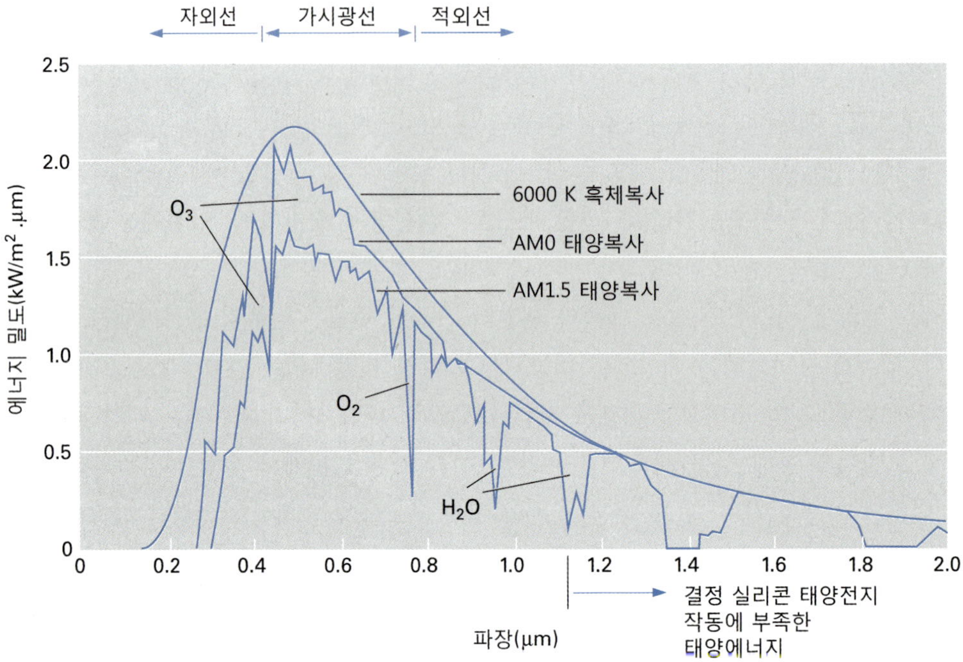

그림 4.11 태양빛 스펙트럼
출처: Green M. A., 태양전지의 원리, 기술, 응용 시스템(Solar Cells, Operating Principles, Technology and System Applications), 뉴 사우스 웨일즈 대학교(University of New South Wales), 1998.

표 4.2 지구 대기 외부의 햇빛에너지의 분포(AM0)

영역	자외선	가시광선	적외선
파장(μm)	0~0.38	0.38~0.78	0.78~3
에너지(%)	9	45	46

패널의 표준검사 조건(STC: standard test condition)은 천정각이 48.2° 일 때인 AM1.5의 스펙트럼 조건으로 한다. 태양전지 모듈의 표준검사 조건을 설정하기 위해서는 일반적으로 태양에너지 밀도가 1 kW/m^{2}가 되도록 AM1.5 스펙트럼을 재조정한다.

예제 4.3 태양 정오 때의 AM

3월 26일 위도 35° 에서 태양 정오 때의 천정각과 AM은 얼마인지 구하시오.

• 해답

예제 4.1로부터 고도 각도를 구하면

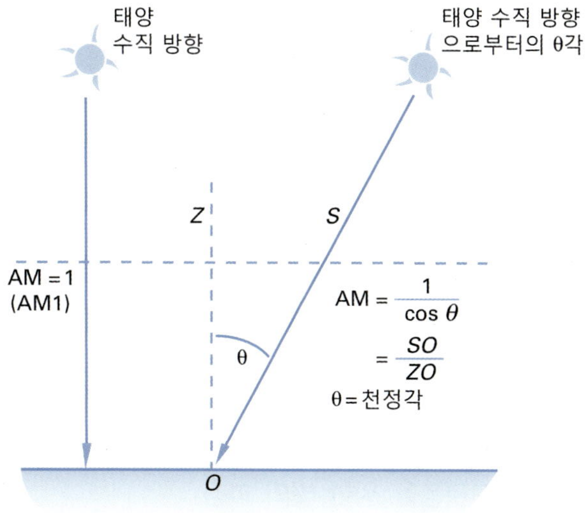

그림 4.12 AM의 개념

$$\beta_{정오} = 56.6°$$

정오에 천정각(그림 4.12 참조)을 구하면, $90° - \beta_{정오} = 33.4°$

그러므로 정오 때의 AM은 다음과 같다.

$$\frac{1}{\cos 33.4°} = 1.2$$

4.6 빛의 입자-파동 이중성

빛의 거동은 파동 현상으로 묘사하고, 필요시 입자로 이해하여 설명할 수 있다. 이러한 빛의 입자-파동 이중성 개념을 이용하면 햇빛은 같은 속도를 가지는 서로 다른 에너지의 광자(photon)로 구성된 전자기파라고 이해할 수 있다. 태양빛의 파장(λ)은 빛의 속도와 플랑크 상수를 사용하여 각 광자(E)의 에너지에 반비례한다. 그러므로

$$\lambda = \frac{hc}{E}[\text{m}] \tag{4.5}$$

태양빛 전자기파의 주파수(υ)는 다음과 같다.

$$v = \frac{c}{\lambda}[\text{Hz}]$$

여기서 c는 빛의 속도($2.998 \times 10^8\ \text{ms}^{-1}$)

h는 플랑크 상수($6.626 \times 10^{-34}\ \text{Js}$)이다.

태양전지 반도체 p-n 접합에서 밴드갭 이상으로 전자를 여기시키기 위해서(5.4절 참조) 광자는 적절한 에너지를 가져야 하므로 태양복사 에너지는 특정 파장(특정 주파수 이상)보다 작아야 한다. 예를 들어, 결정질 실리콘 태양전지 작동을 위해서는 1.1 μm 미만의 파장을 가진 태양에너지가 필요하다(그림 4.11 참조).

예제 4.4 실리콘 태양전지 구동을 위한 빛의 파장

단결정 실리콘 태양전지는 p-n 접합의 밴드갭 이상으로 전자를 여기시키기 위해서 1.11 eV의 에너지를 가진 광자를 필요로 한다. 태양전지 작동을 위한 태양빛의 최대 파장과 최소 주파수는 얼마인지 구하시오.

• 해답

1 eV $= 1.602 \times 10^{-19}$ J이므로 전자를 여기하기 위한 에너지는

$$E = 1.11 \times 1.602 \times 10^{-19} = 1.78 \times 10^{-19}\ \text{J}$$

식 (4.5)를 사용하면 다음의 파장보다 작은 파장이 필요하다.

$$\lambda \leq \frac{hc}{E} = \frac{6.626 \times 10^{-34} \times 2.998 \times 10^8}{1.78 \times 10^{-19}} = 1.116 \times 10^{-6}\ \text{m}$$

또는 다음의 주파수보다 큰 주파수가 필요하다.

$$v \geq \frac{c}{\lambda} = \frac{2.998 \times 10^8}{1.116 \times 10^{-6}} = 2.69 \times 10^{14}\ \text{Hz} = 269\ \text{THz}$$

1.12 μm 미만의 파장을 가진 태양빛만이 실리콘 태양전지의 작동에 기여할 수 있고, 이것은 그림 4.11에 나타나 있다.

요약

1. 태양은 내부 온도가 20×10^6K인 대형 핵융합 반응기로 생각할 수 있다. 태양 표면은 6000K이고, 이것은 흑체복사 모델링으로 해석 가능하다.

2. 태양복사는 우주 공간을 통해 전달되고 지구 대기 밖에서는 1367 W/m^{2}의 복사에너지를 가지며, 이것은 태양 상수로 정의된다.

3. 태양광 에너지는 다음과 같이 표현할 수 있다.
   - 직접 또는 빔 태양복사(direct or beam radiation): 대기에 의해 산란되거나 편향되지 않고 태양으로부터 직접 받는 태양복사 에너지
   - 확산 태양복사(diffuse radiation): 구름과 입자로 인한 대기의 산란을 통해 방향이 바뀐 후 태양으로부터 받는 태양복사 에너지

4. 지구-태양 관계도에서 지구 중심 해석은 정확하지는 않지만 매우 유용하게 사용할 수 있는 단순화된 표현이다. 그림 4.7과 같이 계절에 따라 태양이 위아래로 움직이는 공간에서 지구가 회전하는 것을 보여 준다.

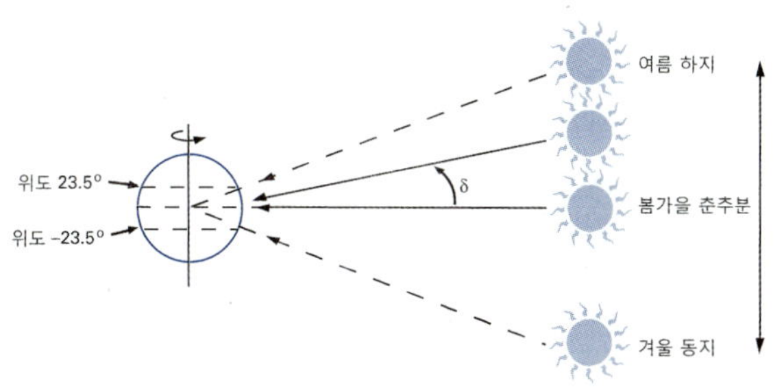

그림 4.7 연도별 편각 각도 δ의 변화(지구 중심 보기)
출처: Masters G. M. 재생 가능한 효율적인 전력 시스템(Renewable and Efficient Electric Power Systems), 2판, © John Wiley and Son, 2013.

5. 편각(δ)은 일년 내내 변하며, 아래 식으로부터 계산할 수 있다.

$$\delta = 23.45 \times \sin\left[\frac{360}{365}(n + 284)\right] [\text{각도}]$$

   여기서 n은 1월 1일을 1로 해서 정해지는 연중 해당 날짜의 값이다.

6. 지구의 한 지점에서 보이는 태양의 움직임은 고도각 β와 방위각 Z로 나타낼 수 있다(Z는

동쪽 각도를 양수로 정함).

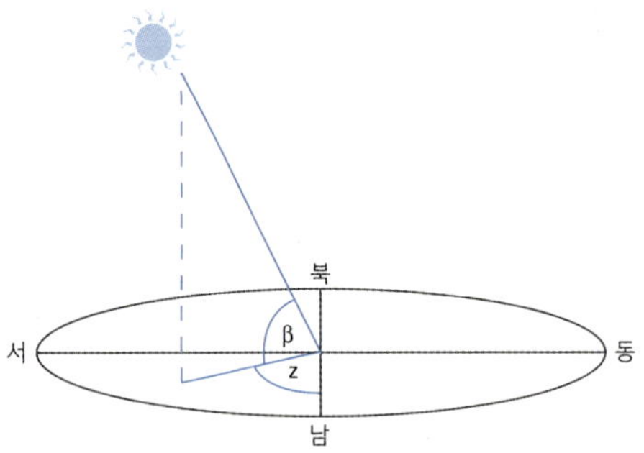

그림 4.8 지구의 한 지점에서 본 지구 주위의 태양 운동. β는 수평에 대한 고도이고, Z는 남쪽에 대한 방위각이며, 여기서 동쪽으로의 방위각을 양수로 함.

7. 태양 정오($\beta_{정오}$)의 고도 각도는 다음과 같다.

$$\beta_{정오} = 90° - L + \delta$$

여기서 $\beta_{정오}$는 태양 정오 때의 고도, L은 위도, δ는 편각이다.

8. 지구에서 본 태양의 위치는 다음과 같다.

$$\sin\beta = \cos\delta \cos H \cos L + \sin\delta \sin L$$

$$\sin Z = \frac{\cos\delta \sin H}{\cos\beta}$$

여기서 β는 고도, Z는 방위각, δ는 편각, H는 시간각, L은 위도이다.

9. 태양광 평판 패널의 기본 방향은 남반구에서 남쪽을 향하면서 그 지역의 위도로 한다.

10. 지구 대기 외부의 태양에너지 분포는 다음 표와 같다.

영역	자외선	가시광선	적외선
파장(μm)	0~0.38	0.38~0.78	0.78~3
에너지(%)	9	45	46

11. AM은 태양복사 조도가 통과하는 공기의 양으로 이해할 수 있다. 태양광 모듈의 표준검사 조건은 AM1.5(천정각 48.2°)이다.

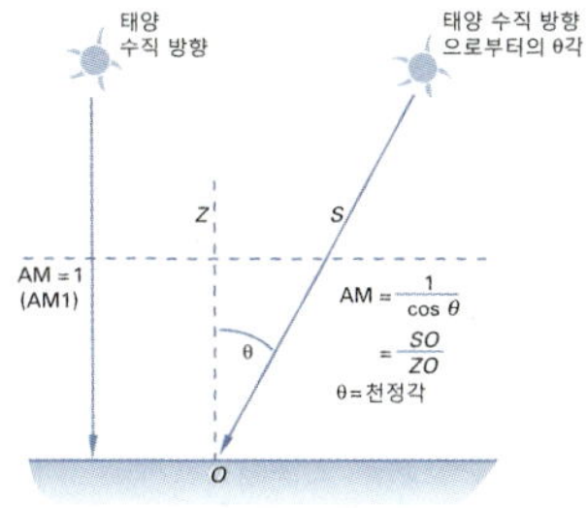

그림 4.12 AM의 개념

연습 문제

1. 직접 (빔) 복사선, 확산 복사선, 알베도가 무엇인지 설명하시오.
   위 세 가지 중에서 열대 사막 지역과 눈 덮인 산 정상에서는 어떤 태양복사 에너지가 주요 요소인지 쓰시오.

2. 조도, 일사량, 조사량의 용어를 구별하여 설명하시오.

3. 태양광 패널의 기울기 각도와 방향에 대한 우선 근삿값을 기록하여 다음 장소에서 연간 최대 일사량을 구하시오.
   카이로(Cairo)
   루사카(Lusaka)
   [답: 카이로: 남쪽의 30°, ±5°, 루사카: 북쪽의 15°, ±5°]

4. 태양열 난방 시스템이 영국 남부의 위도 50° 위치에 있다. 온수를 주로 사용하는 시간은 18:00이다. 패널 방향의 방위각과 경사각을 구하시오.
   [답: 방위각 −45°, 경사각 60°]

5. 카디프 지역에서 연간 최대 일사량을 얻기 위해서 태양광 패널의 대략적인 방향을 구하시오.
   [답: 약 35°~40°]

6. 태양광 에너지 웹 사이트를 이용하여 다음 표에서 해당 지역의 빈칸에 알맞은 값을 구하시오. 연간 최대 일사량 조건에 맞는 최적의 기울기를 선택하고, 전체 결과에 대한 의견을 적으시오.

구해야 할 내용	단위	값
수평면에서의 연간 전체 일사량	$kWh/m^2.year$	
연간 최대 일사량 조건의 기울기 각도	°	
최적의 기울기 각도에서 최대 연간 전체 일사량	$kWh/m^2.year$	
최적의 기울기 각도에서 1월의 일일 일사량	$kWh/m^2.day$	
최적의 기울기 각도에서 6월의 일일 일사량	$kWh/m^2.day$	
직접/확산 복사의 일일 일사량 비율	%	
최적의 기울기 각도에서 1월의 최대 조사량	W/m^2	
최적의 기울기 각도에서 6월의 최대 조사량	W/m^2	

7. 7월 17일 카디프에서 정오에 태양의 고도를 계산하시오. 천정각과 AM 값을 구하시오.
   [답: 30°, 1.15]

8. 카디프에서 12월 25일에 몇 시간 동안 일광이 있는지 쓰시오. 이 날의 최소 AM 값을 구하시오.
   [답: 7.7시간, 3.7]

9. 파장 2 μm의 광자에너지(eV)는 얼마인지 구하시오.
   [답: 0.59 eV]

10. 비정질 실리콘의 밴드갭 에너지는 1.7 eV이다. 비정질 실리콘 태양전지 구동을 위한 태양빛의 최대 파장을 계산하시오.
    [답: 0.69 μm]

더 읽을거리

- Boyle G. (ed.), *Renewable Energy: Power for a Sustainable Future*, 3rd Edition, Oxford University Press, 2012.
- Duffie J. A. and Beckman W. A., *Solar Engineering of Thermal Processes*, 2nd Edition, Wiley Interscience, 1991.
- Masters G., *Renewable and Efficient Electric Power Systems*, Wiley, 2004.
- Twidell J. and Weir A., *Renewable Energy Resources*, 3rd Edition, Routledge, New York, 2015.
- Wenham S. R. et al., *Applied Photovoltaics*, 3rd Edition, Earthscan, 2011.

5 태양광 발전 시스템

소개

태양에너지로부터 직접 전기를 생산하는 태양광 발전은 신재생 에너지 기술 중에서 가장 각광을 받고 있으며 현재 급속히 성장하는 기술 중의 하나이다. 2015년에는 전 세계 60 GW의 태양광 발전 용량이 추가되어 총 설치 용량이 320 GW 이상이 되었다. 지난 몇 년 동안 설치 용량이 매년 약 30%씩 빠르게 증가한 것은 세계 여러 나라에서 태양광 발전 시스템 설치를 위한 재정 지원 조치 때문이기도 하지만, 최근 몇 년간 제조량이 증가함에 따라 태양광 모듈의 가격이 크게 감소하였기 때문이기도 하다.

지금까지 설치된 대부분의 태양광 전지판은 단결정 또는 다결정 실리콘 태양전지(1세대 태양전지 셀이라고도 함)를 사용하여 전력을 생산하여 전력망으로 전달되고 있다. 태양광 패널은 건물의 지붕에 설치되거나 대형 집단발전 시설로(large solar farms) 지표면에 구조 지지대를 기반으로 설치되었다. 일부 혁신적인 건물에는 외관이나 지붕에 태양광 모듈이 통합되어 설치되기도 한다. 대형 태양광 발전 시설은 일반적으로 토지가 저렴하고 태양에너지가 많이 입사되는 곳에 설치되었으며, 지금은 이러한 조건에 관계없이 여러 곳에 다양하게 설치되고 있다. 계통 연계형 시스템(grid connected system) 외에도 태양광 시스템은 계통 기반 전력 공급이 없는 원격 지역에 전력을 공급하는 데 중요한 역할을 한다. 태양광 모듈은 움직이는 부품이 없고 매우 견고하기 때문에 최소한의 유지 보수만으로 20년 이상 작동이 가능하며, 환경에 미치는 영향은 미미하여 많은 장점을 가지고 있다.

2세대 태양전지인 박막형 태양전지(셀)는 다양한 소재를 사용하며 많은 제조업체에 의해 공급되고 있다. 박막형 셀은 불활성 기판에 얇은 박막을 사용하기 때문에 사용되는 반도체 물질을 최소화하므로 1세대 태양전지에 비해 상당한 비용 절감 효과가 있다. 3세대 셀을 위한 신소재 개발이 한창 연구 단계 수준에서 진행 중이며 아직 상용화되지는 않았다.

태양광 발전 시스템의 출력은 태양에너지 자원의 특성에 전적으로 의존한다. 중위도 지역에서는 겨울철에 태양 조사량이 매우 낮은 수준으로 떨어지므로 태양광 장비의 활용도가 떨어진다. 물론 밤에는 태양광 발전 시스템에서 출력이 없다.

이번 장에서는 태양전지, 모듈 및 시스템에 대해 설명할 것이다. 5.1절은 태양광 에너지의 역사와 장단점을 제시하고, 5.2절은 태양광 장비의 표준검사 조건을 자세히 설명한다. 5.3절은 1세대 및 2세대 태양전지 기술을 설명하고, 5.4절~5.8절에서는 태양전지의 작동, 태양전지 등가회로, 성능 및 전류원으로서의 표현에 대해 설명한다. 5.9절~5.10절은 태양광 모듈 및 성능에 대해 설명한다. 5.11절과 5.12절은 독립형 계통에 대해 설명하고, 5.13절은 태양광 기술의 현재 기술 수준을 기반으로 설명한다.

5.1 태양광 전지의 에너지 변환

태양전지는 햇빛을 전기로 직접 변환하며, 여러 가지 소재를 이용한 다양한 방법이 있다. 염료감응형(dye-sensitized), 유기 고분자(organic polymer), 페로브스카이트(perovskite) 태양전지는 차세대 태양전지에 해당하는 주요 소재이다.

그러나 현재 상업적으로 중요한 태양광 기술은 모두 고체 반도체 소재를 사용하고 있다. 태양빛 흡수에 의한 전자와 정공 생성이 나타나며 반도체 p-n 접합의 내부전기장이 전하 축척을 유도하여 태양전지 역할을 하게 된다. 태양빛이 조사된 반도체 p-n 접합이 외부 회로와 연결되면 전자의 흐름이 직류(DC) 전기를 생성한다. 전류는 배터리에 저장되거나 인버터에 의해 교류(AC) 전기로 변환되어 국가 전력망 계통(national electricity network) 그리드에 전달된다.

5.1.1 태양전지의 역사

19세기에 태양광 발전 효과가 확인되었지만 1950년대가 되어서야 트랜지스터 개발과 함께 효과적인 태양광 장치가 만들어졌다. 초기 태양광 전지는 우주선에 활용되었고, 1970년대에는 전력 공급이 없는 지역에 태양전지를 활용한 소량의 전력 공급을 위해 일반적으로 사용되기 시작하였다. 흥미로운 초기 활용 중의 하나는 개발 도상국의 농촌에 위치한 보건소에서 백신을 적정한 온도로 보관하기 위해서 소형 냉장고에 전원을 공급하는 것이었다. 최근에는 유럽, 특히 독일과 스페인 등 미국, 한국, 중국 및 일본에서도 계통 연계형 태양광 발전 시스템의 설치 수가 증가하고 있다.

계통 전기 연결이 없는 활용의 경우, 예를 들어 통신 시스템, 내비게이션 보조 장치 또는 백신 보관 냉장고에 소량의 전력을 공급하는 활용에 사용되는 태양광 시스템은 현재 태양광 장비 비용으로 충분히 경제적 효과가 있다. 고립 지역에서의 통신, 안전한 내비게이션 또는 시골 사람들을 위한 백신 공급의 중요성에 비추어 볼 때, 태양광 모듈 및 배터리의 비용은 충분히 적절하다고 할 수 있다. 독립형 태양광 발전 시스템은 고립 및 원거리 지역에 단독 전력 공급에 매우 유용하지만 공급할 수 있는 전력량은 제한되어 있다.

계통 연계형 발전보다 저렴한 전력을 대체할 수 있는 곳에서는 태양광 발전 시스템 사용을 장려하기 위해 재정 지원 제도가 필요하며, 이러한 제도는 여러 국가에 마련되어 있다. 이러한 제도는 종종 태양광 발전 시스템에서 생성된 전기에 대해 특별 가격을 지불하는 Feed-in-Tariff의 형태를 취한다. 이러한 재정 지원 제도는 건물 지붕이나 대형 태양광 발전 설치를 유도하여, 많은 국가에서 현재 계통 연계형 태양광 시스템 설치가 급격히 증가하고 있는 실정이다.

5.1.2 태양광 에너지 변환의 장단점

태양광 에너지 변환은 새로운 형태의 태양전지를 빠르게 개발하는 새로운 기술 분야이다. 또 새로운 생산 기술의 개발과 제조량 증가는 기존 기술의 비용이 감소되는 효과를 낳는다.

태양광 발전의 장점은 다음과 같다.

- 태양전지는 움직이는 부품 없이 전기를 생산하고, 유지 보수가 거의 필요하지 않으며, 수명이 20년 이상인 견고한 모듈로 만들 수 있다.
- 연구되고 있는 태양전지 기술은 안정적이며 시간이 지나도 거의 일정한 효율성을 가지고 있다.
- 태양광 발전 시스템은 건물의 지붕에 분산되어 설치되거나 대형 발전 단지로 구성될 수 있다.
- 태양광 발전 시스템은 환경에 미치는 영향이 제한적이며, 지금 기술은 일반 대중도 쉽게 받아들이고 있는 기술 수준이다.

태양광 발전의 단점은 다음과 같다.

- 태양광 발전 시스템의 운영은 전적으로 태양에너지 자원에 의존한다. 따라서 흐린 날씨에는 출력이 제한적이며 밤에는 출력이 없다.
- 전력 수요는 여러 나라에서 주로 일사량이 적은 시간에 발생한다. 예를 들어, 영국에서는 태양에너지가 매우 부족하거나 전혀 없는 1월초 저녁 시간에 최대 전력 수요가 발생한다.
- 태양광 발전 시스템의 설치 비용은 여전히 높다.
- 독립형으로 사용하는 경우 배터리가 필요하며 이는 종종 독립형 태양광 발전 시스템의 약점이기도 하다.

그림 5.1과 그림 5.2는 도시 및 농촌 환경에서 그리드 연결형 태양광 전지 배열(PV arrays)을 보여 준다.

그림 5.1 도심 건물 옥상에 있는 다결정 실리콘 태양전지 모듈의 배열
출처: 신재생 에너지 시스템(컬러 사진 참조).

그림 5.2 영국의 시골 지역의 태양광 집단발전 시설
출처: 신재생 에너지 시스템(컬러 사진 참조).

5.2 표준검사 조건

앞에서 4장을 통해 태양광 자원은 시간과 위치에 따라 크게 다르다는 것을 알았다. 따라서 태양광 발전 장비의 성능을 측정하는 표준 환경 조건을 정의할 필요가 있다.

태양광 모듈의 최대 전력 출력 표준검사 조건(STC: standard test conditions)은 다음과 같다.

- 조도: 1000 W/m^2
- 태양전지 온도: 25℃
- 태양광 스펙트럼: AM1.5(그림 4.12 참조)

위 조건은 태양광 모듈 검사의 정격 조건이지만 1000 W/m^2(매우 밝은 햇빛)에 근접한 조도는 일반적으로 태양전지 온도를 25℃ 이상으로 높이고 이에 따라 출력 전력이 감소하므로 실제로는 거의 달성하기 어려운 환경 조건임에 틀림없다. 맑은 하늘, 높은 수준의 조도 및 낮은 주변 온도일 때, 태양광 모듈을 사용하여 산 정상의 통신 및 기타 장비에 전원을 공급할 때 표준검사 조건이 발생할 수 있는 예외적인 상황이 발생할 수도 있다. 그러나 표준검사 조건은 실제로 거의 발생하지 않으며 태양광 시스템의 성능을 예측할 때 현장에서 태양전지 온도의 증가 조건이 포함되어야 한다.

태양광 발전 시스템의 출력 전력은 대략 조도에 비례한다. 따라서 태양광 패널의 정격 출력 표준검사 조건과 1000 W/m^2의 조도를 사용하면 태양광 시스템의 전기에너지 출력을 매우 쉽게 추정할 수 있다. 1년/1개월/1일 등으로 표현되는 일사량(단위: kWh/m^2)은 1000 W/m^2의 조도에서 몇 시간 입사되는지 해당하는 숫자로 표현되는데 이것은 최대 태양시간(peak sun hours)으로 알려져 있다. 표준검사 조건에서 최대 태양시간과 태양광 장비의 알려진 출력 전력(output power)을 곱하여 에너지 출력(energy output)을 대략적으로 나타낼 수 있다. 위의 간단한 계산은 매우 편리하지만 태양전지 온도가 증가하여 태양광 모듈의 출력이 감소하는 효과를 무시하고 인버터 및 시스템 배선의 전기 손실을 무시한 근삿값이다. 태양광 발전 시스템의 실제 출력은 위의 단순한 근삿값의 60~80%에 불과하다. 태양광 발전기의 연간 용량 계수(annual capacity factor)는 3.3.1절에 정의되어 있으며, 태양광 발전 시스템의 일일 용량 계수(daily capacity factor)는 다음과 같이 나타낼 수 있다.

$$\text{일일 용량 계수}[\%] = \frac{\text{하루에 생산된 에너지 [kWh]} \times 100}{\text{태양전지 정격 출력 [kW]} \times 24}$$

여기서 하루는 24시간이므로 24를 곱한 것이다.

1000 W/m^2에 지정된 태양광 장비의 정격 정보를 이용하면, 다음과 같이 줄일 수 있다.

$$\text{일일 용량 계수}[\%] = \frac{\text{최대 태양시간} \times 100}{24}$$

예제 5.1 태양광 발전 시스템의 성능 예측

표준검사 조건에서 정격 출력이 2 kW인 태양광 발전 시스템의 일일 일사량이 6월에는 7 kWh/m^2 및 12월에는 1 kWh/m^2라고 할 때 태양광 발전 시스템의 일일 출력 및 일일 용량 계수를 계산하시오.

• 해답

7 kWh/m^2의 일사량은 최대 태양시간(조도 1000 W/m^2)이 7시간과 같다. 태양전지 온도 증가 및 기타 손실로 인한 출력 감소가 무시되는 경우 6월 시스템의 일일 전기에너지 출력은 다음과 같다.

$$\text{일일 에너지 출력} = \text{최대 태양시간} \times \text{정격 출력} = 7 \times 2 = 14 \text{ kWh/일}$$

12월의 일사량은 최대 태양시간 1에 해당하며, 출력은 2 kWh/일이다.

최대 태양시간으로부터 일일 용량 계수는 간단히 계산된다. 하루 24시간 기준으로 최대 태양시간은 그 비율로 나타나며, 최대 태양시간 7은 일일 용량 계수 7/24=29%로 계산된다. 하루 일사량이 1 kWh/m^2로 감소하면, 일일 용량 계수는 1/24=4%가 된다.

위의 간단한 예는 중위도 지역에서 겨울에 태양광 장비를 사용하기가 어렵다는 것을 분명히 보여 준다. 그 이유는 일일 용량 계수로 표시되는 장비의 효율이 매우 낮기 때문이다.

5.3 태양광 발전 기술

태양광 기술의 3세대에 걸친 발전 과정을 고려하면 다음과 같다.

- 1세대 기술은 단결정 또는 다결정 실리콘 웨이퍼를 사용한다. 이러한 벌크 실리콘 소자는 대량으로 생산되며, 태양광 전지 패널의 상용 시장을 상당히 지배하고 있다.
- 2세대 박막 기술은 결정질 실리콘과 함께 구리 인듐 갈륨 셀레나이드[CIGS: copper indium gallium (di)selenide] 및 카드뮴 텔루라이드(CdTe: cadmium telluride)와 같은

다른 박막 반도체 재료보다 저렴하지만 효율이 낮은 비정질 실리콘을 포함한다. 이러한 기술은 평판 태양광 모듈의 상용화된 생산 기반으로 사용되고 있다. 고가의 GaAs(galium arsenide)는 우주선의 태양전지판 등에 사용되고 있다.

- 3세대에는 페로브스카이트 재료를 포함하여 사용되는 염료 감응 및 유기/고분자 태양전지의 신기술이 포함된다. 이러한 소자의 작동 원리는 1세대 및 2세대 기술과 다소 차이가 있고, 3세대 소자는 아직 대량으로 생산되고 있지는 않으며, 지금은 연구 단계로 개발이 매우 활발하게 진행되고 있다. 특히, 소재의 수명을 향상시키기 위한 연구가 집중되고 있다.

단결정 및 다결정 실리콘 기술은 가장 잘 확립되어 있으며, 모듈 형태의 태양전지 셀의 출력 특성도 정의가 확립되어 있어서 안정적으로 사용되고 있다. 1세대 태양광 모듈은 유지 보수가 거의 필요 없는 열악한 조건에서 20년 이상 효과적으로 작동하는 것으로 보고되고 있다. 그러나 1세대 셀은 상대적으로 두께가 100~200 μm로 상당해서 결정질 실리콘을 생산하는데 에너지가 많이 사용되므로 비용이 증가한다. 이러한 벌크 결정질 태양광 시스템 1개를 제조하는 데 사용된 것과 동일한 에너지를 얻는 데 걸리는 시간(에너지 회수 시간, energy payback time)은 태양광 시스템이 설치된 장소에 따라 다소 차이가 있지만 최대 5년이다. 따라서 훨씬 적은 양의 반도체 재료를 사용하고 생산에 적은 에너지를 소비하며 비용을 낮추는 2세대 및 3세대 태양광 소자 기술을 상업적으로 활용하기 위한 연구가 한창 진행 중이다. 이와 관련된 안정적이면서 고효율인 대면적 박막 태양전지의 생산에 필요한 제조 공정에 대한 연구가 상당히 진행되고 있다.

5.4 실리콘 태양전지

결정질 실리콘 태양전지는 대부분의 상용 태양광 시스템에서 계속 사용되고 있으며, 성능은 시간이 지남에 따라 출력이 거의 감소하지 않고 안정적이다. 결정질 실리콘 태양전지를 사용하여 만든 모듈은 매우 견고하며 유지 보수가 거의 필요 없이 수년 동안 작동할 수 있다. 실리콘 소재의 결정 구조는 잘 알려져 있어서 결정질 실리콘 태양전지의 작동 원리는 비교적 쉽게 설명된다. 그림 5.3에 표시된 1세대 태양전지의 작동 원리를 바탕으로 광기전력 생성 원리를 쉽게 이해할 수 있다. 그림 5.3의 태양전지는 단결정 또는 다결정 실리콘의 p-n 접합을 이용하며 태양빛 조사에 의해 작동된다. 여기서 단결정 및 다결정 실리콘은 성장 방

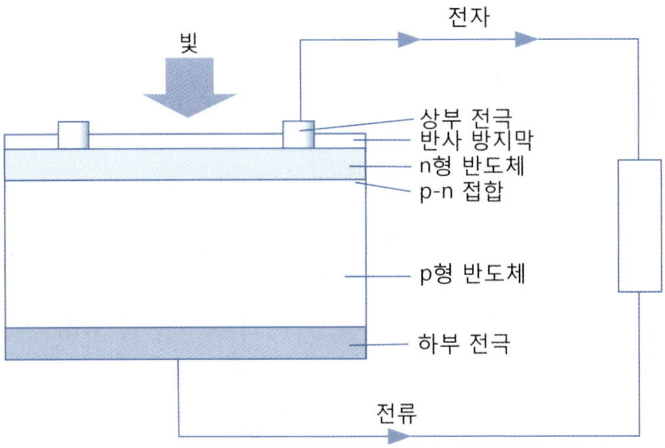

그림 5.3 결정 실리콘 태양전지의 구조

법에 의해 결정되며, 붕소(B) 도핑을 통해 p형 반도체를 만든 후 공업용 다이아몬드 컷팅기를 이용하여 두께 100~200 μm의 웨이퍼 형태로 만든다. 이 과정에서 처음 사용한 실리콘 소재의 절반 정도 손실이 발생된다. 다음 공정에서는 인(phosphorus)을 웨이퍼의 상부 표면으로 확산시켜 얇은 n형 반도체층(~0.3 μm)을 그림 5.3과 같이 생성하면 p-n 접합이 이루어진다. 상부와 하부에 전극을 만들고 반사 방지막(antireflection coating)을 태양전지 상부에 적용하여 효율을 높인다. 태양전지 셀을 여러 개 연결하여 모듈을 제작한 후 기계적 지지대를 설치하면 기본적인 시공이 완성된다. 여기서 설명한 기술은 연구가 30년 이상 꾸준히 이루어져 왔기 때문에 현재 실험실 테스트 셀의 경우 최대 25%, 상용화된 완전한 모듈 형태 셀의 경우 최대 18%의 태양전지 효율을 가지고 있다.

5.4.1 실리콘 태양전지의 결합 모델

실리콘 원자는 14개의 양성자와 14개의 중성자로 이루어진 핵을 가지고 있으며, 3개의 궤도에는 핵을 공전하는 14개의 전자가 있다. 가장 바깥쪽 궤도의 최외곽 전자는 4개의 전자를 포함하므로 8개의 전자를 채울 수 있는 궤도의 절반이 채워져 있다고 할 수 있다. 각 원자는 4개의 이웃한 원자와 공유 결합을 형성하며, 절대 온도 0K에서 모든 전자는 공유 결합으로 강하게 원자 내에 속박되어 있으므로 반도체 물질의 전기전도는 불가능하다. 그러나 반도체 물질에 광자에 의한 빛에너지(또는 열에너지)가 가해져서 일부 전자가 결합에서 벗어날 수 있는 충분한 에너지를 공급 받으면 최외곽 궤도에서 탈출한 전자는 자유전자(free electron)가 되고 빈자리를 남긴다. 전자의 빈자리를 정공(hole)이라고 하며, 격자(lattice)를 통하여 정공이 이동하는 것은 전자가 정공을 채우는 효과에 의해 전류의 흐름으로 나타난다. 태양전

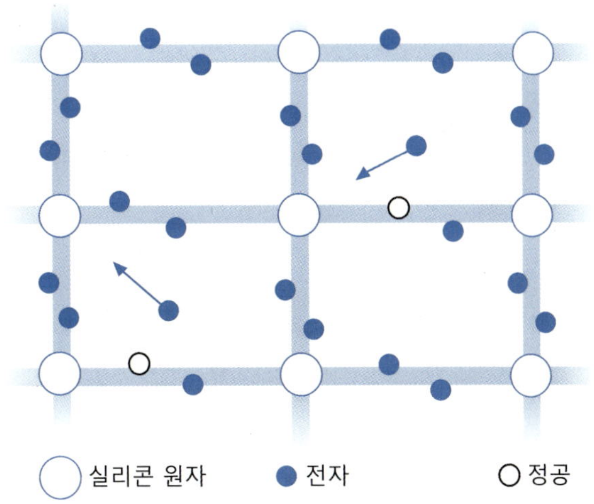

그림 5.4 열 또는 광 에너지에 의해서 전자 2개가 전도대(conduction band)로 여기된 자유전자 2개의 움직임을 볼 수 있음.

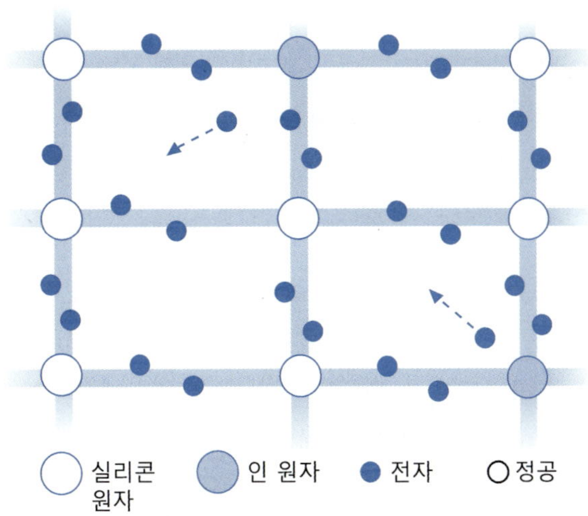

그림 5.5 5족 원소 인이 도핑된 n형 실리콘 반도체의 결합 모델

지의 작동은 광에너지에 의해 전자의 여기가 일어나게 된 상태에서 전위차가 가해지면, 전자와 정공이 격자를 통해 이동하면서 전류가 흐르게 되는 것으로 설명할 수 있다.

순수한 실리콘은 같은 수의 전자와 정공을 가진 진성 반도체(intrinsic semiconductor)이다. 불순물 반도체(extrinsic semiconductor)는 진성 반도체에 다른 원소를 도핑하여 만든다. 5족 원소인 인은 최외곽 전자 5개를 가지고 있으므로 인을 도핑하면 여분의 자유전자 1개를 생성하여 n형 반도체가 되며, 이 자유전자는 전하 수송체(charge carrier)로 작용한다. p형

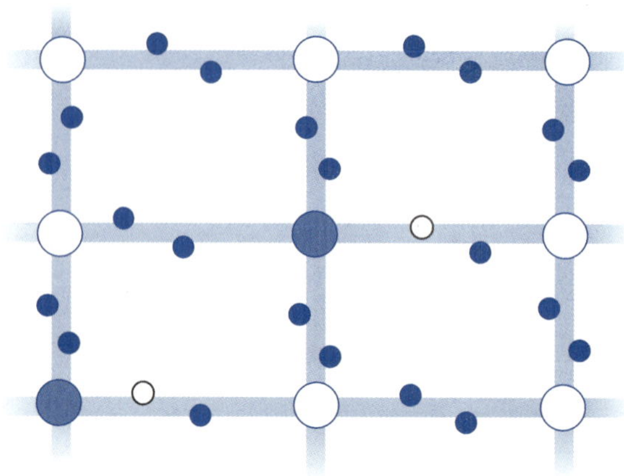

그림 5.6 3족 원소 붕소가 도핑된 p형 실리콘 반도체의 결합 모델

반도체는 진성 반도체에 3개의 최외곽 전자를 가지는 3족 원소인 붕소를 도핑하여 만들 수 있고, 전자가 부족한 자리는 전하 수송체인 정공이 만들어진다.

그림 5.4~그림 5.6은 실리콘의 결합 모델(bond model)을 보여 준다.

5.4.2 실리콘 태양전지의 밴드 모델

태양전지를 설명하는 또 다른 모델인 밴드 모델(band model)은 에너지 밴드를 이용하여 실리콘의 거동을 설명한다. 양자 이론에서 전자의 에너지는 여러 밴드 내 중에서 한 밴드 내에 존재한다. 순수한 실리콘에서 이웃하는 원자와 공유 결합을 형성하는 최외곽 전자는 가전자 밴드(valence band)에 있고, 이러한 전자는 광자(빛에너지)나 열에너지 등의 충분한 에너지를 얻으면 전도대로 여기된다. 이 두 에너지 밴드 사이는 밴드갭(band gap)으로 구분되는데, 밴드갭의 크기는 반도체 물질마다 다르며 고유 결정질 실리콘의 경우 상온(room temperature)에서 1.1 eV이다.

진성 실리콘 반도체에 대한 두 가지 간단한 모델 중에서 그림 5.4는 결합 모델을 보여 주고, 그림 5.7은 밴드 모델을 보여 준다. 진성 반도체에서는 열 또는 빛 에너지에 의해 전자가 전도대로 여기되고 격자를 자유롭게 이동할 때에만 전기전도(conduction)가 발생할 수 있다. 전압이 반도체에 가해지면 전자와 정공은 반대 방향으로 움직이면서 전류가 흐르게 된다.

위에서 설명한 두 가지 모델을 사용하여 도핑된 불순물 반도체도 설명할 수 있다. 결합 모델에서 n형 실리콘 반도체에서 자유전자를 생성하는 반면(그림 5.5 참조), p형 실리콘 반도

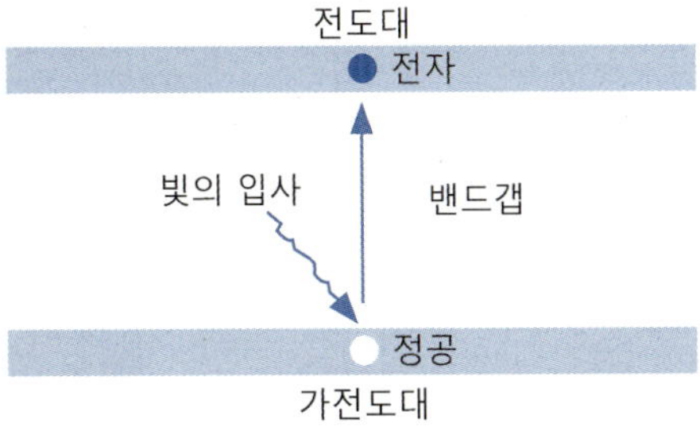

그림 5.7 진성 반도체의 에너지 밴드

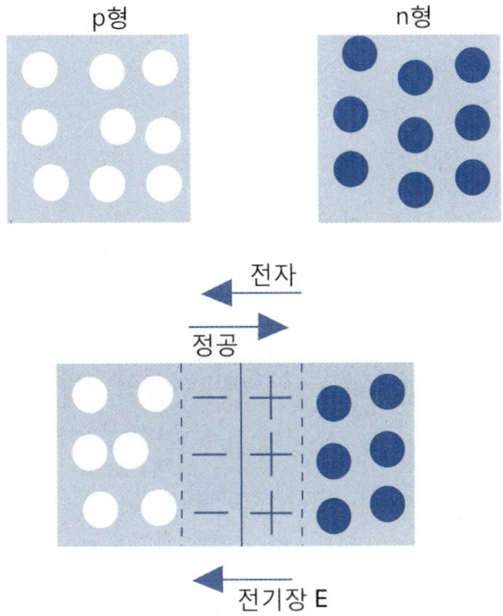

그림 5.8 p–n 접합 형성과 내부전기장

체에서는 정공이 생성된다(그림 5.6 참조). 밴드 모델에서 n형 실리콘 반도체에서는 전도대 바로 아래에 전자의 추가 에너지 준위가 생성되고, p형 실리콘 반도체에서는 가전대 바로 위에 에너지 준위가 추가된다.

5.4.3 p–n 접합

p–n 접합은 p형과 n형 반도체가 물리적으로 접합되는 곳에 생성된다. 접합부에는 n형 반도체에서 여분의 전자가 p형 반도체의 여분의 정공으로 이동함에 따라 공핍 영역(depletion region)이 형성된다. 공핍 영역은 전체는 중성이지만, 공핍 영역의 n형 쪽은 전자 부족으로 양의 전위를 가지며, p형 쪽은 정공 부족으로 음의 전위를 가진다. 그 결과, 실리콘의 경우 공핍 영역에서는 0.6 V의 전위가 발생하며 내부전기장이 형성된다(그림 5.8 참조). 내부전기

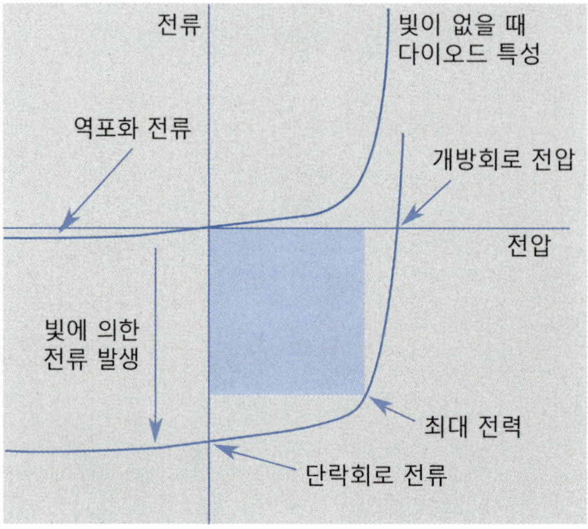

그림 5.9 광생성 전류에 의한 다이오드의 $V-I$ 특성의 변화

장은 공핍 영역 밖의 p/n형 영역에서 여분의 수송자의 움직임을 제한하게 된다.

이 전기장과 같은 방향의 전기장(전압)이 가해지면 p-n 접합을 가로지르는 전류는 거의 없다. 내부전기장 반대 극성의 0.6 V보다 큰 외부 전압이 인가되면 p-n 접합을 통해서 전류가 흐르게 된다. 그림 5.9 그래프의 1사분면에 p-n 접합 다이오드의 전기적 특성이 잘 나타나 있다[빛이 없을 때의 조건(암조건), dark condition].

빛이 없을 때 이상적인 다이오드의 특성은 다음 식 (5.1)로 설명된다.

$$I = I_0\left[e^{\frac{qV}{kT}} - 1\right] = I_0\left[e^{\frac{V}{V_T}} - 1\right] \tag{5.1}$$

여기서 I는 다이오드에 흐르는 전류

V는 다이오드 양단의 전압

I_0는 역포화 전류(reverse saturation current)

q는 전자의 양의 전하량(1.602×10^{-19} C)

k는 볼츠만 상수(1.38×10^{-23} J/K)

T는 절대 온도

$V_T = \frac{kT}{q} = 0.026$ V(상온 온도: T=300K, 17℃)

예제 5.2 실리콘 다이오드에서 순방향 전압 강하

역방향 포화 전류가 10^{-9} A인 이상적인 다이오드가 암조건에 있다. 실온에서 20 A의 전류가 흐르면 순방향 전압 강하는 어떻게 되는지 구하시오.

• 해답

식 (5.1)을 이용하여 해결할 수 있다.

$$V = V_T \ln\left(\frac{I}{I_0} + 1\right)$$

$$V = 0.026 \ln\left(\frac{20}{10^{-9}} + 1\right) = 0.62 \text{ V}$$

5.5 태양전지의 동작

암조건 태양전지 p-n 접합은 일반적인 다이오드의 특성을 나타내지만, 광원이 주어지면 그림 5.9와 같이 전체 곡선이 아래쪽으로 이동한다. 광에너지가 p-n 접합에 입사되면, 광자는 전자를 전도대로 여기시키고 여기된 전자는 공핍 영역에 형성된 내부전기장에 의해서 p-n 접합을 가로질러 이동하면서 외부 회로에 전류가 흐르게 한다.

태양전지 동작은 그림 5.10에 요약되어 있다. 빛에 의한 광자는 전자를 여기시켜 결정 격자를 통해 자유롭게 이동할 수 있다. 전자는 공핍 영역의 전기장에 의해 영향을 받아 같은 방향으로 움직이며, 전자의 균일한 움직임은 전류를 생성하게 된다.

빛에 의한 광전류는 전자를 전도대로 여기시키는 데 참여한 광자 수에 비례한다. 태양복사량이 증가하면 더 많은 광자가 참여하여 더 많은 전자가 전도대로 여기된다. 이들 전자는 공핍 영역의 전기장에 의해 p-n 접합을 가로질러 흐르게 되므로 태양 조도가 증가함에 따라 더 높은 전류가 흐르게 된다. 따라서 태양전지의 단락회로 전류는 태양 조도(G)에 정비례한다.

반대로, 태양전지 개방회로 전압은 p-n 접합의 공핍 영역 내에 생성된 전기장에 의해 결정되고, 다이오드의 순방향 전압 강하와 같으며 실온에서 약 0.6 V이다. 태양전지 개방회로 전압은 태양의 조도와는 크게 관계없다.

그림 5.9는 다이오드의 기존 $V-I$ 특성을 보여 주며 4사분면에서 전력이 생성되는 것을

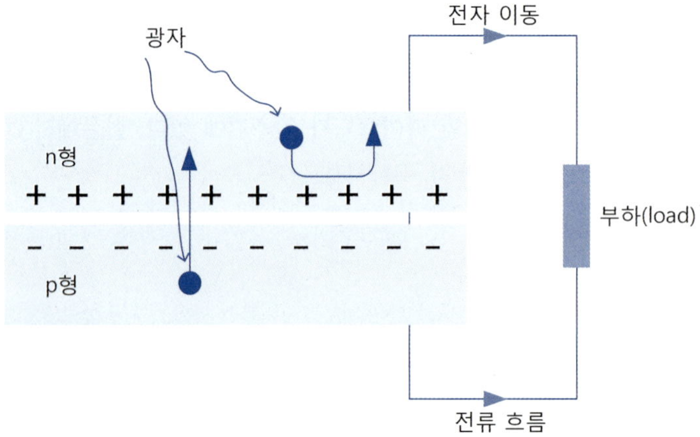

그림 5.10 광전지의 동작

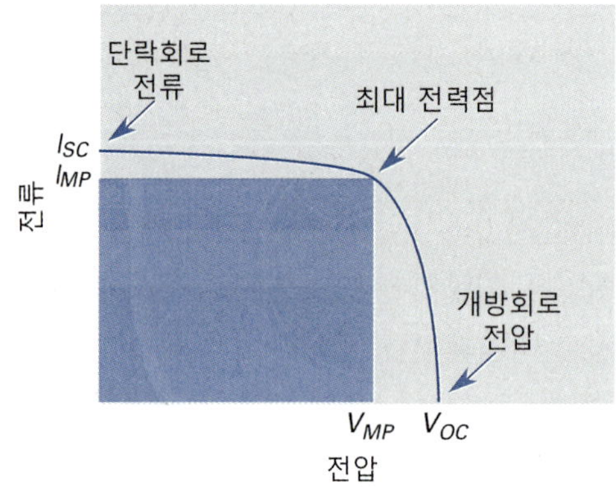

그림 5.11 태양전지의 $V-I$ 특성: I_{SC}는 단락 전류, V_{OC}는 개방회로 전압, I_{MP}는 최대 전력점의 전류, V_{MP}는 최대 전력에서의 전압

알 수 있다. 전력을 생성하는 태양전지 성능을 나타내기 위해서는 그림 5.9 곡선의 4사분면의 전류 부호를 양으로 바꾸어, 그림 5.11과 같이 태양전지의 $V-I$ 특성곡선으로 나타낸다.

따라서 이상적인 태양전지의 동작은 식 (5.2)로 나타낸다.

$$I = I_p - I_0\left[e^{\frac{V}{V_T}} - 1\right] \tag{5.2}$$

여기서 I_p는 조도(G)에 정비례하는 광전류이다.

5.6 태양전지의 등가회로

식 (5.2)는 그림 5.12와 같이 다이오드와 병렬인 전류원인 태양전지의 간단한 등가회로를 보여 준다.

태양전지의 단자가 연결되면 단락회로가 되고 전류만 유효하게 된다. 이때 태양전지의 출력 전류는 태양복사 조도 G에 비례하며, 표준검사 조건에서 단결정 실리콘 태양전지의 경우 약 300~400 A/m^{2}의 전류 밀도를 가진다.

단자가 개방회로인 경우 태양전지의 출력 전압은 다이오드의 순방향 전압 강하에 의해 결정되며, 표준검사 조건에서 결정질 실리콘의 경우 약 0.6 V이다.

DC 회로의 전력은 간단히 전압과 전류의 곱, $P = V \times I$로 나타낸다. 단락회로일 때 전력은 0이며($V = 0$), 개방회로일 때($I = 0$)도 전력은 0이다. 태양전지 특성곡선에서 $V \times I$ 곱이 최대인 최대 전력점(maximum power point)에서 최대 출력 전력이 발생한다.

가변 부하저항에 연결된 태양전지를 고려하여 설명해 보자. 태양전지 작동점은 그림 5.13과 같이 $V-I$ 특성곡선과 부하저항의 교차점으로 결정되며, 여기서 부하저항 특성은 기울기가 $1/R$인 직선이다. 부하저항이 0에서 무한대로 증가함에 따라 시스템 작동 지점은 $V-I$ 특성곡선을 따라 I_{SC}(단락회로)에서 V_{OC}(개방회로)로 이동한다. 작동 특성이 지점 $A(V_{MP}, I_{MP})$에 있을 때 최대 전력을 얻게 된다. 이 점을 기준으로 $V-I$ 특성곡선 아래의 사각형 영역은 최대 출력 전력이 된다. 태양전지에 의해 최대 전력을 생성하려면 $V-I$ 특성곡선에 부하저항을 맞추는 것이 필수적임을 알 수 있다.

태양전지의 품질을 나타내는 충진율(FF: fill factor)은 다음과 같이 정의된다.

$$FF = \frac{V_{MP} I_{MP}}{V_{OC} I_{SC}} = \frac{P_{MP}}{V_{OC} I_{SC}} \tag{5.3}$$

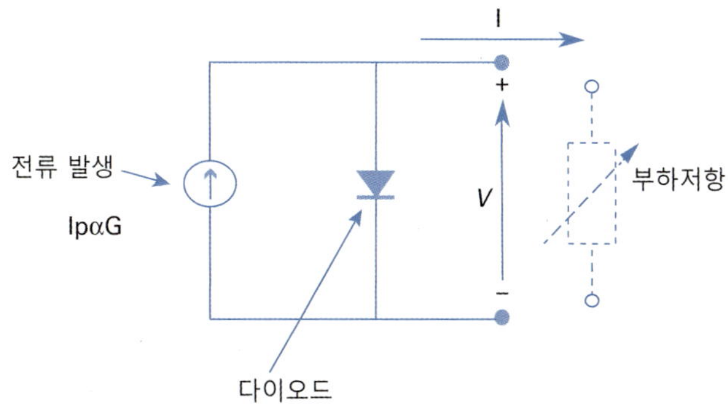

그림 5.12 이상적인 태양전지의 간단한 등가회로

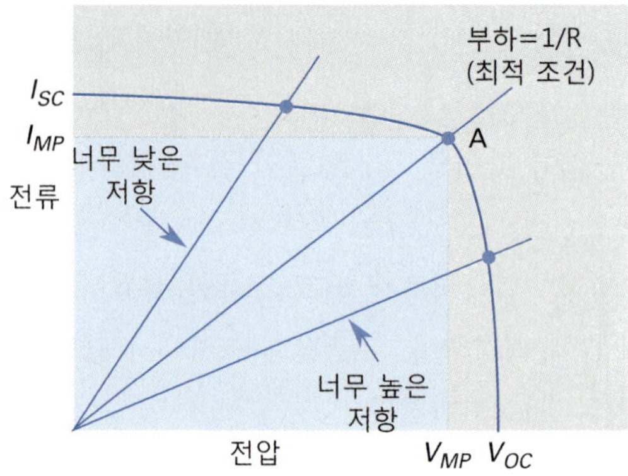

그림 5.13 태양전지의 최대 전력점

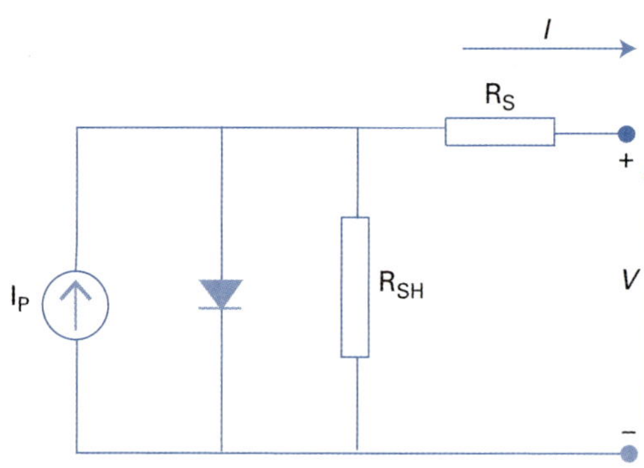

그림 5.14 직렬 및 병렬 저항을 포함한 태양전지의 등가회로

충진율이 1에 가까울수록 또는 그림 5.11의 태양전지의 $V-I$ 특성곡선 아래 사각형이 최대가 될수록 출력 전력이 커지고 태양전지의 품질이 좋아진다. 결정질 태양전지에 대한 최대 충진율은 80% 정도이다.

등가회로는 태양전지 내의 손실을 나타내기 위해 병렬 저항 및 직렬 저항을 포함하여 나타낸다(그림 5.14 참조). 직렬 저항 R_S는 벌크 반도체의 저항, 금속전극 및 반도체 물질과 금속전극 계면 특성을 나타낸다. 병렬 저항 R_{SH}는 태양전지 p-n 접합을 흐르는 누설전류와 p-n 접합 내부의 결함 및 불순물의 영향을 나타낸다. 이러한 병렬 및 직렬 저항에 의한 손실은 충진율과 최대 전력을 낮추게 된다. p-n 접합의 결함에서 일어나는 전자와 정공의 재결합(recombination)을 나타내는 이상 계수(n: ideal factor)도 태양전지 손실 특성을 포함한다. 이상 계수는 1과 2 사이에서 변하며, 이러한 모든 손실의 영향을 식 (5.4)와 같이 나타낸다.

$$I = I_P - I_0\left[e^{\frac{q(V+R_S I)}{nkT}} - 1\right] - \frac{V+R_S I}{R_{SH}} \tag{5.4}$$

여기서 n은 이상 계수(1~2)

R_S는 직렬 저항

R_{SH}는 병렬 저항

R_S와 R_{SH}가 0이고 $n=1$이면, 식 (5.4)는 식 (5.2)가 된다.

5.7 태양전지 온도와 태양 조사량에 따른 태양전지의 성능

그림 5.15는 다양한 수준의 태양복사 조도 조건과 일정한 온도에서 실리콘 태양전지의 $V-I$ 특성을 보여 준다. 단락전류는 조도에 비례하지만 개방회로 전압은 여러 조도 조건에서 작은 차이만을 나타낸다. $V-I$ 특성곡선에서 최대 전력점의 전압은 조도에 따라 달라지며 점선으로 표시되어 있다.

그림 5.16은 태양전지 온도의 영향을 보여 준다. 태양전지 온도가 증가함에 따라 단락전류는 약간 증가하며, 개방회로 전압은 급격히 감소한다.

표준검사 조건은 25℃의 태양전지 온도에서 정의된다. 결정질 실리콘 태양전지의 경우 온도가 25℃ 이상에서 단락전류는 1℃ 오를 때 0.06% 증가하며, 개방회로 전압의 경우에는 1℃ 오를 때 0.3% 감소한다. 이것을 식으로 표현하면 아래와 같다.

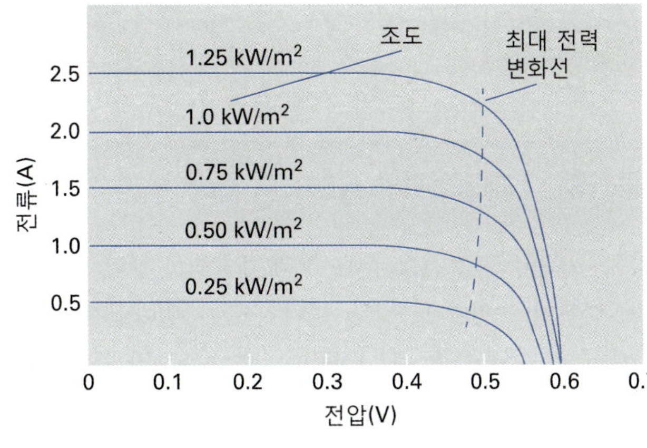

그림 5.15 일정한 온도에서 다양한 수준의 조도에서 결정질 태양전지의 $V-I$ 특성

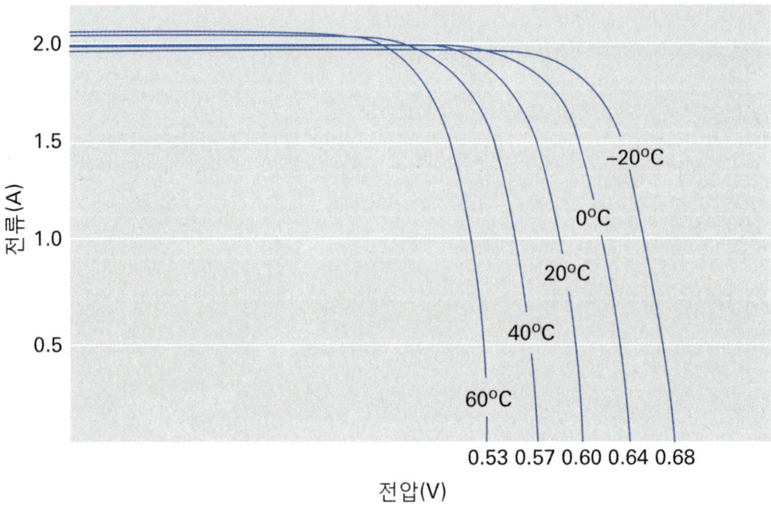

그림 5.16 일정한 조도 및 다양한 셀 온도에서 결정질 태양전지의 $V-I$ 특성

$$\frac{dI_{SC}}{dT} = I_{SC}^{STC} \times 0.0006 \ [\text{A}/℃]$$

$$\frac{dV_{OC}}{dT} = V_{OC}^{STC} \times -0.003 \ [\text{V}/℃]$$

온도에 따른 태양전지의 성능 변화는 반도체 물질의 밴드갭이 온도에 따라 감소하기 때문이다. 온도가 증가하면 밴드갭이 작아지고, 긴 파장의 빛도 전자의 여기에 참여하기 때문에 더 많은 광자가 전자의 전도대로의 여기를 촉진하는 효과를 가진다. 따라서 더 많은 전자 정공쌍이 형성되고 p-n 접합을 지나는 전류 흐름이 증가하게 된다. 그러나 p-n 접합에서의 전기장은 작은 밴드갭으로 인해 낮아지고, 태양전지 온도 상승의 영향은 개방회로 전압을 감소시킨다.

예제 5.3 | 온도가 증가할 때 태양전지의 성능

결정질 실리콘 태양전지는 표준검사 조건에서 0.6 V의 개방회로 전압 및 2 A의 단락전류를 가진다. 충진율이 0.75이고, 다음의 조건일 때 최대 출력 전력은 얼마인지 구하시오.

(a) 표준검사 조건일 때

(b) 태양전지 온도 55℃일 때

• 해답

(a) 표준검사 조건에서 식 (5.3)을 사용하면 아래와 같다.

$$P_{MP} = FF \times V_{OC} \times I_{SC} = 0.75 \times 2 \times 0.6 = 0.9 \text{ W}$$

(b) 온도 55℃에서는 아래와 같다.

$$I_{SC} = I_{SC}^{STC}(1 + 0.006 \times \Delta T) = 2 \times (1 + 0.0006 \times 30) = 2.036 \text{ A}$$

$$V_{OC} = V_{OC}^{STC} \times (10.003 \times \Delta T) = 0.6 \times (1 - 0.003 \times 30) = 0.546 \text{ V}$$

$$P_{MP} = FF \times V_{OC} \times I_{SC} = 0.75 \times 2.036 \times 0.546 = 0.834 \text{ W}$$

충진율의 변화를 고려하면, 충진율 온도 계수는 약 −0.15%/℃이며 55℃에서 최대 전력은 다음과 같다.

$$P_{MP} = FF \times V_{OC} \times I_{SC} = 0.75(1 - 0.0015 \times \Delta T) \times 2.036 \times 0.546 = 0.796 \text{ W}$$

위 결과를 살펴보면 출력 전력이 0.1 W 또는 11% 감소한다. 전체 전력 감소는 최대 전력점에 해당하는 전압이 크게 감소하기 때문이다.

태양전지로 발전된 전력에 대한 전지 온도의 영향은 그림 5.17에 나타나 있다. 최대 전력과 최대 전력이 발생하는 전압이 모두 감소한다.

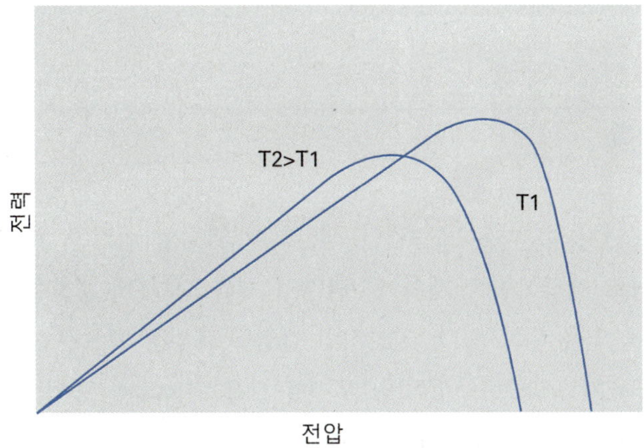

그림 5.17 태양전지 온도 상승의 영향을 보여 주는 결정질 태양전지의 $V-P$ 특성

5.8 전류원으로서 태양전지

간단히 말해 가장 일반적인 에너지원은 낮은 소스 임피던스와 직렬로 연결된 전압원으로 나타낼 수 있다. 납산 배터리(lead-acid battery)는 사실상 DC 전압원이고, 주전원 공급 장치는 AC 전압원이다. 일반적으로 전압원의 출력이 단락되면 전압원의 임피던스가 작기 때문에 매우 큰 전류가 흐르게 되므로 이러한 잘못된 큰 전류를 감지해서 차단하기 위해 퓨즈를 사용한다. 예를 들어, 자동차의 12 V 배터리는 일반적으로 최대 50 A의 전류를 부하에 공급한다. 그러나 배터리가 단락되면(매우 위험한 경우임) 최대 1000~2000 A를 전달하므로 전류를 제한하기 위해 회로에 적절한 퓨즈를 사용한다. 마찬가지로 건물의 전기 설비에는 배선에 오류가 발생할 경우 단락전류를 제한하는 퓨즈가 있다.

태양전지의 등가회로(그림 5.12 및 그림 5.14 참조)와 식 (5.2)는 태양전지의 전기적 성능을 보여 주며, 태양전지 다이오드와 병렬로 전류원으로 표시된다. 단락된 경우 발생되는 전류는 태양 조도에 의해 결정되고 I_{SC}를 초과하지 않으며, 태양전지 단자 전압이 0.6 V에 도달하면 다이오드는 전압을 V_{OC}로 제한하기 위한 동작이 이루어진다. 따라서 전류 및 전압이 I_{SC} 및 V_{OC}를 초과하지 않으면서 태양전지가 단락되거나 개방될 수 있다. 이러한 특징은 출력 전압과 전류가 태양전지 특성에 의해 안전한 값으로 제한되는 소형 태양광 시스템에 매우 유리하다. 그러나 가용 단락전류가 정상 작동 전류보다 약간 높기 때문에 퓨즈 또는 다른 과전류 감지 장치를 사용하여 태양전지 어레이(array, 모듈의 집합 형태) DC 배선에서 단락을 감지하는 것은 쉽지 않다.

5.9 태양광 모듈

개별 태양전지는 단지 수 와트의 전력만 생산하며 결정성 실리콘 웨이퍼는 깨지기 쉽다. 따라서 태양광 모듈로 제작하면 기계적 및 환경적 제약으로부터 보호할 수 있을 뿐만 아니라 유용한 큰 전력을 얻을 수도 있다. 일반적인 결정질 태양광 모듈은 단단하고 충격에 강한 유리의 밀봉된 샌드위치 구조로 구성되며, 후면에 테드라(tedlar) 층이 있는 에틸 비닐 아세테이트(ethyl vinyl acetate) 층으로 쿠션 처리되어 수분으로부터 보호한다. 모듈을 고정하는 구조물에 장착하기 위한 견고한 알루미늄 프레임이 사용된다. 모듈 내에서 개별 태양전지는 직렬로 연결되어 높은 출력 전압을 제공하고, 병렬로 연결 시에는 높은 전류를 제공한다. 모

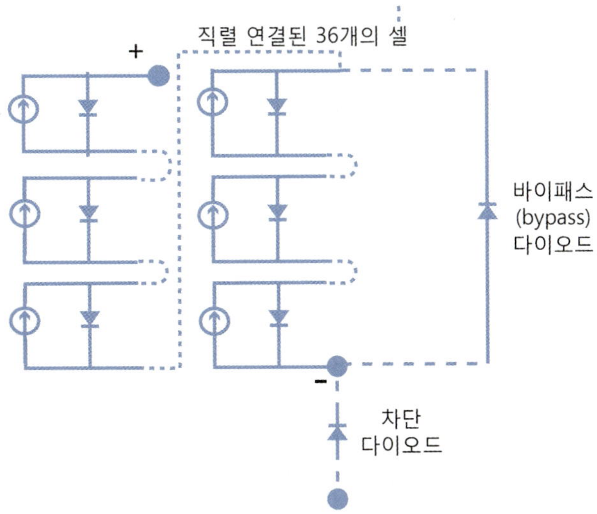

그림 5.18 모듈에 직렬로 연결된 셀(36개의 셀이 직렬로 연결됨)

듈 후면의 접합부의 단자는 모듈과 모듈을 연결하는 어레이로 연결하는 데 사용된다. 초기 실리콘 태양전지 모듈은 12 V 배터리에 전력을 공급하기 위해 활용되었다. 이 경우 표준검사 조건에서 약 22 V의 개방회로 전압을 요구하였기 때문에 36개 태양전지 셀을 직렬로 연결하여 모듈로 제조되었다. 위에서 설명한 일반적인 구성은 그림 5.18에 나타나 있다.

예제 5.4 태양광 모듈의 성능

지름이 각각 100 mm인 72개의 원형 단결정 실리콘 태양전지로 이루어진 모듈은 각각 36개의 셀이 직렬로 연결된 2개의 회로에 연결되어 있다. 각 셀은 1000 W/m^{2}의 태양 조도에서 300 A/m^{2}의 단락전류를 생성한다. 이 조도에서 모듈의 개방회로 전압 및 단락전류를 구하시오.

• **해답**

각 셀은 개방회로 전압을 0.6 V씩 생성하므로 직렬로 36개의 셀은 각 직렬 회로의 개방회로 전압을 21.6 V씩 가진다. 각 셀은 대략 다음과 같은 단락전류를 생성한다.

$$\left(\frac{100}{2}\right)^2 \times \pi \times 10^{-6} = 2.36 \text{ A}$$

36개의 셀에 각각 직렬로 연결된 2개의 병렬 회로가 있으므로 모듈 개방회로 전압은 21.6 V이고, 모듈 단락전류는 4.7 A가 된다.

5.9.1 모듈의 바이패스 다이오드

실제 시스템에서 모듈의 모든 셀(cell, 단위 태양전지)이 동일한 특성을 가지고 $V-I$ 곡선의 동일한 작동점에서 작동하지는 않는다. 셀 성능의 차이는 제조 결함, 개별셀의 성능 저하 특성이 다름, 그림자와 먼지 효과, 개별셀 온도의 변화 차이로 설명할 수 있다. 직렬 연결된 회로의 한 셀이 다른 셀보다 낮은 전류를 생성할 경우 바이패스 다이오드 역할이 중요해진다. 다른 셀의 작동에 의해 낮은 전류를 생성하는 셀에 전류가 강제로 공급되므로 결함이 있는 셀에 역전압이 나타나게 되는데, 이 조건은 직렬셀 회로의 출력 전력을 현저하게 감소시킬 수 있다. 이러한 조건에서 전류가 p-n 접합 영역 결함의 작은 영역을 통해 강제로 공급되면 핫스팟(hot spot)이 형성되어 결함이 있는 셀에 심각한 손상을 입힐 수 있다. 일반적인 해결 방법은 바이패스 다이오드를 추가하여 역기전력이 형성된 경우 모든 셀 주변의 전류를 전환하는 것이다. 비용을 줄이기 위해 모듈 전체에 바이패스 다이오드를 적용하는 것이 일반적이지만, 이 경우 한 셀이 역 바이어스되면 전체의 출력이 줄어든다(그림 5.18 참조). 특히, 핫스팟 형성으로 인한 손상 위험은 모듈의 출력이 단락될 때이며, 이 손상은 병렬 연결을 추가하기 전에 직렬로 연결된 셀 수를 제한하여 위험을 줄일 수 있다.

5.9.2 차단 다이오드(Blocking Diode)

태양전지에 광전류가 생성되지 않는 밤과 같은 경우 전압이 단자에 연결된 상태로 남아있으면 p-n 접합에 의해 형성된 다이오드를 통해 역전류가 흐를 수 있다. 이것은 배터리에서 역전류가 흐르는 것과 유사한 것으로 이로 인해 배터리 충전 손실이 나타난다. 따라서 모듈 출력과 직렬로 연결된 차단 다이오드를 사용하여 전류가 태양광 모듈 밖으로만 흐를 수 있도록 하는 것이 일반적인 방법이다. 순방향 전압 강하가 낮은 다이오드는 일반적으로 순방향 전압 강하가 작은 쇼키(Schotky) 다이오드가 사용되지만, 이 경우에는 추가 전압 강하가 발생하여 DC 회로에 전력 손실이 발생한다. 차단 다이오드가 대형 어레이(모듈이 여러 줄 모여 있는 형태임)에 사용될 때는 다음과 같다. 어느 한 줄의 모듈에 있는 하나 이상의 셀에 결함이 발생해서 출력 전압이 감소되는 경우 전류가 다른 줄에 있는 모듈로 주입되는 것을 막기 위해 사용될 수 있다. 그림 5.18은 모듈의 음극 단자에 연결된 차단 다이오드를 나타낸 것이다.

5.10 광전지 모듈 및 시스템의 성능

5.10.1 태양전지 셀 온도 계산

셀 온도가 높으면 결정성 태양전지의 성능이 크게 저하되어 출력 전력과 개방회로 전압이 모두 줄어든다. 따라서 모듈 및 지지 구조에는 냉각이 최대한 제공되도록 설계된다. 모듈 제조업체는 일반적으로 다음 조건에서 모듈을 사용하는 경우 셀 온도(℃)를 제공하는 NOCT (nominal operating cell temperature)를 제공한다.

- 개방회로
- 조도: 800 W/m^2
- 기온: 20℃
- 풍속: 1 m/s

셀의 온도에 영향을 주는 조도와 주변 온도에 대한 식은 아래 식 (5.5)와 같다.

$$T_{cell} = T_{air} + \frac{NOCT - 20}{800} \times G \ [℃] \tag{5.5}$$

여기서 T_{air}는 주변 온도(기온) [℃]

G는 조도 [W/m^2]

예제 5.5 셀 온도에 따른 출력 감소

다음 조건에서 NOCT가 46℃일 때, 120 W$_p$ 일반 출력을 가지는 광전지 모듈의 감소된 출력을 구하시오.
(조건: 기온 25℃, 조도 600 W/m^2, 전력 변화 온도 계수 $\delta P = -0.4\%/℃$)

● 해답

$$T_{cell} = 25 + \left(\frac{46-20}{800}\right) \times 600 = 44.5℃$$

$$P = 120 \times [1 - 0.004(44.5 - 25)] = 110.6 \text{ W}$$

5.10.2 태양광 발전 시스템의 성능 평가

태양광 발전 시스템은 일단 설치하고 난 후에는 성능 평가를 통해 만족스럽게 작동하는지 판단하기가 어려울 수 있다. 태양광 발전 시스템의 성능은 태양빛의 영향, 온도, 장비의 올바른 설계와 설치가 제대로 되었는지 여부에 달려 있다. 태양광 발전 시스템의 성능을 효율적으로 평가하기 위해 많은 지표가 사용되는데, 그중에서 수율특성(specific yield)은 태양광 발전 시스템에 의해 실제 생성된 전기에너지인 시스템 수율(system yield)과 표준검사 조건에서의 전력 비율이며, 아래 식으로 표현된다.

$$\text{수율특성} = \frac{\text{시스템 수율 [kWh]}}{\text{표준검사 조건에서의 시스템 전력 [kW]}}$$

월별 수율특성보다는 연간 수율특성으로 계산하는 것이 일반적이다. 영국에 설치된 태양광 시스템에 대한 연간 수율특성은 일반적으로 750~800 kWh/kW 정도이며, 적도 부근으로 갈수록 태양에너지 효율이 높아지므로 1500~2000 kWh/kW까지 높아진다. 연간 시스템 수율은 일사량에 따라 달라지는데, 이것은 시스템 장비가 일정하게 작동하더라도 해마다 날씨가 고르지 않기 때문이다. 성능비(PR: performance ratio)는 태양광 어레이에 입사된 최대 태양시간(peak sun hours)과(5.2절 참조) 인버터 및 배선 내에서 셀 온도 및 전기 손실의 영향도 있으므로 다음 식으로 표현된다. 성능비는 단위를 가지지 않는다.

$$\begin{aligned}\text{성능비} &= \frac{\text{시스템 수율 [kWh]}}{\text{잠재적 수율 [kWh]}} \\ &= \frac{\text{시스템 수율 [kWh]}}{\text{시스템 전력 [kW]} \times \text{최대 태양시간 [h]}} \\ &= \frac{\text{수율특성} \left[\dfrac{\text{kWh}}{\text{kW}}\right]}{\text{최대 태양시간 [h]}}\end{aligned}$$

1년에 걸쳐 시스템의 연간 성능비를 계산하는 것이 일반적이며, 이 값은 약 0.6에서 0.8 정도의 값을 가진다. 월별 성능비를 계산하면 기온이 낮은 겨울에 좀 더 높아질 수 있다. 태양광 발전 시스템의 성능이 시간이 지남에 따라 저하되기 때문에 수년에 걸쳐 연간 성능비가 감소되는 경향을 보인다.

예제 5.6 태양광 발전 시스템의 성능

표준검사 조건에서 출력 전력이 2.4 kW인 태양광 시스템이 태양에너지의 연간 최대 태양시간이 1050시간인 장소에 설치되어 있다. 전기 출력이 1800 kWh인 경우 수율특성 및 성능비를 구하시오.

• 해답

$$\text{수율특성} = \frac{\text{시스템 수율 [kWh]}}{\text{표준검사 조건에서의 시스템 전력 [kW]}} = \frac{1800}{2.4} = 750\frac{\text{kWh}}{\text{kw}}$$

$$\text{성능비} = \frac{\text{수율특성}\left[\frac{\text{kWh}}{\text{kW}}\right]}{\text{최대 태양시간 [h]}} = \frac{750}{1050} = 0.71$$

5.11 독립형 오프-그리드 광전압 시스템

태양전지 모듈은 매우 견고하고 움직이는 부품이 없으며 모듈 표면을 깨끗하게 유지하는 것 외에 유지 보수 없이 20년 이상 작동할 수 있는 장점이 있지만, 태양에너지 조건에 따라 출력이 제한되며 배터리에 전기에너지를 저장해야 하는 단점이 있다. 따라서 전력 전선이 없는 특별한 지역에 있는 제한된 소량의 전력을 공급하는 데에 이상적이다.

그림 5.19는 4개의 모듈과 24 V DC 부하를 공급하는 납 축전지로 구성된 일반적인 소형 독립형 태양광 발전 시스템의 개략도를 나타낸 것이다. 각 모듈은 표 5.1에 나타나 있는 36개의 결정질 실리콘 셀로 구성된다. 2개의 직렬로 연결된 모듈은 서로 병렬로 연결되어 배터리에 연결되어 있다. 차단 다이오드는 어레이의 출력에 연결되며, 배터리 단자에는 퓨즈가 연결되어 단락으로부터 회로를 보호하고 부하를 보호한다. 납산(lead-acid) 배터리는 무겁고 깨지기 쉬우므로 주의해서 사용해야 한다. 과충전 또는 과도한 방전으로 납산 배터리의 수명

표 5.1 표준검사 조건에서 그림 5.19의 태양광 모듈 특성, V_{MP}, I_{MP}는 최대 전력점

V_{OC}	22.3 V
I_{SC}	4.15 A
V_{MP}	18.7 V
I_{MP}	3.75 A

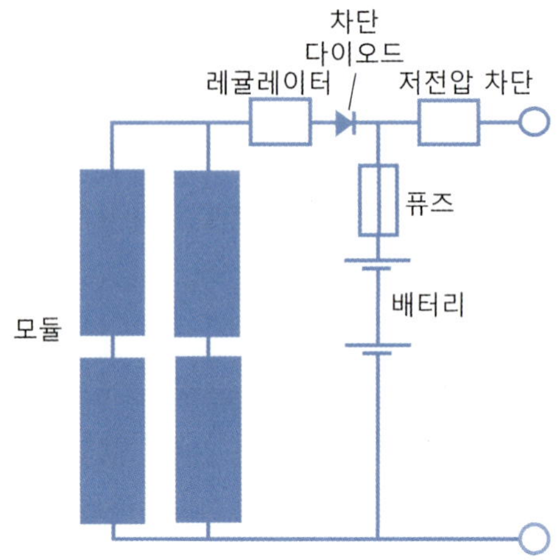

그림 5.19 24 V 독립형 태양광 발전 시스템의 개략도

이 단축될 수 있으므로 과충전을 방지하기 위해 어레이에서 배터리로 이어지는 회로에 레귤레이터가 연결되어 있는데, 과도한 방전 시 배터리에서 부하로 이어지는 회로의 저전압을 방지한다. 과충전된 납산 배터리의 경우 과충전으로 인해 일부 수소 가스가 발생하고 전해질이 손실될 수 있다(수명 단축 요인이 됨). 하지만 납산 배터리의 과도한 방전으로 인해 상당한 양의 방전이 발생하기 때문에 저전압 차단이 더 중요한 장치이다. 소량의 가스가 발생하는 납산 배터리의 경우에는 배터리 전해질의 층리현상(stratification)이 감소되므로 나쁜 것은 아니다.

5.11.1 충전 레귤레이터 및 저전압 차단

그림 5.19에서 레귤레이터 및 저전압 차단(LV disconnect)의 역할은 다음과 같다. 배터리 단자의 전압을 측정하여 배터리 충전 상태를 표시하고 배터리 전압(충전량)이 너무 높아지면 레귤레이터에서 스위치를 열고, 배터리 전압(충전량)이 너무 낮아지면 저전압 차단기에서 릴레이(relay)로 차단하는 간단한 회로 연결이다. 단자 전압은 온도와 충전 또는 방전 속도에 영향을 받지만, 간단한 컨트롤러에서는 배터리 충전 상태를 나타내는 지표로 사용되기도 한다. 보다 정교한 컨트롤러는 전류 흐름에 따른 배터리 전압의 변화에 대한 보상을 적용하여 표시하거나, 충전 상태를 평가하기 위해 시간이 지남에 따라 통합된 배터리의 전류 흐름을 측정한다. 배터리 전압을 충전 상태와의 상호 연관성을 나타내기 위해 배터리의 온도를 측정하기 위한 센서를 사용할 수도 있다.

직렬 레귤레이터 스위치로 대용량 트랜지스터를 사용할 수 있지만, 이 경우 전압이 강하되는 경우에는 전력 손실이 발생하므로 기계적 스위치인 릴레이가 더욱 선호된다. 배터리가 완전히 충전되었을 때는 모듈을 개방회로로 만드는 대신 모듈과 병렬로 레귤레이터를 배치하고 단락시키는 것이 효율적이다. 그런 다음 모듈이 단락될 때 배터리에서 전류가 흐르지 않도록 차단 다이오드를 배치해야 한다. 태양광 모듈은 특별한 효과 없이 개방 또는 단락될 수 있다는 우수한 특성을 가지고 있으며, 소규모 오프-그리드(off-grid) 시스템의 경우 충전이 필요하지 않을 때 모듈을 단락시키는 레귤레이터를 사용할 수도 있다. 기계적으로 변환되는 직렬 또는 병렬 레귤레이터는 배터리 전압 주위에 이력 밴드가 있는 온-오프 모드에서 작동된다. 고체전자 스위칭 소자(solid state switching device, 예: 전력 트랜지스터)를 사용하는 경우에는 펄스 폭 변조 스위칭 패턴을 사용하여 배터리에 규정된 전압을 인가한다.

5.11.2 독립형 시스템의 작동 특성

24 V 납산 배터리는 셀당 약 2.25 V로 충전할 때 개방회로 전압이 있으므로 12개의 셀은 27 V의 개방회로 전압을 가진다. 배터리가 8 A에서 충전 중일 때 0.35 Ω의 내부 저항은 2.8 V의 추가 전압 강하를 일으키는데, 이것은 그림 5.20에 나타난 것처럼 배터리 특성 $V-I$ 직선(straight line $V-I$ characteristics)으로 나타난다. 배터리는 태양광 모듈과 병렬로 연결되어 있으므로 시스템의 작동 지점은 배터리 $V-I$ 특성직선이 4개의 태양광 모듈로 이루어진 태양광 배열의 $V-I$ 특성과 교차하는 지점이다(그림 5.20 참조). 1000 W/m^{2}의 조도에서 어레이의 작동 지점은 30 V와 8 A가 되며, 240 W의 배터리에 전력을 공급한다.

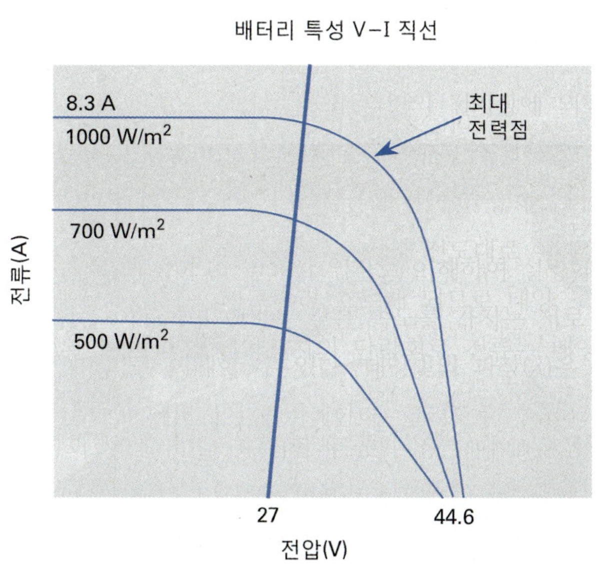

그림 5.20 24 V 납산 배터리와 4개의 모듈로 구성된 태양광 어레이의 $V-I$ 특성

표 5.1은 각 모듈의 최대 전력점이며 V_{MP}는 18.7 V, I_{MP}는 3.75 A, P_{MP}는 70 W를 제공한다는 것을 보여 준다. 따라서 배터리를 직접 연결하면 어레이 출력이 280 W에서 240 W로 줄어든다. 배터리에 직접 연결된 작동 지점은 최대 전력점보다 낮은 전압으로 하는데 그 이유는 V_{OC}가 감소하는 태양전지의 높은 온도에서도 동작 특성의 범위에 포함되도록 하고, 배선 및 차단 다이오드의 전압 강하에 대한 대비책이다. 만약 모듈과 배터리의 동작 특성이 교차하지 않으면 배터리에 충전되지 않으므로 위 방법은 중요한 내용임에 틀림없다.

DC-to-DC 컨버터를 사용하여 어레이가 항상 최대 전력점에서 작동할 수 있도록 하는데, 5.12절에서 기술된 3.4 kW_P 시스템에서 태양광 어레이를 배터리에 연결한 예가 바로 그것이다. 그러나 이런 부품은 전기적 손실뿐만 아니라 추가 비용이 발생하기 때문에, 원격지에서의 소형 태양광 어레이를 사용할 경우에는 일반적으로 컨버터 없이 직접 연결한다.

예제 5.7 독립형 시스템의 배터리 충전량 계산

표 5.1의 모듈 특성을 가진 그림 5.19의 독립형 시스템의 경우이고, 일사량이 매일 5 kWh/m^2일 때 배터리 충전량을 계산하시오.

• 해답

매일 5 kWh/m^2의 일사량은 1000 W/m^2(표준검사 조건)에서 최대 태양시간이 5시간과 같다. 배터리에 병렬로 연결된 두 모듈의 정격 전류는 8 A이므로

$$\text{출력 [Ah]} = \text{최대 태양시간} \times \text{정격 전류} = 5 \times 8 = 40 \text{ Ah/일}$$

배터리 충전량은 하루 40 Ah이다.

참고: 태양광 셀의 경우 전류 출력이 조도에 거의 정비례하고, 독립형 시스템의 경우 태양광 어레이 전압이 배터리에 의해 일정하게 유지되므로 출력 계산의 결과는 와트시(Wh)가 아닌 암페어시(Ah) 단위를 가진다.

5.11.3 자체 조절 모듈

그림 5.19의 독립형 시스템에는 각 모듈에 36개의 셀이 직렬로 연결되어 있고 태양전지가 작동 가능한 적절한 온도에서 배터리에 충전하기에 충분한 전압이 공급된다. 과도한 충전은 레귤레이터에 의해 제한되는데, 1~2개의 모듈로 이루어진 시스템의 경우(예: 원격 주택에서의 조명)에는 광전지 셀의 수를 모듈당 32개 또는 33개로 직렬 연결하고, 레귤레이터를 사

용하지 않고 단순화할 수도 있다. 이를 자체 조절 모듈(self-regulating modules)이라고 하며, 배터리 충전 상태가 증가함에 따라 배터리와 모듈의 $V-I$ 특성이 더 이상 최대 전력점 근처에서 교차하지 않으므로 배터리의 전류가 감소한다. 또 주변 온도가 높으면 32개 또는 33개의 셀로 이루어진 모듈의 $V-I$ 특성곡선은 12 V 배터리의 $V-I$ 특성선과 교차하지 않을 수 있으므로 태양전지판이 배터리에 충전되지 않을 수 있다. 이러한 자체 조절 모듈은 단순하다는 장점이 있지만, 비용의 최소화가 필요한 소형 시스템에서만 사용된다.

5.11.4 배터리 에너지 저장

독립형 오프-그리드 태양광 발전 시스템은 야간에 전력을 공급하고 일사량이 낮을 때 부족한 부분의 에너지를 공급하기 위해 에너지 저장 장치가 필요하다. 다양한 새로운 배터리 유형(예: 리튬 이온 배터리)이 사용되고 있지만, 이러한 고가의 배터리보다는 납산 배터리가 원격 지역의 소형 전원 공급 장치에 가장 널리 사용되고 있다.

납산 배터리의 각 2 V 셀은 이산화납(PbO_2)의 양극판과 묽은 황산(H_2SO_4 및 H_2O)의 전해질에 담겨진 다공성의 금속성 납(Pb)의 음극판을 가진다. 방전할 때는 황산납($PbSO_4$)이 양쪽 전극에 형성되고 전해질은 양극에 형성된 물에 의해 희석된다. 충전할 때는 전극의 활성 물질과 전기판은 원래 상태로 복원되고, 높은 충전 속도로 수소 가스가 음극에서 방출되며 양극에서 산소가 방출된다. 납산 배터리의 전반적인 작동은 다음 식으로 설명할 수 있다.
(방전: 왼쪽에서 오른쪽으로, 충전: 오른쪽에서 왼쪽으로)

$$PbO_2 + Pb + 2H_2SO_4 \leftrightarrow 2PbSO_4 + 2H_2O$$

차량에 주로 사용되는 SLI(starting lighting and ignition) 납산 배터리는 엔진 시동 시 구동 모터에 높은 전류를 공급하며, 차량 발전기에 의해 급속히 재충전되는 형태로 설계되어 있기 때문에 태양광 시스템에 적합하지 않다. SLI 배터리에는 칼슘으로 강화된 얇은 판이 있으며 수명이 크게 단축되기 전에 약 20%(80% 잔류 충전)의 방전만 견딜 수 있다. 방전 정도가 20%인 경우 SLI 배터리는 태양광 시스템에서 약 500주기 또는 2년 미만의 수명을 가지지만, 수명이 단축되기 전에는 약 10회에 걸쳐서 80~90%의 방전을 견디기도 한다. 태양광 배터리는 제한된 충전/방전 속도로 매일의 충전/방전 주기를 견뎌 내야 한다. 태양빛이 거의 없는 연속된 날이 많으면 배터리가 방전된다. 납산 배터리에 안티몬(Sb)이 추가된 플레이트 경우에는 최대 약 1000 사이클에서 80% 방전 및 최대 약 3500 사이클에서 20% 방전(약 10년 동안 매일 충전/방전)을 견디는 특징을 가지고 있다. 그러나 안티몬이 추가된 경우에는 자체 방전 속도가 빨라져서 배터리 온도의 증가도 빨라진다. 태양전지 시스템용 납산

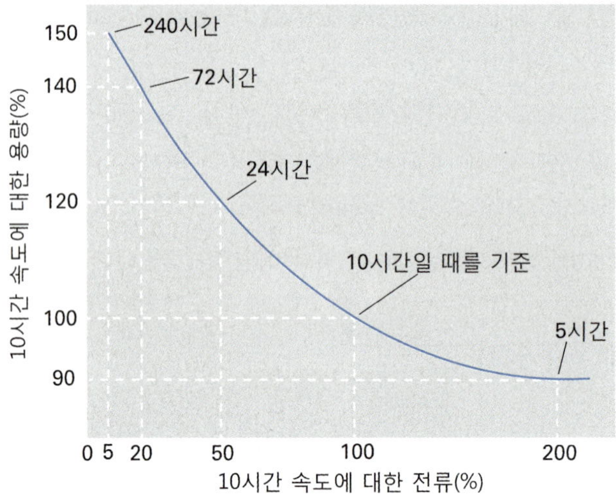

그림 5.21 방전율에 따른 납산 배터리의 가용 용량의 변화

배터리는 유체의 가스 공급으로 인해 일부분의 손실을 견딜 수 있는 큰 전해질 용량을 가지며, 밸브 조절 납산 배터리는 밀봉되어 충전 중에 발생하는 수소와 산소를 재결합하여 물을 형성한다. 다른 방법으로는 겔 형태의 전해질을 사용하는 것인데, 겔형 및 밸브 조절형 납산 배터리는 오래 사용하기 위해서 충전을 잘 조절해야 한다.

방전 속도는 배터리를 완전히 방전하는 시간으로 나타낸다. 1C 속도는 1시간 동안 배터리를 방전하는 전류를 나타내며, C/10 속도는 10시간 동안 배터리를 방전하는 전류이다. 예를 들어, 120 Ah 배터리의 C/10 속도는 12 A이며, 1 C 속도는 120 A이다.

납산 배터리의 용량은 일정하지 않고 방전 속도에 따라 다르다. 높은 방전 속도에서는 전극 표면 근처의 활성 물질만 참여하므로 용량이 줄어든다. 그림 5.21은 납산 배터리의 용량이 방전 속도에 따라 어떻게 변하는지를 보여 준다. 납산 배터리의 성능은 일반적으로 10시간 또는 20시간 비율(C/10 또는 C/20)로 나타내는 반면, 태양광 시스템은 5일 동안 저장량을 바탕으로 120시간 비율(C/120)로 작동하거나, 많으면 300시간 속도(C/300)로 나타낸다.

니켈-카드뮴(Ni-Cd) 배터리는 다양한 장점 때문에 태양광 시스템에 사용되는데 그 장점은 다음과 같다.

- 손상 없이 과충전 가능
- 완전 방전될 수 있으므로 크기를 조정할 필요가 없음.
- 방전 중에 일정한 전압을 유지
- 사이클 수명이 우수함.
- 자체 방전이 작음.

하지만 Ni-Cd 배터리는 납산 배터리보다 훨씬 비싸고, 배터리를 최종적으로 사용한 후 카드뮴을 폐기할 때 환경 오염 문제가 발생할 수 있다.

랩탑 컴퓨터 및 전기 자동차는 거의 대부분 리튬 화합물 기반 재충전이 가능한 배터리를 사용하는데 독립형 태양광 시스템과의 호환을 위해서 리튬 이온(Li-ion) 배터리를 사용하는 것에 대해 많은 관심이 집중되고 있다. 리튬 이온 배터리는 높은 개방회로 전압 및 긴 사이클 수명과 같은 많은 장점이 있지만 현재 기술에서는 고가의 배터리임에는 틀림없다. 리튬 이온 배터리의 양극은 리튬을 함유하는 흑연으로 만들고 음극은 리튬 산화물로 구성된다. 배터리가 충전 및 방전됨에 따라 리튬 이온은 리튬염 전해질을 지나 전극 사이를 이동한다. 음극 소재는 다수의 리튬 화합물[예: 인산철리튬($LiFePO_4$)] 중의 하나를 사용하며, 나노 재료가 일반적으로 사용된다. 상대적으로 오프-그리드 태양광 시스템 시장은 규모가 작기 때문에 전기 자동차와 같은 새로운 기술의 개발과 보급으로 리튬 이온 배터리 기술이 더욱 늘어날 것으로 예상된다.

대부분 전기화학 배터리는 완전히 충전된 배터리의 경우 각각에 대해 1.3 V(NiCd), 2.2 V (Pb-acid) 및 4 V(Li-ion) 범위의 저전압만 발생한다. 배터리를 직렬로 연결하면 약 12 V, 24 V, 36 V, 48 V에서 유용한 출력을 가질 수 있고, 배터리를 병렬로 연결하거나 전극 부분의 크기를 늘리면 전달되는 전류가 증가될 수 있다.

여러 날 동안 태양에너지가 낮아진 경우 대형 배터리 장치를 에너지 저장을 위해 사용할 때는 태양광 시스템 어레이 출력의 많은 양이 배터리 자체 방전에 사용될 수 있기 때문에 세심하게 주의를 기울여야 한다.

충전된 배터리는 전체 충전량만큼 출력을 낼 수 없으므로 배터리 효율은 쿨롱(coulombic) 또는 충전(charge) 효율로 나타낼 수 있다. 쿨롱 효율은 일정한 충전 및 방전 속도로 최종 전압에 도달하는 Ah 측정을 이용해서 나타내고, 충전 전압은 배터리의 내부 저항과 충전 상태에 따른 전압의 변화로 인해 방전 전압보다 높기 때문에 이것을 이용해 전압 효율로 나타낸다. 배터리의 전체 에너지 효율은 전압 및 쿨롱 효율의 곱으로 나타낸다.

5.12 독립형 오프-그리드 시스템의 예

아프리카 잠비아(Zambia)의 외딴 시골 보건소에는 카디프대학교 학생이 주도한 프로젝트에 의해 독립형 오프-그리드 시스템이 설치되어 있다. 이곳에서 가장 가까운 계통 전력(grid power)이 위치한 곳은 50 km 이상 떨어져 있으며 태양광 시스템은 조명, 냉장고 및 교육용

그림 5.22 잠비아의 시골 보건소에 설치된 독립형 태양광 시스템 어레이. 아프리카 어머니 자선 단체와 카디프대학교가 지원한 카디프대학교 학생 주도 프로젝트임.
출처: D. J. Rogers, L. J. Thomas, J. M. Stevens가 설계 및 사진을 제공함(컬러 사진 참조).

컴퓨터에 전원을 공급하는 데 사용된다. 그림 5.22는 직렬 3개와 병렬 4개로 연결된 12개의 280 W_p 모듈을 보여 주는데 각 모듈에는 72개의 다결정 셀이 직렬로 연결되어 36 V의 최대 전력점 전압을 제공한다. 태양광 패널은 경사각 12°로 북쪽을 향하도록 설치되어 있고, 이 기울기 각도는 매년 총 에너지 생산량을 최대화하기보다는 1년 내내 균일한 일일 수율을 얻기 위해 시뮬레이션 계산으로 얻어진 값이다.

그림 5.23은 배터리 장치를 보여 주는데 직렬 4개로 연결되어 있고 이 직렬 연결은 2개의 병렬로 이루어진 총 8개의 납산 배터리(12 V, 220 Ah)이다. 배터리는 단일 60 A 최대 전력점 추적 충전 컨트롤러(maximum power point tracking charge controller)를 통해 공급된다.

연속 3 kVA, 6 kVA 최대를 가지는 인버터는 DC 48 V 배터리팩으로부터 AC 230 V를 생성한다. AC 230 V는 보건소 주변에 위치한 4개의 건물에 분배되어 사용된다. 500 W의 직접 변환기(DC 48 V → DC 12 V)는 최소의 전력 손실(95% 효율)을 가지며, 10개의 저전력 PC에 사용된다. 직접 변환기가 아닌 DC 48 V → AC 230 V → DC 12V의 변환 경로를 사용하면 약 65% 낮은 효율을 가질 것이다.

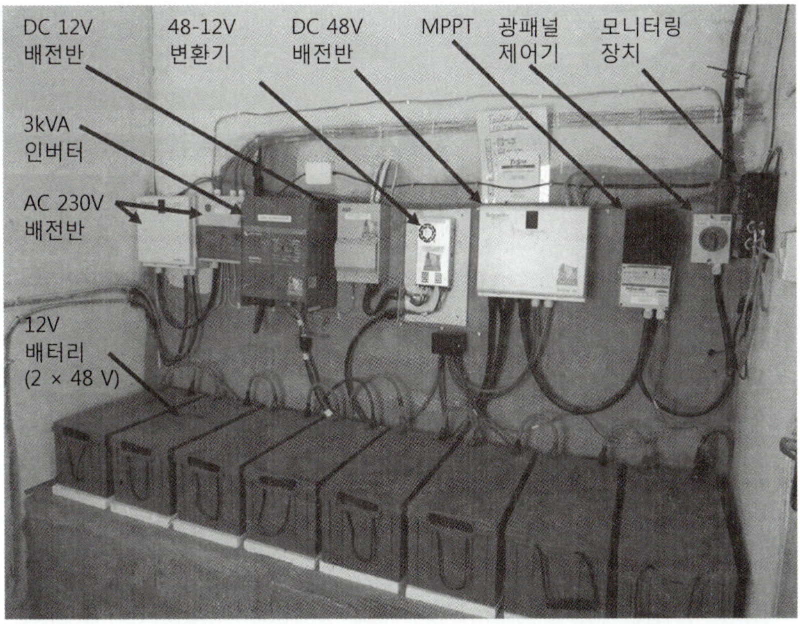

그림 5.23 독립형 태양광 시스템의 배터리 장치, 인버터 및 컨트롤러(사진 관련 설명은 그림 5.22와 동일함)

5.13 계통 연계형 태양광 발전 시스템

태양광 발전 시스템이 전력망과 연계되어 전기에너지를 생성하는 비율이 계속 증가하고 있다. 태양광 모듈은 대형 멀티 메가와트(multi-megawatt) 대형 설비에 사용되고 있고, 태양광 어레이는 건물에 설치되고 있다. 태양 조도는 태양광 모듈에 의해 DC 전기로 변환되고, AC 전기로 변환되어 건물 안에서 필요한 곳에 사용되며, 전력 계통으로 보내지기도 한다. 계통 연계형(grid-connected) 태양광 발전 시스템의 인버터는 전력선에 연결된 전기 네트워크의 상태를 지속적으로 모니터링하고 계통 네트워크가 정상 작동 상태, 즉 주파수 및 전압이 정상인 경우에만 작동하도록 한다. 계통 연계형 태양광 인버터는 독립형 모드로 작동할 수 없으며, 대형 중앙 발전기에서 전력 공급이 중단되거나 국부적인 전기 네트워크 결함으로 인한 문제가 발생할 때는 작동이 멈춘다.

5.13.1 계통 운영 조건

인버터 작동이 허용되는 전기 네트워크 조건은 지역별 전기 네트워크 공급처에서 결정하며, 각 공급처에서 고유한 요구 사항이 있을 수 있다(국가별로 다를 수 있음). 이 규정은 인버터가 (1) 전력 계통이 정상 상태일 것, (2) 인버터의 잘못된 전류로부터 전력 계통을 보호할 것, (3) 인버터의 전력 품질이 적절해야 함, (4) 전력 네트워크에서 작업하는 직원의 안전이 보장되어야 함. 등이 있을 수 있다.

일반적인 요구 사항은 다음과 같다.

(a) 인버터는 전력 계통이 정상 상태인 경우에만 작동해야 함(영국의 예).
  - 주 전압은 230 V±10% 유지
  - 주 주파수는 50 Hz±1% 유지
  - 전압 및 주파수 한계를 벗어난 경우 트립(trip, 정지로 이해) 시간은 5초 이내
  - 전압 및 주파수 한계 내로 재공급이 이루어지는 시간은 3분 이내

(b) 네트워크에서 단락이 발생하면 인버터가 감지하여 트립되어야 함.

(c) 인버터는 네트워크 전압 제어를 허용하지 않음.
  인버터 연결 지점의 전압은 네트워크에 의해 결정되며, 인버터는 단일 역률의 전력 교환으로 작동한다[예: 인버터의 역률은 0(전력 교환 없음), 0.95 래깅(lagging: 무효전력을 내보냄)~0.95 리딩(leading: 무효 전력을 흡수) 이내].

(d) 인버터는 사인파 전류만 주입하며, 로컬 전압 사인파를 왜곡해서는 안 됨.
  - 전류파 형태의 고조파 왜곡이 제한되어야 함.
  - 주 전원에 허용되는 최대 DC 전류는 5 mA임.

(e) 로컬 네트워크 회로에서 유지 보수가 필요할 때 인버터를 분리하기 위한 기계식 스위치가 필요함.

(f) 주 전력 계통에 대한 연결이 끊어지면 인버터가 신속하게 감지하여 종료함. 배전 계통의 전압이나 주파수가 정상 범위에서 벗어나면 계통 쪽으로 송전을 중지하는 단독 운전 방지 인버터임.

요약하면, 계통 연계형 소형 태양광 발전 시스템은 필요할 때 주 계통으로 전력을 공급하는 용도로만 사용된다. 소형 태양광 인버터는 네트워크에 방해되지 않으면서 에너지를 공급하는 것 이외의 전력 시스템의 작동에는 관여하지 않는다.

5.13.2 최대 전력점 추적

태양광 모듈의 출력 전력은 조도 및 셀 온도에 따라 달라진다(그림 5.15 및 그림 5.16 참조). 최대 출력 전력을 얻으려면 최대 전력점에서 모듈을 작동해야 하는데, 이것은 모듈 전

압과 전류의 곱이 최대가 되도록 모듈에 전해지는 인터버 입력 단계 저항을 지속적으로 조정하여 이루어진다. 최대 전력점의 전압을 결정하는 분석 방법이 있는 것은 아니고, 최대 전력점 추적(MPPT: maximum power point tracking) 방법을 이용하는 것이 일반적이다. MPPT 여러 방법 중에서 간단한 구조의 방법은 최대 출력 전력에 근접한 값을 주고, 더 복잡한 알고리즘을 사용할수록 최대 출력을 제공한다.

가장 간단한 방법은 모듈의 최대 전력점에서의 전압이 개방회로 전압의 65~80% 사이에 있도록 하는 것이다. 그러나 개방회로 전압 자체는 태양의 조도와 셀의 온도에 따라 달라지므로 짧은 시간(예: 분당 10~50 ms) 동안 인버터를 끄면서 주기적으로 개방회로 전압을 측정해야 한다. 일단 개방회로 전압 측정이 완료되면, 셀 온도와 조도에 대한 모듈의 새로운 작동 전압을 개방회로 전압 대비 일정한 수준에 맞춘다(예: 70%).

또 다른 방법으로 힐클라임(hill climbing) 또는 P&O(perturb and observe)라고 불리는 방식이 있는데, 컨트롤러를 통해 모듈에 인가되는 전압을 주기적으로 약간씩 증가 또는 감소시켜 작동하는 방법이다. 전압이 증가 또는 감소하면서 모듈 출력 전력이 증가하게 되면 증가하는 전압 방향으로 계속 조절하고, 그렇지 않으면 감소하는 방향으로 조절하면서 최대 전력점을 찾는다. 그림 5.24는 P&O 방법을 보여 주는데, 처음에 모듈은 구름 등의 영향으로 낮은 조도에 A 지점에서 낮은 $V-I$ 특성에서 작동한다. 조도가 갑자기 증가하면 모듈 $V-I$ 특성이 큰 값으로 바뀌게 되면 인버터의 전류는 순간적으로 변하지 않고 화살표로 표시된

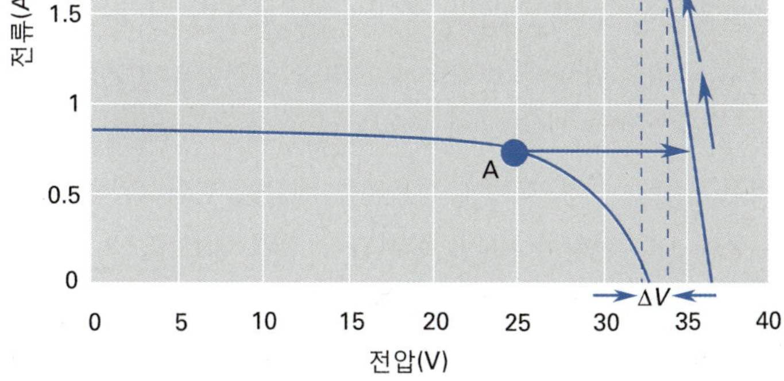

그림 5.24 최대 전력점 추적의 P&O 또는 힐클라임 방법

것처럼 전압을 ΔV만큼 단계적으로 조정하여 새로운 최대 전력점(점 B)을 구한다. 이 접근법에는 두 가지 단점이 있는데, 첫째, 모듈 작동 지점은 최대 전력점 주변에서 진동하면서 최적의 값을 찾는다는 것이다. 변화량 ΔV의 크기를 줄이면 최적의 지점에 더욱 근접할 수 있지만 ΔV가 작을 경우 최대 전력점을 찾기 위한 많은 반복 수행이 필요하므로 이 시간 동안 전력 손실이 발생한다. P&O 방법은 마이크로프로세서에서 쉽게 구현되며 전압 변화의 빈도와 크기는 설계자가 선택할 수 있다.

P&O 방법의 단점을 극복하기 위해 사용할 수 있는 대안으로는 태양광 모듈의 증분(incremental) 전도도와 순간(instantaneous) 전도도를 비교하여 급격하게 변화하는 대기 조건에서 최대 전력점을 추적하는 것이다. 이 방법에서 컨트롤러는 최대 전력점(MPP)에 맞는 위치로 모듈 작동 지점을 조정한다. 그림 5.17을 예로 살펴보면 최대 전력점 기준으로 그래프 왼쪽은 전압($dP/dV>0$)에 따라 전력이 증가하고, 그래프 오른쪽($dP/dV<0$)은 전력이 감소하고 있다. 이러한 전력 변화를 미분 방정식으로 표현하면 아래와 같다.

$$\frac{dP}{dV}=\frac{d(IV)}{dV}=I+V\frac{dI}{dV}=0, \quad \text{즉} \quad \frac{dI}{dV}=-\frac{I}{V} \quad \text{최대 전력점 조건}$$

$$\frac{dP}{dV}=\frac{d(IV)}{dV}=I+V\frac{dI}{dV}>0, \quad \text{즉} \quad \frac{dI}{dV}=>-\frac{I}{V} \quad \text{최대 전력점의 왼쪽으로}$$

$$\frac{dP}{dV}=\frac{d(IV)}{dV}=I+V\frac{dI}{dV}<0, \quad \text{즉} \quad \frac{dI}{dV}=<-\frac{I}{V} \quad \text{최대 전력점의 오른쪽으로}$$

이러한 방정식은 증분 및 순간 모듈 전도도(dI/dV 및 I/V)를 측정하여 모듈 작동 지점을 제어하는 알고리즘의 기초로 사용된다. 이 방법은 때때로 분모가 0이 될 수 있기 때문에 구현이 어려울 수도 있다.

5.13.3 계통 연계형 태양광(PV) 인버터

그림 5.25는 계통 연계형 태양광 시스템의 두 가지 주요 기능 블록을 나타낸 것이다.

태양광 패널의 DC 출력은 태양광 전지로부터 최대 전력점을 찾기 위해 모듈에 제공되는 저항을 변화시키는 최대 전력점 추적 단계로 공급된다. 최대 전력점 추적 단계는 주변 조건에 대한 최대 전력점을 찾기 위해 모듈에 적용되는 전압을 변화시키는 DC:DC 변환기와 유사하며, 인버터를 통해 DC 전원이 AC로 반전되어 전력 네트워크의 주 전원에 주입된다.

태양광 모듈의 전원 출력을 DC에서 AC로 전환하여 주 전원으로 전환하기 위해 많은 전기전력 개념과 전력 전자회로가 사용되고 있다. 이들은 이용 가능한 다양한 반도체 스위칭 장치의 동작 특성을 이용하고 있으며, 반도체 스위치가 개발됨에 따라 전력 전자회로는 계속

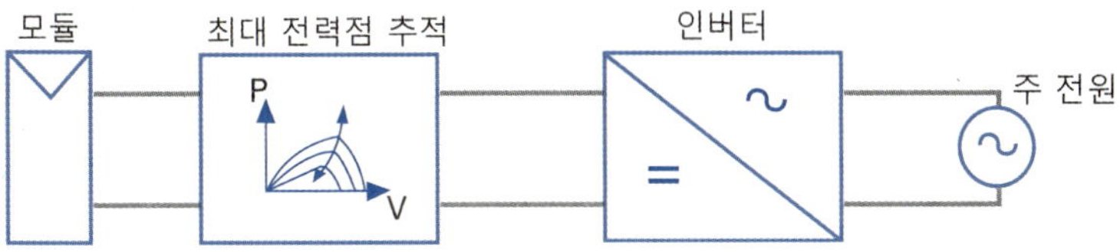

그림 5.25 계통 연계형 태양광 발전 시스템의 기능 블록

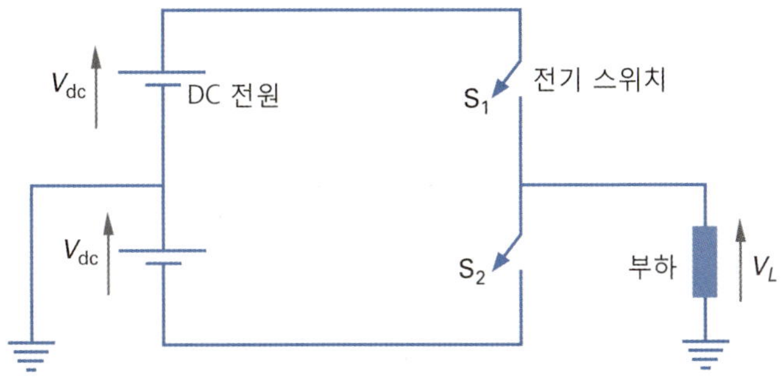

그림 5.26 단상 인버터

발전하며 개선될 것이다. 대부분의 최신 변환기는 전압원 변환기(voltage source converter)라고 하며, 이름에서 알 수 있듯이 모듈의 최대 전력점 출력 전압의 파형을 합성하는 방식을 사용한다.

간단한 단상 인버터는 그림 5.26에 개념적으로 나타나 있으며, 2개의 전압 제어 스위치(S_1, S_2)가 사용된다. 현재 기술에서는 절연 게이트 바이폴라 트랜지스터(IGBT)에는 전압 제어 스위치가 많이 사용된다. 이 두 스위치는 인버터 출력에서 정현파를 얻기 위해 반복적으로 ON-OFF 하는 방식을 채택한다. S_1이 ON이고 S_2가 OFF인 경우 부하의 전압은 V_{dc}이며, S_1이 OFF이고 S_2가 ON인 경우 부하 양단의 전압은 $-V_{dc}$가 된다. 스위칭의 펄스 폭 변조(PWM) 패턴은 출력 전압이 사인파에 근접하도록 한다.

그림 5.25의 인버터 부분에서는 트랜지스터를 완전 ON 또는 완전 OFF 상태로 전환하여 태양광 모듈의 DC에서 AC를 생성한다. 그림 5.27은 정전압($\pm V_{dc}$)의 스위칭 시간을 변경하여 사인파를 합성하는 방법을 보여 주며, 사인파는 계통 전압의 주파수 및 위상과 동기화되므로 전력을 주입할 수 있다.

스위칭 회로는 트랜지스터가 완전히 켜진 것처럼 전압과 손실($V \times I$)이 낮은 것처럼 전력 전자 인버터에 항상 사용된다. 마찬가지로 트랜지스터가 전류를 완전히 차단하면 손실이 0이 된다($V \times 0$). 트랜지스터를 통한 전압과 전류가 모두 있을 때 ON에서 OFF로(그리고 OFF에서 ON으로) 전환하는 동안 약간의 손실이 발생하는데, 이러한 손실은 스위칭 주파수에 비례

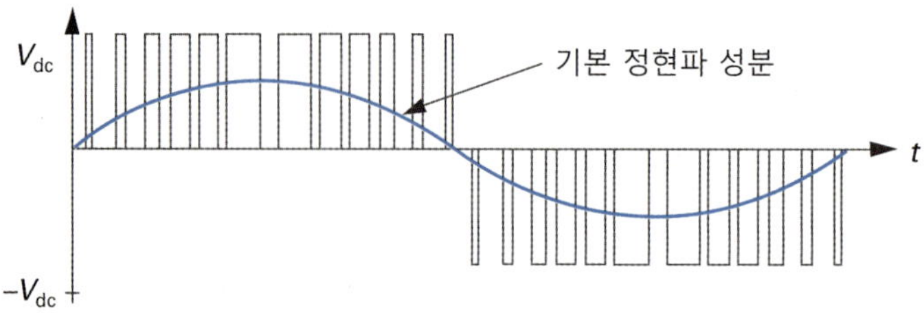

그림 5.27 사인파 전압을 생성하기 위한 펄스 폭 변조

한다. 트랜지스터가 빠르게 스위칭되면 사인파에 좀 더 가까운 근삿값이 달성될 수 있지만 더 높은 스위칭 손실이 발생하게 된다.

실제로 최대 전력 추적 단계에서 계통이 정상 상태가 아닌 경우 인버터를 사용하여 트립되는 보호 회로를 포함하여 구현한다(5.13.1절 참조). 소형 태양광 인버터는 정교한 회로를 사용하여 특히 낮은 조도에서 손실을 최소화하고 전체 출력에서 98~99%의 매우 높은 효율을 달성한다.

5.14 태양전지 기술 및 소재

결정질 실리콘 태양전지는 이론적 배경이 탄탄하고, 견고한 모듈로 만들 수 있으며, 오랫동안 안정적인 성능을 나타낸다. 결정질 실리콘 셀은 지상에서 90%에 가까운 활용도를 보이며 제조 시설에 대한 대규모 투자로 인해 향후 몇 년간 시장을 지배할 것으로 보인다. 그러나 매우 순수한 실리콘을 쓰고 두꺼운 웨이퍼로 제조되기 때문에 고가인 단점이 있다. 또 제조 공정에서 상당한 에너지가 사용되기 때문에 제조 비용과 에너지를 줄이기 위한 대체 소재 연구가 다방면에서 이루어지고 있다.

태양전지 상부 표면에 반사 방지막을 적용하더라도 이용 가능한 태양에너지 자원의 약 50%만이 결정질 실리콘에 의해 흡수되며, 나머지는 셀을 통한 반사 또는 투과에 의해서 손실된다. 태양전지의 효율을 증가시키는 것에 대한 하나의 근본적인 한계가 존재하는데 바로 반도체 물질의 밴드갭이다. 밴드갭은 일반적으로 전자 볼트(1 eV$=1.602\times10^{-19}$ J)로 표시되며, 반도체 소재의 가전도대와 전도대 사이의 에너지 차이로 나타난다. 충분한 에너지의 광자만이 밴드갭을 극복하고 전하 수송자인 전자 및 정공을 생성할 수 있다. 이 전자와 정공은 p-n 접합의 공핍 영역에서 생성된 전기장의 영향으로 이동하며 광생성 전류가 만들어진다. 밴드갭보다 높은 에너지를 가지는 광자는 한 쌍의 전자-정공쌍을 생성하고, 초과 에너지

표 5.2 지상 모듈용 평판 태양광 소재(1세대 및 2세대)

구분	셀 타입 - 정의	광기전력 변환 효율(%)		302K에서 밴드갭(eV)
		측정 최댓값	일반적인 값	
1세대	단결정 실리콘-단결정 실리콘으로 제작됨	25.0	13~17	1.1
1세대	다결정 실리콘-다수의 실리콘 결정을 포함함	20.8	11~15	1.1
1세대 & 2세대	단결정과 비정질 실리콘을 포함하는 진성층을 가지는 이종결합형	25.6	14~19	1.1 & 1.7
2세대	비정질 실리콘-수소 원자에 의해서 화학적으로 안정화된 비정질 구조의 실리콘 결합을 이루고 있음	10.2	5~9.5	1.7
2세대	CIGS-CdS와 이종결합 형태의 화합물 반도체	21.7	14	1.0~1.7
2세대	CdTe-CdS와 이종결합 형태의 화화물 반도체	21.5	11	1.45

는 열에너지로 소모된다. 낮은 에너지의 적외선 광자(<1.1 eV)는 전자를 여기하기에 충분하지 않은 반면, 높은 에너지(예: 푸른색 빛에너지, >3.1 eV)의 과도한 에너지는 열로 소모된다. 태양광 스펙트럼과 밴드갭 사이의 이러한 불일치는 1.1 eV의 밴드갭을 가지는 반도체에 대해 AM1.5 태양 스펙트럼 조건에서 단일 p-n 접합 소자에 대한 이론상 최대 33%인 쇼키-퀴지어 한계(Shockley Queisser limit)를 가진다. 재료의 밴드갭이 태양광 스펙트럼과 일치할 때 최적의 광기전력 효율이 발생하게 된다.

표 5.2는 1세대 및 2세대 태양광 기술의 2015년 기준 온도 302K에서 표준셀(record cell)에 대한 결과를 보여 준다.

1세대 태양전지는 결정질 실리콘으로 p-n 접합을 가지고 있으며, 간접 밴드갭(indirect bandgap)을 통해 광흡수가 일어나기 때문에 흡수 계수가 작다. 그러므로 결정질 실리콘은 두꺼운(100~200 μm) 흡수체 두께를 필요로 한다. 간접 밴드갭 물질은 가전도대에서 전도대로 전자를 여기하기 위해 격자 진동을 수반하는 메커니즘으로 광자에너지를 흡수한다. 두꺼운 셀의 패키징으로 인해 결정질 실리콘 태양광 모듈은 비교적 무겁기 때문에 이를 고려해서 지붕 장착형 어레이 설비를 설치해야 한다.

단결정 실리콘 웨이퍼는 초크라스키(Czochralski) 공정으로 제작한 큰 단결정을 절단하여 얻는다. 이 공정은 작은 씨앗(seed) 결정을 붕소로 도핑된 순수한 실리콘을 1500℃에 이르는 뜨거운 용융물에 담그고 천천히 위로 올리면서 큰 봉 형태의 단결정을 형성한다. 이러한 모양의 결정을 절단하고(sliced) 연마하여(polished) 원래보다 약 40~50% 줄어든 p형 반도체를 얻게 된다. 단결정 태양전지는 높은 패킹 밀도와 모듈 내의 활성 영역을 증가시키기 위해 둥근 모양 또는 정사각형 모양으로 절단된다.

다결정 실리콘 셀은 p형으로 도핑된 순수한 실리콘을 직사각형 블록으로 주조한 후 블록을 정사각형 웨이퍼로 절단하여 제작한다. 주조 공정에서 다수의 결정 입자를 가지게 되며, 결정계면에서 전자-정공 재결합으로 인해서 전력 변환 효율(PCE: power conversion efficiency)이 감소한다. 이러한 결정계면 효과로 인해 다결정 태양전지는 단결정 전지보다 최대 5% 효율이 감소하지만 낮은 생산 비용의 장점을 가진다. 다결정 실리콘 태양전지는 정사각형이므로 태양전지 모듈의 전체 표면을 덮을 수 있고 색깔 또한 파란색이라 시각적 효과가 좋다.

p형 웨이퍼가 형성된 후 단결정 및 다결정 태양전지를 제조하는 후속 공정은 비슷하다. 상부 표면은 반사 방지막으로 처리되어 빛의 흡수를 높이고 인(인을 포함하는 가스 사용, phosphine gas)을 웨이퍼로 확산시켜 얇은 n형 층을 제조한다(그림 5.1 참조). 마지막으로 전기전극이 셀의 앞면과 뒷면에 추가된다. 약간의 효율 차이가 있지만 단결정 및 다결정 태양전지로 만들어진 모듈의 성능은 매우 유사하므로 가격과 가용성에 따라 사용이 달라진다.

유리와 같은 기판에 증착된 2세대 박막형 태양전지는 사용되는 반도체 재료의 양을 줄이고 제조 비용을 줄이기 위해 개발되었다. 박막 재료는 높은 광흡수 재료를 사용하도록 설계된다. 다양한 반도체 물질이 박막 재료로 사용될 수 있는데, p-n 접합에서 같은 반도체를 사용하면 단일 접합(homo-junction)이라 하며, 다른 재료를 이용하여 p-n 접합을 형성하면 이종 접합(hetero-junction)이라고 한다. 2세대 태양전지는 열에너지 흡수 없이 가전도대의 전자를 여기하는 데 광자에너지만 사용하는 직접 밴드갭(direct bandgap) 재료를 사용하며, 아주 얇은 박막층(일반적으로 1~5 μm 두께)으로 적당한 수준의 태양전지 효율성을 얻을 수 있다. 박막 재료는 일반적으로 진공 기술을 필요로 하지 않으며, 저온(200~400℃)에서 증착한다. 제조 공정에서 에너지가 많이 소모되는 1세대 태양전지 기술과 비교할 때 제조 비용과 온실가스 배출을 크게 줄이는 장점이 있다.

비정질 실리콘은 초기에 계산기와 시계와 같은 소비자 중심 제품에 사용되었지만 지금은 다양하게 활용되고 있으며, 특히 건물용 발전으로 많이 사용되고 있다. 일정한 결정 구조가 없는 비정질 실리콘이 불활성 기판에 증착되며, 일반적으로 p-i-n 구조의 중간층인 진성층(intrinsic layer, i)으로 제조된다. 700 nm보다 큰 파장의 낮은 태양에너지가 결정 실리콘에서는 흡수가 일어나지만, 약 1.7 eV 밴드갭을 가지는 비정질 실리콘에서는 흡수가 일어나지 않으므로 효율이 낮다. 하지만 비정질 실리콘 태양전지는 확산 복사(diffuse sunlight)에서 작동이 우수한 장점이 있다. 비정질 실리콘 태양전지는 초기 사용 시에 강한 태양빛에 의해 결함이 발생하여 그 효율이 감소되는데 이것을 스테블러-론스키 효과(Staebler-Wronski effect)라고 하며, 실리콘 격자 구조 사이에 수소 원자를 첨가하여 이 효과를 감소시킬 수 있다.

구리 인듐 갈륨 셀레나이드[CIGS: copper indium gallium (di)selenide] 태양전지는 태양광 스펙트럼 범위에서 높은 광자 흡수율을 보인다. CIGS 밴드갭은 인듐과 갈륨의 비율에 따라 달라지는데 밴드갭의 범위는 CIS의 경우 1.1 eV이고, CGS의 경우 1.7 eV이다. CIGS는 도핑이 불가능하므로 p-n 접합을 형성하기 위해서 카드뮴 설파이드(CdS: cadmium sulphide)를 이용하여 이종 접합을 만든다. CIGS 셀은 현재 박막 기술 중에서 최고 효율(21.7%) 기록을 보유하고 있으며, 다결정 실리콘(20.8%)과 기술과 경쟁이 치열한 물질 가운데 하나이다. CIGS 제조 비용은 현재 투명 전도성 산화물층이 가지고 있는 높은 직렬 저항으로 인해서 오믹(ohmic) 특성을 유지하기 위해 금속 페이스트를 사용해야 하므로 고가이다. 인듐은 지각에 0.05 ppm 정도 존재하는 희토류 원소이므로 인듐을 아연(Zinc)으로 대체하고 갈륨(Ga)을 주석(Sn)으로 대체하여 구리 아연 주석 황화물/셀레나이드를 형성하는 것은 핵심 소재 연구 분야 중의 하나이다. 위 화합물은 약 1.19 eV의 밴드갭을 가지며(S과 Se 비에 의해 조정 가능), 12.6% 효율의 태양전지 소자가 생산되고 있다. 소재의 경계 결함(boundary defects)을 줄이면 효율이 증가하는데, 이를 위해 나노 입자로 경계를 덮는(passivation) 연구가 진행되고 있고 이 기술은 아직 연구 수준에 머물러 있다.

카드뮴 텔루라이드(CdTe: cadmium telluride)/카드뮴 설파이드(CdS: cadmium sulphide) 이종 접합 태양전지 경우에는 p형 CdTe 화합물이 광자 흡수층이고, CdS는 얇은 n형 층이다. 유리 기판 위에 위 태양전지를 증착하여 21.5% 효율을 달성하기도 하였다. 위 소재를 넓은 영역에서 광범위하게 자동 증착하는 공정 기술이 발전될수록 경제적으로 유리해지지만, 모듈을 재활용할 때 독성 성분인 카드뮴 폐기에 대한 우려로 인해 모듈 구매의 초기 비용이 비싼 단점이 있다. 또 텔루륨은 희토류 물질이므로 현재 CdTe층 두께를 최소화하는 공정 및 장치가 개발되어야 한다.

갈륨 비소(GaAs) 셀은 우주복사(cosmic radiation)에 의한 품질 감소가 없기 때문에 우주에서 전원 공급 장치로 널리 사용되고 있다. 그리고 눈에 띄는 성능 저하 없이 비교적 높은 온도에서도 사용할 수 있으므로 시스템 비용을 최소화하기 위한 태양광 집중 장치 시스템에 사용하는 데에 적합하다. GaAs는 약 1.4 eV의 밴드갭을 가지며 Ge 및 GaInP(갈륨 인듐 포스파이드)를 가지는 삼중 접합 셀로 만들어 광자를 흡수할 수 있는 주파수를 확장할 수 있다. 이러한 복잡한 III:V(3-5족 원소) 구조는 MOVPE(metal organic vapor phase epitaxy) 또는 MBE(molecular beam epitaxy)라는 복잡한 장비를 통해 박막으로 만들 수 있다. 위 장비를 이용하면 결정질 기판(일반적으로 Ge)에 여러 물질의 얇은 층을 성장시켜 약 8 μm 전체 두께를 가지는 박막을 성장시킨다. 성장 과정에서 각 물질 사이의 계면은 매우 정교하여 격자 구조를 크게 변화시키지 않고 이종 접합에서 인장 및 압축 변형된 층을 잘 조절하여 결정 격자에서의 전위결함(dislocations) 생성을 막는다. 다중 접합 셀은 모든 태양전지 기술 중 가장 높은 PCE를 가진다(약 46%). 이것은 태양광 스펙트럼의 개별 영역에서 흡수되는 다중 밴드갭 재료(1.8~0.67 eV), 파란색의 GaInP, (In) GaAs 중간 스펙트럼 및 적외선의 Ge 때문이다. 복잡하고 소량 생산의 특징을 가진 III:V 셀의 생산 비용은 높기 때문에 지상용 평판 태양광 모듈에 사용되지 않는다.

염료감응형(dye-sensitised) 및 유기/고분자 태양전지의 새로운 기술은 3세대 기술로 알려져 있다. 염료감응형 태양전지는 기술 개발이 많이 진척되어 있기 때문에 실내 및 확산 태양복사 조건에서 사용 가능한 초기 응용 분야 진입을 눈앞에 두고 있다. 가격이 저렴하고 광범위한 응용성이 있는 반도체인 TiO_2의 나노 입자(지름 약 20 nm)를 염료로 코팅하고 전해질에 담그면, 염료는 빛을 흡수하여 전자-정공쌍을 형성한다. 생성된 염료의 전자는 TiO_2의 전도대에 들어가 음극으로 운반되며, 염료에서 형성된 정공은 전해질에서 음으로 하전된 이온으로부터 전자를 받아들인다. 전자가 TiO_2의 전도대에 들어가더라도 p-n 접합을 사용하는 태양전지와는 달리, 전하 수송자의 분리는 내부전기장에 의해 생성되는 메커니즘이 아니라 반응역학에 의해 결정된다. 다시 말하면 염료에서는 전자와 정공의 재결합의 속도가 느린 반면, TiO_2의 전도대로 전자가 주입되는 속도가 훨씬 빠르기 때문에 위 과정이 가능하다. 염료감응형 태양전지의 개방회로 전압(V_{oc})은 약 0.7 V, 전류 밀도는 200 A/m^2이고, 저휘도/실내 조명에서 우수한 성능을 보이며, 약 11.9% 효율을 나타낸다.

최근에 태양전지용 페로브스카이트(Perovskite) 재료의 사용에 큰 관심이 집중되고 있다. 페로브스카이트 이름은 $CaTiO_3$라는 화학식을 가지는 자연에 존재하는 칼슘 타이타늄 옥사이드 미네랄을 발견한 러시아 광물학자 L. A. 페로브스키(Perovski)에서 유래되었으며, ABX_3로 표시되는 결정 구조를 가진 재료를 설명하는 데 사용된다. A는 양이온 분자(일반적으로 메틸 암모늄 $CH_3NH_3^+$를 나타냄), B는 일반적으로 납 또는 주석이며, X는 할라이드(halide), 보통 아이오딘화물(iodide), 브로마이드(bromide) 또는 클로라이드이다(chloride). 재료의 광학적 및 전기적 특성을 조절하기 위해서 다양한 원자들의 조합이 가능한데, 현재 가장 널리 연구되는 페로브스카이트는 유기 하이브리드 할라이드인, 메틸암모늄 납 아이오딘화물(MAPI: methylammonium lead iodide)이다. 페로브스카이트 셀은 TiO_2를 토대로 사용한 감응 구조, Al_2O_3를 토대로 사용한 구조, 박막 평면형 p-i-n 구조[진성층 (i)는 페로브스카이트임], 박막 평면 p-n 접합(페로브스카이트는 p형 반도체임)의 네 가지 구조로 개발되고 있다. 페로브스카이트 재료는 저비용, 밴드갭 조절이 용이함, 탠덤(tandem) 태양전지를 형성할 수 있는 장점으로 인해 3세대 태양전지에 사용할 가능성이 상당히 높을 것으로 예상된다. 또 유연하고 반투명하며 1.15 V의 높은 V_{oc}를 가질 수 있고, 광 흡수율이 높으며 직접

표 5.3 대표적 3세대 태양전지의 기술 수준

기술	태양광 전지 효율(%)
양자점(Quantum dot)	9.9
유기물	11.0
염료감응형(DSC)	11.9
페로브스카이트	20.1
다중 3접합	44.4
다중 4접합	46.0

밴드갭을 가지고 있다. 1 μm 미만의 흡수제 층은 재결합 속도를 낮추고 우수한 수송자 이동성을 보이며, 가공 및 제조 또한 비교적 쉽다. 현재는 페로브스카이트 태양전지 수명을 늘리고 독성 납 물질을 대체하는 연구와 대면적 대량 생산을 위한 연구가 활발히 진행되고 있다. 이 기술의 잠재적 시장은 BIPV(Building Integrated PV), 스마트 유리, 자동차 및 휴대용 장치가 대표적이다. 표 5.3과 같이 대표적인 3세대 태양전지의 효율이 나와 있는데, 이 가운데 가장 빠르게 발전하고 있는 연구 분야이기도 하다. 표 5.3에 나열된 모든 기술을 상용화하기 위해 노력하고 있지만, 제조기술을 개선하고 작동 수명 동안 셀의 성능 저하를 줄이는 기술 개발이 아직 남아 있다.

새로운 태양전지 재료는 현재 재료 계산 방법에 의해 설계되고 있다. 이상적인 태양전지 반도체 재료는 지구상에 풍부하게 존재하고 지속 가능해야 하며, 독성 요소는 가능한 한 피해야 한다. AM1.5 스펙트럼의 경우 약 1.5 eV의 직접 밴드갭이 효율성을 극대화하는 데 최적이다. 재료는 높은 광자 흡수 계수, 낮은 전하 수송자 재결합 속도, 수송자의 높은 이동도(mobility) 및 효율적인 전하 분리를 가져야 한다. 셀은 PCE를 최대화하기 위해서 높은 V_{oc}와 단락전류(I_{sc}) 및 높은 충진율을 가지도록 설계되어야 한다. 궁극적으로 태양전지는 불순물과 결함에 모두 견딜 수 있어야 하며 모든 인터페이스에서 화학적으로 안정적이어야 한다. 상호 연결된 셀은 낮은 직렬 저항 및 높은 병렬 저항과 최소 접촉 저항을 나타내야 한다. 대량 생산을 위해서는 재료 성장/증착 공정을 효율적으로 제어하여 일관되고 재현성이 높은 장치를 만들어야 한다.

마지막으로 태양광 소자는 세 가지 필수 요소('Golden Triangle')가 있다. 가장 중요한 것은 효율성이며, 응용성을 높이기 위해 수명(장치 신뢰성)이 두 번째이다. 태양전지 효율 및 수명의 조건을 갖추면서 최소 수준의 기술 비용은 경제적으로 실행 가능한 대량 생산에 필수적인 마지막 조건이다. 태양전지 개발과 상용화 성공을 위해서는 세 가지 요소가 만족스럽게 균형을 이루어야 한다.

요약

1. 표준검사 조건(STC)은 태양광 모듈의 성능을 검사하는 환경 조건이며, 실제로는 거의 맞는 조건은 찾기 힘들다.
   - 조도: 1000 W/m^2
   - 셀 온도: 25℃
   - 태양광 스펙트럼: AM1.5

2. 표준검사 조건은 1000 W/m^2의 복사 조도이며, 태양광 모듈의 출력은 조도에 대해 선형적으로 변하기 때문에 태양광 시스템의 성능에 1차적인 계산은 다음과 같다.

   출력 에너지 = 최대 태양시간 × STC에서 시스템의 전력

   최대 태양시간은 1000 W/m^2의 조도에서 일사량 시간이다.

3. 1세대 태양광 셀은 p-n 접합을 형성하기 위해 도핑된 단결정 또는 다결정 벌크 실리콘을 사용한다. 태양에너지는 전자를 여기시키고 내부전기장에 의해 p-n 접합을 가로질러 이동하며, 이를 통해서 외부 회로에 흐르는 전류를 생성한다.

4. 태양전지의 $V-I$ 특성은 암조건 다이오드 특성을 기준으로 광조사에 의해 생성된 광전류로 나타낸다. 태양광 셀의 $V-I$ 특성곡선은 전원 공급원으로 작동하기 때문에 그림 5.11에 나타나 있는 것처럼 반전되어 표현되며, 식은 다음과 같다.

$$I = I_p - I_0\left[e^{\frac{V}{V_T}} - 1\right]$$

여기서 I는 셀로부터의 전류

I_p는 조도(G)에 직접 비례하는 광전류

I_0는 역포화 전류

V는 셀에 인가된 전압

$V_T = \dfrac{kT}{q} = 0.026$ V, 300K(17℃)의 실온 조건

그림 5.11은 아래와 같으며, 최대 전력점, 단락전류 및 개방전압이 표시된다.

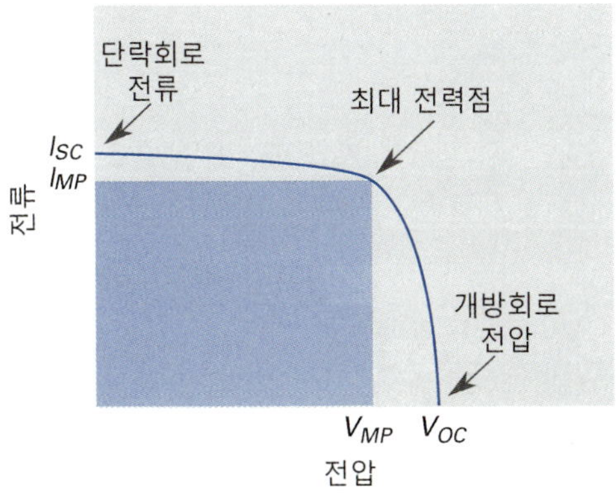

그림 5.11 태양전지의 $V-I$ 특성

5. PV 셀의 등가회로는 그림 5.14에 나타나 있는 것처럼 순방향 바이어스 다이오드와 병렬로 연결된 전류원이다(출력은 조도에 비례함). 순방향 바이어스 다이오드의 최대 전압은 0.6 V이고, R_S는 직렬 손실을 나타내며, R_{SH}는 병렬 손실을 나타낸다.

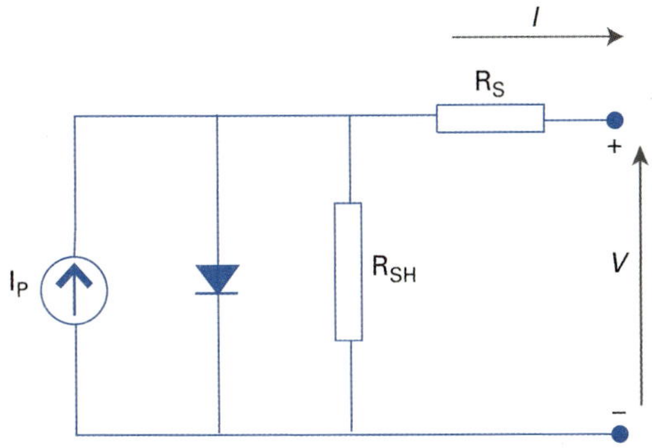

그림 5.14 직렬 및 병렬 저항을 포함한 태양전지의 등가회로

6. 그림 5.15에 나타나 있는 것처럼 단락전류에 대한 조도의 영향은 선형적이며, 단락전압에 대한 조사 효과는 제한적이다.

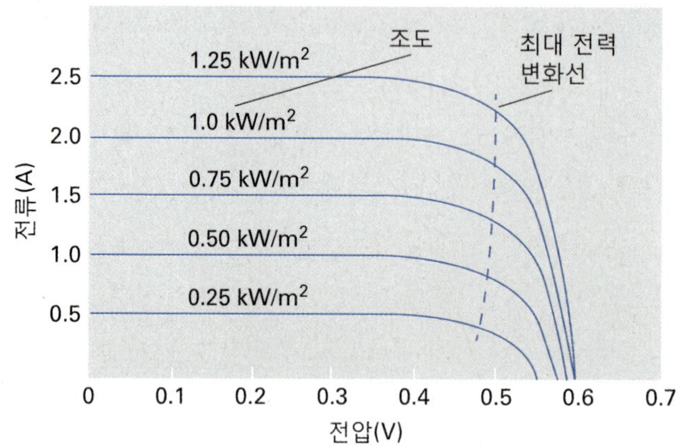

그림 5.15 일정한 온도에서 다양한 수준의 조도에서 결정질 태양전지의 $V-I$ 특성

7. 그림 5.16에 나타나 있는 것처럼 셀 온도가 증가하면 개방전압이 크게 감소하고 단락전류는 약간 증가한다.

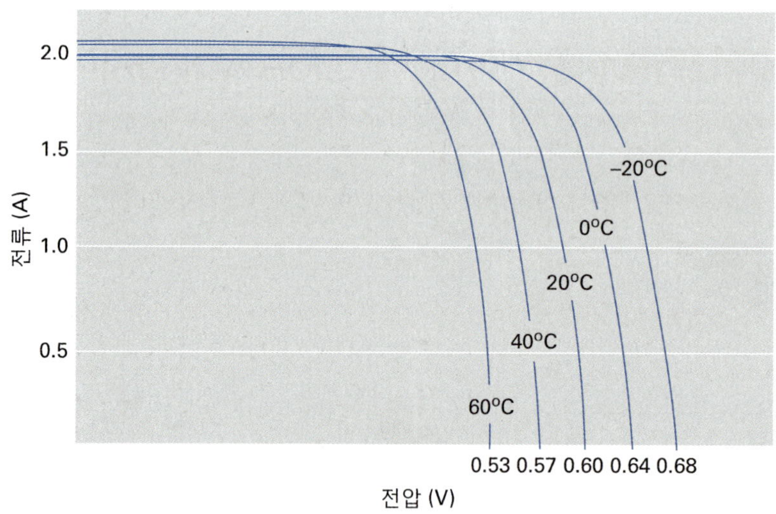

그림 5.16 일정한 조도 및 다양한 셀 온도에서 결정질 태양전지의 $V-I$ 특성

8. 표준 작동 셀 온도(NOCT: nominal operating cell temperature)는 제조업체에서 제공하며, 다음 식을 통해 셀 온도를 유추하여 사용 가능하다.

$$T_{cell} = T_{air} + \frac{NOCT-20}{800} \times G \ [℃] \tag{5.6}$$

여기서 T_{air}는 기온 [℃]

G는 복사 조도 [W/m²]이다.

9. 태양광 시스템의 성능비(PR)를 사용하여 작동을 검사하고 시간에 따른 성능 저하를 모니터링할 수 있다. 태양광 시스템 성능 비율의 일반적인 값은 0.6~0.8이다.

$$\text{성능비}(PR) = \frac{\text{수율특성}\left[\frac{\text{kWh}}{\text{kWp}}\right]}{\text{최대 태양시간 [h]}}$$

10. 최대 출력을 위해서는 태양광 셀을 최대 전력점에 가깝게 작동해야 한다. 그림 5.24는 P&O (perturb and observe) 또는 힐클라이밍(hill climbing) 최대 전력점 추적기의 작동을 보여 준다.

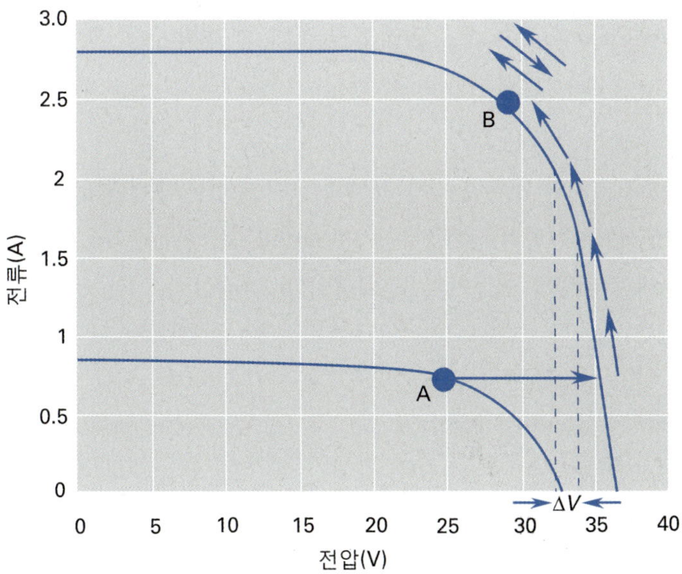

그림 5.24 최대 전력점 추적의 P&O 또는 힐클라이밍 방법

연습 문제

1. 3세대 태양전지에 대해 설명하고, 1세대 셀이 왜 계속 시장을 지배하고 있는지 설명하시오.

2. 계통 연계형 태양광 시스템의 주요 구성 요소를 그림으로 나타내고, 어느 구성 요소가 비용을 결정하는지 쓰시오.

3. 태양광 시스템의 주요 구성 요소를 간단한 그림으로 표시하고, 어떤 구성 요소가 안정성을 결정하는지 설명하시오.

4. 차단 다이오드와 바이패스 다이오드의 목적은 무엇인지 쓰시오.

5. 태양광 모듈의 $V-I$ 및 $V-P$ 특성을 그리시오. 또 조도와 태양광 셀 온도의 영향을 잘 설명하는 그래프를 함께 나타내시오.

6. 태양광 모듈의 $V-I$ 및 $V-P$ 특성 그래프에서 최대 전력점 추적기가 사용되는 이유를 설명하시오. 더불어 최대 전력점 추적의 일반적인 방법 중 하나에 대해 설명하시오.

7. 태양전지의 등가회로를 그리고 설명하시오.

8. 표준검사 조건에서 정격 출력이 4 kW인 태양광 발전 시스템은 매일 5 kWh/m^{2}의 일사량이 있는 장소에 설치되어 있다. 태양광 발전 시스템의 전기 출력 및 일일 용량 계수를 계산하시오.
   [답: 12~16 kWh, 15%]

9. 태양광 어레이는 그림 5.28에 표시된 것처럼 각각 36개의 셀이 직렬로 연결된 6개의 모듈로 구성된다. 1000 W/m^2 조도에서 각 셀의 단락전류는 3.6 A이고 개방전압은 0.6 V라고 가정할 때 500 W/m^{2}의 조도에서 태양광 어레이의 $V-I$ 특성을 그리시오.

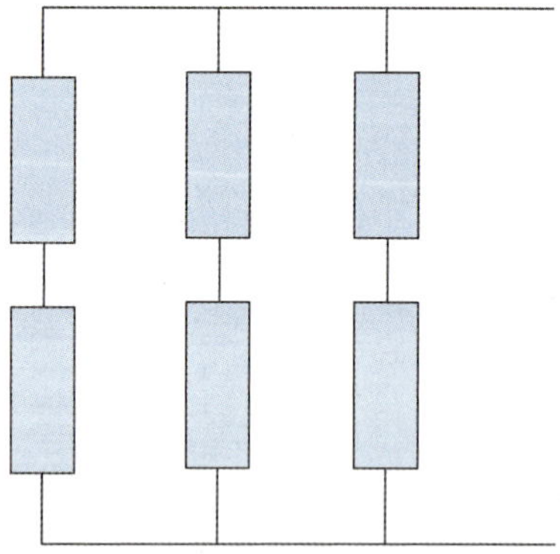

그림 5.28 연습 문제 9에 대한 태양광 어레이

10. 직사각형 $V-I$ 특성을 가지는 태양광 모듈은 3 Ω의 부하저항에 연결된다. 표준검사 조건에서 모듈의 단락전류 및 개방회로 전압은 각각 6.75 A 및 21.6 V이다. 조도 800 W/m^{2}와 500 W/m^{2}에서 부하에 발생하는 전력을 각각 계산하시오.
    [답: 87.5 W, 34.2 W]

11. 결정질 실리콘 태양광 모듈에는 36개의 셀이 직렬로 연결되어 있다. 각 셀은 측면이 150 mm인 정사각형이다. 800 W/m^2의 조도에서 모듈의 개방전압, 단락전류 및 출력을 계산하시오. 표준검사 조건에서 $I_{SC}=300\ A/m^2$이고 태양광 셀은 직사각형 $V-I$ 특성을 가진다고 가정하고 문제를 해결하시오.

[답: 21.6 V, 5.4 A, 116 W]

12. 그림 5.29에 표시된 태양광 스펙트럼을 참조하여 (a) 왜 실리콘 태양전지가 이용 가능한 태양에너지의 약 25%만 이용할 수 있는지 설명하시오. (b) 전체 태양광 스펙트럼을 최대한 이용하는 효율적인 태양전지를 어떻게 만들 수 있는지 쓰시오. 이러한 태양전지를 무엇이라고 부르는지 쓰시오. (단, Si의 밴드갭은 1.1 eV이다)

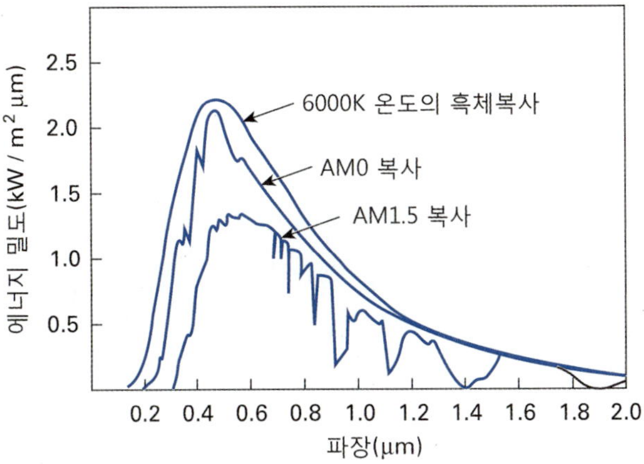

그림 5.29 연습 문제 12에 대한 태양광 스펙트럼

13. 1.5 cm^2 GaAs 태양전지는 0.5 nA의 포화전류 및 100 mA의 단락전류를 가진다. 이 셀의 충진율(FF)은 0.8이며 최대 전력점의 $I_m=90$ mA이다.

(a) 셀의 개방전압 V_{OC}를 구하시오.

(b) V_{MP} 값은 얼마인지 구하시오.

(c) 이상 계수 $n=1$이고 $V_T=0.026$ eV으로 가정할 때, 100 mW/cm^2의 태양조사 조건에서 셀의 효율을 계산하시오.

[답: (a) 0.495 V, (b) 0.44 V, (c) 26.4%]

14. 결정질 실리콘 태양광 모듈에는 36개의 셀이 직렬로 연결되어 있다. 각 셀은 측면이 100 mm인 정사각형이다. 600 W/m^2의 조도에서, (a) 모듈의 개방전압, (b) 단락전류, (c) 최대 가용 전력을 계산하시오. 위 모듈 중 2개가 12 V 배터리에 병렬로 연결되어 있다. 배터리로

공급되는 전력을 계산하시오. 표준검사 조건에서 $I_{SC}=300\ \text{A/m}^2$이고 셀은 직사각형 $V-I$ 특성(즉, 100% 충진율)을 가진다.

[답: (a) 21.6 V, (b) 1.9 A, (c) 39 W 및 56 W]

15. 태양광 모듈에는 38개의 다결정 실리콘 셀이 직렬로 연결되어 있다. 각 셀은 측면이 120 mm 인 정사각형이다. 이 모듈은 60℃의 셀 온도에서 600 W/m^{2}의 조도를 받고 있다.

(a) 모듈의 개방 전압 및 단락 전류를 계산하시오.

(b) 직사각형 $V-I$ 특성(예: 100% 충진율)을 가정하여 이러한 조건에서 최대 전력 출력을 위해 최대 전력점 추적기가 모듈에 제공해야 하는 저항을 계산하시오.

(c) 1000 W/m^{2}의 조도 및 태양전지 온도 25℃의 산 정상에서 사용될 때 이 저항을 모듈에 적용하면 손실 전력 비율은 얼마인지 구하시오.

(단, I_{SC}가 300 A/m^{2}이고 V_{OC}가 1000 W/m^2 및 25℃의 표준 조건에서 0.6 V/셀이라고 가정하며, δV_{OC}는 셀당 −2.5 mV/℃이다)

[답: (a) 19.5 V, 2.6 A, (b) 7.5 Ω, (c) 30%]

16. 태양광 모듈 제조업체의 카탈로그에서 표준검사 조건(1000 W/m^2)에서 25 V 및 12 A에서 피크 출력 전력을 공급한다고 광고하지만 물리적 치수는 생략하였다. 카탈로그는 셀이 모듈 내에 장착될 때 10%의 효율을 가지며 활성 영역이 모듈의 전체 면적의 80%를 차지한다고 언급되어 있다. 각 셀은 표준검사 조건에서 다음과 같은 특성을 가진다. 최대 전력점은 0.5 V, 3A 단락전류는 3.5 A 개방회로 전압은 0.6 V이다.

(a) 모듈의 크기를 m^{2}로 나타내시오.

(b) 각 모듈에서 직렬 및 병렬로 셀 수를 계산하여 모듈의 $V-I$ 특성을 그리시오.

(c) 1 Ω 부하저항으로 전달될 수 있는 전력을 계산하시오.

[답: (a) 3.75 m^2, (b) 직렬로 50개, 병렬로 3개, (c) 170 W]

더 읽을거리

- Boyle G. (ed.), *Renewable Energy: Power for a Sustainable Future*, 3rd Edition, Oxford University Press, 2012.
- Markvart T. (ed.), *Solar Electricity*, 2nd Edition, Wiley, 2000.
- Masters G, *Renewable and Efficient Electric Power Systems*, 2nd Edition, Wiley, 2013.
- Twidell J. and Weir A., *Renewable Energy Resources*, 3rd Edition, 2015, Routledge, New York.
- Wenham S. R. et al., *Applied Photovoltaics*, 3rd Edition, Earthscan, 2011.

6 태양열 시스템

소개

우주 공간을 가로질러 복사되어 지구 대기에 태양복사 조도(solar irradiance) 형태로 들어오는 태양에너지는 빛과 열을 모두 공급한다. 태양복사(solar radiation)가 없다면 지구에 생명체가 존재할 수 없다. 태양빛을 직접 전기에너지로 전환하여 사용하는 태양광 전지(photovoltaic cells)에 대해서는 5장에서 다루었다. 이 장에서는 태양에너지를 유용한 열로 공급하기 위해 사용하는 것에 대해 설명한다. 여기서 다룰 특별한 용도의 태양에너지 활용은 다음과 같다.

(1) 건물 난방
(2) 온수 공급
(3) 전력 생산 및 산업 공정에서 활용할 높은 온도의 열 공급

태양열 에너지의 활용은 150℃ 미만의 저온 공정과 150℃ 이상의 고온 공정으로 분류할 수 있다. 저온 공정은 단순한 공정으로 보이지만 실질적으로 매우 중요하다. 영국에서 사용하는 에너지의 40%는 열에너지 형태로 소비되고, 그 열에너지 중에서 75%는 저온 공정이다. 영국에서 소비하는 열에너지의 80%는 천연가스(natural gas)로부터 확보하고 있어, 이 중 일부를 태양에너지로 대체한다면 큰 경제적, 환경적 편익을 얻을 수 있을 것이다. 저에너지 건물 설계는 태양에서 얻는 자연적인 열 획득을 최대화하면서 동시에 겨울에는 열손실을, 여름에는 과열 방지를 고려해야 한다. 창문은 건물의 열 성능에 필수적인 요소이며, 점차 이중창, 삼중창 형태의 창문이 늘어나고 있다. 화석연료의 사용을 최소화하기 위해 많은 국가에서는 신축 건물에 대해 일정 이상의 건물 열 성능 기준을 적용하고 있다.

저에너지 도시 개발을 성공하기 위해서는 좋은 수동적 태양에너지 활용 건물 설계(passive solar design of buildings)가 필수 요소이다. 다수의 국가들은 기존에 지어진 건물의 열 성능을 향상시켜 열손실을 줄이는 재정적인 지원책을 운영하고 있다. 하지만 오래된 건물의 형태와 기능을 유지하면서 열 성능을 높이는 것은 어려우며 비용도 많이 들어간다. 1장에서 다룬 에너지 효율 측정처럼 건물의 열 성능을 높이는 것은 기술적인 문제만이 중요한 것이 아니라 입주자의 행동에도 큰 영향을 받는다.

태양열 온수기(solar thermal water heaters)는 연중 일정 기간 이상 태양열 온수기를 활용하여 온수를 공급하는 그리스나 일본처럼 태양열 자원 적용이 적합한 나라에서 널리 사용되는 장치이다. 경쟁력 있는 다수의 장비 업체들이 잘 자리잡은 기술을 활용하는 분야이다.

기계 동력을 만들어 내는 고온 태양열 시스템은 이미 100여 년 전에 효율적으로 작동하는 것이 발표되었지만 전력 생산에 이 시스템을 이용하는 것은 여전히 비용이 많이 소요되며 널리 보급되지 않았다. 최근 포

물선 트로프(parabolic troughs) 또는 태양열 탑(solar tower)과 태양을 추적하는 일광반사 장치(heliostat)를 활용한 대규모 고온 태양열 발전 시스템의 프로토타입(prototype) 및 시연 설비가 많아졌다. 집광형 태양 발전(CSP: concentrated solar power)으로 알려진 이 기술은 태양열 자원 활용이 적합한 나라에서 적극적으로 개발하고 있으나 태양광 발전 규모에는 미치지 못하고 있다.

이 장에서는 건물 난방과 온수 공급에서의 태양에너지 활용과 더불어 전력 생산과 산업에서 활용할 고온의 열 공급을 위한 태양에너지 활용까지 다룰 것이다. 6.1절에서는 태양열 에너지를 활용할 때의 장단점에 관해 이야기할 것이다. 6.2절에서 수동적 태양열 난방(passive solar heating)에 대해 다룬다. 6.3절에서는 저온 열전달을 위한 간단한 순환 시스템에 관해 설명하고, 6.4절에서는 이를 확장하여 환기 시스템에서 일어나는 건물의 열손실을 다룬다. 6.5절에서는 냉난방 일수(degree days)에 대해 정의하고, 이를 이용하여 건물의 열 성능을 모니터하는 방법에 관해 설명한다. 6.6절에서는 유리에서 일어나는 태양복사와 저온 복사의 중요한 반응 차이에 대해 세세하게 이야기한다. 6.7절에서는 온수 공급을 위한 태양열 적용에 대해 보여 주고, 6.8절에서는 평판형 태양열 집열기(flat plat solar collector)에 대해 다룰 것이다. 마지막으로 6.9절에서는 태양열 발전 시스템에 대해 이야기할 것이다.

6.1 태양열 에너지

그림 6.1은 영국에서 열에너지 사용에 대해 나타낸 것이다. 열에너지 사용량의 50% 이상이 건물의 실내 난방일 정도로 실내 난방은 중요하다. 주거지에서 저온 태양열 난방을 사용하는 것은 건물 내에서 포집한 태양에너지를 활용하는 수동적인 방식과, 별도의 집열기를 활용하여 난방 및 온수를 공급하는 능동적인 방식으로 나눌 수 있다. 영국의 건물들은 단열이 잘 안 되는 벽과 지붕, 그리고 대류에 의한 바람과 공기 누출로 인해 열효율이 낮고 열손실이 크다. 영국은 건물의 에너지 소비 저감 노력에 대해 정부 차원에서 다양한 인센티브를 제공하고 있다. 주거지의 열 성능이 좋아지면 온수 공급이 가정용 에너지 소비에서 더 큰 부분을 차지할 것이다. 더운 기후 지역에서는 냉방에 좀 더 많은 양의 에너지가 필요하다. 우수

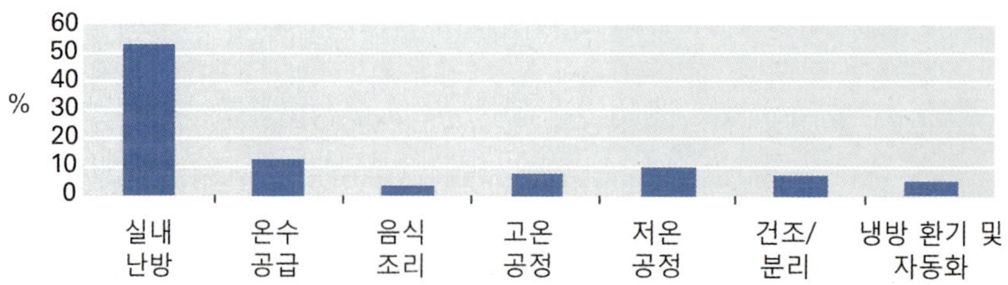

그림 6.1 영국의 열에너지 사용 통계
출처: Digest of UK Energy Statics, Special Feature - Estimates of heat use in the UK, 2013.

한 수동적 태양에너지 활용 디자인은 더운 여름 기후에서 과열을 막아 화석연료 사용을 줄이는 또 다른 중요한 방법이 될 것이다.

저온 태양열 시스템들은 유리 특성의 활용을 극대화한 것이다. 유리는 6000K 이상의 태양과 같은 고온 원천에서 오는 고주파(단파장) 복사를 잘 투과하지만 300K 정도의 지구 표면과 같은 저온 원천에서 오는 저주파(장파장) 복사는 차단한다. 로마 시대부터 이러한 특성을 활용한 건물들이 있었으나 가정용 온수 공급을 위해 유리를 평판형 태양열 집열기에 사용한 것은 100년이 조금 넘었다.

저온 태양열 시스템은 직접복사와 산란복사를 모두 이용할 수 있어서 방향을 고정할 수 있다. 고온 태양열 시스템이나 태양광 발전 시스템과는 달리 집중화 장치(concentrator)의 복잡한 태양광 추적 시스템이 필요하지 않으며, 평판형 태양열 집열기는 최대 50℃까지 수온을 높일 수 있다. 유리와 투명한 물질들은 태양열 시스템에서 공기 이동을 제한하고 대류에 의한 열손실을 줄이는 중요한 역할을 한다.

150℃ 이상의 높은 온도를 얻기 위해서는 거울이나 렌즈를 이용하여 태양 조도를 집중시켜야 한다. 높은 온도를 얻기 위한 포물선 형태의 거울과 트로프로 구성된 플랜트 설비가 수년 동안 건설되었다. 일광반사 장치로 알려진 이동식 거울이 태양 조도를 모아 열을 얻는 중앙 태양열 집열기 시스템은 좁은 지역에서 최대 3500℃의 고온을 확보할 수 있다고 한다. 연소 반응에 의해 생성되는 오염 물질이 없는 경우에 이 방식으로 얻어지는 최대 온도는 재료 연구에도 이용된다.

고온을 확보하여 그 열을 산업 공정이나 발전을 위한 터빈(turbine)에 활용하여 전기를 생산한다. 태양열 집열기에서 합성 오일(synthetic oil)로부터 열을 가져와서 최대 500℃에서 작동할 수 있는 전통적인 물/증기 터빈을 이용해서 전기 생산 발전에 사용할 수 있다. 미국 캘리포니아(California) 주에서는 포물선 트로프를 사용하는 태양열 발전 시스템이 실용화되었으며, 스페인에서는 많은 시연 플랜트가 건설되고 있다. 일각에서는 북아프리카에 대형 태양열 발전 시스템을 만들어 유럽으로 송전하는 계획을 세우고 있다.

고온 태양열 시스템은 직접 조도가 필요하므로 기계식 추적 시스템으로 태양을 추적해야 한다. 이런 고온 태양열 집열기는 좋은 기상이 필요하여 주로 사막에 설치하는데 사막 지역에서는 터빈 작동을 위한 물을 얻기 어려울 수 있다. 태양열 발전 시스템의 장점은 전기에너지보다 저장하기 쉬운 열에너지를 우선 확보하는 것으로 용융염(molten salt)을 활용하는 에너지 저장 장치가 일부 플랜트에서 시연되고 있다.

6.1.1 태양열 에너지 시스템의 장단점

저온 태양열 에너지는 건물에 공급하는 에너지의 경제성에 크게 영향을 미친다.

- 건물에서 효과적인 수동적 태양에너지 확보는 냉난방에 필요한 화석연료 사용을 줄일 수 있다. 추운 기후에서 수동형 태양열 난방은 화석연료를 사용한 난방 기간을 줄이며, 더운 기후에서 에어컨 수요를 줄이는 건물 디자인을 적용할 수 있다.
- 태양열을 이용한 온수 공급은, 특히 여름철에 유용하다. 이 방법은 전기를 사용한 온수 공급을 필요로 하지 않기 때문에 여름철 에어컨 사용으로 전력 수요가 피크가 되는 것을 낮추는 데 도움을 준다.

하지만 태양에너지 시스템은 위도에 많은 영향을 받기 때문에 난방이 필요한 시기와 공급이 잘되는 시기가 일치하지 않는다. 따라서 추가적인 난방이 태양에너지가 제한적으로 공급될 때 필요하다. 그림 4.3에서 영국 웨일즈(Wales) 카디프(Cardiff) 시의 12월 평균 최대 조도가 200 W/m^2 정도인 것을 확인할 수 있다. 그림 4.4에서 카디프 시의 여름 대비 겨울의 일일 일사량(insolation) 비율이 6인 것을 볼 수 있다. 영국에 있는 건물의 난방 수요는 1월과 2월에 가장 높고, 집중적인 난방은 보통 10월에서 3월까지만 필요하다. 온대 기후에서는 대부분 겨울철에 실내 난방과 온수 공급이 요구되지만 보통 이 시기의 태양열 시스템은 제한적으로만 열 공급이 가능하다.

6.2 수동적 태양열 난방 건물

실내 난방에 태양에너지를 직접 사용하는 것은 저에너지 건물 설계에 있어 중요한 요소이다. 건물에서 태양에너지를 직접 사용하는 수동적 태양열 난방은 단열과 환기 시스템 조절을 통해 실내를 편안하게 유지하는 데 필요한 화석연료 사용량을 아주 낮은 수준으로 줄일 수 있다. 또 여름철에는 저에너지 건물의 과열을 피해야 하므로 우수한 수동적 태양에너지 설계가 필요하다.

온대 기후에서 효율적인 수동적 태양에너지 설계가 아래 다섯 가지 요소를 고려하여 이루어져야 한다.

(1) 건물 안으로 태양복사 에너지를 투과할 수 있는 큰 면적의 유리를 적용한다. 북반구를 기준으로 할 때 유리는 남쪽으로 각도 $\pm 30°$ 로 향해야 하며, 난방이 필요한 시기에는

그림자에 가려지지 않도록 해야 한다.

(2) 내부 표면을 태양복사 에너지를 잘 흡수하여 온도를 높일 수 있는 단단하고 어두운 색의 재료로 만들어야 한다.

(3) 건물을 균일한 온도로 유지하고 과열을 방지할 수 있도록 높은 열 질량을 가지게 하는 건물의 구조 또는 추가적인 열저장 시설이 필요하다(예: 물 또는 상변화 물질).

(4) 따뜻해진 건물 내부의 표면에서 열을 분배하는 시스템을 구성하여 공기 흐름에 의한 대류, 공간 분리를 통한 전도, 저온 복사의 조합으로 열을 분배한다.

(5) 여름에 건물의 과열을 방지하면서 적절한 난방을 공급하기 위한 제어 전략을 수립하여 건물 내로 들어오는 조도를 제한할 수 있는 블라인드나 덧문을 활용하거나 창문에 들창을 만들어 수동적으로 일정량 이상의 태양광 진입을 차단한다. 환풍구와 통풍 조절판을 활용하여 건물의 공기 흐름을 제어한다.

건물용 수동적 태양열 난방 시스템은 다음과 같이 구분할 수 있다.

- 직접 획득형(direct gain)
- 고립 획득형(isolated gain)
- 간접 획득형(indirect gain)

그림 6.2에서 수동적 태양열 난방을 공급하기 위해 직접 획득형 태양열 시스템을 이용하는 원리를 확인할 수 있다. 그림의 건물은 북반구 기준으로 동서 방향으로 배치되어 있고 남쪽에 창문이 있다. 태양에너지를 아주 조금만 얻을 수 있는 북쪽에 있는 창문은 열손실을 줄이기 위해 작은 크기로 설치한다. 남쪽 방향으로 설치된 큰 이중창 또는 삼중창을 통해 태양 조도가 건물로 들어와 내부 구조에 흡수된다. 수동으로 태양에너지를 얻는 건물은 큰 열 질량을 가지도록 설계하여 과열되는 것을 막고 적절한 온도를 합리적으로 유지할 수 있도록 한다.

난방을 위해 태양열 직접 획득형 방법을 이용하려면 여러 가지 사항을 고려한 설계가 필요하다. 온대 기후 위도 영역에서 겨울과 여름의 태양에너지 변화가 매우 크다. 겨울에는 태양에너지의 공급이 매우 제한적이기 때문에 큰 창문을 설치해야 한다. 여름에는 난방의 필요성이 제한적인데 큰 창문은 과열을 유발할 수 있다. 따라서 여러 가지 방법을 이용하여 겨울에는 적절한 태양열 난방을 얻고, 여름에는 과열을 방지할 수 있게 한다. 수동 또는 자동 블라인드를 사용하고 창문 위에 들창을 설치하여 해가 낮게 뜨는 겨울에는 태양 조도가 모두 들어올 수 있고, 여름에는 적절하게 차단할 수 있도록 한다.

다른 방법으로는 그림 6.3처럼 태양에너지를 얻기 위해 고립된 태양 공간(sunspace)을 활용하는 것이다. 가정의 온실은 대표적인 태양 공간의 예이다. 이 태양 공간은 태양 조도와 열을

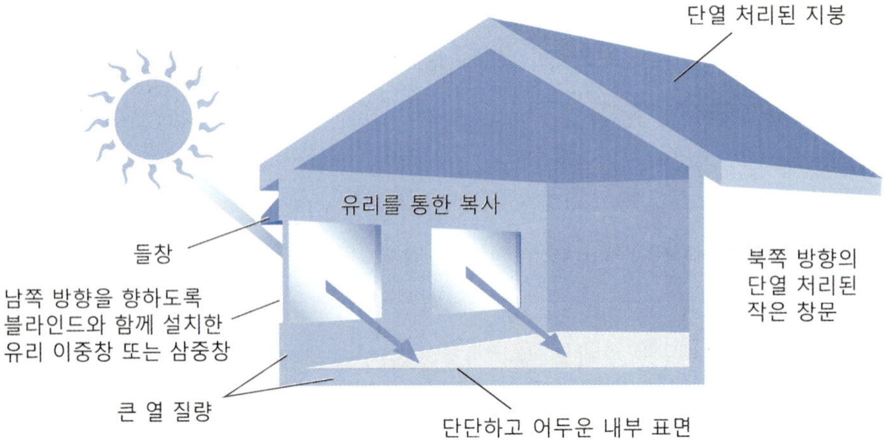

그림 6.2 태양에너지 직접 획득형 방법을 사용한 건물의 난방

모아 따뜻한 공기를 대류나 벽을 통한 전도 및 저온 복사를 통해 건물 내부로 열을 보낸다.

건물의 안락함을 유지하기 위해서는 큰 용량의 열 질량이 필요하다. 대류를 통해 태양 공간에서 열을 옮긴다면 송풍기(fan)로 건물의 공기 흐름을 조절할 수 있다. 밤이나 추울 때는 태양 공간을 격리하여 거주지에서 열손실이 일어나지 않도록 한다.

과거 20년간 많은 영국 주택에서 온실이 추가로 건설되었다. 온실을 활용하면 상당히 큰 수동적 태양에너지 획득이 가능하지만 과열을 방지하는 조치가 필요하다. 겨울이나 야간에 거주지 온실을 필요한 공간으로 이용한다면 난방을 위해 화석연료에서 에너지를 얻어야 한다. 추운 날씨나 밤에는 온실의 큰 창문으로 인해 열을 많이 잃을 수도 있다.

그림 6.4에 있는 트롬 벽(trombe wall)은 어두운 색 벽으로 건물 내부에 위치하며, 남향

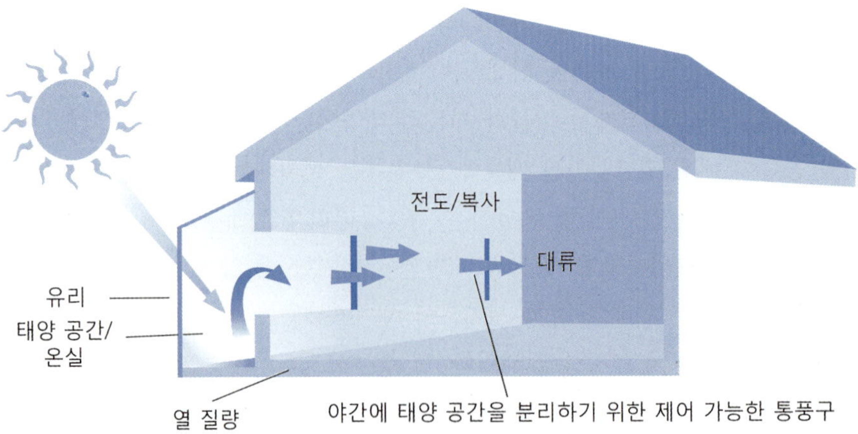

그림 6.3 태양 공간을 이용한 고립 획득형 태양열 시스템(예: 온실)

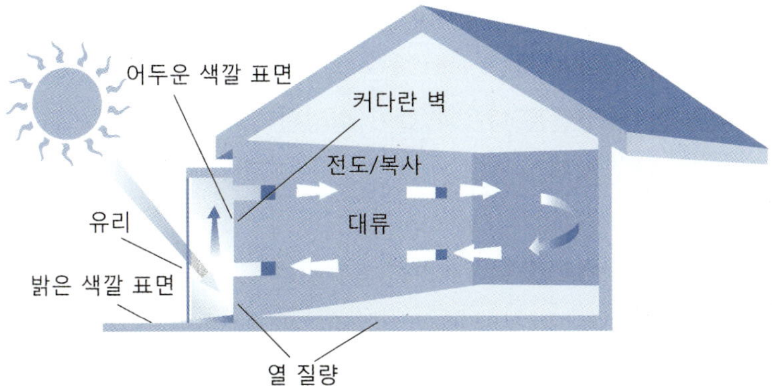

그림 6.4 태양에너지 간접 획득형의 예인 트롬 벽

유리창 표면과 약간의 공간을 두고 떨어져 있어 큰 열 질량을 가지고 있다. 큰 열 질량을 가지는 벽은 태양복사에 의해 온도가 올라가고 환풍 장치가 있다면 공기 흐름에 의한 대류로, 아니라면 전도와 저온 복사로 열을 내부로 전달한다. 유리와 그 벽 사이의 공간으로는 자연 대류에 의해 공기가 순환한다. 밤이나 추운 날에는 사이 공간을 차단하고 환풍기를 제어하여 공기 흐름을 조절할 수 있다. 많은 숫자의 신규 저에너지 주택은 트롬 벽 기술을 활용하여 건축되었지만, 기존 건물의 큰 내벽은 개조하기가 쉽지 않고 새 주택을 지을 때만 이 기술을 적용할 수 있다.

그림 6.2에서 그림 6.4까지 묘사된 모든 방법은 태양에서 직접 조사된 복사와 대기에 산란된 확산복사를 모두 활용하는 방법이다. 건물 남쪽에 단단하고 밝은 색깔 재질로 바닥을 만들면 건물로 들어오는 조도를 늘릴 수 있다. 알베도(albedo)라고 알려진 반사율은 이렇게 높일 수 있다.

상업용 건축물은 유리를 사용하지 않은 태양열 집열기를 사용하여 공기를 예열하는 경우가 종종 있다. 천공된 금속으로 만든 집열기를 건물 남쪽에 수직으로 설치한다. 그 구멍을 통해 공기가 집열기로 들어간 다음 가열된 공기가 건물로 전달된다. 이 시스템은 기공 태양열 집열기(transpired solar collector)라고 불리며, 넓은 공간이 필요하기 때문에 창고와 같은 상업용 건물에 이용된다.

6.2.1 유리창으로 태양열 에너지 얻기

수동적 태양열 난방에서 유리는 빠질 수 없는 요소이다. 고주파 단파장의 복사에너지는 표면 온도가 6000K까지 올라가는 태양에서 방출되어 창문을 통해 투과하여 어두운 색깔의 표면에 흡수된다. 이때 어두운 색깔의 표면 온도가 300K 정도로 데워지면 장파장의 복사에너지를 방출하는데 이러한 장파장의 에너지는 유리창에서 투과되지 못하므로 건물 내부에 갇히게 된다.

창문을 통해 얻어지는 태양열은 다음과 같이 설명된다.

$$Q_{solar} = S \times G \times A \tag{6.1}$$

여기서

Q_{solar}는 열 획득 [W]

S는 태양열 획득 계수 [0 − 1]

G는 복사 조도 [W/m^2]

A는 표면적 [m^2]

유리창의 전체적인 성능은 태양 획득 계수(solar gain factor: 0에서 1 사잇값)로 표현된다. 이 계수는 유리창을 통과하는 고주파 복사에너지 직접 투과, 에너지 반사, 흡수된 에너지 재방출과 프레임 효과까지 포함한다. 유럽에서는 g 값(g-value)이라 하고, 미국에서는 태양열 획득 계수(solar heat gain coefficient)라고 한다.

예제 6.1 유리창을 통한 태양열 획득

각도가 30° 기울어져 있는 3 m×2 m 면적의 큰 창을 통과하는 500 W/m^{2}의 태양복사 조도에 의한 태양열 획득량을 추정하시오. 이 창의 태양열 획득 계수(g-value)는 0.55이다.

• **해답**

태양열 획득량은 다음과 같다.

$$\begin{aligned} Q_{solar} &= S \times G_{normal} \times A \\ &= 0.55 \times 500 \times \cos 30° \times 6 \\ &= 1429 \text{ W} \end{aligned}$$

유리창을 통해 얻는 태양에너지 외에도 투명하지 않은 남쪽(북반구 기준임) 벽 표면에서도 복사에너지를 흡수하여 열을 건물 내부로 전도를 통해 전달된다.

6.3 저온 태양열 시스템에서 열전달 순환

열이 전달되는 과정은 매우 복잡하며 일반적으로 온도에 대한 비선형이다. 즉, 열동력 교환은 온도 변화에 비례하지 않는다. 하지만 일반적으로 영하 20℃에서 영상 80℃ 범위에 있는 건물은 저온 태양열 공정에 해당하기 때문에 열전달이 온도차에 정비례한다고 가정할 수 있으므로 간단한 선형 방정식으로 열손실과 획득을 표현한다. 이 선형 방정식을 이용함으로써 열흐름을 직렬 전기 회로에서의 전류 흐름과 유사한 방식으로 간단히 표현할 수 있다. 열전달이 실제로는 전도, 대류, 복사의 조합으로 이루어지지만, 이 식에서는 각 과정을 개별적으로 고려할 수 있다.

특정한 조건의 전도, 대류, 복사에 대해 건물의 요소들의 열저항(thermal resistance)을 정의할 수 있다. 열흐름 모델에서 여러 가지 요소를 고려하여 열저항을 정의할 때는 아래와 같은 식을 나타낼 수 있다.

$$Q = \frac{\varDelta T}{R_\phi} = \frac{T_{higher} - T_{lower}}{R_\phi} \ [\mathrm{W}] \tag{6.2}$$

여기서

Q는 열의 흐름 [W]

$\varDelta T$는 온도차 [K]

T_{higher}는 더 높은 온도 [K]

T_{lower}는 더 낮은 온도 [K]

R_ϕ는 성분의 열저항 [K/W]

이는 저항이 있는 회로에서 전압차에 의한 전류 흐름을 나타낸 옴의 법칙[식 (6.3)]과 유사하게 비유할 수 있다.

$$I = \frac{\varDelta V}{R} = \frac{V_{higher} - V_{lower}}{R} \ [\mathrm{A}] \tag{6.3}$$

여기서

I는 전류의 흐름 [A]

$\varDelta V$는 전압차 [V]

V_{higher}는 더 높은 전압 [V]

V_{lower}는 더 낮은 전압 [V]

R는 전기 저항 [Ω] 또는 [V/A]

식 (6.2)와 식 (6.3)을 비교하면 간단한 열회로 모델을 어떻게 수립할 수 있는지 알 수 있다. 간단한 전기 회로에서 저항이 조합되는 것처럼 각 성분은 열저항으로써 열흐름에서 직렬 또는 병렬로 고려할 수 있다.

이 간단한 열흐름 모델에서 전도, 대류, 복사에 의한 열흐름을 예측하기 위해서 선형 열전달 계수를 정의해야 한다. 제한된 온도 범위에서만 이 계수가 일정하므로 특정 조건에서 계산에 적용한다.

바닥, 지붕, 창문 등의 건물 성분에서 열흐름이 평행한 경우 열저항 R_ϕ와 역수 관계인 열전도도(thermal conductance) C_ϕ를 기준으로 건물의 열 성능을 계산하는 것이 더 편하다.

$$C_\phi = \frac{1}{R_\phi}$$

직렬과 병렬에서 열저항과 열전도도가 더해지는지 그림 6.5와 그림 6.6에서 볼 수 있다. 그림 6.5에서는 저항이 추가되었다. 벽 때문에 늘어난 열저항은 횡단면의 열저항을 직렬로 추가해서 계산한다. 첫 번째 예로 벽 재료의 열전도 저항은 내외부의 대류/복사 저항에 직렬로 추가하여 전체 저항을 계산한다. 다른 방법으로 다양한 성분의 열저항을 병렬로 생각하여 전체 건물의 열저항을 계산할 수 있다. 예를 들어 벽, 지붕, 창문의 열저항은 각 요소의 저항에 대한 역수를 사용하여 병렬로 고려한다.

열전도도를 거꾸로 사용하는 것은 그림 6.6에서 확인할 수 있다. 벽, 지붕, 창문의 열전도도를 병렬로 추가할 때는 간단하지만, 각 성분의 열전도도를 직렬로 추가하기 위해서는 역수를 사용해야 한다.

간단한 열회로와 전기 회로의 유사점을 표 6.1에서 확인할 수 있다.

노드(node)에서 나오는 열흐름은 노드로 들어가는 열흐름과 균형을 이루므로 총열흐름은

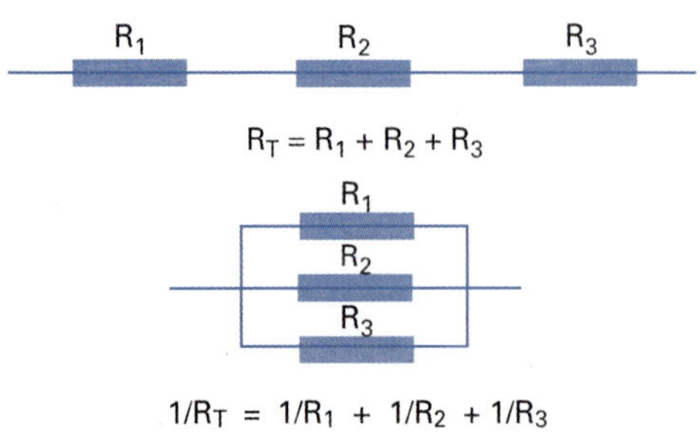

그림 6.5 저항의 추가

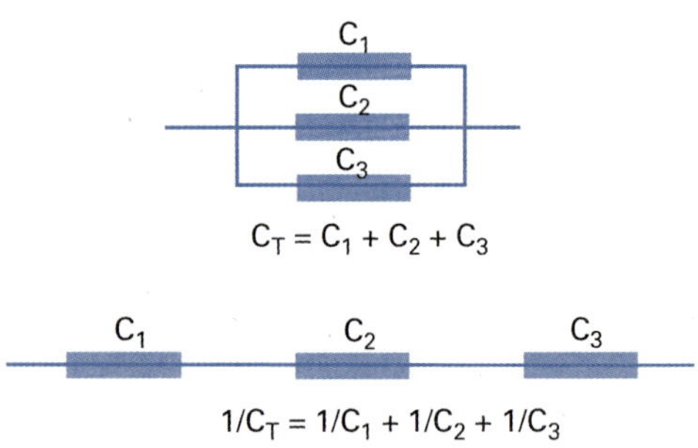

그림 6.6 전도도의 추가

표 6.1 전기 회로와 열회로

	전기 회로	열회로
노드에서의 흐름	$\Sigma I_n = 0$	$\Sigma Q_n = 0$
분기에서의 흐름	$I = \frac{V}{R}$	$Q = \frac{T}{R_\phi}$ $Q = T \times C_\phi$
발생원	일정한 전압	일정한 온도
흐름원	일정한 전류	일정한 열흐름 (예: 태양복사 조도)

0이다. 온도차와 열저항 또는 열전도도에 따라 분기(branch)에서의 열흐름이 결정된다. 전기 회로의 전압차와 유사하게 내외부의 온도차가 열흐름 네트워크의 원동력이다. 표면으로 들어오는 복사 조도는 전기 회로의 전류 흐름 근원과 같은 열흐름 근원이다.

벽이나 창과 같은 건물 전체의 구성 요소를 통한 복합 열전달 계수는 U 값(U-value) 또는 열 투과율(thermal transmittance)이라고 한다. [W/m^2.K] 단위를 사용하는 열 투과율은 건물 구성 요소의 단위 면적당 열전도도이다. U 값은 건물의 열 성능 계산에 널리 사용하며, 그 값이 작을수록 온도차에 따른 열전달이 더 적다는 것을 의미한다.

6.4 환기 때문에 발생하는 건물의 열손실

건물의 구조물에서 발생하는 열손실 외에도 환기 같은 의도적인 공기 교환과 공기 누출과 같은 의도하지 않은 공기 이동에 의해서도 열손실이 발생한다. 공기의 변화에 따른 열전달은 다음 식으로 나타낼 수 있다.

$$Q_V = (T_{int} - T_{amb})\dot{m}c_p \text{ [W]} \tag{6.4}$$

여기서

$$\dot{m} = \rho n V$$

그리고

Q_V는 공기 변화로 인한 열손실 [W]

T_{int}는 내부 온도 [K]

T_{amb}는 상온 [K]

$\dot{m}$는 질량 유량 [kg/s]

ρ는 공기 밀도, 1.25 [kg/m^3]

c_ρ는 공기 비열, 1.005×10^3 [J/kg.K]

n은 공기 변화 [s^{-1}]

V는 부피 [m^3]

식 (6.4)는 아래와 같이 다시 표현할 수도 있다.

$$Q_V = (T_{int} - T_{amb})0.33NV \ [\mathrm{W}]$$

여기서

N은 단위 시간당 공기 변화 [h^{-1}]이다.

예제 6.2 작은 건물의 열손실 추정

아래 작은 직사각형 건물 구조물을 통해 손실되는 열동력을 추정하시오.

길이: 6 m

폭: 5 m

높이: 3 m

내부와 외부의 온도차가 10℃일 때 시간당 2회의 공기 교환이 있다고 가정하고, 환기로 인한 열손실을 포함하시오.

• 해답

건물 요소	면적(m^2)	건물 요소들의 U 값 (W/m^2·K)	건물 요소들을 통한 열손실(W) 면적×U 값×ΔT
지붕	30	0.25	75
바닥	30	0.45	135
벽	56	0.45	252
이중창	10	3	300
단일창	10	6	600

온도차가 10℃이고 이중창을 통한 열손실은 762 W이며, 창이 단일창일 경우 1062 W로 더 많은 열손실이 일어난다.

대기와 공기 교환이 일어날 때의 유량은 다음과 같은 식으로 계산할 수 있다.

$$\dot{m} = \rho n V = 1.25 \times \frac{2}{3600} \times 90 = 0.0625 \text{ kg/s}$$

ρ: 공기의 밀도, 1.25 kg/m^3

n: 초당 공기 변화 [s^{-1}]

V: 공기의 부피 [m^3]

이 공기 교환에서 발생한 열손실은 다음 식으로 계산할 수 있다.

$$Q_V = mc_p \Delta T$$
$$= 0.0625 \times 1.005 \times 10^3 \times 10 = 628 \text{ W}$$

c_p: 공기의 비열, 1.005×10^3 [J/kg.K]

따라서 이중창을 설치한 경우 총열손실은 1390 W이다.

6.5 냉난방 일수

건물의 구조물 자체 열전달과 공기 교환에서 발생하는 열전달의 영향을 받으므로 냉난방에 사용하는 에너지는 외부 온도가 결정한다. 실외 온도가 냉난방에 필요한 에너지를 결정하므로 건물의 에너지 소비 예측이나 계절/연간 단열 개선 효과를 평가하는 것이 어렵다. 예를 들어, 건물 난방에 필요한 에너지가 줄어든 것은 단열재를 추가로 설치하였거나, 거주자의 행동이 변하였거나, 해당 연도의 날씨가 비정상적으로 따뜻하였기 때문일 수 있다. 냉난방 일수라는 개념은 외부 온도 영향을 배제하여 건물 냉난방 시스템 성능을 간단하게 평가할 때 활용한다. 농업 분야에서 농작물의 성장 변화를 평가할 때 해마다 발생하는 계절의 온도 변화에 따른 영향을 배제하기 위해 사용한 방법과 유사한 접근법을 활용한다.

냉난방 일수는 다음 두 가지 방법에 적용할 수 있다.

- 새로 건설한 또는 수선한 건물의 냉난방에 필요한 에너지 소비량을 예측할 때
- 건물 냉난방 시스템의 작동을 모니터링할 때

냉난방 일수는 외부 온도와 기준 온도의 차이로 계산하는데 온도는 24시간 평균 온도를 사용한다. 기준 온도는 건물에 냉난방하지 않아도 될 때의 균형점 온도이다. 영국에서는 보

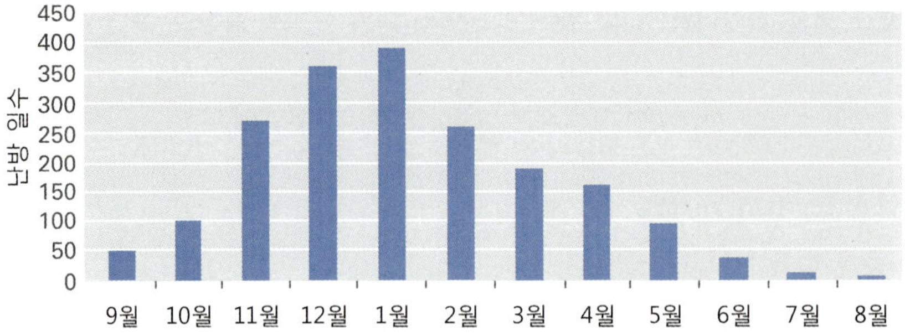

그림 6.7 영국 어느 지방의 월별 난방 일수

통 기준 온도를 15.5℃로 설정하고, 병원은 18.5℃로 설정하며, 단열이 잘된 건물은 더 낮은 온도를 기준 온도로 설정한다. 오래 전에 기본 온도가 15.5℃인 것은 일반 건물의 쾌적한 온도가 18.3℃라고 가정하여 설정한 것으로 지금까지 계속해서 널리 사용되고 있다.

냉난방 일수를 계산하는 방법은 여러 가지 있지만, 국가 기상 서비스에서 실용적인 목적을 위해 냉난방 일수표를 작성하여 온라인으로 게시한다. 데이터의 접근이 가능한 경우 매 시간 평균 온도로 24시간 온도(24 degree-hours)를 계산하여 평균값을 도출할 수 있다. 시간별 온도 데이터를 쓸 수 없을 때 냉난방 일수를 계산하려면 일일 최대 및 최소 온도를 활용하여 계산한다. 냉난방 일수는 한 달의 기간에 대해 계산하며 정수로 표시한다. 난방 일수는 기준 온도 미만일 때를 계산하고, 냉방 일수는 기준 온도 초과일 때를 계산한다.

그림 6.7은 영국 어느 지방의 월별 난방 일수의 수치를 나타낸 것이다. 이 그림에서 보통 1월에 난방 일수가 가장 크며 이 해의 봄은 다소 포근하였던 것을 확인할 수 있다. 6월에서 9월까지 여름에는 난방이 필요하지 않았다.

6.5.1 냉난방 일수를 활용한 건물의 열 성능 관찰

건물의 열 성능에 대해 그림 6.8에 간단하게 표현하였다. T_{int}가 T_{amb}보다 높고 그때 난방이 필요하다고 가정한다.

건물의 열 성능은 구조물을 통한 열손실과 공기의 변화에 따른 열손실이라는 두 가지 중요한 요소를 고려해야 한다.

구조물을 통한 열전달 속도(Q_F)는 다음 식으로 계산한다.

$$Q_F = UA(T_{int} - T_{amb}) \text{ [W]}$$

여기서

U는 전체 구조물 U 값 [W/m^2.K]

A는 전체 구조물 면적 [m^2]

공기 변화로 인한 열전달 속도(Q_V)는 다음 식으로 계산한다.

$$Q_V = \dot{m}c_p(T_{int} - T_{amb}) \text{ [W]}$$

여기서

$\dot{m}$은 공기 질량 유량 [kg/s]

c_p는 공기 비열 1.005 kJ/kg.K

질량 유량은 다음 식으로 계산한다.

$$\dot{m} = \rho n V$$

여기서

ρ는 공기 밀도 [1.25 kg/m^3]

n은 초당 공기 변화 횟수 [s^{-1}]

V는 부피 [m^3]

건물 전체 열손실 계수를 U'으로 정의하면 다음 식으로 계산한다.

$$U' = UA + \rho n V c_p \text{ [W/K]}$$

구조물에서 발생하는 열전달과 공기 교환 때문에 생기는 열전달은 다음 식으로 계산한다.

$$Q_F + Q_V = (UA + \rho n V c_p)(T_{int} - T_{amb}) = U'(T_{int} - T_{amb}) \text{ [W]}$$

건물 내의 거주자와 태양에너지, 내부 장비에서 얻어진 열은 Q_G로 대입한다.

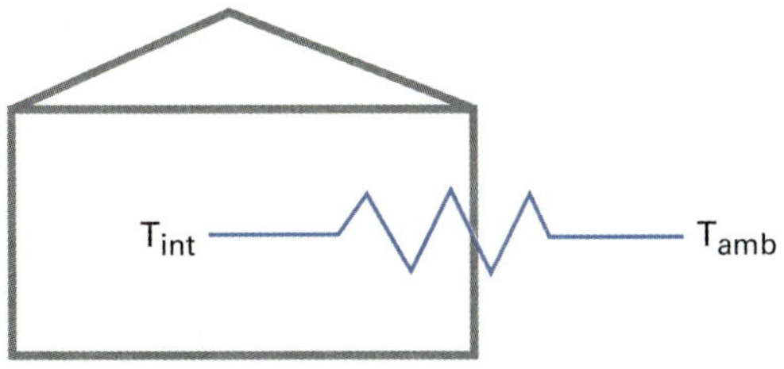

그림 6.8 건물 열손실에 대한 간단한 묘사

최종적으로 해당 건물의 열균형(Q_T)은 다음 식으로 계산한다.

$$Q_T = Q_F + Q_V - Q_G = U'(T_{int} - T_{amb}) - Q_G \text{ [W]}$$

일정 기간 에너지 수요는 다음 식으로 계산한다.

$$E = \int Q_T dt$$

$$E = \int \{U'(T_{int} - T_{amb}) - Q_G\} dt \text{ [J]}$$

또는

$$E = U' \int \left\{ (T_{int} - T_{amb}) - \frac{Q_G}{U'} \right\} dt \text{ [J]}$$

용어 $\frac{Q_G}{U'}$의 단위는 온도이며, 유익한 내부 열 획득으로 인해 내부 온도가 올라가는 것으로 고려할 수 있다.

따라서 기본 온도 T_{base}를 정의할 때 다음과 같은 식으로 쓸 수 있다.

$$T_{base} = T_{int} - \frac{Q_G}{U'}$$

다음과 같이 작성이 가능하다.

$$E = U' \int (T_{base} - T_{amb}) dt \text{ [J]} \tag{6.5}$$

이 식은 외부 온도와 에너지 수요에 대한 선형 관계식이다.

24시간 동안 기본 온도와 시간별 바깥 평균 온도 간의 차이로 난방 일수를 계산할 수 있으므로 하루에 건물 난방에 필요한 연료 소비량은 **kWh** 단위로 다음 식으로 계산할 수 있다.

$$D_d = \frac{1}{24} \sum_{h=1}^{24} [T_{base} - T_{amb}(\text{h})] \text{ [K.day]}$$

$$F = \frac{U' D_d}{\eta} \times \frac{24}{1000} \text{ [kWh]}$$

여기서

η은 시스템의 난방 효율이다.

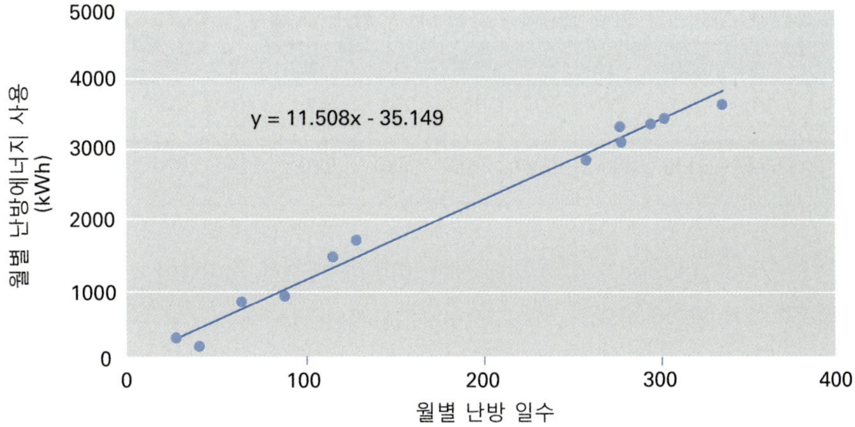

그림 6.9 소형 건물의 성능선의 예

건물의 난방 성능을 확인하기 위해 냉난방 일수가 중요하게 쓰인다. 해당 기간 소비된 에너지에 대해 1개월 동안 난방 일수(D_m)를 성능선(performance line)으로 그린다. 전국 기상 서비스에서 어느 지역의 월간 난방 일수와 월별 에너지 사용량을 확인할 수 있어서 해당 자료를 활용하여 지역별 성능선을 그릴 수 있다. 성능선을 보다 정확하게 그리려면 난방 일수 계산이 해당 달의 시작과 끝을 기준으로 시행하므로 에너지 소비량도 동일한 기간으로 정해서 측정해야 한다. 예를 들어, 그림 6.9는 소규모 산업 건물의 성능선을 나타낸 것이다. 12개월 자료를 기초로 회귀선을 작성하였다.

식 (6.4)에서 예상한 것과 같이 1개월 동안 난방 일수와 에너지 소비량의 관계는 선형 관계이다. 난방 장치의 오작동이나 거주자의 변화는 회귀선에서 벗어나는 편차로 찾아낼 수 있다. 회귀선 편차를 편차 누적 합계(CUSUM: cumulative sum of the differences) 기술로 합산하여 유용하게 활용할 수 있다. 난방 시스템이 새로운 방식으로 작동하는 경우 에너지 소비량 계량치, 난방 일수 및 회귀선에서 예측한 값과의 차이를 누적해서 합하면 보다 명확하게 볼 수 있다.

예제 6.3(a) 건물 열 성능을 확인하기 위한 난방 일수의 활용

표 6.2에는 그림 6.9를 그리는 데 필요한 데이터가 있다. 이 표에서 소형 상업용 건물의 실내 난방을 위해 작년에 소비된 에너지와 난방 일수를 볼 수 있다.

올해 초 에너지 사용을 줄이기 위한 건물 거주자 행동 변화 캠페인을 시작하였다. 난방 시스템을 더 잘 제어하고 문과 창문을 열어 둔 상태로 방치하지 않도록 하는 내용이 포함된 캠페인이

표 6.2 작년 소형 상업용 건물 실내 난방에 사용된 에너지와 난방 일수

월	1월	2월	3월	4월	5월	6월	7월	8월	9월	10월	11월	12월
난방 일수	301	277	257	277	115	88	27	40	64	128	295	336
에너지 소비량(kWh)	3420	3150	2860	3310	1450	880	280	124	770	1700	3340	3670

다. 올해 난방 일수가 180일이고 날씨가 쌀쌀한 10월의 에너지 소비량이 1750 kWh이었다. 이 캠페인은 성공적인지 판단하시오.

• 해답

그림 6.9에 있는 성능선을 활용하여 다음 식을 확인한다.

$$y = 11.5x - 35.15$$

캠페인이 없었다면 10월 한 달 동안 예측되는 에너지 소비량은 다음과 같이 계산한다.

$$11.5 \times 180 - 35.15 = 2035 \ \text{kWh}$$

캠페인이 진행된 후 에너지 소비량이 더 작으므로 캠페인은 성공적이다.

$$\Delta E = \frac{1750 - 2035}{2035} = -14\%$$

행동 변화 캠페인이 초기에 매우 성공적이었다는 것을 보여 주는 증거로 에너지 소비량이 14% 감소하였으나 정말 캠페인이 효과적이었다는 것을 확인하려면 향후 몇 년간 모니터링을 해야 한다.

예제 6.3(b) 건물 에너지 소비량을 예측하기 위한 난방 일수의 활용

건물의 표면적은 600 m^2이고 복합 U 값은 0.45 $W/m^2.K$이다. 그 건물의 부피가 900 m^3이고 시간당 0.7의 공기 변화가 있을 때 이 건물 모델이 얼마나 유용한지 판단하시오. U 값을 0.3 $W/m^2.K$로 개선하고, 시간당 공기 변화 횟수를 0.6으로 줄이면 효과는 어떻게 되는지 답하시오.

• 해답

같은 10월 기준으로 에너지 사용량을 다음 식으로 예측하였다.

$$E = (UA + \rho nVc_p) \times D_m \times \frac{24}{1000} \ [\text{kWh}]$$

U: 0.45 $W/m^2.K$

A: 600 m^2

ρ: 1.2 kg/m^3

n: 0.7 h^{-1}

V: 900 m^3

c_p: 1005 J/kg.K

D_m: 월별 난방 일수

$$E = \left(0.45 \times 600 + 1.2 \times \frac{0.7}{3600} \times 900 \times 1005\right) \times 180 \times \frac{24}{1000}$$
$$= 2078 \text{ kWh}$$

성능선의 예상 에너지 소비량과의 차이로 결과를 알 수 있다.

$$\Delta E = \frac{2078 - 2035}{2035} = 2.1\%$$

결과값의 오차가 작으므로 이 예측 모델은 타당하다.

복합 U 값을 0.3 $W/m^2.K$로 낮추고 정말 까다로운 조건으로 건물을 운용하여 공기 변화율을 시간당 0.6으로 낮추면 연료 소비량을 줄이는 효과가 있을 것이다.

$$E = \left(0.3 \times 600 + 1.2 \times \frac{0.6}{3600} \times 900 \times 1005\right) \times 180 \times \frac{24}{1000}$$
$$= 1559 \text{ kWh}$$

행동 변화 캠페인에 영향을 받은 사용자들의 행동 변화가 꾸준히 유지된다고 할 때, 건물 구조물과 환기 시스템의 변화로 인한 추가 에너지 감소는 다음과 같다.

$$\Delta E = \frac{1559 - 1750}{1750} = -1.1\%$$

행동 변화 캠페인이 에너지 사용량에 미치는 영향과 건물 구조물의 변화에 따른 에너지 사용량의 변화 효과는 비슷하였다. 따라서 큰 비용이 소요되는 건물 구조물의 변화보다 행동 변화 캠페인이 더 경제적인 방법이라고 할 수 있다. 하지만 행동 변화로 인한 에너지 사용량 감소를 위해서는 지속적인 개입과 관련 비용이 필요할 수 있다. 건물 성능의 물리적 개선을 위한 비용 투자가 필요하다.

6.6 태양복사와 유리의 특성

그림 6.10에 나타낸 것과 같이 태양복사 에너지가 투명한 물질의 표면에 부딪히면, 일부는 반사되고 일부는 투과되며 나머지는 흡수된다. 완전히 투명한 물질은 반사율과 흡수율이 0이고, 투과율이 1이다. 열전달과 관련된 문헌에서 반사율(reflectivity와 reflectance), 흡수율(absorptivity와 absorptance), 투과율(transmissivity와 transmittance) 용어는 각각 같은 의미로 사용된다.

이 계수들의 합은 항상 1이다.

$$\rho + \alpha + \tau = 1$$

여기서

ρ는 반사율(reflectivity 또는 reflectance)

α는 흡수율(absorptivity 또는 absorptance)

τ는 투과율(transmissivity 또는 transmittance)

이 세 계수들은 전부 0과 1 사이의 값을 가지고 복사에너지 파장에 따라 일정하지 않게 달라진다. 유리는 태양의 τ 값이 0.8에서 0.9 사이인 고온 열원에서 방출되는 단파장 복사를 투과시키면서 동시에 장파장 복사를 막는($\tau \sim 0.02$) 중요한 특성이 있다.

다양한 파장에서 유리를 얼마나 투과하는지를 그림 6.11에서 확인할 수 있다. 태양 스펙트럼 파장(0.3~3 μm)에서의 투과율은 0.8~0.9(80~90%)이지만 지구상 물체가 300~400K 온도에서 방출하는 4~10 μm의 파장에서는 투과율이 약 0.02까지 낮아진다.

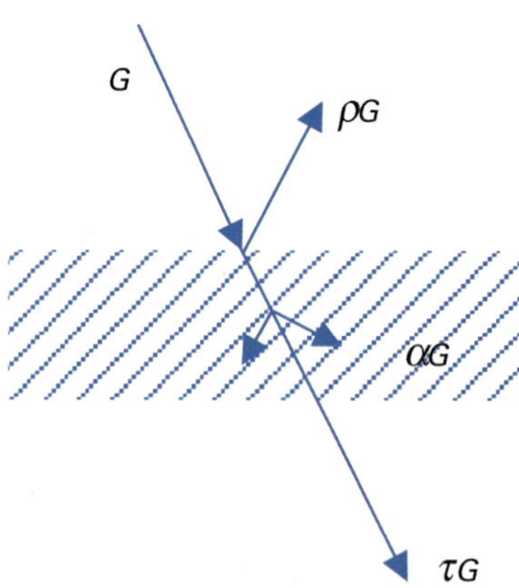

그림 6.10 투명한 표면에 부딪히는 복사에너지

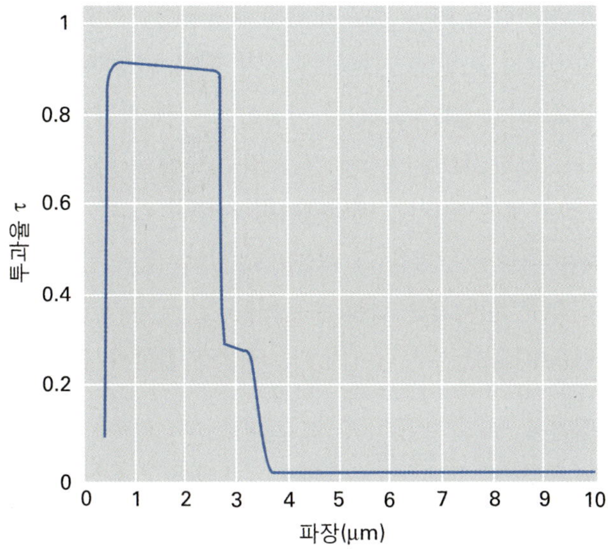

그림 6.11 유리의 투과율

유리창 두께가 3~4 mm일 때 5800K 온도의 태양 표면에서 나오는 고주파 단파장 복사의 투과율값과 300~400K 온도의 물체에서 나오는 적외선 영역 저주파 장파장 복사 투과율값이 표 6.3에 있다.

유리의 투과율이 파장에 따라 변하는 것이 그림 6.11과 표 6.3에 나타나 있다. 창문이 어떻게 태양에너지를 실내에 가두고 태양열 난방이 되는지를 알 수 있다.

표 6.3 유리의 투과율

열 발생원의 온도(K)	5800(태양 표면)	300~400(뜨거운 물체, 25~125℃)
복사 파장	< 3	4~10
유리의 투과율	0.8~0.9	0.02

6.7 태양열 온수 공급

영국에서는 열에너지를 실내 난방 다음으로 온수 공급에 많이 소비한다는 것을 위 그림 6.1에서 보였다. 실내 난방이 덜 필요한 따뜻한 국가에서는 가정에서 소비하는 전체 에너지에서 25%까지 난방에 사용하기도 한다. 평판형 태양열 집열기나 진공관(evacuated tube)을 활용하는 태양열 난방 시스템은 이미 많은 공급업체가 있는 잘 확립된 기술이다. 하지만 영국에서는 겨울에 태양에너지 자원이 제한되어 있기 때문에 상대적으로 저렴하고 고효율인 콘덴싱 가스보일러(condensing gas boiler)를 사용하는 것과 태양열 난방 시스템을 사용하는 것이 경제적으로 차이가 크지 않다. 영국에 있는 일부 주택에서는 태양열 온수 공급이 이용되고 있으나 널리 보급된 것은 아니다. 태양에너지 자원이 더 풍부한 그리스, 스페인, 일본, 이스라엘과 같은 국가는 태양열 난방을 잘 이용하고 있고, 새로 건축하는 건물에는 의무적으로 설치해야 한다. 이 점은 영국과는 다른 부분이다.

태양열 난방 시스템은 다양한 디자인이 있다. 태양열 집열기 유형은 다음과 같다.

- 비유리형 평판 집열기
- 유리형 평판 집열기
- 진공관 집열기

유리 없는 평판형 집열기는 주변 온도보다 10℃ 가까이 수온을 높일 수 있는 상승 효과를 얻을 수 있다. 보통 실외 수영장의 물을 데우는 데 이용된다. 이 장치의 성능은 공기 대류에 영향을 크게 받기 때문에 풍속에 매우 민감하다. 유리가 있는 평판형 집열기는 1장 이상의

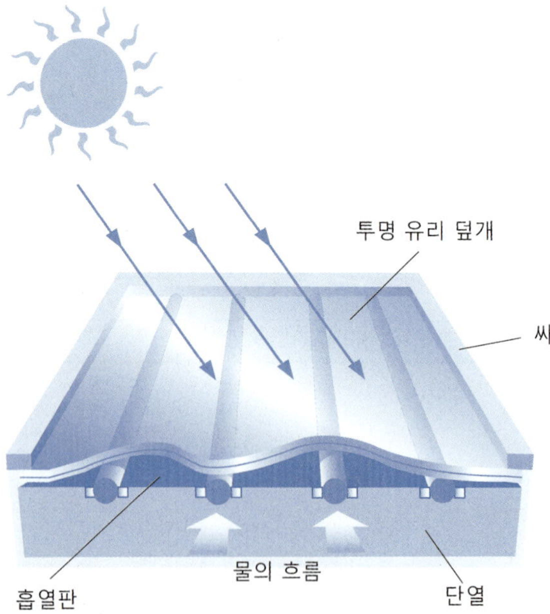

그림 6.12 기본적인 평판형 태양열 집열기
출처: *Renewable Energy: Power for a Sustainable Future* by Godfrey Boyle, By permission of Oxford University Press, USA, 1996.

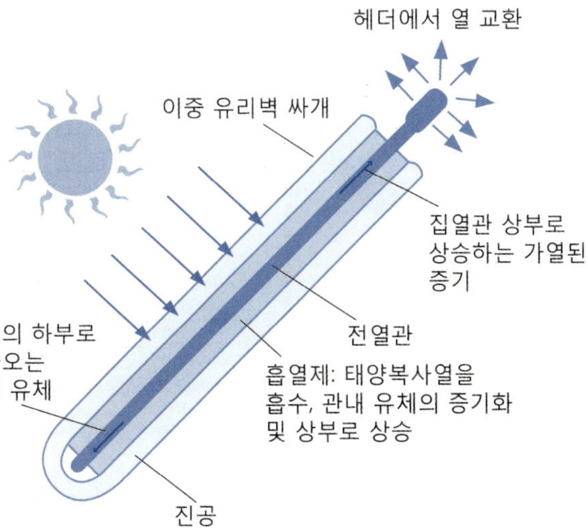

그림 6.13 전열관이 있는 진공관 태양열 집열기

유리를 활용하여 주변 온도보다 50℃ 가까이 수온을 높일 수 있다. 진공관 집열기는 유리형 평판 집열기보다 더 높은 온도를 얻을 수 있다.

일반적으로 북반구 기준에서 위도와 같은 각도로 경사진 남쪽 방향 지붕에 유리가 있는 평판형 태양열 집열기가 있는 것을 그림 6.12에서 볼 수 있다.

평판형 태양열 집열기는 유리 여러 장으로 된 덮개, 흡수판과 연결된 수도관, 후면 절연과 싸개로 구성된다. 태양복사는 흡수판을 데워 수도관의 물에 있는 열을 전도시켜 추출한다.

투명 덮개를 여러 장 사용해서 열손실을 줄일 수 있기는 하지만, 평판형 태양열 집열기는 집열기 내부에서의 대류와 대기로 보내는 열복사로 인해 흡열제로부터의 열손실이 발생한다. 그리고 투명 덮개가 일부 태양 조도를 반사한다는 단점이 있다. 이러한 단점은 진공관 태양열 집열기(그림 6.13)를 사용해서 극복할 수 있다.

진공관 태양열 집열기의 중앙 금속 흡열제가 태양복사를 받아 가열된다. 이 흡열제에서 전열관(heat pipe)으로 전도와 복사가 일어나 열이 전달된다. 열관 안에는 끓는점이 낮은 메탄올 같은 유체가 들어 있어서 가열되면 증기로 바뀌어 위쪽으로 향하고 위쪽에서 응축되어 열이 헤더(header) 부분으로 전달된다. 헤더 부분에서 열이 온수 시스템으로 이동하게 된다. 흡열제와 전열관은 이중 유리관으로 둘러싸여 있고, 이 유리관 내부는 열손실을 줄이기 위해 진공 상태이다. 진공관 태양열 집열기는 평판형보다 효율적이고 태양 조도 입사각에 덜 까다로우며, 더 고온의 물을 공급할 수 있다. 일부 수정된 설계에서는 열관 대신 진공관 관통 유체 회로를 적용한다.

그림 6.14를 보면 영국에서 보통 간접 양수 시스템(indirect pumped water system)을 태

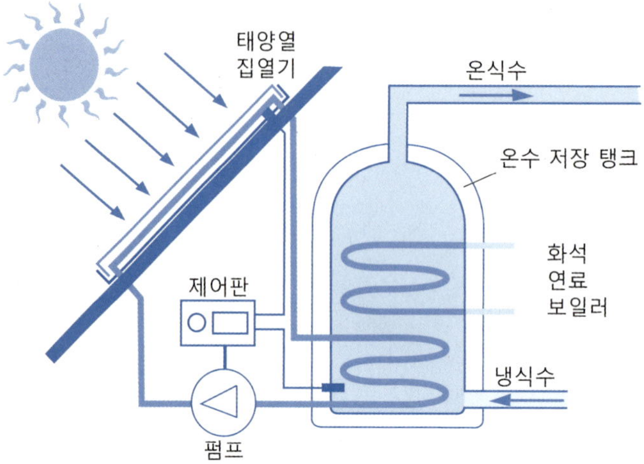

그림 6.14 간접형 펌프식 태양열 온수 시스템
출처: *Understanding Renewable Energy Systems*, Volker Quaschning, Earthscan, 2005.

양열 난방 시스템에 적용하는 것을 알 수 있다. 평판형이나 진공관 태양열 집열기의 주 회로를 통해 열저장 탱크로 열을 전달한다. 주 회로 안에 있는 유체는 펌프에 의해 이동하게 되는데 태양열 패널의 출구 온도와 열저장 탱크 내의 온도차를 비교하여 유체의 순환을 제어한다. 태양열 집열판과 탱크 내부의 온도 차이가 일정 이상이 될 때만 펌프가 작동한다. 몇몇 설계에서는 작은 태양광 패널을 설치하여 펌프에 동력을 공급해서 전체 설비에 추가적인

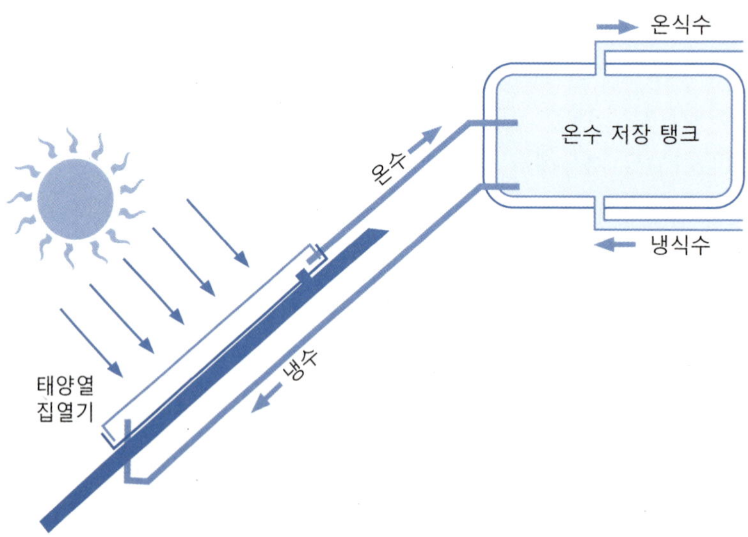

그림 6.15 열 사이펀 태양열 수집기
출처: *Understanding Renewable Energy Systems*, Volker Quaschning, Earthscan, 2005.

전력 공급이 필요하지 않도록 하였다. 주 회로 내의 유체는 독성이 없는 부동액(anti-freeze)을 이용해서 야간이나 추운 날에도 얼지 않게 해야 한다. 부동액을 이용하는 대신 펌프가 작동하지 않을 때 회로에서 유체를 배출시키는 드레인 백(drain-back) 시스템을 적용할 수도 있다. 온대 기후 국가에서는 한 해 동안 필요한 온수의 일부를 태양에너지로부터 공급받는다. 태양 조도가 낮은 시간대에는 가스보일러나 전기 히터를 활용하여 추가적인 열을 공급해서 온수를 사용할 수 있게 해야 한다. 간접 양수 시스템이 있는 온수 저장 탱크는 어디에나 배치할 수 있으나 파이프가 길어지면 단열에 어려움이 있기 때문에 유의해서 설치해야 한다. 가정용 온수는 주로 65℃ 가까이에서 보관하여 살모넬라 박테리아(Salmonella bacteria)를 살처분하도록 한다.

태양열 자원이 풍부하고 결빙 위험이 없는 일부 국가에서는 태양열 집열기에 직접 시스템을 사용하여 식수를 순환시킨다. 이 방법은 수압 회로를 단순화한 것이며, 물을 순환시키기 위해 열 사이펀(thermo-syphon) 원리를 활용하여 펌프 없이 더 단순한 설비로 설치할 수 있다. 이때 물 저장용 탱크는 태양열 집열기보다 높은 곳에 위치해야 하는 조건이 있다.

열 사이펀 원리를 활용한 태양열 온수 시스템의 원리를 그림 6.15에서 볼 수 있다.

그림 6.16과 그림 6.17에서 태양열 온수기의 예를 볼 수 있다. 그림 6.16은 지붕에 위치해

그림 6.16 열 사이펀 평판형 태양열 집열기 활용 지붕 장착형 가정용 온수 공급 시스템
출처: Roy Pedersen/셔터스톡(shutterstock.com).

그림 6.17 영국에 있는 어느 학교 옥상에 있는 진공관 태양열 집열기
출처: Rhico(컬러 사진 참조).

있는 사이펀 사용 평판형 태양열 집열기이다. 저장 탱크는 태양열 집열기보다 위에 있어야 하고, 지붕에서 살짝 기울어진 각도로 놓아야 한다. 영국에 있는 어느 학교 지붕에 설치된 진공관 태양열 집열기와 펌프식 온수 장치를 그림 6.17에 나타냈다. 위도가 50° 정도인 이 지역에서는 패널의 기울기가 더 가파른 것을 알 수 있다.

6.8 평판형 태양열 집열기의 성능

평판형 태양열 집열기 성능은 다음 세 가지 에너지 흐름을 고려하여 간단히 설명할 수 있다.

(1) 흡수판에 흡수된 태양에너지

(2) 물 흐름으로부터 추출된 유용한 열에너지

(3) 대기로의 에너지 손실

태양 조도가 투명 덮개를 투과하여 흡수판에 도달한다.

흡수판에서 흡수된 태양열 에너지(Q_T)는 다음 식으로 계산한다.

$$Q_T = AG(\tau\alpha) \ [\mathrm{W}]$$

여기서

A는 흡수판의 면적 [m^2]

G는 태양 조도 [$\mathrm{W/m}^2$]

τ는 덮개 투과율 [무차원 계수(dimensionless coefficient), 0 − 1]

α는 흡수판의 흡수율 [무차원 계수, 0 − 1]

일반적으로 투과율과 흡수율을 조합해서 무차원 계수($\tau\alpha$)로 사용한다. 복사 조도와 태양열 집열기 덮개 사이의 각도가 60° 보다 커지면 유리 투과율이 낮아진다.

태양열 집열기 열 출력은 물 흐름(Q_W)으로부터 추출한 열에너지 비율이며 Q_W는 다음과 같이 계산한다.

$$Q_W = \dot{m} c_p (T_{out} - T_{in}) \ [\mathrm{W}]$$

여기서

$\dot{m}$는 물의 질량 유량 [kg/s]

c_p는 물의 비열 [J/kg.K]

T_{in}은 물의 입구 온도 [K]

T_{out}은 물의 배출구 온도 [K]

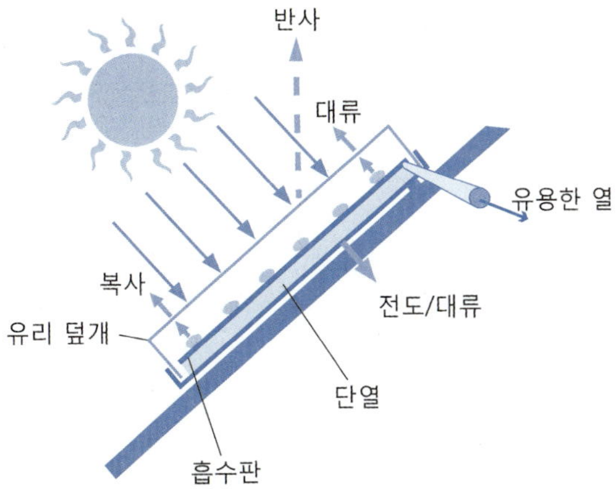

그림 6.18 평판형 태양열 집열기의 열흐름
출처: *Understanding Renewable Energy Systems*, Volker Quaschning, Earthscan, 2005.

집열기 기판에서의 열손실(Q_L)은 유리 덮개에서 대기로 대류와 복사 과정으로, 그리고 흡수판 뒤에서 전도 과정으로 일어난다. 이 열손실은 다음 식으로 계산한다.

$$Q_L = AU(T_{mean} - T_{amb}) \text{ [W]}$$

여기서

U는 열손실 계수(W/m^2.K)이며, U는 흡수판으로부터의 대류와 전도 및 복사에 의한 손실을 나타낸다.

T_{mean}은 흡수판의 평균 온도이며, 입구와 출구 수온 평균값으로 예측할 수 있으나 직접 측정하는 것은 다소 어렵다.

T_{amb}는 주변 대기 온도이다.

아래 방정식을 함께 활용하면 정상 상태(steady state)에서 집열기 성능을 알 수 있다.

$$Q_W = Q_T - Q_L \text{ [W]}$$

$$Q_W = \dot{m}c_p(T_{out} - T_{in}) = A[G(\tau\alpha) - U(T_{mean} - T_{amb})] \text{ [W]}$$

태양열 집열기 효율은 추출열을 입사 조도로 나눈 값이다.

$$\eta = \frac{Q_W}{AG} = (\tau\alpha) - \frac{U}{G}(T_{mean} - T_{amb}) \tag{6.6}$$

흡수판의 평균 온도(T_{mean})를 결정하는 것은 어려우므로 식 (6.6)을 실제로 적용하기는 힘들다. 따라서 입구 수온을 활용하는 F_R를 정의하여 사용하는 것이 일반적이다. F_R는 집열판에서 물로 열이 전달되는 효율성에 대해 설명한다. 그리고 F_R는 집열기에서 실제로 얻은 활용 가능한 열(Q_W)과 현재의 입구 수온을 기준으로 전체 집열판 표면에서 얻을 수 있는 모든 열의 비율을 나타낸다.

$$F_R = \frac{\dot{m}c_p(T_{out} - T_{in})}{A[G(\tau\alpha) - U(T_{in} - T_{out})]}$$

입구 수온을 활용하면 다음 식과 같이 계산할 수 있다.

$$\eta = F_R\left[(\tau\alpha) - \frac{U}{G}(T_{in} - T_{amb})\right] \tag{6.7}$$

여기서

η은 태양열 집열기 효율

F_R는 집열기에서 물로 전달되는 열전달에 관해 설명하는 집열기 열 제거 인자(factor)

T_{in}은 입구 수온 [K]

식 (6.7)은 그 식을 처음 유도한 발명자들의 이름을 따서 Hottel-Whillier-Bliss식으로 알려져 있다.

입구 수온과 주변 기온을 측정하는 것이 비교적 간단하고 유체의 유량에 무관하기 때문에 집열기의 효율은 식 (6.7)로 계산하는 것이 실질적으로 매우 유용하다. 태양열 집열기 성능을 표현할 때 이 값을 사용할 수 있다. 유리 없는 평판형 태양열 온수 공급 장치와 이중 유리창이 있는 평판형 태양열 온수 공급 장치의 일반적인 특성이 그림 6.19에 있다.

y 절편은 이중 유리창이 있는 평판형 태양열 온수 공급 장치의 광학 효율($F_R \times \tau\alpha$, 0.7)이며, 기울기($-4.7\ \mathrm{W/m^2.K}$)는 열 계수($F_R \times U$)를 표현한다.

그림 6.19는 유입수 온도가 높아지면 태양열 집열기의 효율이 낮아지는 것을 보여 준다. 집열기 온도가 높아지면 집열기에서 발생하는 열손실이 증가한다. 유리가 없는 태양열 집열기 그래프에서 보이는 가파른 기울기는 열손실이 매우 크다는 것을 보여 주며, 풍속에 매우 민감하다는 것을 알 수 있다.

물 흐름이 없다면 활용 가능한 열을 빼낼 수 없으므로 태양열 집열기 효율(η)이 0으로 떨

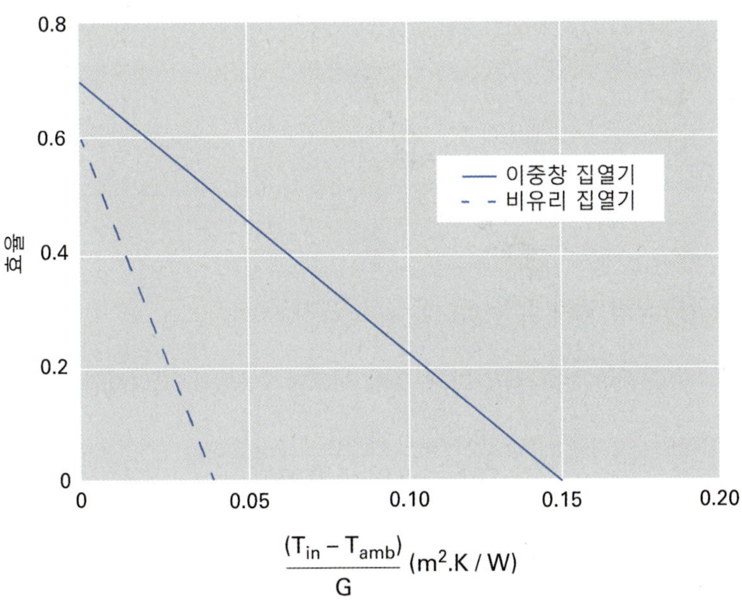

그림 6.19 평판형 태양열 집열기의 특성

어진다. 따라서 유량이 0일 때 방정식 (6.7)을 이용하여 효율이 0인 정체 온도(stagnation temperature)를 확인할 수 있다.

$$T_{stag} = \frac{G}{U}(\tau\alpha) + T_{amb}$$

여기서

T_{stag}는 정체 온도이다.

정체 온도는 주어진 조도 조건과 주변 기온에서 태양열 집열기가 가질 수 있는 최대 온도이다.

예제 6.4 평판형 태양열 집열기 성능

그림 6.19에서 이중 유리창으로 구성된 태양열 집열기의 각 유리 시트의 투과율(τ)은 0.91이고, 유리판의 흡수율(α)은 0.93임을 확인하였다.
이때 다음을 계산하시오.

(a) 열 제거 인자 F_R

(b) 열손실 계수 U

(c) 유용한 에너지가 전달되는 속도

- 복사 조도(G): 500 W/m^2
- 입구 수온: 30℃
- 주변 온도: 15℃

(d) 정체 온도

• 해답

(a) 그림 6.19를 살펴보면 광학 효율(η_O, y 절편)은 0.7이다.

$\eta_O = F_R(\tau\alpha)$이고 유리 시트가 2개임을 고려하면

$$F_R = \frac{\eta_O}{(\tau\alpha)} = \frac{0.7}{0.91^2 \times 0.93} = 0.909$$

(b) 그림 6.19로부터 기울기는

$$\text{기울기} = -\frac{0.7}{0.15} = 4.67\ \text{W/m}^2.\text{K}$$

그리고 식 (6.7)로부터

$$\text{기울기} = F_R U = 0.909$$

$$U = \frac{4.69}{0.909} = 5.16\ \text{W/m}^2.\text{K}$$

(c) 다음 식을 이용하면

$$\eta = F_R\left[(\tau\alpha) - \frac{U}{G}(T_{in} - T_{amb})\right]$$

$$\eta = 0.909\left[(0.91^2 \times 0.93) - \frac{5.16}{5000}(30 - 15)\right] = 0.909[0.77 - 0.155] = 0.56$$

이러한 조건에서 태양열 집열기의 효율은 56%이다.

따라서 전달되는 유용한 에너지는

$$q = G \times \eta = 500 \times 0.56 = 280\ \text{W/m}^2$$

(d) 정체 온도에서는 유용한 열이 추출되지 않으므로 η_O가 0이다.

$$(\tau\alpha) = \frac{U}{G}(T_{stag} - T_{amb})$$

$$T_{stag} = (\tau\alpha) \times \frac{G}{U} T_{amb} = (0.91^2 \times 0.93) \times \frac{500}{5.16} + 15 = 89℃$$

6.8.1 흡열판 표면의 선택성

태양열 집열기의 작동 원리는 열손실을 최소화하면서 동시에 최대한 많은 고주파 복사에너지를 흡수하는 것이다. 집열기판과 유리 덮개 간의 거리를 적절히 조절하고, 집열기판 뒤에 두꺼운 단열재를 붙여 집열기에서의 대류와 전도에 의한 열손실을 최소화한다. 진공관을 사용하는 집열기는 대류로 인한 열손실을 효과적으로 차단할 수 있다.

태양은 방출하는 복사에너지 중 98%가 3 μm 미만의 파장에서 나오지만 400K 온도의 흑체(black body)는 3 μm보다 긴 파장의 복사에너지를 방출한다. 그러므로 높은 흡광도(α)와 낮은 방사율(ε)을 가지는 흡열판 재료를 적절하게 선택해서 태양 조도로부터 확보하는 태양에너지를 더 증가시킬 수 있다.

집열기 재료의 이상적인 특성을 그림 6.20에서 볼 수 있다. 이 그림에서 저온 태양열 집열기 흡열판의 이상적인 표면의 파장대별 단색 방사율과 흡수율을 확인할 수 있다. 최대 3 μm

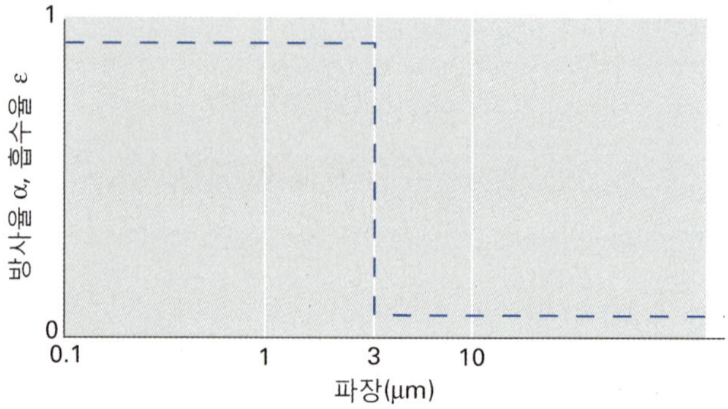

그림 6.20 선택적 흡열판의 이상적인 특성

파장의 흡수율을 0.95까지 높여서 태양 조도를 최대한 흡수해야 한다. 3 μm보다 긴 장파장에서 방사율이 낮아지고 흡열판에서 복사되어 나가는 에너지가 적어야 한다.

태양 흡수율과 적외선 방사율을 표 6.4에 나타냈다. 눈(snow)은 태양복사 흡수율이 낮고 적외선 방사율이 높다. 따라서 눈이나 하얀색 페인트는 태양에너지를 흡수하기 위한 표면 재료로 쓰기에는 좋지 않다. 이것은 눈에 덮인 물체가 밝은 햇빛 아래에서 데워지는 데 시간이 오래 걸리는 일반적인 경험에서도 알 수 있다. 검은색 페인트는 태양 흡수율과 적외선 방사율이 비슷하여 직접 간이 태양열 온수 공급 장치를 만들어 사용할 때 흡열판을 코팅할 때 사용한다. 태양열 집열기 흡열판의 온도가 400K 미만이며 복사에너지가 εT^4에 비례하기 때문에 검은색 페인트가 적절한 역할을 한다. 검은색 페인트는 적외선 방사율이 높으나 성능이 낮은 간이 태양열 온수 공급 장치의 흡열판에 사용하기에 적절하다고 할 수 있다.

표 6.4에 있는 나머지 두 가지 코팅은 강철 표면 위의 검은색 크롬 코팅과 구리 표면 위의 산화구리인데 태양 흡수율 대비 적외선 방사 비율이 5에서 10 사이이다. 흡열판에 이런 코팅을 적용하면 제조가 복잡해지고 비용이 증가하나 태양열 온수 공급 장치의 성능을 크게 향상시킨다. 다만, 흡열판 코팅을 적용하는 데 고비용과 고난이도가 문제인데 시간이 지나면 성능이 저하될 가능성이 있어 적외선 방사율이 낮은 재료는 태양에너지 흡수율도 감소시킬 수 있다.

표 6.4 다양한 재료의 태양 흡수율과 적외선 방사율

재료	태양 흡수율(α)	적외선 방사율(ε)
눈	0.2	0.85
검은색 페인트	0.98	0.95
흑색 크롬을 입힌 강철	0.95	0.09
구리 표면의 산화구리	0.89	0.17

따라서 저온 평판형 태양열 온수 공급 장치의 흡열판에 어떤 코팅을 적용할지 제조업체가 잘 결정해야 한다. 그러나 태양열 집열기의 작동 온도가 높아지면 이런 코팅 사용의 장점이 더 뚜렷해지기 때문에 고온 태양열 장치의 흡열판에는 항상 적용된다.

6.9 고온 집중형 태양열 시스템

1000 W/m^2 미만인 자연 태양 조도를 활용할 경우 태양열 집열기로 최대 150℃까지 온도를 얻을 수 있다. 저온 태양열 집열기는 건물 난방과 온수 공급에 매우 중요하게 쓸 수 있으며 경제성도 뛰어나지만 전기를 생산할 만큼의 효율적인 발전에 사용할 수는 없다. 전기 생산을 위해서는 더 고온의 열이 필요하며 렌즈나 거울을 활용하여 태양 조도를 집중시켜야 한다. 이 기술은 태양 조도를 집중시켜 고온의 열을 확보한 다음, 증기나 공기를 데워 전통적인 열역학적 사이클을 통해 터빈 발전기를 작동시킨다. 이 기술을 집중형 태양광 발전(CSP)이라고 한다.

CSP는 이미 100년 전부터 알려져 있었고 상업화가 30년 이상 되었으나 전 세계적인 발전량은 현재 5 GW 이하이다. 하지만 미래에 CSP가 전 세계 발전량에 일정 이상의 비율을 차지할 수 있음을 알 수 있는 몇 가지 특징이 있다.

- 포물선 트로프 집열기를 활용하면 최대 200 MW 규모의 대형 발전소를 개발할 수 있다.
- 터빈 발전기는 기존 발전 장비이므로 CSP 장치는 기존 전력망에 쉽게 도입할 수 있다.
- 일사량이 1800에서 2000 kWh/m^2.year인 좋은 태양광 자원 지역에서 CSP의 연 용량 인자(annual capacity factor)는 최대 25%이다.
- 열에너지 저장 장치나 보조 화석연료 보일러를 이용하여 시스템의 용량 인자를 더욱 향상시킬 수 있다. 이 경우 CSP 장치는 출력을 조도에만 의존하지 않게 제어할 수 있으며, 전력 공급가가 최대일 때 수요에 맞게 전력을 생산 및 공급할 수 있다. 보조 화석연료 보일러가 있다면 태양 자원이 부족할 때에도 플랜트를 유연하게 가동하며 발전할 수 있다.
- 좋은 태양에너지 자원이 있는 지역에서 CSP 시설의 에너지 회수 기간[4]은 6개월에서 1년이 걸린다. 에너지 회수 기간은 풍력에너지 자원이 풍부한 곳에서의 풍력 터빈과 비슷하며,

4) 에너지 회수 기간이라는 개념은 해당 장치를 제조하고 설치할 때 사용한 에너지의 양과 같은 양의 에너지를 생산하는 데 필요한 작동 시간을 말한다. 이 회수 기간은 재생 에너지 자원에 꽤 의존한다.

태양광 발전 광전지 모듈인 결정질 실리콘 광전지 모듈(crystalline silicon photovoltaic modules)보다는 짧다.

하지만 CSP 시설 배치에는 제약들이 많아서 세계적으로 설치가 가능한 곳이 많지 않다.

- CSP 시설은 직접 조도만 활용하므로 태양 일사량이 1800~2000 kWh/m^2 미만인 지역에서는 비용 대비 효율성이 떨어진다.
- 그리고 CSP 시설은 5~10 m^2/MWh.year와 같은 넓은 토지가 필요하다.
- 증기 터빈으로 발전하는 경우 상당한 양의 물이 응축기 냉각에 필요하다. 습식 냉각 방식의 증기 터빈이라면 약 3~4 m^3/MWh의 냉각수가 필요하다. 냉각수를 사용하기 위한 이런 조건은 건식 냉각 방식이라면 조금 줄일 수 있으나 플랜트의 발전 효율도 감소한다. CSP용 거울을 씻기 위해서도 소량의 물이 필요하다.

그래서 기존 CSP 시설은 직접 조도 태양에너지 자원이 풍부하고 물을 쉽게 구할 수 있는 평평한 지역에 건설되었다. 캘리포니아 남부에 있는 모하비 사막(Mojave Desert)과 스페인 남부가 적절한 지역이며, CSP 시설의 중요한 세 가지 기본 기술은 아래와 같다.

- 포물선 트로프나 선형 프레넬(fresnel) 집열기를 활용하여 선 초점을 맞추는 기술이다.
- 일광반사 장치와 태양 발전 타워를 활용하여 초점을 맞추는 기술이다.
- 스털링(stirling) 엔진이나 소형 가스 터빈을 활용하는 포물선 접시를 활용하여 초점을 맞추는 기술이다.

위 기술들은 아래 표 6.5에 나타냈다.

그림 6.21과 같이 대부분의 상업 운전을 하는 CSP 설비는 선 초점 포물선 트로프를 활용하여 복사 조도를 모은다. 은으로 코팅한 유리 거울 포물선 트로프는 그림 6.22와 같이 보통 남북축을 따라 배치하여 작동 장치와 제어 시스템으로 낮 동안에 동서 방향의 태양을 추적한다. 거울에서 각 트로프 부분은 최대 길이가 150 m로 보통 15 m 길이의 거울들로 조립한다. 각 부분은 회전하는 구조이면서 동시에 단단하게 만들기 위해 곡면 거울로 만드는데 그 포물선 모양 거울의 횡단면이 입체 뼈대에 얹힌다. 포물선 트로프는 포물선의 초점에 있는 흡수 파이프로 태양 직접 조도를 집중시킨다. 포물선의 초점 거리는 3 m 이내로 짧고 흡수 파이프는 조립 거울 위에 설치한다. 6.8.1절에 따르면 흡수 파이프는 열손실을 줄이기 위해 유리 진공 인클로저(enclosure)로 둘러싸서 선택적 흡수 물질로 코팅한다. 흡수 파이프 위에 덮개를 설치하여 대기로 에너지가 재복사하여 열손실이 발생하는 것을 방지할 수도 있다. 흡

표 6.5 CSP 기술

CSP 기술	복사 조도 집중률	흡열판 동작 온도 (℃)	플랜트 발전 용량 (MW)	연간 태양/전기 전환 효율(%)
선 초점 포물선 트로프	70~80	400~500	10~200	15~16
선형 프레넬 집열기	25~40	300~400	10~200	8~10
점 집중 중앙 태양 발전 타워	300~1000	최대 800	10~150	15~17
스털링 엔진 포물선 접시	1000~3000	최대 800	0.01~0.4	20~25

수 파이프에서 열을 얻어 합성 오일이 이동하여 고온의 오일이 중앙 발전 플랜트에 모인다. 그런 다음에 열 교환기를 거쳐 확보된 열을 증기 터빈 구동에 활용한다. CSP 시설은 보통 많은 수의 트로프 조립으로 구성하는데 최대 400℃의 온도에서 증기를 활용하여 최대 200 MW의 전력을 제공할 수 있다.

최근 설치된 한 설비에서는 칼륨, 나트륨, 질산염의 혼합물이 담긴 큰 절연 탱크에 열을 저장한다. 낮에 열을 저장하여 전력 공급가가 높은 밤에 방출하는 방식이다. 에너지 저장 장치가 있는 CSC 플랜트의 개략도는 그림 6.23에서 볼 수 있다.

최근 일부 CSP 시설 설계에 합성 오일 대신 물과 증기를 사용하여 최대 500℃에서 증기

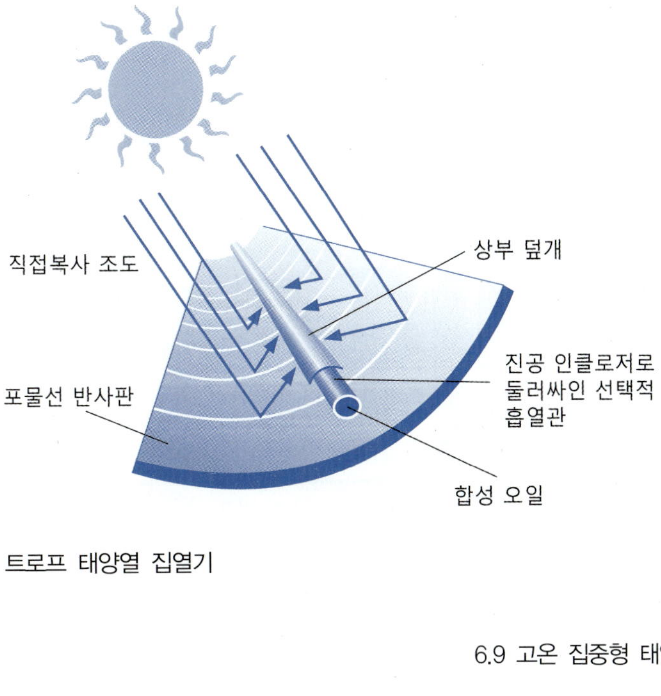

그림 6.21 포물선 트로프 태양열 집열기

그림 6.22 태양열 발전소
출처: Tom Grundy/셔터스톡[shutterstock.com(컬러 사진 참조)].

터빈을 구동하였는데 이 온도는 400℃가 한계인 합성 오일을 사용하면 얻을 수 없다. 하지만 물을 직접 사용하여 증기를 생산하는 방식은 순간적인 복사 조도에 의해 증기가 흐르도록 하기 때문에 제어하기 더 어려운 공정이다. 합성 오일 같은 중간 열전달 재료를 활용하면 CSP 장치 제어와 열에너지 저장 장치를 시스템에 통합하는 것이 더욱 쉬워진다.

LUZ International Company가 1980년부터 1991년 사이에 총 354 MW의 출력을 내는 포물선 트로프 CSP 시설 9개를 캘리포니아에 건설하였다. 각 시설은 30 MW나 80 MW의 출력을 냈다. 이 시설들은 기술적으로 성공적이었고 기술 가용성이 99%에 달한다고 발표하였다. 하지만 이 회사는 화력 발전에 쓰이는 천연가스의 가격이 저렴한 것과 전력 시장의 변화, 그리고 캘리포니아의 재생 에너지 지원 계획의 변화 때문에 재정적인 어려움을 겪었다.

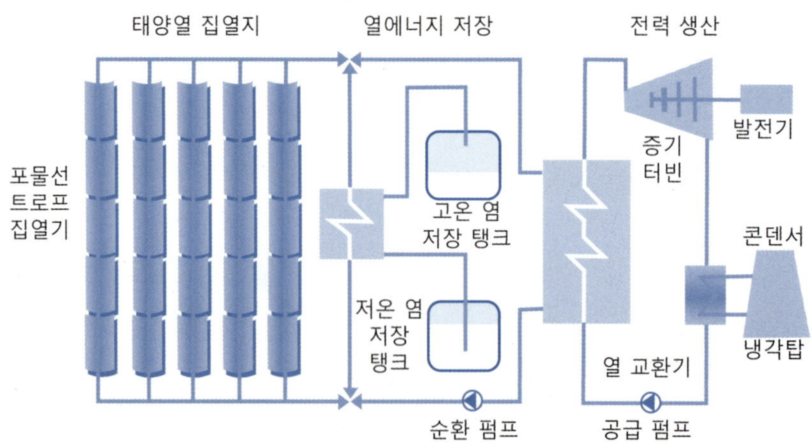

그림 6.23 열저장 장치를 포함한 포물선 트로프 태양열 발전 설비

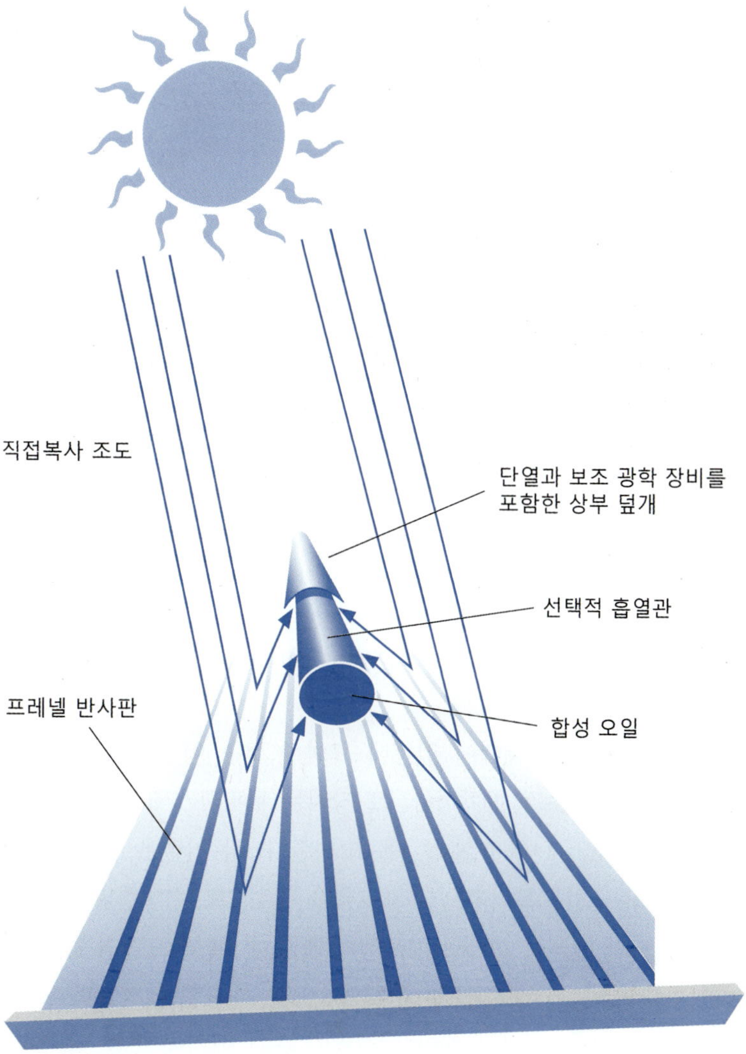

그림 6.24 선형 프레넬 트로프

그 회사의 재정적인 구조 조정 및 소유권 변경 이후 CSP 시설은 계속해서 성공적으로 운영되고 있다. 스페인, 캘리포니아, 중동에서 신규 포물선 트로프 CSP 시설이 시운전을 거치고 있어 이 기술은 빠르게 발전하고 있다고 평가를 받는다. 대형 산업 컨소시엄인 데저텍(Desertec)은 북아프리카에 매우 큰 CSP 시설을 건설해서 대규모로 발전하여 유럽으로 송전하는 계획을 세우고 있다.

회전형 포물선 트로프 조립 거울은 비싸고 깨끗하게 유지하기 어려우며, 강한 바람에도 버틸 수 있는 크고 단단한 구조로 설계 및 건설되어야 한다. 그래서 그림 6.24처럼 선형 프레

그림 6.25 프레넬 렌즈를 사용한 태양열 발전소
출처: Eunika Sopotnicka/셔터스톡[shutterstock.com(컬러 사진 참조)].

넬 집열기를 활용한 비용 절감 계획이 있는데 그림 6.25는 이 계획의 예를 보여 준다.

선형 프레넬 집열기는 선 초점 장치이다. 그 장치는 평평하게 고른 바닥이나 약간 오목한 바닥에 연속으로 배치한 후 그 위에 흡열관을 고정한다. 각 거울은 흡열관에 조도를 집중시키기 위해 제어 시스템에 의해 독립적으로 세로축을 중심으로 회전한다. 고정 흡열관은 조립 거울의 초점 거리에 있게 되는데 최대 10 m 높이에 있다. 합성 오일의 흐름 또는 포물선 트로프와 같은 방식의 직접 증기 생산을 통해 흡열관으로부터 열을 얻는다. 집열기는 굳이 남북축을 따라 설치할 필요가 없으므로 태양열 집열기 공간 배치에 조금 더 유연성이 있다. 흡열관에는 보조 집중화 장치와 열손실을 줄이기 위한 절연 덮개가 설치되어 있다. 같은 조건의 포물선 트로프와 비교하였을 때 거울과 흡열관 사이의 거리가 더 멀어 광학 손실이 더 크다. 따라서 포물선 트로프보다 선형 프레넬 수집기가 더 낮은 온도를 얻어 증기 터빈의 열효율이 낮을 수 있으나, 고정 흡열관과 지면에 장착한 거울로 전력 생산 비용을 낮출 수 있다.

태양 발전 타워는 개별적으로 제어 가능한 대형 평면거울인 일광반사 장치를 이용하여 높은 타워에 장착된 집열기에 조도의 초점을 맞추는 방식으로 발전한다. 넓은 들판에서 일광반사 장치로 600~1000배의 농도로 빛을 모아 수신기에 800~1000℃의 온도를 만들어 준다. 수신기에서 물과 증기나 용융염 또는 공기의 흐름을 활용하여 열을 가져온다. 열 교환 유체가 열 교환기를 통과한 후에 전통적인 증기 터빈을 이용하여 발전한다. 태양 발전 타워에서

그림 6.26 태양 발전 타워 시설
출처: raulbaenacasado/셔터스톡[shutterstock.com(컬러 사진 참조)].

얻을 수 있는 매우 높은 온도는 가스 터빈 사이클을 이용할 수 있게 하며, 250 kW 규모의 낮은 전력을 생산하는 것은 이미 증명되었다. 열전달에 용융염을 사용하면 전체 시스템에 열에너지 저장 탱크의 활용이 쉬워진다. 10~20 MW 규모의 시범용 시설이 많이 건설되었다. 그림 6.26과 같이 더 큰 규모의 시범용 시설들이 건설되는 동안 소규모 시범용 시설이 성공적으로 운영 중인 것을 볼 수 있다.

스페인 남부에 건설된 두 곳의 태양 발전 타워 시설에 관한 세부 정보가 표 6.6에 있다. 거울 수와 타워 높이를 눈여겨 살펴보아야 한다. 일광반사 장치에 주어지는 일사량 대비 연간 발전 효율이 약 16%에 달한다.

초점에 스털링 엔진을 장착한 포물선 접시 시스템은 최대 100 kW의 낮은 전기 정격을 가지는 것으로 알려졌다. 이런 독립형 단위 장치들은 전기 그리드 밖에 멀리 떨어진 지역에 전력을 공급하는 데 사용할 수 있다. 이 장치들은 태양복사 조도를 최대 1000~3000배 집중시

표 6.6 두 곳의 태양 발전 타워에 대한 세부 정보

플랜트 이름	PS10	PS20
정격 전기 출력(MW)	10	20
개별 일광반사 장치 크기(m^2)	120	120
일광반사 장치의 수	700	1225
타워의 높이(m)	80	163

킬 수 있어 높은 열효율을 달성할 수 있다. 하지만 고온 스털링 엔진이나 소형 가스 터빈을 활용하여 2차원적으로 태양을 추적하는 복잡한 기계 장비인 만큼 아직 가격 경쟁력이 확보되지 않았으며, 원거리 지역에서의 신뢰성도 확보되지 않았다. 포물선 접시와 다중 접합 셀을 활용하는 집중형 태양광 발전 시스템은 강력한 경쟁을 할 것으로 예상된다. 반면에 유지보수 비용이 큰 지역에서는 단순한 비집중식 평판형 태양광 발전 모듈이 경쟁력 있을 것으로 보인다.

요약

1. 태양열 에너지를 주로 활용하는 분야는 다음과 같다.
   - 건물 난방
   - 온수 공급
   - 발전 및 산업용 고온 열 공급

2. 평판형 태양열 집열기와 자연 태양복사 조도(최대 1000 W/m^2)를 활용하면 최대 150℃의 저온 열을 확보할 수 있다. 고온 열을 얻기 위해서는 거울이나 렌즈를 활용하여 직접복사 조도를 모아야 한다.

3. 저온 태양열 활용 공정은 건물로 태양에너지를 포집하여 사용하는 수동적인 활용법과 별도의 집열기로 공기나 물을 가열하는 능동 장치 사용법으로 나눌 수 있다.

4. 건물의 수동형 태양열 난방 시스템은 다음과 같이 분류할 수 있다.
   - 직접 획득형
   - 고립 획득형
   - 간접 획득형

5. 창문을 통한 태양열 획득은 다음과 같이 설명된다.

$$Q_{solar} = S \times G \times A$$

   여기서

   $Q_{[solar]}$는 열 획득 [W]

   S는 태양열 획득 계수 [0 − 1]

   G는 복사 조도 [W/m^2]

   A는 표면적 [m^2]

6. 간단한 저온 열흐름 모델은 아래 식으로 나타낸다.

$$Q = \frac{\Delta T}{R_\phi} = \frac{T_{higher} - T_{lower}}{R_\phi} \text{ [W]}$$

여기서

Q는 열의 흐름 [W]

ΔT는 온도차 [K]

T_{higher}는 더 높은 온도 [K]

T_{lower}는 더 낮은 온도 [K]

R_ϕ는 요소의 열저항 [K/W]

7. 저온 열순환 모델의 주요 요소들은 다음 표에 나와 있다.

	전기 회로	열회로
노드에서의 흐름	$\sum I_n = 0$	$\sum Q_n = 0$
분기에서의 흐름	$I = \frac{V}{R}$	$Q = \frac{T}{R_\phi}$ $Q = T \times C_\phi$
발생원	일정한 압력	일정한 온도
흐름원	인정한 전류	일정한 열흐름 (예: 태양복사 조도)

8. 공기 변화로 인한 열전달은 다음과 같다.

$$Q_V = (T_{int} - T_{amb})\dot{m}c_p \text{ [W]}$$

여기서

$$\dot{m} = \rho n V$$

그리고

Q_V는 공기 변화로 인한 열손실 [W]

T_{int}는 내부 온도 [K]

T_{amb}는 상온(ambient temperature) [K]

$\dot{m}$는 질량 유량 [kg/s]

ρ는 공기의 밀도, 1.25 [kg/m^3]

$c\rho$는 공기의 비열, 1.005×10^3 [J/kg.K]

n은 공기 변화 [s^{-1}]

V는 부피 [m^3]

9. 냉난방 일수는 외부 온도와 기준 온도 차이로 계산하는데 온도는 24시간 평균 온도를 사용한다. 기준 온도는 건물에 냉난방하지 않아도 될 때의 균형점 온도이다. 영국에서는 보통 기준 온도를 15.5℃로 설정한다.

$$D_d = \frac{1}{24}\sum_{h=1}^{24}[T_{base} - T_{amb}(\mathrm{h})]\ [\mathrm{K.day}]$$

그러므로 하루에 건물 난방에 필요한 연료 소비량 예상(F)은 다음 식으로 계산한다.

$$F = \frac{U'D_d}{\eta} \times \frac{24}{1000}\ [\mathrm{kWh}]$$

여기서

η는 전체 시스템 난방 효율이다.

U'은 건물의 전체 열손실 계수이다.

$$U' = UA + \rho n V c_p\ [\mathrm{W/K}]$$

F는 예상되는 연료 사용량이다.

10. 냉난방 일수는 다음 두 가지 방법에 적용할 수 있다.
   - 새로 건설한 또는 수선한 건물의 냉난방에 필요한 에너지 소비량을 예측할 때
   - 건물 냉난방 시스템의 작동 모니터링을 할 때

11. 빌딩에서 난방 일수와 에너지 소비 측정량을 활용하여 그린 건물 성능선의 예이다.

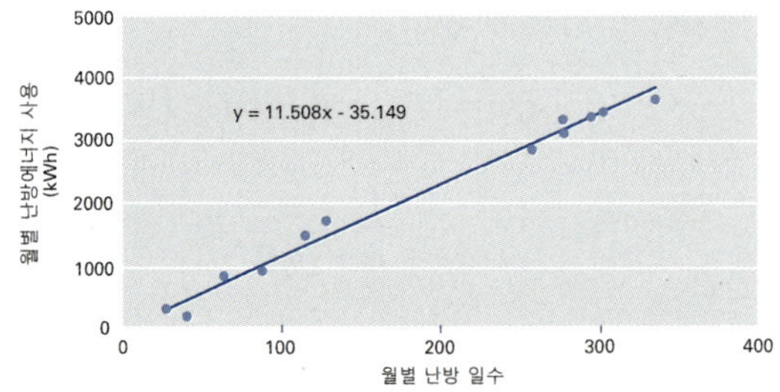

그림 6.9 소형 건물의 성능선의 예

12. 복사 조도가 창문과 같은 투명한 표면에 부딪히면 반사, 흡수 및 투과를 한다.

$$\rho + \alpha + \tau = 1$$

여기서

ρ는 반사율(reflectivity 또는 reflectance)

α는 흡수율(absorptivity 또는 absorptance)

τ는 투과율(transmissivity 또는 transmittance)

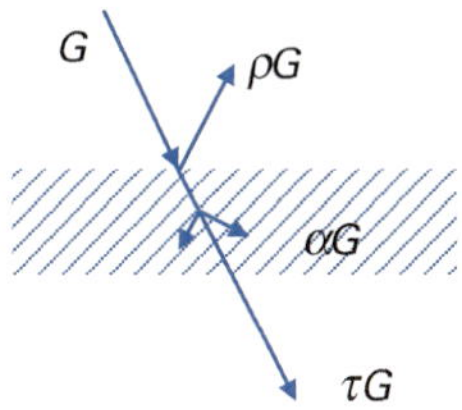

그림 6.10 투명한 표면에 부딪히는 태양복사 에너지

13. 유리는 복사에너지의 파장에 따라 반응이 달라진다. 태양에서 오는 단파장 조도는 높은 투과율로 투과되지만, 건물 내의 저온 물체에서 나오는 장파장 복사는 낮은 투과율로 차단한다.

재료	두께(mm)	태양 투과율	장파장 적외선 투과율
플로트(float) 유리	3.9	0.83	0.02
저철분 유리	3.2	0.90	0.02

14. 평판형 태양열 집열기 성능은 다음 세 가지 에너지 흐름을 고려하여 간단하게 설명할 수 있다.

(1) 흡열판에 잡힌 태양에너지

(2) 물 흐름에 의해 추출된 유용한 열에너지

(3) 대기로의 에너지 손실

집열기 기판에서의 열손실은 유리 덮개에서 대기로 대류와 복사 과정으로, 그리고 흡열판 뒤에서 전도 과정으로 일어난다.

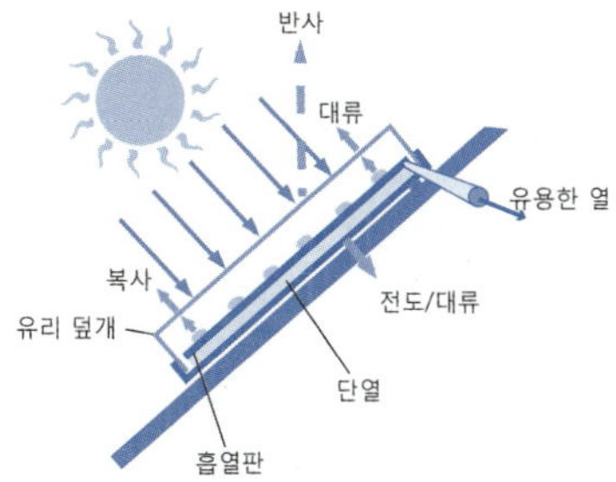

그림 6.18 평판형 태양열 집열기에서 열흐름

15. 평판형 태양열 집열기 효율은 다음과 같이 표현할 수 있다.

$$\eta = F_R\left[(\tau\alpha) - \frac{U}{G}(T_{in} - T_{amb})\right]$$

여기서

F_R는 집열기에서 물로 전달되는 열전달에 대해 설명하는 집열기 열 제거 인자(factor)

τ는 덮개의 투과율 [무차원 계수, 0 − 1]

α는 흡수판의 흡수율 [무차원 계수, 0 − 1]

U는 열손실 계수(W/m^2.K)이며, U는 흡수판으로부터의 대류와 전도 및 복사에 의한 손실

G는 태양으로부터의 복사 조도 [W/m^2]

T_{in}은 물의 입구 온도 [K]

평판형 태양열 집열기의 특성은 그림 6.19에 나와 있다.

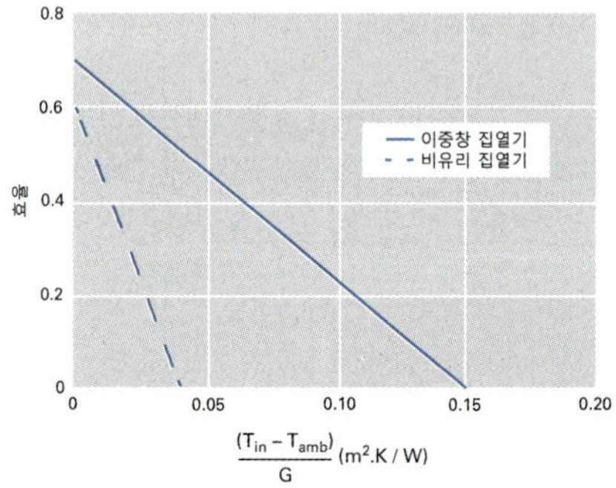

그림 6.19 평판형 태양열 집열기 특성

16. CSP 시설의 중요한 세 가지 기본 기술이 아래와 같다.

- 포물선 트로프나 선형 프레넬(fresnel) 집열기를 활용하여 선 초점을 맞추는 기술
- 일광반사 장치와 태양 발전 타워를 활용하여 초점을 맞추는 기술
- 스털링(stirling) 엔진이나 소형 가스 터빈을 활용하는 포물선 접시를 활용하여 초점을 맞추는 기술

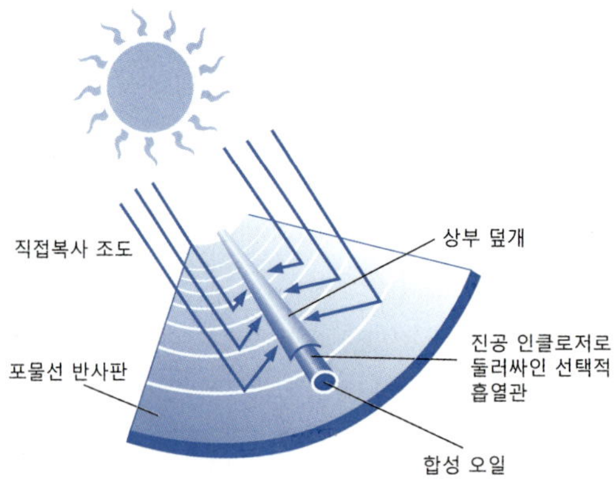

그림 6.21 포물선 트로프 태양열 집열기

연습 문제

1. 직접 획득형, 고립 획득형, 간접 획득형 태양열 획득에 대해 구별하여 서술하시오.

2. 유리창이 건물 난방에 어떤 역할을 하는지 설명하시오. 창문을 어떻게 활용하여 건물 내의 온도를 조절하는지 서술하시오.

3. 건물의 효과적인 수동적 태양열 난방에 필요한 요소들을 나열하고 설명하시오.

4. 건물 냉난방 시스템 에너지 성능을 확인하려 할 때 냉난방 일수를 왜 활용하는지를 성능선을 그리고, 각 축의 설명을 포함하여 서술하시오.

5. 태양광 발전(PV)과 CSP의 장점을 비교하시오.

6. 벽 횡단면은 그림 6.27에서 볼 수 있다. 각 재료의 열저항은 아래 표에서 볼 수 있다.

재료	열저항(m^2K/W)
벽돌	0.13
공기	0.18
피복(목재)	0.07
광물 양털 퀼트	3.50
석고 보드	0.13

(a) 그림 6.27에 나온 단면에 대한 복합 U 값을 계산하시오.

(b) 전체 면적이 10 m^2인 벽의 U 값이 2.5 W/m^2K, 면적이 3.5 m^2인 이중창이 있다. 실내 온도가 20℃이고, 외부 온도가 10℃일 때 열손실을 계산하시오.

[답: (a) 0.25 $W/m^2.K$, (b) 103.75 W]

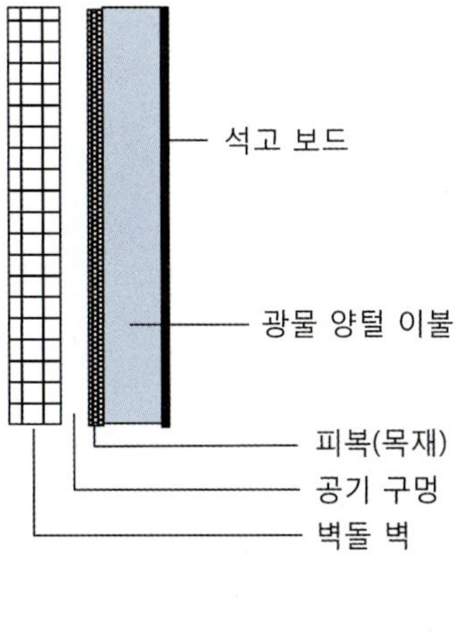

그림 6.27 벽의 단면

7. 작은 직사각형 모양의 방에 유리창이 하나 있다. 다음 변수를 고려해야 한다.

창의 태양열 획득 계수: $S = 0.7$
창의 열전달 계수: $U = 1.4\ \mathrm{W/m^2.K}$
외부 기온과 실내 공기 온도의 차이: $\Delta T = 20℃$

방이 매우 잘 단열되어 있어 불투명한 외부 벽, 바닥, 천장에서 열손실이 없다고 가정하시오. 이때 햇빛이 유리와 각도 60° 로 창에 도달한다면 실내 온도를 유지하기 위한 조도를 계산하시오.
[답: 46 $\mathrm{W/m^2}$]

8. 위 연습 문제 7에서 제시한 방에서 환풍기를 열면 다음 조건이 된다.

공기 교체가 시간당 2회 발생
방 안의 공기량은 50 $\mathrm{m^3}$
복사 조도는 300 $\mathrm{W/m^2}$이며, 창의 30° 각도로 들어옴
비열은 1.005 kJ/kg.K
공기의 밀도는 1.25 $\mathrm{kg/m^3}$이다.

실내 온도가 주변 온도보다 20℃ 높게 유지되려면 최소한 어느 넓이의 창이 필요한지 계산하시오.
[답: 4.53 $\mathrm{m^2}$]

9. 건물에는 다음과 같은 변수들이 있다.

구조물을 통한 전체 열손실 계수 U: 0.5 $\mathrm{W/m^2K}$
건물의 표면적: 1000 $\mathrm{m^2}$
건물의 부피: 800 $\mathrm{m^3}$
시간당 공기 변화: 0.75
공기의 비열: 1.005 kJ/kg.K

건물의 내부 온도가 20℃로 유지되고 평균 실외 온도는 10℃이다. 다음을 계산하시오.
(a) 구조물을 통한 열전달
(b) 공기 교환에 의한 열전달
(c) 전체 열손실 계수 U'
[답: (a) 5 kW, (b) 2.1 kW, (c) 710 W/K]

10. 위 연습 문제 9에서 건물은 각 달의 난방 일수가 표 6.7에 나타나 있는 것처럼 주어진 도시에 있다. 난방 시스템의 효율은 75%이다. 이때 1년간 예상되는 에너지 소비량을 계산하시오.

표 6.7 난방 일수

월년	6월	7월	8월	9월	10월	11월	12월	1월	2월	3월	4월	5월
난방 일수	34	15	34	28	69	179	277	292	304	272	168	137

[답: 41 MWh]

11. 물을 가열하기 위해 사용된 유리가 있는 평판형 태양열 집열기의 투과율(τ)은 0.85이고, 흡수율(α)은 0.9이다. 다음과 같은 수치가 주어져 있다.

평판에서의 조도: $G = 800\ W/m^2$

열손실 계수: $U = 3\ W/m^2.K$

주변 온도: $T_{amb} = 22$℃

평판의 평균 온도: $T_{mean} = 29$℃

다음을 계산하시오.

(a) 태양열 집열기의 단위 면적당 열손실

(b) 태양열 집열기로 얻어진 단위 면적당 사용이 가능한 열

(c) 열효율

[답: (a) 21 W/m^2, (b) 591 W/m^2, (c) 74%]

12. 예제 6.4에 나온 평판형 태양열 집열기의 면적이 1 m^{2}이고, 물의 비열은 4185 J/kg.K, 유입수 온도(T_{int})는 18℃이다.

(a) 출구 수온을 25℃로 유지하려면 물의 질량 유량이 얼마가 되어야 하는지 구하시오.

(b) 물의 질량 유량이 2배가 될 때 출구 수온을 계산하시오.

[답: (a) 0.02 kg/s, (b) 21.5℃]

13. 10 m^2 넓이의 평판 흡수판이 있는 태양열 난방 장치는 아래 제시한 조건에서 출구 수온이 약 50℃가 되도록 설계한다.

복사 조도는 700 W/m^2

주위 온도는 22℃

유입수 온도는 18℃

물의 질량 유량은 0.03 kg/s

아래 수치를 참고하시오.

열손실 계수: $U=3\ \mathrm{W/m^2.K}$

열 제거 인자: $F=0.975$

물의 비열: $C_P=4185\ \mathrm{J/kg.K}$

유리 덮개의 투과율(τ)이 0.8일 때 아래 보기 중에서 흡수판으로 적합한 판을 선택하시오.

1번 판: 흡수율 $\alpha=0.35$

2번 판: 흡수율 $\alpha=0.74$

3번 판: 흡수율 $\alpha=0.95$

[답: 2번 판]

더 읽을거리

- Boyle G. (ed.), *Renewable Energy: Power for a Sustainable Future*, 3rd Edition, Oxford University Press, 2012.
- Duffie J. A. and Beckman W. A., *Solar Engineering of Thermal Processes*, 2nd Edition, Wiley Interscience, 2013.
- Hagentot C.-E., *Introduction to Building Physics*, Studentlitteratur, Lund, Sweden, 2003.
- Twidell J. and Weir A., *Renewable Energy Resources*, 3rd Edition, Routledge, New York, 2015.

7 해양에너지

소개

바다는 지구 표면의 70% 이상을 덮고 있으며 조수와 파도로부터 얻을 수 있는 에너지는 중요한 잠재적 전력 공급원이다. 하지만 해양에너지 변환 장치가 견뎌 내야 하는 여러 종류의 강력한 자연의 힘 때문에 해양 환경으로부터 에너지를 얻는 것은 쉽지 않다. 정상적인 작동 조건에서 해양에너지 변환 장치는 파도와 조수에 의해 생성되는 안정적인 물의 흐름으로부터 효과적으로 에너지를 얻어 내야 한다. 또 극심한 폭풍의 피해로부터 견뎌 낼 수도 있어야 한다. 바다에 설치된 해양에너지 장치는 유지 보수를 위한 접근성이 떨어지고, 해저 케이블을 이용한 전력 전송에 소요되는 비용도 크다. 해수가 가지는 부식성으로 인해 장치들의 재료 선택도 신중히 하여 장기간 사용이 가능하도록 잘 보호해야 한다. 해양에너지에 관해 오랜 시간 동안 연구 개발에 투자해 오고 있으며, 많은 프로젝트들이 진행되었지만 상업성이 충분히 담보될 만한 결과에는 아직 도달하지 못하고 있다. 현재 전 세계적으로 진행되고 있는 해양에너지 프로젝트의 총 발전 용량은 1 GW 미만이다.

현재 여러 해양에너지 자원들이 가지는 특성과 그 자원들을 활용하는 기술의 개발 성숙도에는 큰 차이가 있다. 본 교재에서는 아래 세 가지의 주요한 해양에너지 기술에 대해 다룰 것이다.

- 조력 발전(tidal range)
- 조류 발전(tidal stream)
- 파력 발전(wave power)

조수(밀물과 썰물)는 달과 태양 사이의 중력 인력(gravitational attraction)과 지구의 회전에 의해 생기는 매우 작은 진동을 가지는 수면파(water wave)로 인해 발생한다. 약 12시간 30분 간격의 주기를 가지는 이 파도는 해안가에 접근해 가면서 수위와 해류 생성에 변화를 야기한다. 반면에 파랑(ocean wave)은 바람에 의해 생성된다. 바람은 태양에너지로 인해 지구가 가열되면서 생기는 것으로 조수보다 더 큰 진동수를 가진다. 조력 발전과 조류 발전으로부터 얻을 수 있는 전력은 수년 전부터 미리 예측할 수 있다는 장점이 있지만, 파력에너지는 예측할 수 없다.

조력 발전은 조수로 인해 바다 가장자리에서 해수의 높이 차이가 생길 때 얻을 수 있는 위치에너지를 이용한다. 강 하구를 가로지르는 물막이 댐(barrage)을 건설하여 해수를 가두게 되면, 조수 간만의 차를 이용하여 댐 내부와 외부 사이에 수위의 차를 만들어 낼 수 있다. 그리고 작은 낙차 수력 발전 시설에서 사용한 것과 같은 반동 수력 터빈(reaction hydro turbine)을 이용한다. 이곳에서 사용되는 터빈은 흡입관(inlet duct)과 흡출관(draft tube)을 이용해서 유량을 제한할 수 있고, 발전 효율은 약 90%까지 달성할 수 있다. 이는 3장에서 자세히 다루었다. 수력 터빈을 이용하여 댐을 사이에 둔 수위 차로부터 생기는 위치에너지를 활용해서 전기를 생산한다. 조력 발전에서는 밀물과 썰물에 의한 유역 내의 수위 변화를 만들어 내게 된다. 바닷물이 터빈을 통과하면서 유역 내로 들어올 때는 밀물 발전, 반대인 경우는 썰물 발전이 가능하다. 몇 개의 대규모 조력 발전소에 관한 예가 발전 용량과 운영 날짜와 함께 다음 표 7.1에 나타나 있다.

표 7.1 현재 작동 중인 조력 발전소

위치	국가	발전 용량(MW)	운행 연도
시화호	한국	254	2011
아나폴리스 로얄(Annapolis Royal)	캐나다	20	1984
라 랑스(La Rance)	프랑스	240	1966

조력 발전 기술은 광범위하게 연구되어 왔고, 이 기술에 대한 발전은 많이 진행된 편이다. 조력 발전 시설들에 대해서는 표 7.1에 나열되어 있다. 이 시설들은 조차로부터 전기를 성공적으로 생산할 수 있음을 보여주고 있다. 조력 발전 시설에 대한 향후 개발은 비용 효율성과 환경적 영향에 달려 있다고 본다.

조류 발전은 조력 발전과는 다른 종류의 기술을 이용한다. 해저에 위치한 터빈을 구동하기 위해 조류가 가지는 운동에너지를 이용한다. 조류 터빈의 경우 풍력 터빈과 작동 원리가 유사하다. 물의 밀도가 공기의 밀도보다 820배 정도 더 크기 때문에 동일한 전력 출력을 위해 요구되는 해저 터빈의 지름은 상대적으로 풍력 터빈보다 더 작다. 조류 발전 장치가 최대 전력을 발생하는 데에 필요한 유속은 풍력 터빈의 정격 풍속의 약 1/4이다. 조류의 유속은 조석 주기(tidal cycle)에 따라 달라진다. 조류 터빈은 베츠의 한계(Betz limit)에 영향을 받기 때문에 유체 흐름에서 샤프트(shaft)로의 전력 변환 효율이 최대 59% 정도 된다. 바람의 흐름과 마찬가지로 조류의 흐름은 꽤 거칠 수 있는데, 특히 난류(turbulence)와 소용돌이(eddies)가 생길 수 있다. 또 수심에 따른 유속의 변화로 조류 터빈과 지지 구조물에 상당한 하중을 초래하고, 이는 시간에 따라서 변할 수도 있다. 해저의 지형에 의해 생기는 난류와 표면파의 효과는 복잡한 물의 흐름을 만든다. 다양한 종류의 조류 터빈이 개발되어 오고 있고, 각 단일 장치로부터 최대 1 MW의 전력 생산이 가능함이 증명되었다. 일부 장치에서는 배관을 이용하여 터빈으로 들어가는 물의 흐름을 가속시키기도 한다. 왕복 운동을 만들기 위해 수중날개(hydrofoils)를 이용하는 방법들도 연구가 진행되고 있다.

조류의 속도는 심해에서 해일의 거동에 따라 변하기 때문에 지역마다 다르다. 국지적으로 조류의 흐름은 해안선과 해저의 모양에 따라 변할 수 있고, 헤드랜드(headlands) 주위와 좁은 수로를 통과할 때 가속이 된다. 유럽 대륙의 서쪽 해안을 따라 빠르게 흐르는 조류의 흐름 경로에 터빈을 설치하기 위한 프로젝트가 진행되고 있다. 조류 발전은 새롭게 떠오르는 분야인데, 좀 더 효율적인 터빈 구조에 대한 개발이 계속해서 필요하다. 현재 다양한 종류의 수평축 및 수직축 터빈, 고정 및 가변 속도 터빈, 그리고 전력 제어 방법에 관한 연구가 진행되고 있는데, 최적의 장치를 선택하기 위한 연구가 계속해서 진행 중이다. 풍력 발전을 위해 현재 맞바람, 삼중 블레이드, 가변 속도를 이용한 수평축 풍력 터빈이 상업적으로 널리 쓰이고 있다. 이 모델이 확정되기 전에는 1980년대까지 비슷한 기술의 세밀화 과정을 거쳤다. 조류 터빈의 적절한 디자인은 아직 확정되지 않았다.

파력 발전은 해양 표면파가 가지는 힘을 전기로 전환하는 방법이다. 파력 발전은 해양에너지 활용에 관한 다른 접근 방식을 보여 준다. 육지, 근해 및 해상 부유식 파력 발전 장치들의 활용 가능성에 대해서는 충분히 입증되었다. 하지만 대부분의 파력에너지 자원은 해안의 심해에서 얻어지고 있어서 파력 발전기를 비용적인 면에서 효율적으로 구축하기가 어렵다. 또 폭풍이 불어닥쳐서 생기는 강력한 힘으로 인해 발전 장치들이 손상을 입을 수가 있다는 것도 문제이다. 계류 시스템, 동력 인출 장치 등의 해상 부유식 파력 발전 장치를 유지 보수하기 위해 작업자가 접근하기가 쉽지가 않다는 것도 중요한 문제이다. 조류 발전 시설에 비해 파력에너지 전환 장치에 대한 연구가 더 활발히 진행되고 있지만, 아직까지 널리 이용되는 고효율의 기술이 확립되지 못하고 있다. 파력 발전을 위한 견본 장치들이 시연되고 있지만 다른 해양에너지 기술들과 비교하면 초기 발전 단계의 수준이다. 따라서 파력 자원을 이용한 에너지 생산을 상업적으로 활용하려면 더 많은 시간이 필요할 것으로 보인다.

7장에서는 조력 발전, 조류 발전 및 파력 발전을 이용한 전력 생산에 대해 알아본다. 7.1절은 조력 발전을 위해 필요한 자원, 분조(harmonic constituents)를 활용한 조수의 설명, 조력 발전의 원리와 터빈 발전기, 조력 발전 시설에 의해 야기되는 환경적인 문제와 조석호(tidal lagoon)에 대해 다룬다. 7.2절은 조류 발전을 위해 필요한 자원과 조류 발전 프로젝트의 개발에 대해 알아본다. 조류 발전 터빈에 대해 설명하면서 2장의 축 운동량 이론을 이용하여 조류 발전 터빈의 부하를 풍력 터빈과 비교하여 설명한다. 마지막으로 7.3절에서는 파력 발전에 대해 논의한다. 수면파에 대한 기본적인 이해, 파력에너지 자원 및 파력 발전 장치들의 특성에 대해 알아본다.

7.1 조력 발전

조수는 중세 시대부터 옥수수를 분쇄하는 제분소에 동력을 공급하기 위해 이용되었고, 증기 엔진이 널리 보급될 때까지 오랜 기간 이용되었다. 일부 제분소에서는 강에서 흐르는 조류를 이용하기 위해 간단한 수차를 설치해서 사용하였다. 일부에서는 만조 때의 물을 가두기 위해 강 하구를 막는 댐을 설치하였다. 가두어진 물의 수위와 유역 외부의 수위 차가 충분하게 클 때 방출하여 수평축 하사식 수차(undershot wheel)를 작동시키도록 하였다. 수차에 대한 설명은 3.1절에서 자세히 확인할 수 있다. 제분소의 경우 물이 유역으로부터 흘러나오는 썰물 흐름에서 작동하도록 하였고, 수문을 이용해 밀물이 유입되어 유역이 채워질 수 있도록 하였다. 이런 제분소를 통해 알 수 있듯이 조차를 이용하여 동력을 생산하는 원리는 500여 년 전부터 알려지고 활용되어 왔다.

근대에 와서 조차를 활용한 전기 생산은 1960년대 프랑스의 전기회사 Electricité de France가 처음으로 시작하였다. 댐의 건설과 함께 240 MW 발전 용량의 조력 발전소가 프랑스 서부의 라 랑스 강 하구에 만들어졌다. 라 랑스 하구에서의 평균 조차는 8 m이고, 최고 조차는 13.5 m로 알려져 있는데, 길이 750 m의 거대한 댐을 건설하여 22.5 km^{2}의 수용 면적을 가지는 유역을 만들었다. 지름이 5.3 m인 10 MW 용량의 이중 조절식 벌브 터빈 발전기(bulb turbine generators) 24개를 설치하여 운행하였다. 연간 약 540 GWh의 전력을 생성하고, 연간 용량 계수(annual capacity factor)는 약 26%이다. 밀물과 썰물 때에 모두 전기 생산이 가능하도록 양방향 작동 터빈을 설계하였지만, 운영을 하면서는 주로 썰물 발전을 하는 데에 이용하고 있다. 전기 발전소 운영 초기에 일부 보수 작업이 필요하였던 것 외에는 문제 없이 50년이 넘도록 발전소가 성공적으로 운영되고 있다. 조력 발전소가 기술적으로 성공적일 수 있음을 입증하게 된 대표적인 예이다. 댐과 갑문을 건설하기 위해서 하구 일부분의 물을 빼냈기 때문에 조력 발전 시설을 건설하는 기간 동안 일부 생태계가 훼손되는 환경적인 문제가 있었다. 건설 후 10~15년 동안 생태계가 많이 회복되었지만, 그런 식의 건설 방식과 생태계에 주는 피해를 정당화하면서 건설하는 것은 이제는 어려울 것이다. 프랑스 서해안의 조차를 활용하여 더 큰 규모의 조력 발전 시설을 건설하는 것에 대한 연구가 진행 중이지만 아직 추가로 건설된 것은 없다.

1980년대 초 캐나다 노바스코샤(Nova Scotia) 주의 아나폴리스 로얄에서도 조력 발전소가 건설되었다. 범람을 막기 위해 이미 세워진 댐 위에 20 MW 용량의 단일 직류 터빈과 림 발전기(rim generator)를 포함하는 케이슨(caisson)을 설치하였다. 이곳의 조차는 약 6 m로 연간 에너지 생산량은 50 GWh이며 연간 용량 계수는 약 28%이다. 썰물 발전만 이용하여 전기 생산을 하는데, 유역 내의 수위 변화는 약 1 m 밖에 되지 않는다. 이 발전소를 통해 직류 터빈과 지름 13 m의 림 발전기를 이용한 전기 생산이 성공적으로 작동할 수 있음이 증명되었다. 이 후 인접한 지역인 펀디 만(Bay of Fundy)에서 더 큰 조력 발전소를 설립하는 것을 고려할 수 있게 되었다. 이 소규모 시연 발전소의 기술적인 성공은 조력 발전을 위한 자원이 충분하다는 것을 증명하였지만, 좀 더 큰 규모의 발전소 건설이 추가적으로 이루어지지는 않았다. 이는 수위 변화의 가능성에 대한 걱정과 대규모 시설이 야기할 수 있는 환경적인 영향 때문이었다.

2011년 우리나라 시화호에서 25.4 MW급 벌브 터빈 발전기 10대를 사용하는 254 MW 발전 용량의 조력 발전소가 운행되기 시작하였다. 이곳에서 사용되는 이중 조절식 벌브 터빈 러너의 지름은 7.5 m이고, 이용하는 낙차는 약 5.8 m이다. 시화 발전소에서는 밀물 발전만을 이용하는데, 인공 호수의 물을 바닷물을 활용해 교체하기 위해 이 시설이 만들어졌기 때문이다. 인공 호수는 이전에 밀물을 조절하기 위한 댐을 건설하면서 생겼는데, 수질의 향상을 위해 물의 흐름을 증가시켰다. 연간 에너지 생산량은 550 GWh이며 연간 용량 계수는 약 25%이다.

수 MW급의 대규모 조력 발전소 외에도 중국과 구 소련 등에서 3 MW 이하의 발전 용량

표 7.2 세번 강 하구에 건설이 제안되었던 조력 발전소의 상세한 설계

둑의 총길이	15.9 km
집수 지역의 면적	480 km^2
발전소 수명	120년
건설 기간	7년
작동 방식	양수 시설을 포함한 썰물 발전
수문	166개 수문으로 구성, 총규모 35,000 m^3
터빈	지름 9 m의 단일 조절 가변 피치 회전자를 가지는 단일 벌브 터빈
발전기	총 발전 용량 8640 MW를 제공할 수 있는 40 MW급 발전기 216개, 회전 속도 50 rpm
연간 에너지 생산량	17 TWh
용량 계수	22.5%

출처: Energy Paper Number 57, The Stationary Office. Contains public sector information licensed under the Open Government Licence v3.0, 1989.

을 가지는 다수의 소규모 발전 시설들이 구축되고 있다.

지난 100년 동안 세계 곳곳에서 조력 발전소에 관한 연구들이 많이 진행되었지만, 실제로 건설된 사례는 많지 않다. 영국의 경우 세번(Severn) 강 하구에서 조력 발전소에 관한 연구와 조사가 자세히 진행되었고, 댐을 설치할 만한 장소로 제안된 곳이 여러 군데 있었다. 1989년에 보고된 다양한 연구에 따르면, 웨일즈 해안 카디프 시(Cardiff)와 잉글랜드 해안인 웨스턴슈퍼메어(Weston-super-Mare) 사이에 있는 세번 강 하구에 댐을 짓는 조사가 많이 진행되었다. 이 상세한 조사에 의해 프로젝트의 실현 가능성이 충분하고, 잉글랜드와 웨일즈 전기에너지 수요의 약 7%를 담당할 수 있을 것이라고 예측되었다. 표 7.2는 그 당시에 제안되었던 카디프-웨스턴 지역 조력 발전 시설의 주요 설계 특성을 보여 주고 있다. 비슷한 발전 시설의 설치가 2011년에도 다시 제안되었지만 실행되지는 않았다.

초기 조력 발전소들의 기술적 성공에도 불구하고 추가적인 확장이 많이 이루어지지 않았는데, 이는 대규모 발전소를 건설할 때 다음과 같은 어려움이 있음을 보여 준다.

- 높은 초기 투자 비용과 장기간의 발전소 건설 기간

  발전소 건설 프로젝트에 필요한 높은 대출 금리 때문에 상업적인 대출 기관으로부터 금융 지원을 받는 것이 매우 어렵고, 건설하는 데 5~7년이 필요하다. 토목 공사를 한 다음에는 발전소의 작동이 최대 100년 동안 가능하지만, 건설 기간에는 수입이 전혀 없게 된다. 9.2.1절에 자세히 소개하겠지만 현금 흐름 할인법(discounted cash flow analysis)으로 단순하게 분석해 보면, 대출 금리가 5% 정도로 낮다고 하더라고 발전소 운영 후

30년 이상의 수입을 부채 상환에 써야 될 것이다.

• 환경적인 영향

터빈이 어류 및 해양 포유류에 미치는 영향과 강어귀 가장자리의 조간대(inter-tidal zones) 상실에 대한 우려가 있다. 그로 인해 철새의 서식지 감소가 예상된다. 일단 댐이 만들어지면 유역 내의 수위가 이전처럼 조수에 따라서 변하지 않게 된다. 갯벌 지역이 건조해지며, 침수되는 면적도 줄어들게 될 것이다. 영국의 경우 영향력 있는 몇몇 환경 단체들이 대규모 조력 발전소가 건설되지 못하도록 강력히 반대하고 있다.

• 강 하구를 통한 해상 운송 및 추가적인 이용의 제한

대규모 댐의 경우 선박의 갑문을 고려해서 설계할 수 있지만, 대부분의 경우에 강 하구를 해상 운송이나 다른 목적으로 이용하는 사람들과 이해 충돌이 발생할 수도 있다.

7.1.1 조력 발전 에너지 자원

조력 발전을 위한 에너지 자원은 지구의 회전과 함께 달과 태양의 중력 인력에 의해 야기되는 바다 가장자리의 수위 변화에 의해 생긴다. 일부 지역의 경우 심해에서는 약 0.5 m에 불과한 조차가 국소적인 해저 유체역학적 효과와 해안 지형 때문에 생기는 수력 공명현상으로 인해 증폭하게 된다. 캐나다의 펀디 만에서는 최대 15 m 정도의 조차가 생기고, 영국의 세번 강 하구에서는 최대 12 m의 조차가 생긴다.

바닷물의 수위는 24시간 50분 28초를 하루로 두는 음력 시간 기준으로 하루에 두 번씩 정기적으로 바뀌게 된다(양력 시간의 1.035배). 음력 시간의 경우 양력 시간보다 하루가 조금 더 긴데, 이는 달이 지구가 자전하는 것과 같은 방향으로 지구를 공전하기 때문이다. 밀물 때 수위가 높아지기 시작하면서 밀물이 끝나는 시점에서 수위가 최고가 되고, 썰물이 끝나는 시점까지 계속해서 낮아지게 된다. 조차는 수위의 최고점과 최저점 사이의 차이를 의미한다.

지구와 달은 둘 사이의 중력과 관성력의 균형에 의해 서로 공전하게 된다. 대지는 적당히 단단해서 이 힘에 의한 변화가 크게 없지만, 달의 질량에 의해 생성된 중력은 바닷물을 달 쪽으로 끌어당긴다. 이때 비슷한 크기로 균형을 이루는 관성력이 지구 쪽으로 작용하게 된다. 이 현상으로 인해 바닷물이 달로 향하거나 달로부터 멀어질 때 2개의 바다 수위 부풂음(bulges) 현상이 나타나게 된다. 극축을 중심으로 하는 지구의 자전은 그 부풂음이 지구 주위를 회전하는 것처럼 보이게 한다. 달이 지구의 적도 위치에 놓이게 되면 지면 위의 한 점에서 해수면이 음력일 기준으로 거의 일정하게 두 번 변화하는 것을 볼 수 있게 될 것이다. 이 현상으로 인해 하루에 조수가 두 번 생기는 것을 아래 그림 7.1에서 확인할 수 있다.

달의 위치는 일반적으로 적도에 일렬로 위치해 있지 않고, 지구 주위를 공전하는 달의 궤

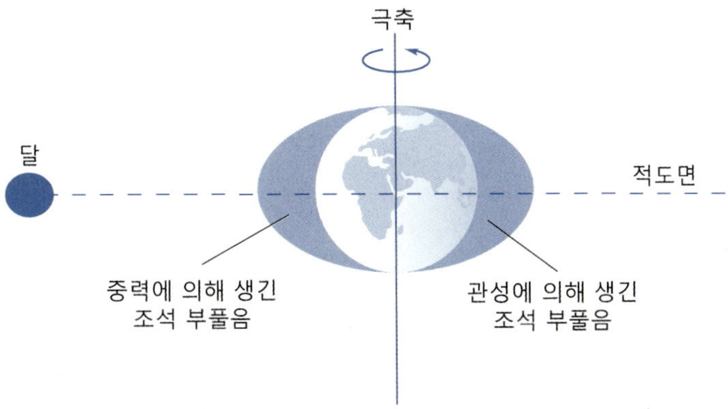

그림 7.1 달에 의해 반일주조(semi-diurnal tides). 조석 부풀음 현상을 명확히 보여 주기 위해 과장하여 표시함.

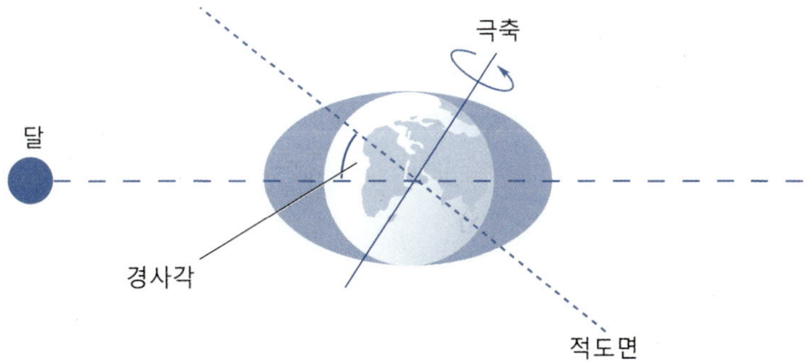

그림 7.2 달에 의해 생기는 적위조(declinational tides). 조석 부풀음 현상을 명확히 보여 주기 위해 과장하여 표시함.

도에 따라 결정된다. 지구의 적도를 기준으로 보았을 때 어떤 경사각에 달이 위치한 경우, 매일 두 번 생기는 조수가 일정하지 않고, 일부 지역에서는 하루에 만조나 간조가 한 번만 생기기도 한다(그림 7.2 참조).

달의 공전 궤도는 원형이 아닌 타원형이고, 지구의 중심을 기준으로 달이 공전하지 않는다. 달이 지구에서 가장 가까운 지점을 근지점(perigee)이라 하고, 가장 먼 지점은 원지점(apogee)이라고 한다. 한 근지점으로부터 다음 근지점까지 이동하는 데 걸리는 시간은 27.53일이다. 달의 궤도가 변화하는 것을 과장되게 표현해서 아래 그림 7.3에 나타냈다. 지구의 공전 궤도 중심에 태양이 위치해 있지 않으므로 태양 주변을 도는 지구의 궤도도 이와 비슷한 형태의 타원형이 된다.

달과 함께 태양도 조수에 중요한 영향을 미친다. 태양은 달보다 훨씬 큰 질량을 가지고 있지만, 지구에서 훨씬 더 멀리 떨어져 있다. 태양과 달에 가해지는 중력은 그들의 질량에 비

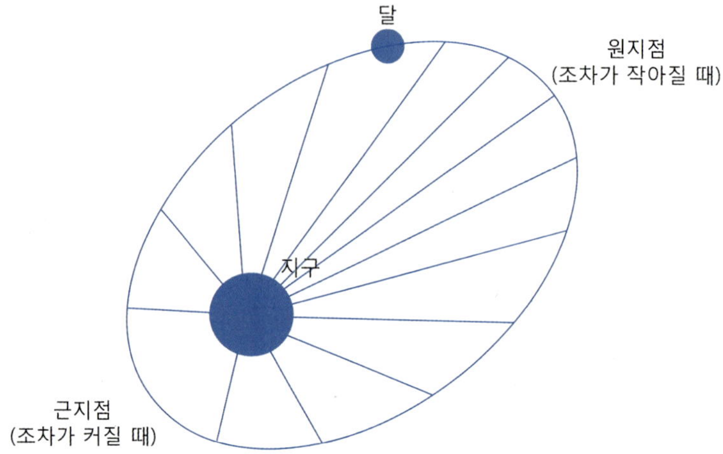

그림 7.3 달이 타원형으로 지구를 공전하면서 생기는 조수의 변화 또는 음력. 타원형의 공전을 명확히 보여주기 위해 과장해서 표현함.
출처: R. H. Clarke, *Elements of Tidal-Electric Engineering*, IEEE Press-Wiley, 2007.

례하고, 지구와의 거리의 제곱에 반비례한다.

$$F \propto \frac{M}{R^2}$$

태양이나 달을 각각 기준으로 해서 위 식을 적용하면 된다.

F는 지구의 중력 [N]
M은 태양 또는 달의 질량 [kg]
R는 지구와 태양 사이 또는 지구와 달 사이의 거리 [m]

달과 태양이 조력을 생성하도록 하는 힘은 지구의 지름을 가로질러 이 개체들에 의해 가해지는 인력의 차이에 비례한다. 그러므로 조력을 생성하는 힘은 $\partial F/\partial R$에 비례하고, 다음과 같은 간단한 미분을 이용해서 계산할 수 있다.

$$\frac{\partial F}{\partial R} \propto \frac{-2M}{R^3}$$

따라서 달과 태양이 각각 조수를 생산하도록 하는 힘의 비는 다음과 같다.

$$\frac{\frac{M_{moon}}{R_{moon}^3}}{\frac{M_{sun}}{R_{sun}^3}}$$

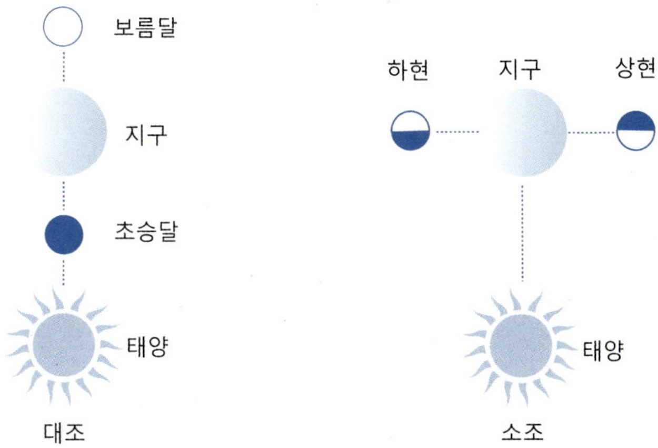

그림 7.4 대조(spring tide)와 소조(neap tide). 태양, 지구, 달의 상대적 위치와 지구에서 바라본 달의 모양

달과 태양의 질량 차이와 이들이 지구로부터 떨어진 거리를 고려하면 태양이 조수를 생산하는 데 미치는 힘이 달의 약 46%임을 알 수 있다.

지구, 태양, 달이 모두 일렬로 되어 있을 때 태양과 달의 인력이 함께 작용하면서 조차가 커지는 대조(spring tides)를 일으킨다. 달이 지구에서 태양까지의 선에 대해 수직으로 위치해 있을 때는 조석력이 어느 정도 상쇄되므로 낮은 조차를 가지는 소조(neap tides)가 생긴다. 이 현상은 그림 7.4에 설명되어 있다.

바다의 높이가 시간에 따라 변하면 조류의 흐름이 생기게 된다. 육지가 질량이 훨씬 크기 때문에 조류가 육지에 닿으면 흐름이 바뀌게 되고, 특히 강어귀의 수심(깊이)과 지형(모양)에 의해 심해의 조차가 증폭하게 된다. 일부 강어귀의 지형은 조차와 조류를 모두 증폭시키는 데 중요한 역할을 하는 공명 효과(resonance effects)를 일으킨다.

7.1.2 분조와 조수에 대한 이해

개별 장소에서의 조수는 천문학적 영향, 심해 지리, 지역 해안선의 수심 및 지형에 의한 복합적인 효과로 인해 달라진다. 이 영향들에 대해 개별 장소마다 약 20년마다 반복되는 조차 변화를 시계열로 표현할 수 있다. 조차는 아래 식과 같은 조화급수(harmonic series) 형태로 설명할 수 있다.

$$h(t) = h_0 + \sum_{n=1}^{m} h_n \sin(\omega_n t + \alpha_n) \tag{7.1}$$

여기서

$h(t)$는 시간 t에서 조수의 높이

h_0는 평균 수위

h_n은 n차 분조의 진폭

ω_n은 n번째 분조의 각속도

α_n은 n번째 분조의 성분의 위상 변위

t는 시간

m은 총분조의 수

어떤 지역에서 조수에 대한 분조를 얻을 때는 조수 높이에서 측정한 현장의 측정값을 조화 해석(harmonic analysis)을 이용하여 분조로 분리해 내어 얻는다. 이 분조들을 조수표에 명시하고, 특정 시점으로부터의 기간 차를 고려하여 조수의 높이를 예측하는 데 사용할 수 있다.

한 장소에서의 조수를 완전히 표현하려면 약 20개의 분조가 필요하지만 달(M2)이나 태양(S2)에 의해 일일 2회 발생하는 조수인 반일주조에 대한 성분들이 조차를 설명하는데 있어서 가장 중요한 성분이다. 아래 표 7.3과 같이 중요한 다섯 가지 분조를 나열하였다.

그림 7.5에서는 한 장소에서 어떻게 분조들을 결합하여 조수를 예측할 수 있도록 하는지를 보여 준다. 식 (7.1)과 표 7.4에서 나타낸 분조 자료를 함께 사용하였다. 세번 강의 자료를 사용한 이 예에서 M2 분조의 영향이 지배적임을 확인할 수 있다. 이 성분들을 결합한 결과 36시간 동안 조차가 최대 11 m 생김을 알 수 있다.

표 7.3 조수를 설명하는 데 필요한 중요한 분조들

분조	주기(h)	각속도 (°/h)	세부 설명	주요 효과를 보여 주는 그림의 번호
M2	12.42	28.98	주 태음반일 주조: 달에 대한 지구의 회전을 설명하는 성분	7.1
S2	12	30	주 태양반일 주조: 태양에 대한 지구의 회전을 설명하는 성분. M2와 S2 분조는 대조와 소조를 만드는 데 함께 기여함	7.4
N2	12.66	28.44	달의 타원 궤도를 설명하는 데 필요한 타원형 태음반일 주조	7.3
O1	25.82	13.94	하루 동안 달의 기울어짐을 설명하는 분조	7.2
K1	23.93	15.04	O1과 함께 달이 기울어질 때 생기는 효과를 표현하는 분조	7.2

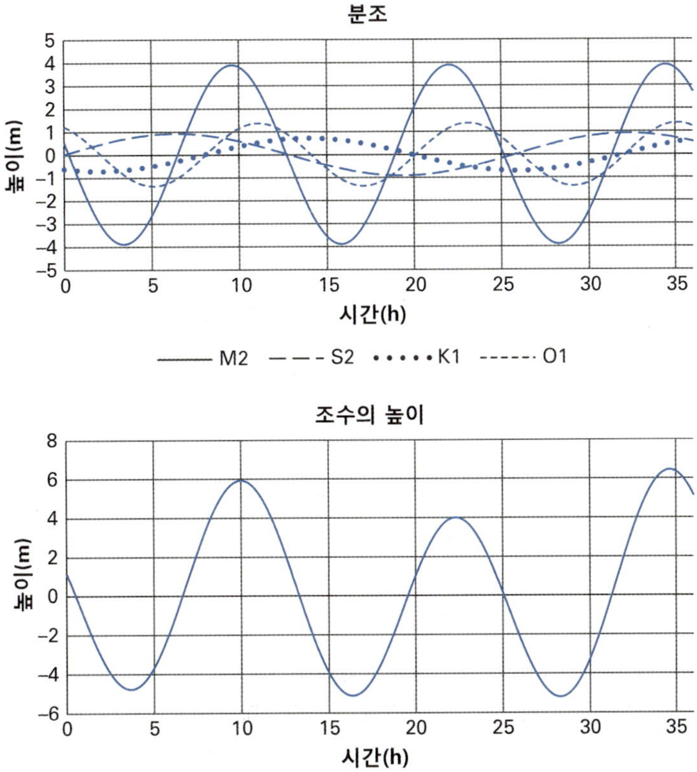

그림 7.5 분조와 식 (7.1)을 이용한 조수의 높이 예측

표 7.4 그림 7.5를 그리기 위해 식 (7.1)과 함께 사용한 분조 자료. 시간 단위는 h, h_0는 0시간을 의미함.

분조	h_n(m)	α_n(°)	ω_n(°/h)
M2	3.89	188	28.98
S2	1.37	243	30
K1	0.72	120	15.04
O1	0.92	359	13.94

출처: Alcock G. A. and Pugh D. T., *Observations of tides in the Severn Estuary and Bristol Channel*, Report No. 112 to the UK Dept of Energy. Unpublished manuscript, 1980.

조수의 유형을 분류하기 위해 사용하는 형상 계수(F: foam factor)는 분조의 진폭을 이용하여 다음 식으로 표현할 수 있다.

$$F = \frac{hK(1) + h(O1)}{h(M2) + h(S2)}$$

표 7.5에 나타낸 것처럼 형상 계수는 조수의 유형을 정의하는 데 사용된다.

표 7.5 형상 계수에 따른 조수의 유형 정리

형상 계수값	조수의 유형
0~0.25	반일주조
0.25~1.5	혼합형, 주로 반일주조
1.5~3	혼합형, 주로 일주조(diurnal tide)
>3	일주조

예제 7.1 조수의 유형

표 7.4에 제시된 분조들의 값을 이용하여 조수의 유형에 대해 결정하시오.

• 해답

$$F=\frac{0.72+0.92}{3.89+1.37}=0.31$$

주로 반일주조로 구성된 혼합형 조수라고 볼 수 있다.

7.1.3 조력 발전

아래 그림 7.6은 조력 발전 시설에 대한 개략도이다. 바닷물을 유역 내에 가두어 두기 위한 물막이 댐이 건설되어 있다. 각 조수 주기마다 얻을 수 있는 에너지는 물이 높아졌다가 낮아질 때 얻을 수 있는 일에 의해 결정된다. 그러므로 썰물 때 물 빠짐으로부터 얻을 수 있는 최대 가용 에너지(E)는 다음과 같은 식으로 구할 수 있다.

$$E=\int_0^H \rho Agh\,dh=\rho g\frac{AH^2}{2}\ \text{[J]}$$

여기서

A는 유역의 면적 [m^2]

H는 조차 [m]

ρ는 해수의 밀도, 1025 [kg/m^3]

g는 중력 가속도

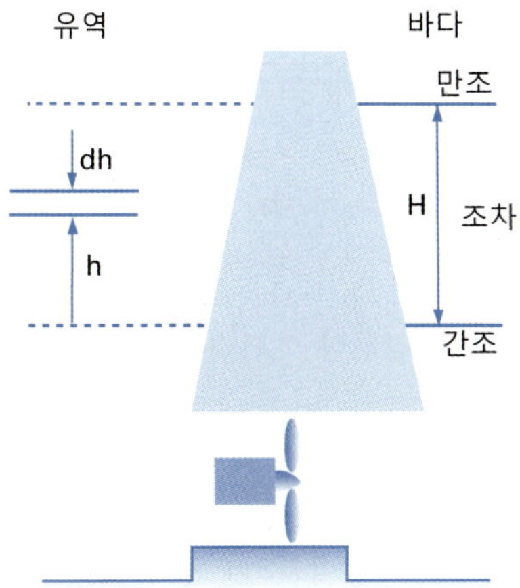

그림 7.6 조력 발전 시설의 개략도

24.8시간의 조석일 동안 조수가 두 번 있기 때문에 에너지를 동일한 반일주조의 썰물과 밀물에서 얻을 수 있다고 가정하면, 일일 최대 생산 에너지는 다음과 같다.

$$E = 4\rho g \frac{AH^2}{2} \times \frac{24}{24.8} \text{ [J]} \tag{7.2}$$

그리고 이용 가능한 최대 전력의 평균($P_{average}$)은 다음 식과 같이 생산된 에너지의 총량을 태음일 기준 하루의 시간으로 나누어서 구한다.

$$P_{average} = \frac{4 \times \rho g \dfrac{AH^2}{2}}{24.8 \times 3600} \text{ [W]}$$

예제 7.2 강어귀에서 전력 생산 추정

강어귀에서 생산할 수 있는 최대 평균 전력을 추정하시오. 사용 가능한 평균 조차는 6 m, 유역 면적은 22 km^2, 깊이는 일정하다고 가정한다.

• 해답

밀물 또는 조수의 흐름으로부터 생기는 위치에너지는 다음과 같다.

$$E = mgh \text{ [J]}$$

흐르는 물의 질량은 다음과 같다.

$$m = \rho AH \text{ [kg]}$$

평균 낙차는 다음과 같다.

$$h = \frac{H}{2} \text{ [m]}$$

썰물과 밀물로 인해 얻을 수 있는 각각의 에너지는 다음과 같다.

$$E = mgh = \rho AH \times g \times \frac{H}{2} \text{ [J]}$$

태음일 하루 동안의 평균 전력 생산량은 다음과 같다.

$$P_{average} = \frac{4 \times 1025 \times 9.81 \times 22 \times 10^6 \times \frac{6^2}{2}}{24.8 \times 3600} \text{ W}$$
$$= 178 \text{ MW}$$

이 예측값은 최대 자원의 초기 추정값을 제공한다. 조력 발전소에서 전기 출력이 유역의 면적 (A)과 이용 가능한 조차(H)의 제곱에 어떻게 비례하는지를 보여 주는 결과이다.

7.1.4 썰물 발전

실제로 운영되는 대부분의 조력 발전 시설은 썰물을 이용하여 전기를 생산한다. 썰물 발전의 작동 방식에 대해서는 그림 7.7에 자세히 나타나 있다. 해수가 밀물 동안에 대형 수문을 통과하여 유역 내로 들어오게 되고, 유역 내부와 외부의 수위가 동일해질 때까지 물이 찬다. 수문을 닫고 바닷물의 높이가 낮아질 때까지 기다리다가, 전기 생산을 효율적으로 하기 위해 필요한 최소한의 낙차가 생기면, 유역 내의 물이 터빈을 통과하면서 방출하게 된다. 터빈 기준으로 보았을 때 바닷물과 유역에 차 있는 물의 높이가 변화함에 따라 낙차 변화가 계속해서 생기고, 이 낙차의 변화율도 함께 변하게 된다.

각 밀물 때에 유역 내로 유입되는 물의 질량은 다음과 같다.

$$m = \rho A \frac{H}{2}$$

발전을 하고 있는 동안 터빈 기준으로 보았을 때 평균 낙차는 유역 내부와 외부 사이의 수위 차이이다. 그림 7.7에 표시된 영역 1과 영역 2를 기준으로 이를 계산해 볼 수 있다.

$$Area1 = \frac{T}{2} \times \frac{H}{2} \times \frac{1}{2}$$

$$Area2 = \frac{T}{2} \times \frac{H}{2} \times \frac{2}{\pi}$$

여기서

H는 조차

T는 조수의 기간

따라서 평균 낙차는 다음과 같다.

$$\frac{Area1 + Area2}{T/2} = \frac{H}{2} \times 1.137 = 0.568H \ \text{[m]}$$

각각의 조수 주기마다 터빈이 하는 일은 다음과 같다.

$$E = m \times g \times 0.568H = \rho A \frac{H}{2} \times g \times 0.568H \ \text{[J]}$$

그리고 각 조석일마다 두 번의 썰물로부터 에너지를 얻을 수 있으므로 다음과 같이 계산한다.

$$E = \rho g A H^2 \times 0.568 \ \text{[J]}$$

썰물 발전은 하루에 두 번 약 4~6시간 동안 약 28%의 이론적 효율로 에너지를 제공한다. 실제 발전소에서는 터빈을 작동할 때 생기는 유압 손실도 고려하고, 터빈 운영을 위해 필요한 최소 낙차도 고려해야 한다. 먼저, 발전소를 효율적으로 운영하기 위해 시뮬레이션을 활용하여 작동의 최적화를 진행한다.

터빈 발전기의 경우 평균 발전 용량 이상으로 정격 용량을 정한다. 아래 그림 7.7의 하부에서 표현한 것처럼 터빈 발전기가 작동하면서 전력을 생산하게 된다.

그림 7.7의 두 번째 주기에서 볼 수 있듯이 밀물 때에 펌프를 이용하여 유역 내 물의 양을 증가시킬 수 있다. 하지만 이 방법은 복잡하고 고가의 터빈과 발전기를 필요로 한다. 조력 발전 시설에서 펌프를 이용하는 경우의 장점은 작은 낙차에서도 양수 발전을 통해 더 큰 낙차를 만들어 전력을 생산할 수 있다는 것이다.

위 표 7.2에서 설명한 세번 강 지역에 제안된 조력 발전 시설과 같이 최대 출력 8.6 GW급의 대규모 조력 발전소는 적어도 25 GW 이상 되는 영국의 전력 계통과 연결할 수 있을 것이다. 이 전력 계통은 다양한 변수가 있을 때에도 운영이 가능하고, 전력 출력의 예측이 가

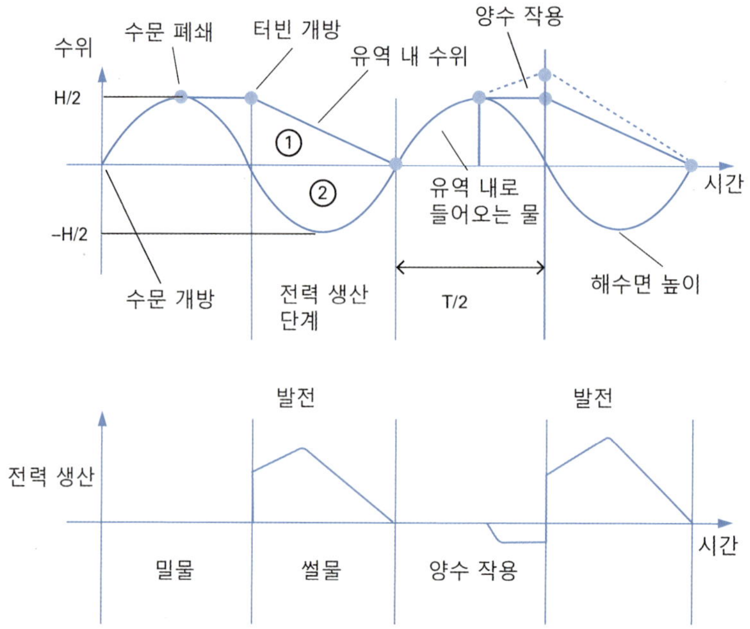

그림 7.7 썰물을 이용한 조력 발전

능하다. 밀물과 썰물을 모두 이용하여 전기를 생산하는 것이 가능하지만 양쪽 방향을 모두 활용하는 방법은 운영이 더 복잡하고 고가의 터빈을 사용해야 한다. 놀랍게도 양방향 모두 이용하는 전력 생산 방식이 특별히 더 큰 전력을 생산하는 것도 아니다. 대형 수문을 사용하여 유역을 가득 채운 후 썰물 조력 발전을 하는 방식에 비해 양방향 발전은 수력학적 성능이 떨어진다. 양방향 발전의 장점은 좀 더 유연한 전력 생산이 가능할 수 있다는 것이다. 여러 개의 유역을 동시에 이용한다면 조력 발전으로 거의 연속적인 전력 생산이 가능해질 수 있다. 비슷한 방법으로 다수의 조력 발전 시설이 해안 주변의 강어귀에 다양하게 위치해 있는 경우에는 각 장소에서의 조석 주기가 다르므로 좀 더 연속적인 전력 생산이 가능해진다.

전형적인 조력 발전용 시설의 구성 요소는 다음과 같다.

터빈 발전기 세트: 일반적으로 터빈 발전기는 수평축 벌브 카플란(Kaplan) 터빈과 다극의 동기식 발전기로 구성된다. 단일 조정 터빈은 터빈 러너 또는 분배기 날개에서 가변 피치를 사용하고, 이중 조정 터빈은 고정된 분배기 날개 또는 개찰구 각도와 러너 블레이드를 모두 조정한다. 전체 터빈 발전기 설비는 케이슨(caisson) 내에 설치된다.

수문: 썰물 발전의 경우 대형 수문을 사용하면 유역 내로 밀물을 빠르게 채울 수 있다. 수문의 계폐는 능동형과 수동형 모두 활용이 가능하다.

갑문: 물막이 댐이 항구가 포함된 강어귀에 설치되어 있는 경우 해상 운송로가 만들어져

야 한다.

제방: 터빈 발전기, 수문 및 갑문이 강어귀 전체 너비에 걸쳐서 설치되는 경우는 별로 없다. 그러므로 자연 제방을 활용해서 물막이 댐을 완성하면 갑문을 확보하고 경제적으로 댐을 완성할 수 있다.

7.1.5 조력 발전용 터빈 발전기

조력 발전 시설에서 사용되는 터빈을 구동시키기 위해 보통 4 m에서 8 m 사이의 낙차가 필요하다. 낙차는 조수의 상태와 썰물/밀물 발전 중에서 어떤 것을 선택하는지에 따라 조금 달라질 수 있다. 특정 장소에서 대조(spring tidal range) 때의 조차는 8 m 이상일 수도 있는데, 실제 터빈이 작동할 때 그만큼의 조차가 적용되지는 않는다. 위 그림 7.7에 나타낸 것처럼 썰물만 이용하는 조력 발전의 경우 터빈이 이용할 수 있는 최대 낙차는 물막이 댐 밖의 높이가 낮아지고 나서, 유역 내 물을 흘려보내 수위를 떨어뜨릴 때 생긴다.

조력 발전 시설에 이용되는 터빈 발전기 장치는 작은 낙차 수력 발전 시설에서 사용하는 장치와 비슷하다. 3.6절에 소개되어 있듯이 이 장치들은 높은 비속도를 필요로 한다. 하지만 작은 낙차에서 흐르는 강물을 이용하는 수력 발전용 터빈 발전기와는 세부적으로 큰 차이가 있다. 조력 발전 시설은 해수에 의한 부식이 생길 수 있는데, 이를 방지하기 위해 터빈을 스테인리스강(stainless steel)으로 만들거나 음극 방식법(cathodic protection)을 이용해서 코팅한다. 그리고 조력 발전 시설에서는 적어도 하루에 두 번 이상 터빈이 작동과 멈추기를 반복한다. 조석 주기에 따라 달라지는 낙차의 변화 때문에 터빈 러너 블레이드 피치와 개찰구 안내날개(guide vane)의 위치가 계속해서 변한다.

조력 발전 시설은 단일 방향의 물 흐름을 이용하는 전기 생산 외에 다음과 같은 방식으로 활용하기 위한 설계도 계획할 수 있다.

- 밀물/썰물 양방향 물 흐름을 이용한 발전
- 양방향 흐름 동안 양수 시설 이용
- 전력 생산 없이 터빈을 활용하여 유역 내에 물을 채우거나 빼내는 수문으로 활용

세번 강의 댐 건설을 위한 초기 설계에서 제안된 수직축 카플란 터빈은, 이중 조절 가변 피치 블레이드와 제어가 가능한 안내날개를 사용하는 터빈이었다. 수직축으로 터빈을 배열하는 경우의 장점은 전기 발전기가 터빈 위에 장착되기 때문에 냉각 및 유지가 용이한 건조실 내에 설치할 수 있다는 점이다. 하지만 이러한 배열에서는 물의 흐름이 90°로 두 번 회전해야 하므로 유압 효율이 감소한다는 단점이 생긴다.

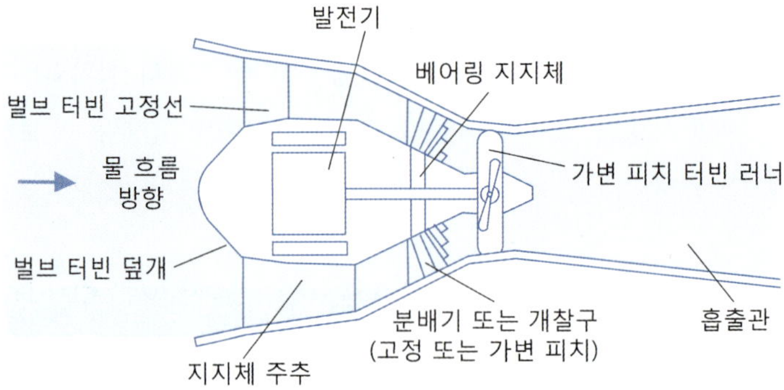

그림 7.8 벌브 터빈 발전기와 이중 제어 수평축 카플란 터빈

이후 대부분의 조력 발전 시설들은 수평축 터빈을 사용하였는데, 수평축 터빈의 유형은 다음과 같다.

- 벌브(bulb) 터빈
- Straflo로 알려진 직류 터빈
- 관형 터빈

프랑스 라 랑스와 우리나라 시화호 조력 발전 시설은 모두 그림 7.8의 예와 같은 밀폐된 인클로저(enclosure)에 발전기가 위치해 있는 벌브 터빈을 이용하고 있다. 라 랑스에서 사용되는 발전기는 터빈의 유역 쪽에 위치해 있는 반면, 시화호의 발전기는 바다 쪽에 위치해 있다. 터빈들은 가변 피치 블레이드와 가변 안내날개를 이용한 이중 제어가 가능하다. 라 랑스에서 사용되는 터빈은 양방향 작동이 가능하고, 양수 모드에서도 사용될 수 있는데, 이러한 유연성 덕분에 전기 가격이 제일 비싼 피크 시간대에도 전기 생산이 가능하도록 운용할 수 있다. 10 MW 용량의 발전기는 220 kV 전력망에 전기 공급이 가능하도록 3.5 kV의 작동 전압으로 작동하여 1.7 kA의 전류를 공급한다. 시화호에서 사용하는 터빈은 밀물을 이용하여 전기를 생산하고, 수문 계폐 방식을 이용하여 썰물 때 유역 내의 물이 최대한 빠져나가도록 한다.

벌브 터빈의 설계적인 단점은 발전기를 포함하고 있는 인클로저가 물의 흐름을 방해하여 추가적인 낙차의 손실을 초래할 수 있다는 점이다. 이 낙차 손실을 최소화하기 위해 벌브의 지름을 제한하는데, 이로 인해 발전기를 냉각하기가 어렵게 된다. 상대적으로 가늘고 긴 발전기는 낮은 관성을 가지기 때문에 전력 시스템의 안정성 측면에서 좋지 않은 편이다.

대안적인 디자인으로 림 발전기와 직류 터빈을 사용하는 방법이 있는데, 상표명 Straflo로도 알려져 있다. 발전기의 회전자를 터빈의 주변부에 위치시키고, 고정자도 바깥쪽에 배치한다. 회전하는 덮개는 터빈 내의 물을 유지하기 위해 사용된다. 터빈 러너 블레이드의 피치 각도는 고정되어 있으므로 분배기의 정적 안내날개가 터빈 출력 전력을 조절하는 데 이용된다. 캐나다 아나폴리스 로얄에서 사용되는 직류 터빈의 경우 러너의 지름이 7.6 m이고 20 MW의 전력을 생산할 수 있다.

또 다른 대안으로 길고 경사진 관형 샤프트를 사용하는 방법이 있는데, 발전기와 기어박스가 터빈으로부터 멀리 떨어져서 위치하도록 설계한다. 하지만 이 관형 배치의 경우 물의 흐름을 전환시켜야 하고 터빈과 발전기 또는 기어박스가 길게 연결되므로 높은 토크가 생기게 되어 불안정한 비틀림을 야기할 수 있다.

7.1.6 환경에 미치는 영향

다른 주요 재생 에너지 프로젝트와 마찬가지로 조력 발전 시설을 건설할 때는 충분하고 포괄적인 환경 평가와 공식적인 절차에 따른 공적인 허가가 필요하다. 썰물을 이용한 시설의 경우 유역 내의 수위가 댐 밖의 수위보다 더 높아지고 유역 내의 조차를 보통 50% 정도까지 감소시키게 된다. 이런 유역 내 수위 변화와 조차의 감소는 조석 주기 동안 드러나게 되는 갯벌의 면적을 감소시킨다. 갯벌은 섭금류에게 귀중한 먹이가 제공되는 공간인데, 이런 철새들을 위한 먹이 서식지의 잠재적 손실은 세번 강 댐 건설 프로젝트를 평가할 때 중요한 고려사항 중의 하나였다.

또 추가적으로 고려해야 할 환경적 영향은 아래와 같다.

염분: 유역 내에 모여 있는 물은 해수와의 물 교환이 제한적이기 때문에 염분이 감소될 수 있다.

탁도: 유역 내의 부유물의 농도는 유속에 따라 크게 달라지는데, 댐이 생기면 유속의 영향이 감소하게 된다. 그로 인해 유역의 탁도가 감소하고 햇빛이 물에 더 깊이 침투하면서 수질이 향상되고 해양 생물이 증가하게 된다. 하지만 부유물이 가라앉고 토사가 쌓이지 않도록 관리해야 한다.

오염 물질: 전기를 충분히 공급하기 위해 도시 근처에 위치한 적절한 강 하구의 제방을 이용하는 경우에는 근처의 높은 인구 밀도와 산업 시설에 의한 오염 물질 배출을 고려해야 한다. 그러므로 강 하구의 물 흐름 변화를 신중히 예측해야 한다.

어류: 캐나다 아나폴리스 로얄에서는 터빈을 통해 물고기를 이동시키는 것에 대한 우려가 있었다. 수력 발전소의 일반적인 관행에서와 같이 물고기를 위한 사다리를 설치하였다. 강어귀에 설치된 조력 발전 시설에 의해 야기되는 어류의 사망률에 관한 연구가 중요한 연구 주제 중의 하나가 될 것이다.

7.1.7 조석호(Tidal Lagoons)

조력 발전 시설을 설치하기 위한 대규모의 개발은 환경에 심각한 영향을 미치고 환경 단체, 해상 운송 관계자, 강 하구를 다른 용도로 사용하는 사람들의 반대에 부딪힐 수 있다. 이러한 반대 의견을 피하기 위해 최근 조석호에 대한 관심이 크게 증가하고 있다. 조석호는 조석수를 둘러싸고 있지만 조석 하구에 대한 접근을 제한하지 않고, 주변 환경 조건을 변형하지 않는다. 강어귀의 입구를 가로지르는 짧은 물막이 댐을 건설하여 유역을 형성하는 대신에, 석호를 완전히 둘러싸거나 하구의 한쪽 해안으로부터 연장되는 훨씬 긴 물막이 댐을 건설하여 조석호를 만들 수 있다. 작은 낙차용 터빈은 석호의 내부와 외부 사이의 수위 차를 활용한 위치에너지를 이용하여 전기를 생산할 수 있다.

조석호를 찬성하는 사람들은 다음과 같은 이유를 조석호의 장점이라고 주장한다.

- 얕은 물가에 위치할 수 있어 물막이 댐의 단위 길이당 설치 비용이 감소하게 된다.
- 하구 윗부분에 위치한 갯벌 지역의 손실을 최소화하고, 물고기의 이동 경로 방해가 없어서 환경에 대한 피해를 훨씬 줄일 수 있다.
- 기존 용도대로 강 하구를 계속해서 이용하기 때문에 기존 이용자와의 충돌을 방지한다.

조석호의 명백한 단점은 특정 유역의 제방 길이가 강어귀 입구 조력 발전용 댐보다 훨씬 길다는 것이다. 강어귀 양측의 제방을 사용하여 유역 내의 면적을 훨씬 더 많이 확보할 수 있는 전통적인 조력 발전 시설보다 동일 면적 대비 시설 건설 비용이 더 증가하게 된다. 조력 발전 시설용 댐을 건설하는데 부지의 경제적 타당성을 평가할 때 사용된 경험 법칙 중의 하나는 유역의 길이(m)에 대한 유역 내부 면적(km^2)의 비가 80을 초과해서는 안 된다는 것이다. 하구의 제방에 의해 만들어지는 큰 내부 지역을 사용하지 않음으로써 댐의 길이 대비 조석호 내부 면적의 비가 80을 크게 넘게 된다. 라 랑스와 세번 강 발전 시설의 경우 이 비는 33 정도였다. 지금까지 많은 연구가 진행되었지만 조석호를 이용한 발전 시설에 대한 실질적인 설치는 진행되지 않고 있다.

7.2 조류 발전

라 랑스, 아나폴리스 로얄 및 시화호 조력 발전소의 성공적인 운영을 통해 유역과 바다 사이의 수위 차를 이용한 조력 발전이 위치에너지를 효과적으로 활용할 수 있음이 증명되었다.

그러나 댐의 건설 기간이 너무 길고 대출로부터 자금을 조달하기 어려운 문제점이 있다. 또 유역 내의 수위와 흐름의 변화는 환경에 큰 영향을 미칠 수 있으며, 조력 발전 시설로 인한 강 하구의 변화는 환경 단체들이 반대할 가능성이 크다. 조력 발전 시설의 기술적인 성공과 수많은 연구 및 제안에도 불구하고 1984년 이후 유럽이나 북미에서는 대규모의 조력 발전 시설의 건설이 이어지지 않고 있다. 그로 인해 해양에너지의 주요 관심사가 해류의 흐름을 이용한 운동에너지 활용으로 바뀌고 있다. 조류 발전 장치의 경우 자금 조달이 더 쉽고, 환경에 미치는 영향이 더 적을 수 있을 것이라고 여겨진다. 많은 국가에서 조류 발전 장치의 개발 및 시연을 지원하기 위한 다양한 프로그램을 시행하고 있는데 영국은 오크니(Orkney)에 위치한 유럽 해양에너지 센터(European Marine Energy Centre)에 시험소를 두고 있다. 본 교재가 집필되고 있는 2016년 현재 몇 개의 조류 발전 장치만 시연이 완료되었음에도 불구하고 영국에서는 2020년까지 영국 연안에 최대 200 MW급의 조류 발전 장치를 설치하는 것을 목표로 프로젝트가 진행되고 있다.

7.2.1 조류 발전을 위해 필요한 에너지 자원

달과 태양의 중력, 그리고 지구의 회전은 지구 해수면의 높이를 변화시킨다. 해수위의 변화는 바다를 가로질러 움직이는 긴 주기의 파도를 만들게 된다. 7.1절에서 설명한 대로 해일(tidal wave)이 육지에 도달하게 되면 수위의 변화가 생기게 되는데, 이것을 조차라고 한다.

외양(open ocean)에서는 해일의 속도가 느리지만(0.02~0.05 m/s), 수중의 수심 및 지형에 따라 가속화하게 된다. 특히, 섬들과 본토 사이의 해협과 헤드랜드 주변의 얇은 바다 같은 좁은 수로에서 더 가속화된다. 이런 지역에서는 대조 때 조류의 최대 속도가 3 m/s를 초과할 수도 있다. 조류는 조차의 변화와 같은 주기로 변하지만, 강어귀나 만에서는 가끔 다르게 변한다. 이런 변화는 7.1절에서 설명한 분조와 비슷한 방법을 이용해서 설명할 수 있다. 조류의 속도(U)는 다음 식으로 설명이 가능하다.

$$U(t) = U_0 + \sum_{n=1}^{m} U_n \sin(\omega_n t + \alpha_n)$$

여기서

$U(t)$는 특정 시간(t)에서의 조류의 속도

U_0는 조류의 평균 유속

U_n은 n번째 조류 분조의 속도

ω_n은 n번째 조류 분조의 각속도

α_n은 n번째 조류 분조의 위상 변위

t는 시간

m은 조류 분조의 총수

조류의 속도는 12.4시간의 반일주조 주기에 맞추어서 변화하게 되고, 각각의 반일주조 주기에 따라 흐름의 방향이 바뀌게 된다. 아래 그림 7.9에서 이틀 동안 반일주기에 따른 유속 변화를 보여 주고 있다. 초음파 해류계(acoustic doppler current profiler)를 사용하여 5분마다 해저에서부터 30 m 높이까지 조류의 크기와 방향에 대한 일련의 측정을 수행하였다. 수위가 낮거나 높을 때(LW 및 HW)의 유속은 거의 0으로 떨어지고 이 두 번의 게조(slack water)의 중간에서 조류가 최대 유속에 도달하였다. 더 빠른 주기를 가지는 난류의 변화는 반일주기와 동일하게 나타난다. 이런 실질적인 조류 속도에 관한 데이터에는 난류의 흐름이 크게 반영되어 있다는 것을 확인할 수 있다.

수심이 깊은 곳에서 생기는 조류의 난류 흐름은 장애물과 해저의 거칠기에 의해 발생한다. 해수면에 가까워지는 경우에는 파도 작용(wave action)에 의해 난류가 생기게 된다. 난류의 세기는 깊이에 따라 변하여 파도 기후(wave climate), 날씨, 현지 깊이 및 지형에 따라서도 달라진다. 풍력에너지와 마찬가지로 종방향으로 생기는 난류의 강도(I_u)는 유속의 표준편차(σ) 대비 평균 유속($\overline{U}$)의 비로 정의한다. 보통 4 Hz로 10분 동안 측정한다.

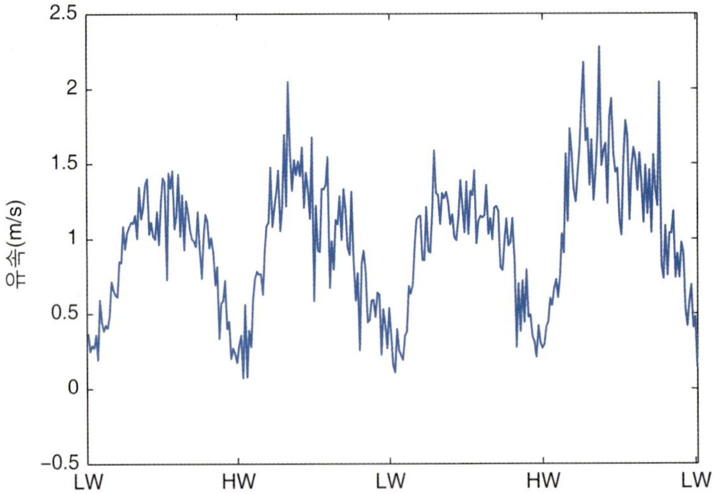

그림 7.9 이틀에 걸쳐 변화하는 조류의 유속 변화. 썰물 흐름을 스칼라(scalar) 속도를 보여 주기 위해 음수로 나타냄.
출처: Tidal Energy Ltd.

$$I_u = \frac{\sigma}{U}$$

조류가 흐르는 곳의 환경 조건은 각 현장마다 다르다. 보통 바람의 흐름에서 생기는 난기류는 전체 바람의 15%이고, 조류에서 생기는 난류는 전체 조류의 10% 정도이다. 하지만 난류가 조류 발전 장치에 가하는 힘이 난기류가 풍력 터빈에 가하는 힘보다 훨씬 더 파괴적이다. 따라서 조류 발전의 잠재적인 후보 장소에서 난류를 필수적으로 측정해야 한다.

바다에서 해일의 방향은 달과 태양의 중력, 육지의 질량, 바다의 수심 및 코리올리힘(Coriolis force)을 포함한 지구 회전 사이의 복잡한 상호 작용에 의해 결정된다. 해일과 이로 인한 조차의 변화는 방향과 크기를 가지는 조류를 생성하게 된다. 조류의 크기와 방향을 극좌표로 표시할 경우 조석일 동안 조류의 흐름을 타원형으로 표시할 수 있다.

섬 사이나 갑문의 입구처럼 조류가 풍부한 지역에서는 타원이 좀 더 압축된 모습으로 나타나고 극좌표는 양방향으로 향하게 된다. 조류가 양방향으로 흐르는 지역에서 5분 간격으로 수집한 데이터를 그림 7.10에서 극좌표로 표시하였다. 썰물의 유속(90° 방향)이 밀물의 유속(270° 방향)보다 약간 더 크다. 다른 장소들에서의 결과를 극좌표로 표시할 때는 조류 흐름의 흔적이 더 타원형의 형태로 보일 것이다.

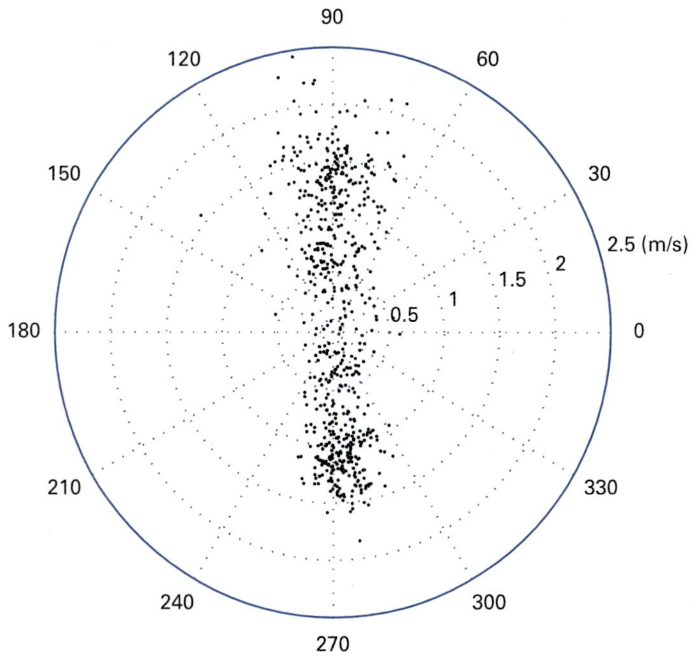

그림 7.10 양방향으로 흐르는 조류의 크기와 방향을 극좌표로 표시한 예
출처: Tidal Energy Ltd.

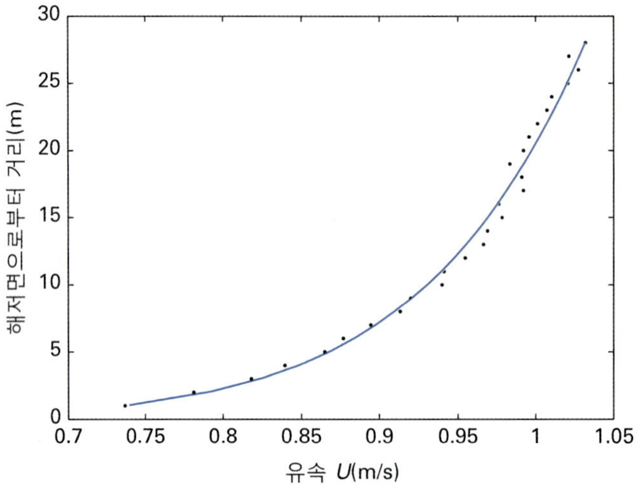

그림 7.11 해저에서부터 높이에 따른 조류의 속도 변화. 높이 1 m에서 28 m 사이에서의 조류 속도 변화를 1/10 멱법칙을 이용하여 표현한 곡선
출처: Tidal Energy Ltd.

조류 흐름의 평균 속도는 해저에서부터 위로 올라갈수록 감소하게 되는데, 이를 전단현상이라고 한다. 그러므로 터빈 회전자의 최상부와 하부 사이에서 경험하게 되는 조류의 유속은 크게 달라진다. 그림 7.11은 해저로부터 높이에 따른 조류의 평균 유속 변화를 보여 준다. 자세한 측정이 이루어지기 전까지 조류의 유속은 깊이에 대해 1/7 또는 1/10 멱법칙을 따른다고 가정해서 예측하는 것이 일반적이다. 깊이에 따른 유속 변화는 수평축 회전자의 회전 주파수에 주기적 하중과 추가적인 전도 모멘트(overturning moment)를 만들어 낼 것이다.

예제 7.3 수심에 따른 조류 유속의 변화

그림 7.12에 나타나 있는 회전자의 상단과 하단 사이의 유속 차이를 추정하시오. 1/10 멱법칙을 사용하여 깊이의 변화에 따른 유속 변화를 계산하시오.

일정한 추력 계수(thrust coefficient) C_T를 가정하여, 회전자 상단과 하단에서 생기는 힘의 차이를 추정하시오.

• 해답

$$U = U_0\left(\frac{z}{d}\right)^{1/x}$$

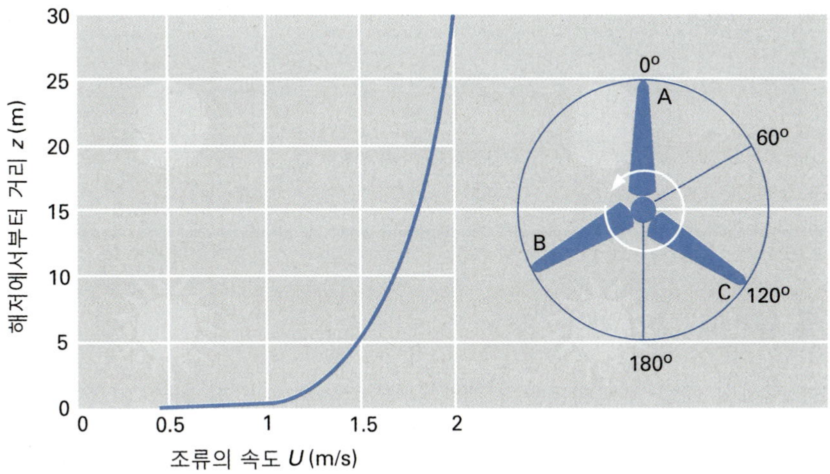

그림 7.12 해저에서부터 거리에 따른 조류의 유속 변화

여기서

U는 해저로부터 거리 z에서의 유속

U_0는 표면에서의 속도

z는 해저에서부터 거리

d는 수심

x는 지수, 일반적으로 7 또는 10

1/10 멱법칙을 사용하면 다음 결과를 얻을 수 있다.

$$U_{25} = 2\left(\frac{25}{30}\right)^{1/10} = 2 \times 0.982 = 1.96 \text{ m/s}$$

$$U_5 = 2\left(\frac{5}{30}\right)^{1/10} = 2 \times 0.836 = 1.67 \text{ m/s}$$

회전자 상단과 하단 사이의 유속 변화 ΔU는 다음과 같다.

$$\Delta U = \frac{1.96 - 1.67}{1.96} = 14.8\%$$

회전자에서 추력은 다음과 같다.

$$F = \frac{1}{2}\rho A C_T U^2$$

여기서

C_T는 추력 계수이다.

그러므로 회전자 상단과 하단 사이의 힘의 차이 ΔF는 다음과 같다.

$$\Delta F = \frac{1.96^2 - 1.67^2}{1.96^2} = 27\%$$

7.2.2 조류 발전 시설의 개발

조류 발전 시설의 개발 프로젝트를 진행하는 방식은 풍력 발전 단지 및 현재 운행적인 다른 재생 에너지 프로젝트와 유사한 경로를 따라 진행될 것이다. 9.1절에 자세히 소개되어 있다. 초기에는 대조와 소조 사이에서 큰 유속을 가지면서 난류는 적게 포함하는 적절한 조류의 흐름을 찾는 연구가 진행될 것이다. 조류 발전 장치 설치 예정 지역의 수심과 해저 상태가 적절한지도 고려해야 한다. 보통 간조 때의 수위와 터빈 상부 사이의 높이 차가 5 m가 되도록 하는 것이 일반적인데, 이는 작은 보트들이 충돌하는 것을 방지하기 위함이다. 또 터빈과 해저 사이에도 비슷한 높이 차이가 있도록 개발해야 한다. 해수면 아래에 설치되는 터빈의 회전자를 통과하는 조류의 유속이 너무 커지면, 해저의 잔해들이 회전자에 부딪힐 수 있기 때문이다.

풍력 발전 단지의 전력 생산을 위해 바람 지도를 활용한 것처럼 조류의 유속을 예측하기 위해 해양에너지 자원 지도를 활용한다. 조류 지도는 이 자원에 대한 일반적인 정보를 초기에 제공하지만 프로젝트가 진행될수록 더 상세한 측정 자료와 컴퓨터 모델링을 이용해서 조류의 흐름을 예측해야 한다. 분조의 형태로 측정된 자료를 이전 연구로부터 얻을 수 있다. 또 초음파 해류계를 이용하여 현장에서 얻은 자료로부터 추가적인 정보를 얻을 수 있다. 이런 현장 측정 자료들의 시계열을 분조로 나누어서 장기간의 조류를 예측하는 데 사용한다. 조류 발전 시설의 건설을 시작하기 전에 적어도 3개월 이상의 현장 자료를 얻는 것이 좋다. 이 측정값은 2차원이나 3차원 수치 모형에 적용하고, 이 모형을 교정하는 데 활용한다.

그림 7.9부터 그림 7.11까지 조류 흐름의 복잡한 특성을 보여 준다. 조류 발전 시설의 최종 디자인이 확정되기 전에 수치 모형을 교정하기 위한 현장 측정값이 필요하다. 위에서 언급한 방법들을 이용해서 에너지 출력 예측의 정확도를 높일 수 있다.

7.2.3 조류 발전 터빈

2장에서 설명한 것처럼 지난 30년간 현대식 상업용 풍력 터빈은 삼중 블레이드 수평축,

표 7.6 조류 터빈의 주요 구성 요소에 관한 선택지

조류 터빈의 주요 요소	선택지
회전자	프로펠러 수평 또는 수직축 횡류(cross flow) 슈라우드(shrouded) 또는 노출 회전 또는 진동 수중날개
지지 구조	하단 장착식: 삼각대 또는 단일 지지더미, 중력 지지더미 부유식
전력 제어	요우(yaw) 블레이드 피치 스톨(stall) 과속
발전기	고정 또는 가변 속도 발전기 기어박스를 이용한 고속 전기 발전기 다극 전기 발전기 또는 림 발전기 해안으로의 유압 변속기

맞바람 회전자, 가변 피치 블레이드, 그리고 가변 속도 작동의 공통적인 형태로 통합되어 왔다. 이와 대조적으로 조류 터빈의 경우 아직 개발의 초기 단계에 있고, 다양한 종류의 터빈들이 계속해서 개발되고 있다. 조류 터빈의 다양한 주요 구성 요소들 중에서 현재 입증된 몇 가지 주요 요소에 대한 선택지가 표 7.6에 나열되어 있다.

조류의 흐름은 12.4시간마다 방향을 약 180°로 바꾼다. 수직축 횡류 터빈은 자연적으로 모든 방향의 흐름을 사용할 수 있는 반면, 수평축 회전자는 반드시 조류 흐름의 방향으로 회전자가 향하도록 해야 한다. 다양한 종류의 수평축 터빈은 능동형 요우 드라이브(yaw drive)를 사용하여 나셀(nacell)의 방향을 바꿔 회전자가 조류의 흐름에 직교하도록 만든다. 강한 양방향 조류 흐름에서 고정 요우의 회전자와 수평축 프로펠러 터빈 블레이드는 대칭형의 수중날개를 사용하거나 블레이드 피치의 각도를 조절하여 밀물과 썰물에서 작동할 수 있도록 한다. 언급한 모든 방식에 대한 연구와 시연 운행이 이미 진행되었다. 이중 블레이드 횡류 터빈 회전자의 경우 블레이드들이 서로 다른 겉보기 속도를 경험하게 됨으로써 심각한 순환 토크를 생성하게 된다. 수직축 회전자가 해저에 고정되는 경우에는 조류의 전단현상 때문에 블레이드의 하단 부분이 회전자의 상단 부분보다 더 느린 유속을 경험하게 될 것이다.

일부 수평축 터빈은 슈라우드라고도 알려진 배관을 사용하는데 터빈의 지름을 줄여서 그곳을 통과하는 조류의 흐름을 빠르게 만든다. 배관은 수평축 풍력 터빈에서 먼저 연구되었는데, 그 아이디어가 사용되지는 못하였다. 방향을 360°로 바람을 향해서 바라볼 수 있도록 만

들어야 해서 비용이 너무 증가하였기 때문이다. 하지만 배관이 조류 발전에서 사용될 경우에는 유용할 수도 있다. 조류 흐름은 썰물에서 밀물로 바뀔 때 방향이 180° 방향으로 바뀌기 때문이다. 조류 흐름에서 대칭적인 배관을 사용하여 회전자 내로 들어오는 물의 흐름을 가속화하고 후류(wake)를 확장시키는 것이 가능하다. 이런 배관의 경우 썰물과 밀물 양방향 흐름을 모두 수용할 수 있다. 배관을 이용하는 경우 동일한 전력 출력을 내기 위해 필요한 터빈의 지름을 좀 더 작게 해도 된다. 베츠의 한계도 배관이 설치된 조류 터빈에 적용할 수 있는데, 이 계산에서는 배관의 면적을 기준으로 해야 한다. 이때 조류의 흐름은 제한되지 않아야 한다. 배관은 더 작은 터빈의 지름을 통해 조류의 흐름을 가속화시키고 회전자에 부딪히는 난류를 감소시킨다.

전통적인 전기 발전기를 구동하기 위해서는 회전 샤프트가 필요하다. 조류 발전에서는 진동 수중날개를 이용하여 조류 흐름으로부터 얻은 에너지를 고압유 유압 장치를 이용해 전달하려는 시도가 있다. 진동 수중날개와 선형 발전기를 함께 사용하는 방법이 고려되었지만, 아직까지 성공적이지는 못하였다. 조류에서 에너지를 얻어 내는 좀 더 도전적인 아이디어 중에는 수중에 연을 설치하는 방법과 아르키메데스의 나선형 펌프를 이용하는 방법 등이 있다.

조류의 흐름 경로에 터빈을 설치하기 위해 다양한 방법이 활용되어 왔다. 터빈은 중력이나 아래로 향하는 힘을 제공하는 수중날개 또는 해저에 지지대가 있는 주로 삼각대와 같은 강철 구조물에 장착하였다. 대규모 해안 풍력 터빈의 설치 시와 유사하게 단일 지지대를 해저에 설치하고, 그 위에 회전자를 올리는 방법으로 터빈을 설치하였다. 이런 단일 지지대는 터빈의 회전자가 흐름 방향으로 이동 가능하도록 하고, 정비를 위해 해수면 위로 상승시키는 것도 가능하도록 한다. 부유식 터빈은 신축성이 좋은 케이블을 이용하여 설치하는데, 계류용 전력 케이블도 함께 사용한다.

조류의 유속은 게조에서는 0이 되고 대조에서 최댓값을 가진다. 대조 때의 최대 조류 흐름을 모두 이용할 수 있도록 발전기를 설계하는 것은 비용적인 면에서 효과적이지 않기 때문에 회전자의 동력을 조절해야 할 필요가 있다. 동력을 조절하는 세 가지 일반적인 기술은 조류 흐름에서 회전자를 요우 제어하는 것, 블레이드의 각도를 겉보기 흐름 방향에 대해 피치 제어하는 것, 그리고 회전자를 빠른 유속에서 실속되도록 제어하는 것이다. 실속 제어의 경우는 움직이는 부품이 필요하지 않지만 큰 추력을 야기할 수가 있다는 단점이 있다. 전력망에서 손실이 날 정도로 큰 과속이 회전자에서 일어날 때를 제어하기 위해 능동형 피치 제어나 요우 전력 제어 방식이 선호된다. 세 가지 제어 기술은 회전자의 과속이 일어나게 되는 빠른 유속에서 전력의 생산을 제한하도록 해 준다. 이때 팁 속도비가 증가되면서 전력 계수는 작아지게 된다.

그림 7.13 단일 지지대 위에 세워진 이중 블레이드, 이중 회전자 수평축, 가변 피치, 조류 터빈의 예
출처: RenewableUK of a turbine manufactured by Marine Current Turbines.

가변 유속에서 에너지 생산을 최대화하고 기계적 부하를 줄이며 우수한 전력 품질을 유지하려면, 발전기와 회전자를 가변 속도로 작동하는 것이 바람직하다. 가변 속도 작동을 위해서는 발전기를 현지 전력망에 연결하기 위한 전력 전자 변환기가 필요하다. 이 설비가 해수면에 위치해 있지 않으면 가변 주파수 전기를 육지로 가져와서 설치해야 한다. 고정 속도 유도 발전기도 사용이 가능하지만, 터빈에 큰 부하를 야기하는 문제가 발생할 수 있다.

결론적으로 조류 터빈에 관한 많은 시도들이 경쟁적으로 이루어지고 있지만 경제적인 고효율의 디자인은 아직 확립되지 않았다. 조류 터빈의 몇 가지 예가 그림 7.13부터 그림 7.15까지 나타나 있다.

7.2.4 선형 운동량 이론을 이용한 풍력 터빈과 조류 터빈의 비교

조류 터빈과 풍력 터빈의 기본적인 작동 원리는 비슷하다. 출력 전력은 유체 흐름 속도의 세제곱에 비례하며, 유체의 흐름이 해저나 수면에 의해 방해받지 않는다면 베츠의 한계도 적용이 가능하다. 2장에서 소개한 풍력 터빈에 관한 다양한 개념과 분석 기술들이 조류 터빈에서도 적용이 가능하지만, 유체의 밀도와 속도가 달라서 생기는 중요한 차이점이 몇 가지 있다. 조류 터빈을 작동할 때에 발생하는 부하가 풍력 터빈보다 더 큰 편이지만, 회전 관성은 더 낮을 수 있다.

그림 7.14 하단 장착형 삼중 블레이드, 수평축, 고정 피치, 조류 터빈의 예
출처: Tidal Energy Ltd.

그림 7.15 배관이 장착된 수평축 조류 터빈의 예
출처: RenewableUK of a turbine manufactured by Openhydro.

조류 터빈의 회전자를 통해 얻어질 수 있는 힘은 다음과 같다.

$$P = C_P \frac{1}{2} \rho_W A U_W^3 \ \ [\mathrm{W}]$$

여기서

C_P는 회전자의 성능 계수이고, 일반적인 최댓값은 약 0.45

ρ_W는 물의 밀도(1025 $\mathrm{kg/m^3}$)

A는 배관을 포함한 회전자의 면적

U_W는 자유 흐름 속도로 일반적인 정격값은 약 2~3 m/s

풍력 터빈과 조류 터빈 사이의 주요 차이점은 다음과 같다.

- 물의 밀도가 공기 밀도보다 약 820배 크다.
- 조류 터빈의 정격 속도는 풍력 터빈의 정격 속도의 약 1/4이다.
- 조류의 평균 유속은 높은 정확도로 예측할 수 있다.
- 조류의 흐름은 수면에 의해 제한되고, 난류는 해저의 거칠기와 파도 작용에 의해 생긴다.
- 조류 터빈은 공동현상에 영향을 받기가 쉽다.

물과 공기의 밀도 차이, 그리고 바람과 조류의 유량 차이로 인해 같은 정격 출력의 풍력 터빈에 비해 조류 터빈의 회전면은 약 1/10만 필요로 한다. 그러므로 수평축 조류 터빈의 블레이드 길이는 풍력 터빈의 1/3 정도 길이로 만들면 된다. 이는 예제 7.4에서 좀 더 자세히 다룰 것이다. 설비의 크기와 설치 비용을 줄이고, 저유량에도 조류 터빈을 운행할 수 있다는 장점이 있지만, 터빈의 낮은 회전 속도로 인해 높은 토크와 추력 부하가 생기게 된다. 터빈의 반경이 작고 회전 속도가 느려서 낮은 회전 관성을 야기하기 때문에 회전자의 제어를 더 어렵게 만들 수 있다.

2.4절에서 설명한 선형 운동량 이론(linear momentum theory) 또는 액추에이터 디스크 이론(actuator disk theory)은 터빈의 회전자를 1차원 유체의 흐름으로부터 에너지를 얻어 낼 수 있는 이상적인 요소로 간주하였다. 이 이론에서는 해저로부터 높이가 변화함에 따라 생기는 유속의 변화를 무시하였다. 선형 운동량 이론은 수평축과 수직축 터빈에게 모두 동일하게 적용한다. 이 이론에서는 회전자를 지나는 상류 유속이 절반으로 감소하면 나머지는 하류로 흐른다는 것을 보여 준다. 베츠의 한계가 터빈의 가장 효율적인 작동 조건인데, 상류의 유속이 67% 감소하여 하류의 유속이 상류의 33%일 때를 의미한다. 이때 축 감응 계수(axial induction factor)를 0.33이라고 한다. 이 1차원 흐름 이론에서 액추에이터 디스크에 의해 얻

어지는 힘은 추력과 회전자를 통과할 때 유속의 곱과 동일하게 된다. 동일한 출력 용량에서 조류 터빈을 지나가는 유체의 흐름 속도가 풍력 터빈을 통과하는 바람의 속도보다 훨씬 느리기 때문에 추력은 훨씬 더 커지게 된다.

예제 7.4 조류 터빈과 풍력 터빈의 비교

1 MW의 동일한 출력 용량을 가지는 풍력 터빈의 회전자 지름과 수평축, 프로펠러형 조류 터빈 회전자의 지름을 비교하시오. 풍력 터빈과 조류 터빈의 정격 속도가 각각 12 m/s와 2.8 m/s라고 가정하고, 두 터빈 모두 동일한 성능 계수(C_P)를 가진다고 가정한다. 또 해수의 밀도는 1025 kg/m^{3}이고, 공기의 밀도는 1.25 kg/m^{3}이다.

• 해답

유체의 흐름이 터빈의 회전자를 통과하면서 생기는 힘은 다음과 같다.

$$P = C_P \frac{1}{2} \rho A U^3 = C_P \frac{1}{2} \rho \pi R^2 U^3 \ [\mathrm{W}]$$

여기서

C_P는 회전자의 성능 계수

R는 회전자의 반경

A는 회전자의 면적

U는 유속

그러므로 동일한 정격 출력의 두 터빈이 가지는 회전자 면적 사이의 비는 다음과 같다.

$$\frac{A_{wind\ turbine}}{A_{tidal\ stream\ turbine}} = \frac{\rho_{water}}{\rho_{wind}} \cdot \frac{U_{water}^3}{U_{wind}^3} \approx \frac{1025}{1.25} \times \frac{2.8^3}{12^3} = 10.4$$

그리고 회전자의 반지름(R) 사이의 비는 다음과 같다.

$$\frac{A_{wind\ turbine}}{A_{tidal\ stream\ turbine}} \approx \sqrt{10.4} \approx 3.2$$

1 MW 출력을 가지고 C_P가 0.45인 경우 회전자의 반지름은 다음과 같다.

$$A_{wind\ turbine} = 26\ \mathrm{m}$$

$$A_{tidal\ stream\ turbine} = 8\ \mathrm{m}$$

표 7.7 이상적인 1 MW 출력 용량의 풍력 터빈과 조류 터빈에서 생기는 추력 비교($a = 0.33$)

	풍력 터빈	조류 터빈
상류 흐름 유속(m/s)	12	2.8
회전자에서 유속(m/s)	8	1.86
추력(kN)	125	536

표 7.8 1 MW 출력 용량을 가지는 풍력 터빈과 조류 터빈의 수평축 회전자에 생기는 토크 비교(용량 계수는 0.45, 팁 속도비는 5일 경우)

	풍력 터빈	조류 터빈
상류 흐름 유속(m/s)	12	2.8
회전자의 반경(m)	26	8
회전 속도(rpm)	22.4	16.9
회전 속도(rad/s)	2.3	1.8
토크(kNm)	427	567

표 7.7에서 1 MW 출력 용량의 풍력 터빈과 조류 터빈의 작동 중에 생기는 정상 상태 추력을 보여 주고 있다. 풍력 터빈의 추력은 유속에 반비례하여 증가한다.

풍력 터빈과 조류 터빈이 유사한 팁 속도비를 가진다고 할 경우, 예를 들어 $\lambda = 5$, 팁 속도의 비는 유속과 동일하게 될 것이다. 표 7.8에 나타낸 것처럼 회전자 반지름의 차이로 인해서 조류 터빈의 회전 속도는 상대적으로 풍력 터빈보다 느려질 것이고 더 큰 토크가 생길 것이다.

조류 터빈의 회전자에 저장하게 되는 회전 운동에너지는 풍력 터빈의 회전 운동에너지보다 현저히 적다. 회전자 축에 대한 관성 모멘트는 $I = \int mr^2$으로 표현할 수 있는데, 여기서 m은 질량이고 r는 블레이드의 유효 반경이다. 따라서 회전자의 반경을 3배 줄이면 관성이 9배 줄어들게 된다. 일반적으로 블레이드의 질량이 볼륨에 비례하여 변한다고 가정하기 때문에 회전자 반지름의 세제곱에 비례한다. 따라서 조류 터빈에 생기는 관성의 감소는 동일한 정격 출력의 풍력 터빈에 비해 다섯 제곱만큼 감소하게 된다($1/3^5 = 1/243$). 실제로 조류 터빈의 경우 앞에서 언급한 큰 추력을 견뎌 내기 위해 풍력 터빈보다 더 무거운 블레이드를 사용하는데도 불구하고, 조류 터빈에 생기는 관성이 풍력 터빈보다 약 20배는 더 낮다. 아래 표 7.9에서 좀 더 자세히 다룬다.

풍력 터빈 대비 조류 터빈의 회전 운동에너지 비율은 35:1이므로 회전자는 매우 가볍게 보일 수 있고, 이를 제어하기는 힘들어진다. 바람 난기류의 강도는 조류 난류와 비슷한 강도

표 7.9 팁 속도비가 5이고, 삼중 블레이드와 수평축 회전자를 가지는 1 MW급 풍력 터빈과 조류 터빈의 회전자에 생기는 관성 및 회전 운동에너지의 비교

	풍력 터빈	조류 터빈
블레이드 질량(kg)	3000	1500
허브 위치 기준 질량 중심	0.4 R	0.4 R
회전자 반경(m)	26	8
삼중 블레이드 회전자의 관성($kgm^2 \times 10^3$)	973	46
회전 속도(rad/s)	2.3	1.8
회전자의 회전 운동에너지(kJ)	2573	74

이므로 조류 터빈에서 회전자의 속도 제어가 어렵다는 것을 쉽게 알 수 있다.

예제 7.5 조류 터빈의 성능

조류 터빈의 회전자는 지름이 16 m이고, 2 m/s 조류 흐름을 이용하여 작동하고 있다. 회전자를 지나는 물의 속도는 1.7 m/s이다.

2.4절의 선형 운동량 이론을 참조하여 다음을 계산하시오.

(a) 축 유도 계수 a

(b) 회전자 출력과 추력

• 해답

축 유도 계수의 계산은 다음 식을 이용한다.

$$a = 1 - \frac{U_D}{U_\infty} = 1 - \frac{1.7}{2} = 0.15$$

(a) 전력 계수

$$C_p = 4a(1-a)^2 = 4 \times 0.15(1-0.15)^2 = 0.4335$$

(b) 물의 흐름이 가지고 있는 힘

$$P_{WATER} = \frac{1}{2}\rho A U_\infty^3 = \frac{1}{2} \times 1025 \times \pi \times 8^2 \times 2^3 = 824.3 \text{ kW}$$

회전자 샤프트에 의한 출력

$$P_{SHAFT} = P_{WATER} \times C_p = 824.3 \times 0.4335 = 357 \text{ kW}$$

추력 계수(2.4.2절 참조)

$$C_T = 4a(1-a) = 0.51$$

회전자에 생기는 추력

$$T = C_T \times \frac{1}{2}\rho A U_\infty^2 = 0.51 \times \frac{1}{2} \times 1025 \times \pi \times 8^2 \times 2^2 = 210 \text{ kN}$$

7.3 파력 발전

파도의 강력한 힘에 대해서는 모든 사람들이 동의할 것이다. 그로 인해 2세기 이상 동안 파도에너지를 활용하려는 시도들이 많이 있었다. 1973년의 석유 위기 이후 파력으로 전기를 생산하려는 연구들이 많은 국가에서 진행되었고, 영국 정부는 대서양의 매우 강력한 파력에너지 자원을 활용하기 위해 파력에너지 연구 프로그램에 특별 자금을 지원하였다. 40년이 지난 지금 현재까지도 파력에너지를 이용한 전기 생산은 여전히 연구와 개발 단계에 있고, 다양한 개념과 시연 운행이 진행되고 있다. 아직 파력에너지 발전을 위한 고효율, 저비용의 상업적인 장치는 확정되지 않았고, 다양한 종류의 개념 및 시제품이 계속해서 평가되고 있다. 파력 발전은 차세대 에너지원이지만 파도를 이용한 기술이 어렵다는 것을 보여 주는 예이기도 하다. 특히, 파력을 전기로 변환하는 데 있어 어려운 점은 다음과 같다.

- 파력에너지 자원이 풍부한 곳의 위치가 접근하기 매우 까다로운 곳에 위치해 있다. 파력에너지 장치를 수면 바로 위나 아래인 입수선 영역의 까다로운 환경에 배치해야 한다.
- 천천히 진동하는 거대한 힘보다 고속의 낮은 토크로 회전하는 샤프트로부터 전기에너지를 생산하는 것이 훨씬 쉬운데 파력 발전은 느린 진동 운동을 이용해야 한다.
- 파도의 방향과 크기의 변화가 심하다.
- 10 kW/m 정도의 적당한 파도로부터 전력을 생산하는 동시에 1000 kW/m 이상의 극한 폭풍에도 견딜 수 있어야 한다.

지구를 가열하는 태양에너지에 의해 바람이 생기고, 이 바람이 바다를 가로지르면서 파도에너지가 생기게 된다. 그림 7.16에서 볼 수 있듯이 바람은 수면을 변형시키고, 처음에는 표면 장력파라고 하는 작은 잔물결을 만든다. 바람이 잔물결을 가로지르면서 압력 차를 일으켜

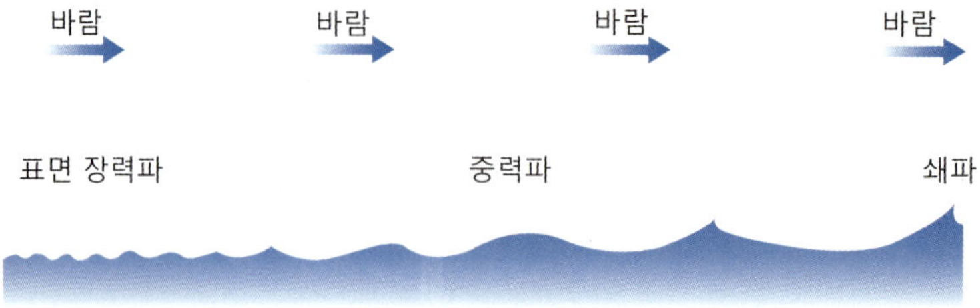

그림 7.16 폭풍파의 형성 과정

바람의 에너지가 물로 점차적으로 전달되면서 잔물결이 더 커진다. 바람이 계속해서 파도를 높이 날리면 파도의 파장과 속도가 증가한다. 그러므로 파도가 생성되는 것은 바람을 통해 태양에너지가 집중되는 것이라고 생각할 수 있다.

더 큰 파도는 중력파로 알려져 있다. 표면 장력파의 주요 복원력은 표면 장력인 반면, 중력파의 주요 복원력은 중력이다. 파고가 높아짐에 따라 중력파의 마루가 더 뾰족해지고 골이 더 둥글게 된다. 파도에너지는 풍속, 바람이 불어오는 시간 및 취송 거리가 커짐에 따라 증가한다. 취송 거리는 바람에 의해 이동하게 되는 물의 이동 거리이다.

표면 장력파는 2 cm 미만의 파장을 가지고 있지만, 폭풍파로 인해 생성되는 지역 근처의 중력파의 경우 약 10 m에서 50 m의 파장을 가진다. 바람이 긴 취송 거리에 걸쳐 계속해서 불 경우 파도가 깨지기 직전의 첨도가 약 1/7까지 도달한다. 첨도는 파고 대비 파장의 비를 의미한다. 중력파의 속도는 풍속의 1/3까지도 도달할 수 있다.

바다에서 폭풍이 발생하면 높이, 방향 및 주기가 다른 폭풍파가 생성된다. 파도가 그 폭풍 발생 지역에서 멀어질수록 더 큰 진동수와 짧은 파장을 가지는 폭풍파가 붕괴되고 긴 파장의 팽창파만 남긴다. 팽창파는 100 m 이상의 장파장이지만 파고가 낮다. 특히, 팽창파는 파력 발전에서 중요한데, 파도를 사인파로 나타내는 선형 파동 이론(liner wave theory)을 이용하여 이 팽창파를 분석할 수 있다.

파도는 표면 현상이며 심해에서는 팽창파가 거의 에너지 손실 없이 수천 킬로미터를 이동할 수 있다. 유럽 대륙의 서쪽 해안에 닿는 파도는 대서양의 폭풍에서 비롯될 수 있다. 파도로부터 많은 양의 에너지를 얻어 낼 수 있지만, 물의 전체적인 움직임은 제한적이다. 대서양의 긴 취송 거리로부터 유럽 서해안에 접근하는 심해 팽창파의 평균 힘은 30 kW/m에서 70 kW/m 정도이다.

전 세계 파력에너지의 총자원량은 연간 2000~4000 TWh로 추정되며 230~450 GW의 전력을 연속적으로 생산할 수 있는 양이다. 유럽의 서부 해안에서 얻을 수 있는 파력에너지 자원은 주로 겨울에 많이 생기는데, 전력 수요가 피크인 시점과 겹치는 것이 큰 장점이다. 10월

표 7.10 영국의 예상되는 파력에너지 자원

	해안	근해	육상
해안으로부터 거리(km)	>20	<20	–
수심(m)	>50	20~50	–
파력에너지로 얻을 수 있는 실제 전력(TWh/y)	50~70	2.1~5.7	0.2~0.4
예측 출력(MW)	5710~8000	240~650	25~50

과 3월 사이 영국의 파력에너지 자원은 4월과 9월 사이 자원의 2배이다.

파도가 해안에 가까워질수록 속도와 파장이 감소하면서 파고가 높아진다. 이로 인해 첨도가 높아지고 파도는 분쇄된다. 얕은 물에서는 해저와의 마찰로 인해 파도가 깨지고 파도에너지가 손실된다. 따라서 연안 심해 파도의 힘의 일부만이 해안에 도달하는데, 해안 근처에서 수심의 감소로 인해 파도의 굴절이 일어나고 파도는 깊이 윤곽선과 평행하게 된다. 그로 인해 파력에너지는 헤드랜드와 같은 특정 지역에 집중된다.

일부 시제품 파력 전력 변환기는 유지 보수가 용이한 육상 또는 근해에 위치하도록 설치하였지만, 이곳에서의 파력에너지 자원은 해안에 비해 훨씬 적다. 표 7.10은 영국 파력에너지 자원의 추정값을 보여 주는데, 대부분의 에너지는 육지로부터 20 km 이상 떨어진 수심 50 m 이상의 해안에서 얻을 수 있으므로 심해의 팽창파 에너지를 이용해야 한다는 것을 알 수 있다. 파력에너지 장치들을 해안에 두는 경우 최대 전력을 생산할 수 있지만 설비들을 심해에 계류시키고, 전력을 육지로 전달하며, 유지 보수를 위해 설비에 접근하는 데 큰 비용이 소요될 것이다.

7.3.1 수면파(Water Waves)

위 그림 7.16에서 완전히 발달한 폭풍파의 마루가 뚜렷한 곡률을 가지는 확인할 수 있다. 하지만 단순한 해석을 위해 파도를 사인곡선으로 표현하는 것이 일반적이다. 아래 그림 7.17에서는 어떤 순간에 볼 수 있는 2개의 연속적인 동일한 사인파를 표현하였다. 파고(H)는 진폭(A)의 2배이며, 파장(L)은 연속하는 2개의 최대점 또는 최저점 사이의 거리를 의미한다.

첨도(S)는 다음과 같은 식으로 표현이 가능하다.

$$\text{첨도}(S) = \frac{\text{파고}}{\text{파장}} = \frac{H}{L} = \frac{2A}{L}$$

앞에서 보인 선형 파동 이론의 이상적인 사인곡선 표현에 이어, 아래 그림 7.18에서는 고정된 위치에서 측정된 시간에 따른 진행파의 수직 변위를 보여 준다.

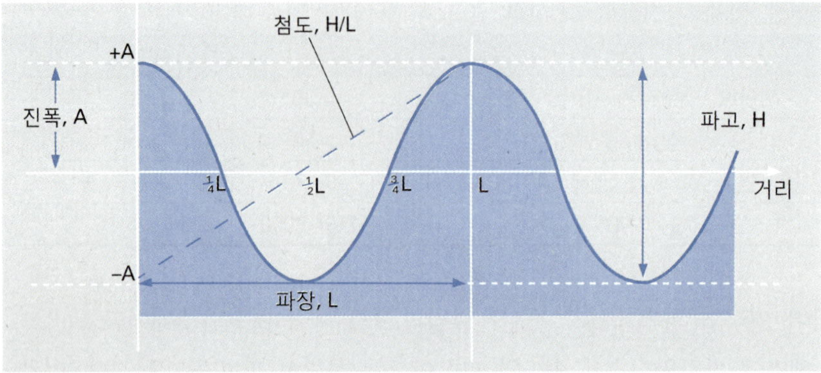

그림 7.17 순간적으로 볼 수 있는 2개의 연속적인 해양파 사인곡선
출처: Reprinted from Wind, Waves and Shallow Water Phenomena, *Open University*, with permission from Elsevier, 1999.

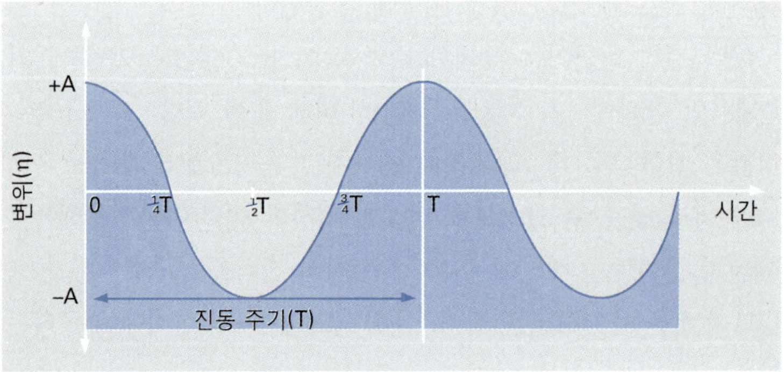

그림 7.18 고정된 위치에서 바라본 진행파의 변위
출처: Reprinted from Wind, Waves and Shallow Water Phenomena, *Open University*, with permission from Elsevier, 1999.

수직 변위는 다음과 같이 나타낼 수 있다.

$$\eta(t) = A\cos(\omega t)$$

여기서

$\eta(t)$는 변위

A는 진폭

ω는 각진동수 [rad/s], $\omega = 2\pi f$

f는 진동수 [s^{-1}] 또는 [Hz]

T는 진동 주기 [s], $T = \frac{1}{f}$

수면파의 속도

진행파의 속도(c)는 한 파장이 고정점을 통과하는 데 걸리는 시간이다.

$$c = \frac{L}{T}\ [\mathrm{m/s}] \tag{7.3}$$

수심에 따른 파도의 속도(c) 변화는 다음 식으로 계산할 수 있다.[5)]

$$c = \sqrt{\frac{gL}{2\pi}\tanh\left(\frac{2\pi D}{L}\right)}\ [\mathrm{m/s}] \tag{7.4}$$

여기서

c는 개별 파도의 속도(파속 또는 위상 속도라고 함) [m/s]

D는 수심 [m]

L은 파장 [m]

g는 중력 가속도 [$\mathrm{m/s^2}$]

tanh는 쌍곡선 탄젠트

파수 k는 다음 식으로 정의할 수 있다: $k = 2\pi/L\ [\mathrm{m^{-1}}]$

각진동수 ω는 다음과 같다: $\omega = 2\pi f = 2\pi/T\ [\mathrm{rad/s}]$

$$c = \frac{L}{T} = \frac{\omega}{k} = \sqrt{\frac{g}{k}\tanh(kD)}$$

$$c^2 = \frac{\omega^2}{k^2} = \frac{g}{k}\tanh(kD) \tag{7.5}$$

$$\omega^2 = gk\tanh(kD)$$

따라서 식 (7.4)를 다음과 같이 다시 쓸 수 있다. 식 (7.4)와 식 (7.5)는 분산 방정식으로 알려져 있으며, 파도의 속도(위상 속도)가 파장에 따라 증가함을 보여 준다. 파도의 거동은 수심에 따라 달라지며, 수심에 따라 심해파와 천해파 및 중간파 이렇게 세 가지 파도를 고려하는 것이 일반적이다.

파장 길이의 절반보다 더 큰 수심을 가지는 곳에서 다음 관계식이 성립한다.

$$D > \frac{L}{2}$$

---

5) 완벽하게 증명된 식은 아니다.

그러므로 다음 결과를 얻을 수 있다.

$$\frac{2\pi D}{L} > \pi$$

π보다 더 큰 쌍곡선 탄젠트(tanh)의 각도는 1에 근사하므로 다음과 같은 식이 된다.

$$\tanh\left(\frac{2\pi D}{L}\right) \approx 1$$

이를 이용해서 식 (7.4)를 단순화하면 다음과 같다.

$$c = \sqrt{\frac{gL}{2\pi}} \tag{7.6}$$

따라서 심해에서 파도의 속도는 파장의 제곱근에 비례하게 된다. 더 긴 파장의 파도는 더 빨리 이동한다. 식 (7.3)과 식 (7.6)을 활용하면 다음과 같은 식이 나온다.

$$g/2\pi = 1.56 \text{ m/s}^2$$

심해파의 경우는 다음과 같다.

$$c = 1.56T \text{ [m/s]}$$
$$c = \sqrt{1.56L} \text{ [m/s]}$$
$$L = 1.56T^2 \text{ [m]}$$

파도의 파장보다 훨씬 작은 깊이를 가지는 천해에서는 다음 관계식이 성립한다.

$$D < \frac{L}{20}$$

그러므로 다음 결과를 얻을 수 있다.

$$\frac{2\pi D}{L} < 0.3$$

쌍곡선 탄젠트 각도가 작을 때의 값은 그 각도에 근사하므로 다음과 같은 식이 된다.

$$\tanh\left(\frac{2\pi D}{L}\right) \approx \left(\frac{2\pi D}{L}\right)$$

이를 이용해서 식 (7.4)를 단순화하면 다음과 같다.

$$c = \sqrt{gD} \tag{7.7}$$

따라서 천해에서 파도의 속도는 물의 깊이에 따라 달라진다.

중간 깊이의 바다는 다음 범위에 해당하는 수심이다.

$$\frac{L}{2} > D > \frac{L}{20}$$

또는 L/D의 비가 2와 20 사이에 있을 경우라고 할 수 있다. 그 다음 식 (7.4)를 이용하여 속도를 예측한다.

L은 식 (7.4)에서 두 번 나타나고, 예제 7.6에서 나타낸 것처럼 도표를 이용하거나 반복 계산법으로 해결할 수 있다.

예제 7.6 | 중간 깊이 수심에서 파도

깊이 20 m, 10초 주기 파도의 파장(L)과 유속(c)을 구하시오.

• 해답

심해에서 근사하는 방법($L = 1.56T^2$)을 활용하면, L/D의 비율은 7.8이 된다. 그 다음 식 (7.4)를 이용한다.

$$c = \frac{L}{T} = \sqrt{\frac{gL}{2\pi}\tanh\left(\frac{2\pi D}{L}\right)}$$

이 식을 다시 변형하면 다음과 같다.

$$L = \frac{gT^2}{2\pi}\tanh\left(\frac{2\pi D}{L}\right)$$

반복 방정식을 세우면 다음과 같다.

$$L_{n+1} = \frac{gT^2}{2\pi}\tanh\left(\frac{2\pi D}{L_n}\right)$$

파도의 주기는 깊이에 관계없이 일정하다고 볼 수 있다.

심해에서 $L = 1.56T^2 = 156$ m이다. 이 값을 반복 방정식의 시작인 L_1이라고 하자.

n	L_n	L_{n+1}
1	156	104
2	104	130
3	130	116
4	116	124
5	124	120
6	120	122
7	122	121
8	121	121

따라서 파장 L은 121 m이고 파동 속도(c)는 12.1 m/s가 된다.

수심에 따른 물 움직임의 변화

아래 그림 7.19에서 나타낸 것처럼 심해파의 물 입자는 거의 원형의 닫힌 경로를 따라 움직인다. 이 원운동에서 물의 순 움직임은 매우 작다. 물의 표면 원형 운동의 지름은 파고(H)와 동일하다. 물의 운동 반경은 수면에서 아래로 내려갈수록 급격히 감소하게 된다.

$$r_d = re^{(-2\pi d/L)} = \frac{H}{2}e^{(-2\pi d/L)}$$

여기서

r는 물의 원형 운동 반경($r = H/2$) [m]

r_d는 해수면 아래의 깊이 d에서 물의 원형 운동 반경 [m]

d는 해수면 아래의 깊이 [m]

L은 파장 [m]

파장의 절반보다 더 깊은 수심($d > L/2$)에서 물 입자의 움직임은 무시할 수 있다. 에너지의 95% 정도는 파장의 1/4 이하의 수심과 해수면 사이에 포함되어 있다. $D < L/20$인 얕은 물에서는 더 평평한 타원형의 물 움직임을 보인다.

규칙파(Monochromatic Waves)가 가지는 힘

파도 마루폭의 단위 길이당 파도에너지는 파장에 걸쳐 평균을 내어 구한다. 위치에너지와 운동에너지가 같을 때의 에너지는 다음과 같다.

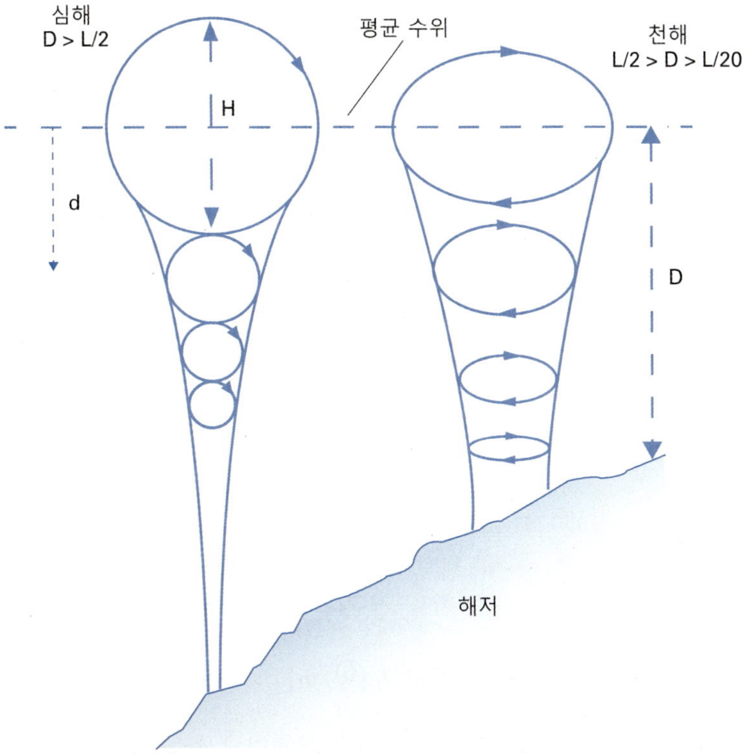

그림 7.19 수심에 따른 물 입자 운동 궤도의 변화. 심해에서는 물 움직임이 어떻게 감소되고 천해에서는 더 타원형이 되는지 유의해서 살펴보자.

$$E = \frac{1}{2}\rho g A^2 L = \frac{1}{8}\rho g H^2 L \ [\mathrm{J/m}] \tag{7.8}$$

에너지 전달은 개별 파도의 속도(위상 속도)가 아닌 파군의 속도(군속도, c_g)에 따라 달라진다. 이 에너지 플럭스(energy flux)는 한 파도 주기 동안 평균적인 파도 방향에 수직인 해수면에 가해지는 파도의 압력에 의해 초당 수행되는 작업으로부터 결정된다. 심해에서 단일 주기 동안 파도의 속도는 다음과 같이 구한다.

$$c_g \approx \frac{c}{2}$$

여기서

c_g는 파군의 속도

c는 개별 파도의 속도

파도의 힘 또는 에너지 플럭스는 단위 면적당 평균 에너지(E/L)와 군속도(c_g)에 의해 결정되는데, 다음과 같은 수식으로 표현할 수 있다.

$$P = \frac{1}{8}(\rho g H^2)c_g \ [\mathrm{W/m}]$$

심해에서 $c = \dfrac{gT}{2\pi}$이므로 식을 다시 정리할 수 있다.

$$P = \frac{1}{32\pi}\rho g^2 H^2 T \ [\mathrm{W/m}] \tag{7.9}$$

여기서

H는 파고 [m]

T는 규칙파의 주기 [s]

따라서 심해의 규칙파는 다음과 같은 힘을 가진다.

$$P = 981 H^2 T \ [\mathrm{W/m}] \tag{7.10}$$

참고로 얕은 물에서는 $c_g \approx c$이기 때문에 이 식이 적용되지 않는다. 파력에너지에 있어서 이 부분은 그다지 큰 관심 사항이 아니다.

예제 7.7 심해 규칙파의 힘

진폭(A)이 1.5 m이고 파장이 50 m인 심해에서 파도의 힘은 어떻게 되는지 알아보시오. 또 이 힘을 진폭(A)이 6 m이고 첨도(S)가 0.1인 극한 파도에서의 힘과 비교하시오.

• 해답

파장 50 m의 심해파가 가지는 속도는 다음과 같다.

$$c = \sqrt{1.56L}$$
$$c = \sqrt{1.56 \times 50} = 8.8 \ \mathrm{m/s}$$

그리고 이때의 군속도는 $c/2 = 4.4$ m/s이다.

그러므로

$$P = \frac{1}{8}(\rho g H^2)c_g = \frac{1}{8}(1025 \times 9.81 \times 3^2) \times 4.4 = 50 \ \mathrm{kW/m}$$

극한파의 파장은 다음과 같다.

$$L = \frac{H}{S} = \frac{2 \times 6}{0.1} = 120 \text{ m}$$

극한파의 속도는 다음과 같다.

$$c = \sqrt{1.56 \times 120} = 13.7 \text{ m/s}$$

극한파가 가지는 힘은 다음과 같다.

$$P = \frac{1}{8}(1025 \times 9.81 \times 12^2)\frac{13.7}{2} = 1.2 \text{ MW/m}$$

7.3.2 파도에너지의 자원

실제 해양파는 7.3.1절에서 논의된 것과 같은 단순한 규칙성 사인파가 아니라 매우 복잡하다. 그림 7.20에서 연속 3일 동안 같은 지점에서 측정한 파도의 높이 변화를 보여 주고 있는데, 파도의 진폭과 주기가 매일 크게 변하는 것을 알 수 있다. 국지풍에 의해 생성되는 파도는 최대 50 m의 파장을 가진다. 수백 km 떨어져 있는 곳의 폭풍에 의해 생기는 팽창파는 바다를 가로질러 이동하면서 100 m 이상의 파장을 가지게 된다.

파력에너지 자원을 정량화하고 파력에너지 변환기의 출력을 예측하기 위해서는 복잡한 파동 현상을 간단히 표현해야 할 필요가 있다. 그림 7.21에서 불규칙한 수면파를 설명하는 일반적인 방법을 보여 주고 있다. 이전에 파도를 눈으로 보고 평가하였을 시절에는 파고를 설명할 때 가장 높은 파고의 1/3 정도 되는 파고의 평균을 $H_{1/3}$으로 정의하였다. 이제는 일련의 자동 측정 방법을 이용하여 유의파고(significant wave height, H_S)로 설명한다. H_S는 거의 $H_{1/3}$과 동일하며 측정 기간 동안 파도 변위 제곱근(η_{RMS})의 4배와 같은 값을 가진다.

부호 변화점(zero crossing)의 주기(T_Z)는 예제 7.8에서 보여진 것과 같이 측정 기간 n 동안 상향 부호 변화점 횟수를 센 후 측정 기간으로 나눔으로써 얻을 수 있다. 이제는 전력 스펙트럼에서 에너지 주기(T_e)를 정의하는 것이 더 일반적인데, T_e는 측정 기간 동안 일련의 파도에너지와 동일한 에너지를 가지는 파도의 주기이다.

디지털 계측 및 신호 처리 기술이 널리 채택되기 전에는 파고를 눈으로 관찰하거나 그림 7.21과 같은 시계열을 만들기 위해 파도 측정봉과 같은 간단한 계측기를 이용하였다. $H_{1/3}$ 및 T_Z는 관찰된 시계열로부터 직접 얻었다. 이제는 디지털 녹화 장비를 사용하고 각각의 주파수 영역에서 데이터를 처리하는 것이 일반적이다.

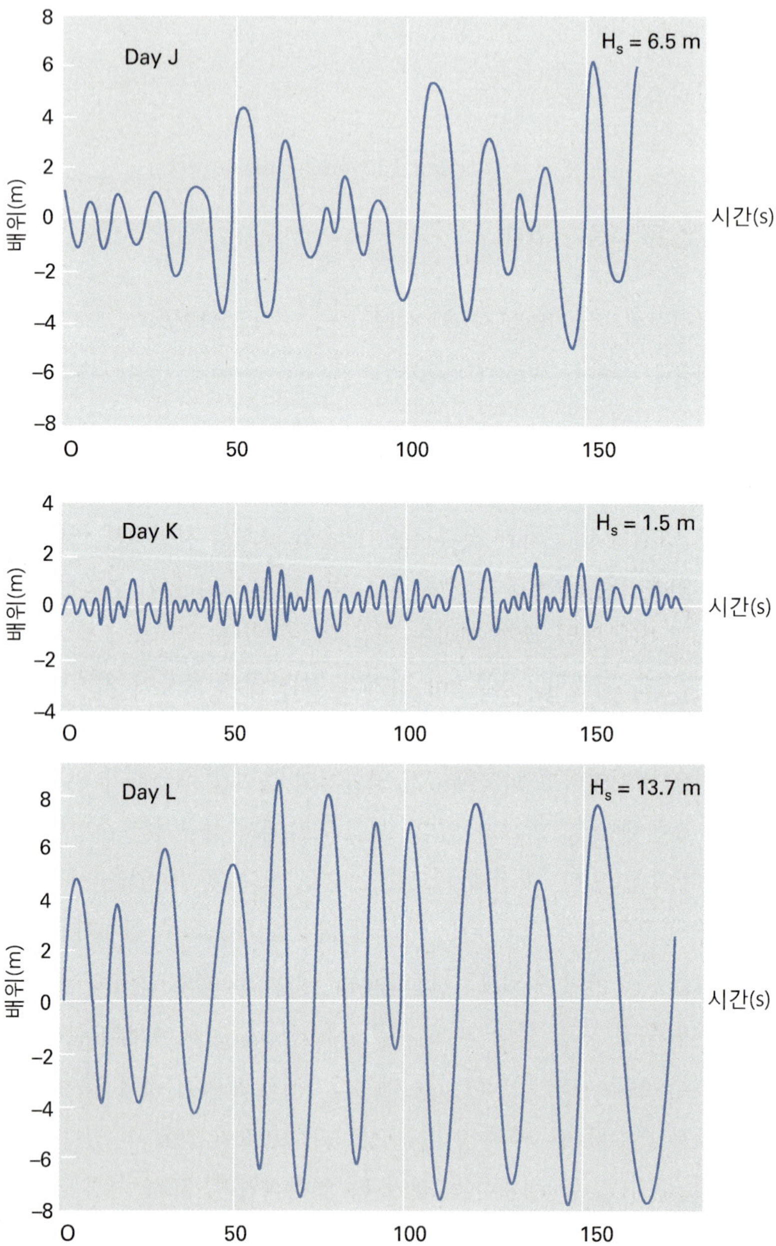

그림 7.20 3일 연속으로 같은 위치에서 측정한 파도의 특성

출처: Reprinted from Boyle G. (Editor), *Renewable Energy*. Oxford University Press, 1996.

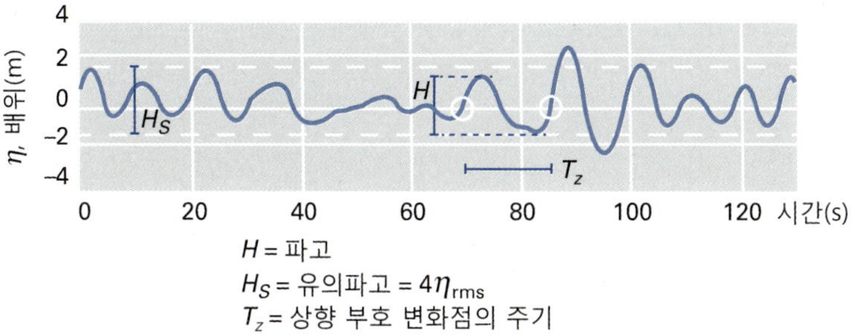

그림 7.21 유의파고를 보여 주는 파도의 배위와 주기

예제 7.8 심해파의 파장

그림 7.20에 있는 심해파의 파장을 비교하시오.

• 해답

160초의 측정 기간 동안 상향 부호 변화점의 횟수를 집계하면 파도의 주기를 추정하고 파장을 찾을 수 있다.

일자	J	K	L
상향 부호 변화점의 횟수(n)	15	44	11
파도 주기(s) $T_Z = \frac{160}{n}$	10.7	3.6	14.5
파장(m) $L = 1.56T^2$	177	21	330

복합파가 가지는 힘과 유의파고

천해에서는 해저에 고정된 압력 센서 또는 초음파 해류계를 이용하여 파고를 측정한다. 더 수심이 깊은 곳에서는 가속도계 부이(accelerometer buoys)와 선박용 파도 기록계를 위성 고도계와 함께 사용한다. 가속도계 부이는 물 표면에 떠 있고, 탄성이 있는 계류용 밧줄을 해저에 고정한다. 부이의 수직 가속도를 측정하여 수면의 수직 변위를 알 수 있다.

측정된 수직 변위는 푸리에 변환(Fourier transform)을 이용하여 전력 스펙트럼 밀도 함수 $S(f)$를 만드는 데 사용한다. 일련의 파도로부터 얻어진 전력 스펙트럼 밀도 함수의 예가 아래 그림 7.22에 나타나 있다. 그런 다음 전력 스펙트럼 밀도 함수를 사용하여 스펙트럼 모멘

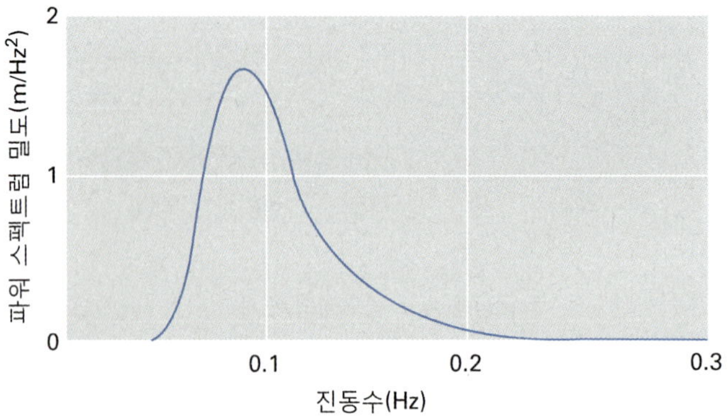

그림 7.22 일련의 파도의 진폭에 대한 전력 스펙트럼 밀도 함수

트를 계산하고 파도 기후에 관한 매개변수들을 얻을 수 있다.

그러나 디지털 기기를 사용한 측정은 비용과 시간이 많이 걸린다. 오늘날 이용 가능한 파도에너지 자원에 관한 추정값은 과거 풍속 자료와 파도 기후 사이의 관계를 이용한 모델링에서 얻는다.

사인파의 경우 배위의 평균 제곱값은 다음과 같다.

$$\sigma^2 = A^2/2$$

그리고 평균 제곱근(RMS)은 다음과 같다.

$$\sigma = A/\sqrt{2}$$

유의파고는 다음과 같이 정의된다.

$$H_S = 4\sigma$$

그리고 $A = H/2$일 때 다음과 같은 식을 만들 수 있다.

$$P = \frac{\rho g^2}{32\pi} H^2 T = \frac{\rho g^2}{8\pi} A^2 T = \frac{\rho g^2}{4\pi} \sigma^2 T = \frac{\rho g^2}{64\pi} H_S^2 T \ [\mathrm{W/m}]$$

규칙파의 주기(T)는 연속하는 파도의 에너지 주기(T_e)로 대체하여 다음 식을 얻을 수 있다.

$$P = \frac{\rho g^2}{64\pi} H_S^2 T_e \ [\mathrm{W/m}] \tag{7.11}$$

해수의 밀도가 1025 kg/m³라고 가정하면 파면(wave front)의 단위 폭당 힘은 다음과 같다.

$$P = 491H_S^2T_e \text{ [W/m]} \tag{7.12}$$

여기서 T_e는 에너지 주기이다.

대부분의 바다에서 $T_e \sim 1.12T_Z$이므로 다음 식이 얻어질 수 있다.

$$P = 549H_S^2T_Z \text{ [W/m]} \tag{7.13}$$

여기서 T_Z는 상향 부호 변화점의 주기이다.

아래 정보를 참조해 보자.

H는 피크와 최저 높이 사이의 값으로 측정되며 $H = 2A$

H_S는 RMS 측정식, $H_S = 4\sigma = 4A/\sqrt{2} = 2\sqrt{2}A$, 그래서 사인파의 경우 $H_S = \sqrt{2}H$이다.

파력에너지 장치의 에너지 출력

가속도계 부이를 이용한 수직 변위 측정은 3시간마다 수행하는데, 15분의 시간 동안 0.5초 간격으로 변위의 변화를 확인한다. 측정 위치의 해상 상태는 몇 시간 동안 통계적으로 일정하게 유지된다고 가정한다. 그런 다음 이 측정값을 사용하여 파력 스펙트럼 밀도 함수, 유의파고(H_S)와 에너지 주기(T_e)로부터의 운동량을 계산한다. 마지막으로 그림 7.23에 나타낸 것과 같은 유의파고와 에너지 주기값의 다양한 조합에 대해 H_S 대비 T_e의 산포도 도표를 그린다. 수천 시간의 측정 기간 동안 얻어진 특정 유의파고와 에너지 주기의 조합을 측정된 시간

파도 주기 Te [s]

파고 Hs [m]	5.5	6.5	7.5	8.5	9.5	10.5	11.5	>12
0.25	129	356	25	20	31	4	1	34
0.75	238	641	51	37	29	12	8	26
1.25	116	505	134	41	19	8	10	21
1.75	141	254	150	76	34	8	9	24
2.25	172	176	111	61	32	18	2	20
2.75	106	112	84	39	34	11	11	11
3.25	7	50	133	22	28	16	2	14
3.75		11	108	10	20	11	4	15
4.25		1	73	7	18	6		6
4.75			33	2	21	2		3
>5			17	7	57	22	2	31

그림 7.23 특정 해안에서 4950시간 동안 측정한 유의파고와 파도 주기에 대한 값을 발생 시간의 산포도로 표시한 예 [h]

파도 주기 Te [s]

파고 Hs [m]	5	5.5	6	6.5	7	7.5	8	8.5	9	9.5	10	10.5	11	11.5	12	12.5	13
1		22	29	34	37	38	38	37	35	32	29	26	23	21			
1.5	32	50	65	76	83	86	86	83	78	72	65	59	53	47	42	37	33
2	57	88	115	136	146	153	152	147	138	127	116	104	93	83	74	66	59
2.5	89	138	180	212	231	238	238	230	216	199	181	163	146	130	116	103	92
3	129	198	260	305	332	340	332	315	292	266	240	219	210	188	167	149	132
3.5		270	354	415	438	440	424	404	377	362	326	292	260	230	215	202	180
4			452	502	540	546	530	499	475	429	384	366	339	301	276	237	213
4.5			544	636	642	648	628	590	562	528	473	432	382	356	338	300	266
5				739	726	731	687	687	670	607	557	521	472	417	369	348	328
5.5				750	750	750	750	687	737	667	658	586	530	496	446	395	355
6					750	750	750	750	750	750	711	633	619	558	512	470	415
6.5					750	750	750	750	750	750	750	745	658	621	579	512	481
7						750	750	750	750	750	750	750	750	676	613	684	525
7.5							750	750	750	750	750	750	750	750	686	622	595
8								750	750	750	750	750	750	750	750	690	625

그림 7.24 파동에너지 변환기의 성능에 대한 산포도의 예 [kW]

이나 건수로 표시하는 것이 일반적이고, 겨울 폭풍이 반영될 수 있도록 1년 동안의 자료를 수집하는 것이 바람직하다. 가속도계 부이로 방향 정보도 확인할 수 있다면 극좌표에 그려서 표현한다.

파도에너지 장치로 얻을 수 있는 전력의 연간 생산량을 추정하기 위해 파도에너지 자원의 산포도를 파도에너지 변환기의 성능을 정의하는 산포도와 결합하여 그림 7.24와 같이 표시할 수 있다.

식 (2.3)에서 공부한 풍력 터빈으로부터 전력 생산을 예측하는 것과 비슷한 계산법을 활용할 수 있지만, 여기서는 2차원임을 고려해야 한다. 그러므로 파도로부터 생성되는 에너지는 다음과 같이 계산할 수 있다.

$$Energy = \sum H(T_e,\ H_S) \times P(T_e,\ H_S)$$

여기서

$H(T_e,\ H_S)$는 어떤 에너지 주기 T_e와 유의파고 H_S 조합의 연간 해당 측정 시간

$P(T_e,\ H_S)$는 어떤 에너지 주기 T_e와 유의파고 H_S 조합으로부터 생산되는 전력

일부 파도에너지 장치의 경우 파도의 방향이 중요하며, 파도에너지 자원은 그 이동 방향에 따라 일련의 스펙트럼으로 설명된다.

7.3.3 파력 발전용 장치

파도에너지로부터 전기를 생성하는 것은 어려운 일이기 때문에 현재까지 아주 고효율의

파도에너지 변환기의 최적 디자인은 확립되지 못하고 있다. 파도에너지 장치를 설계할 때는 에너지 전환 효율, 비용, 유지 보수를 위한 접근성, 그리고 특히 강력한 폭풍우를 견뎌 낼 수 있는 내구성 등을 반드시 고려해야 한다.

현재 다양한 기업과 연구 기관에서 연구되고 있는 장치들의 작동 방식과 설계 구성은 상이하지만, 파력 발전기는 공통적으로 다음 방법을 활용한다.

- 파도에너지 수집
- 파력에 대한 반응
- 장치 제어
- 장치 고정
- 전력 생산 및 내륙으로 전달

지금까지 일부 입증이 된 파도에너지 장치를 다음과 같이 간략히 분류할 수 있다.

- 진동 수주(oscillating water columns)
- 월파 장치(overtopping devices)
- 진동체(oscillating bodies)

진동 수주는 부분적으로 침수된 구조를 사용하고, 수주 상부에 공기가 채워지도록 한다. 파도에 의해 그 공간에 있는 물의 상승과 하강이 일어나고 공기가 압축되거나 확장하게 된다. 대기로부터 공기가 들어가고 나오도록 하는 흐름은 터빈 발전기에 위치한 배관을 통해 이루어진다. 진공 수주 장치에 대해서는 500 kW급 출력 용량을 가진 여러 시연 장비들을 활용해서 연구가 많이 진행되었다. 진공 수주의 시연 장치들은 육지 또는 고정형, 부유형 지지체를 활용하여 근해에 설치되어 왔다. 이 장치의 큰 장점은 해수면에서의 느린 진동파 운동도 왕복 기류로 먼저 변환한 후, 다시 고속의 단방향 터빈 샤프트의 회전 운동으로 전달할 수 있다는 점이다. 진공 수주는 공명현상을 이용하는 장치인데, 그 공명 장치의 질량과 강직도는 수주의 크기에 따라 달라진다. 파고와 파도 주기에 맞추어 공기실의 크기를 정하고, 발전기 출력 용량을 조절하여 제동을 한다.

아래 그림 7.25는 해안선에 설치된 진동 수주 시설을 나타낸 것이다. 파도는 가파른 해안 선반에 세워진 공기실로 들어가고, 그 안의 공기는 반복적으로 압축 및 팽창되어 발전기에 연결된 공기 터빈을 구동한다. 다른 시설에서는 충동 터빈을 사용하기도 하지만, 이 그림에서는 웰즈 터빈(Wells turbine)을 사용하였다. 웰즈 터빈은 대칭적인 에어로포일을 가지고 있는데, 공기가 역방향으로 흐르면서 단방향의 토크를 생성한다.

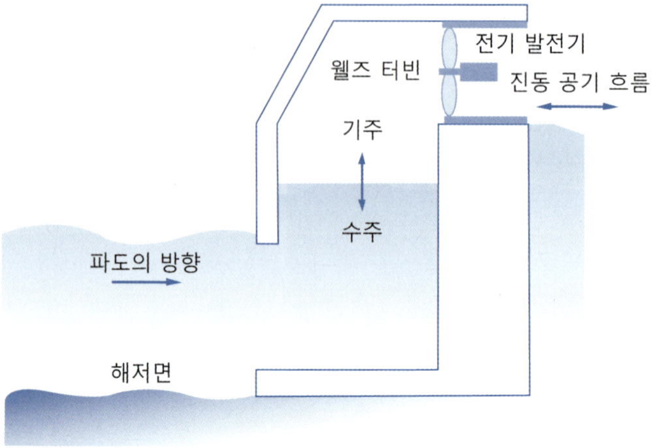

그림 7.25 해안선에 설치된 진동 수주 시설

진동 수주가 성공적으로 작동함을 보여 주었지만, 초기의 시연 제품을 성공시키는데 많은 어려움이 있었다. 해안선에 진동 수주를 건설할 때, 토목 공사를 해수 아래와 육지에서 모두 수행하였던 어려움이 그중 하나이다. 강력한 파도가 터빈의 범람을 일으킬 수 있으므로 공기실을 건설할 때는 바닥을 매끄럽게 해야 한다. 진동 수주 장치의 시험 운행을 위한 여러 시도가 있었지만, 극심한 파도에 의해 피해를 받는 사례들이 있었다. 근해에 설치된 한 진동 수주의 경우 설치 공사 중에 설비가 큰 손상을 입은 경우가 있었다.

월파 장치는 파도를 높은 곳에 위치한 저수지에 좁아진 수로를 통해 이동시키면서 작동한다. 그림 7.26에 자세히 나타나 있는데, 파도가 저수지로 이동해서 수위를 상승시키기 때문에 파도의 운동에너지를 위치에너지로 전환하는 방식이다. 저장된 물은 전형적인 작은 낙차 수력 터빈을 이용하는 방식으로 에너지를 생산한다. 월파 장치는 육지나 근해에서 설치된다. Tapchan이라고 알려진 초기 월파 장치는 점점 좁아지는 수로를 가지도록 육상에 설치하여 파도가 저수지로 이동되었다. 해상에 설치된 월파 장치의 경우 포물선 모양의 파도 수집기를 이용해서 파도가 저수지로 모이게끔 하였고, 이중 램프를 활용해서 수위를 높일 수 있도록 설계하였다.

월파 장치는 공명 장치에 비해 전력 생산이 파도 주기에 덜 영향을 받는다는 장점이 있다. 또 2 m 정도의 낙차에서도 이용이 가능한 저낙차 터빈을 사용한다. 부유 장치를 사용하는 경우의 장점은 조차의 영향을 받지 않는다는 것이다. 또 건현(freeborad)의 높이가 저수지 내의 물 흐름과 부유실 내의 공기 제어를 통해 조절될 수 있다는 장점도 있다.

진동체는 파도의 움직임으로부터 직접 에너지를 얻는 방식이다. 그림 7.27에서 나타낸 것처럼 진동체는 6개의 방향, 3개의 선형 및 3개의 회전 방향의 조합에 따라 움직일 수 있다.

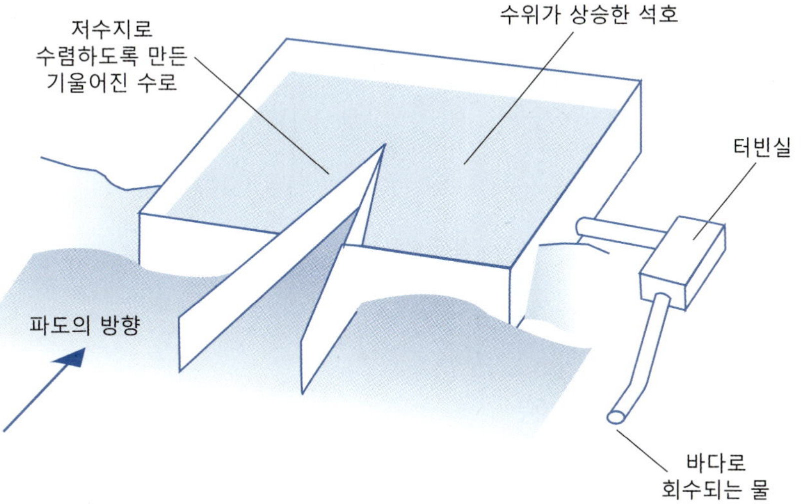

그림 7.26 Tapchan 월파 장치를 이용한 전력 생산

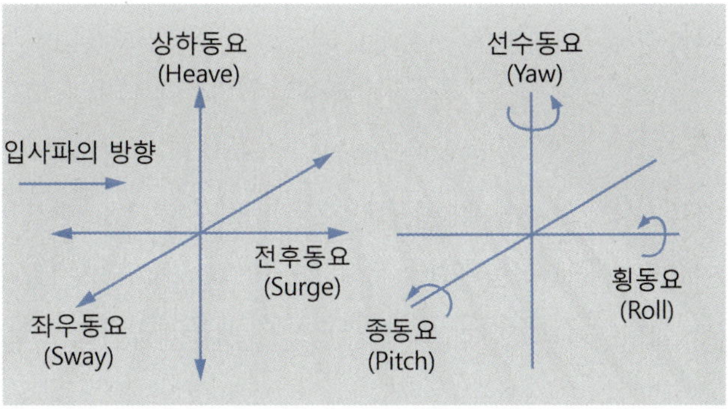

그림 7.27 파도에너지 변환기의 이동 방향

보통은 진동체의 움직임을 두세 방향으로만 제한한다.

여러 종류의 진동체 장치에 대한 연구가 진행되고 있고, 몇몇은 파도가 이동할 때 생기는 수면 운동으로부터 에너지를 생산하는 데 성공을 하였다. 또 일부는 수심에 따른 압력 변화와 물의 움직임을 이용하여 에너지를 생산한다. 진동체의 장점은 해안에 설치할 수 있어서 심해파를 이용하여 에너지를 얻을 수 있다는 점이다.

아래 그림 7.28과 같이 도표로 나타낸 진동체는 다음과 같이 분류가 가능하다.

- 점 흡수식 파력 발전기(point absorber)
- 터미네이터(terminator)

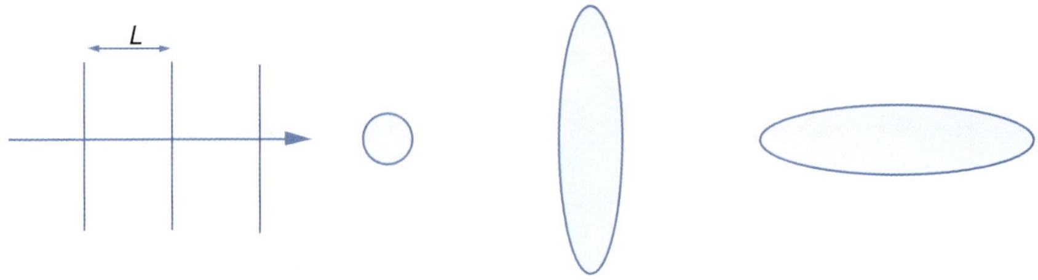

그림 7.28 진동체 파력에너지 장치의 분류

- 어테뉴에이터(attenuator)

점 흡수식 파력 발전기는 일반적으로 상하동요 또는 종동요에 따라 움직이는 상대적으로 작은 크기의 장치이다. 수평 면적보다 훨씬 넓은 파면 폭을 가지는 파력에너지를 흡수할 수 있지만, 에너지를 전환할 수 있는 면적이 커서 입사파의 진폭보다 큰 진동을 발생시키게 된다. 점 흡수식 파력 발전기는 해수면 또는 그보다 약간 아래에 설치한다.

터미네이터는 입사파의 운동 방향과 직교하도록 설치하고, 전후동요를 이용하여 작동한다. 천해에서 작동하는 장치에 대한 많은 연구가 진행 중에 있다.

어테뉴에이터는 입사파의 운동 방향에 맞추어서 정렬한다. 어테뉴에이터는 선수동요 또는 종동요로부터 에너지를 얻을 수 있도록 굴절식 또는 관절식 구조로 만드는 것이 일반적이다.

모든 부유식 진동체는 심해에서 에너지를 얻어 낼 수 있도록 설계되었다. 폭풍우에도 견뎌내고, 계류할 수 있는 전력 생산 장치를 만들어야 하기 때문에 설계, 건설, 운영 모든 점에서 어려움이 있다.

그림 7.29에서 상하동요를 이용하여 작동하는 바닥 고정형 점 흡수식 파력 발전기의 작동 원리를 보여 주고 있다. 이 예에서 보여 준 것처럼 장치는 해저에 고정되어 있으며, 이 부유물은 해수면에서부터 수면 아래를 수직으로 이동한다. 액추에이터는 그 파도의 흐름을 선형 발전기를 이용해서 전기에너지로 변환하거나 고압의 유압유로 전달한다.

그림 7.30과 그림 7.31은 엑추에이터 파력 발전 장치의 작동 원리를 보여 주고 있다. 이 장치는 해저에 계류되어 있고 파도의 방향과 평행하게 놓여 있다. 파도의 흐름에 따라 경첩하고, 반잠수식으로 사용한다. 이 관절형 접합부로 인해 두 방향의 흐름이 가능해지는데, 이는 유압관에 의해 방해를 받아 고압유를 만들어 낸다. 고압유는 축압기(accumulator)에 저장되어 전기에너지를 생산하는 데 사용된다. 생산된 전력은 해저 전기 케이블을 통해 육지로 전송된다. 많은 시연 제품들이 성공적으로 운영되었는데, 이 장치의 장점은 파도와 마주 보는 길고 얇은 구조가 극한 파도가 가지고 있는 힘을 감소시킬 수 있다는 점이다. 그리고 동

력 인출 장치 내에 유압 축압기를 이용해 에너지를 저장해서 전력을 유연하게 전력망으로 공급할 수 있다는 점이다.

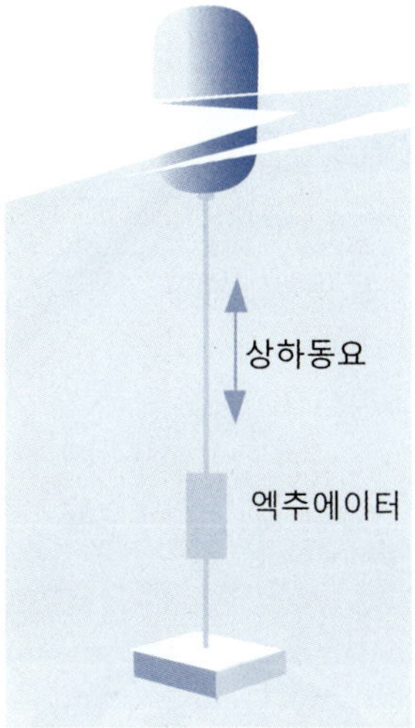

그림 7.29 점 흡수식 파력 발전기

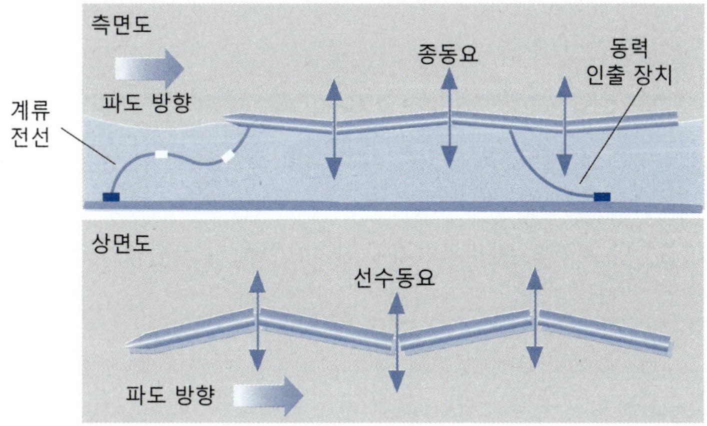

그림 7.30 어테뉴에이터(Pelamis)

그림 7.31 Pelamis 파력에너지 변환기
출처: RenewableUK showing a wave energy converter manufactured by Ocean Power Delivery.

요약

1. 해양 재생 에너지를 이용한 발전 방법은 크게 조력 발전, 조류 발전, 파력 발전의 세 가지로 나눌 수 있다. 파도의 끝부분에서 생기는 파고의 변화와 조류의 유속 변화는 수년 전부터 미리 예측이 가능하다. 파도는 태양으로부터 야기된 바람의 흐름에 의해 생기게 되고 통계적으로 표현할 수 있다.

2. 지구의 회전, 달과 태양의 중력에 의해 생기는 지구를 당기는 힘은 심해에서 해일을 생성하게 된다. 태양에 의해 생기는 조차는 달에 의해 생기는 조차의 약 46%이다. 해일이 육지에 도달할 때 수위의 변화가 생기고, 조류도 생기게 된다. 수위의 변화와 조류의 생성은 해안의 지형과 수심에 의해서도 영향을 받는다.

3. 조차는 분조를 이용해서 설명이 가능하다.

$$h(t) = h_0 + \sum_{n=1}^{m} h_n \sin(\omega_n t + \alpha_n)$$

여기서

$h(t)$는 시간 t에서 조수의 높이

h_0는 평균 수위

h_n은 n번째 분조의 진폭

ω_n은 n번째 분조의 각속도

α_n은 n번째 분조의 성분의 위상 변위

t는 시간

m은 총분조의 수

4. 조력 발전에서 썰물의 흐름으로부터 얻어 낼 수 있는 가용 에너지(E)는 다음 식으로 구할 수 있다.

$$E = \int_0^H \rho Agh\, dh = \rho g \frac{AH^2}{2} \text{ [J]}$$

여기서

A는 유역 내의 면적 [m^2]

H는 조차 [m]

ρ는 물의 밀도 1025 kg/m^3

g는 중력 가속도

5. 조력 발전은 썰물과 밀물 또는 양방향 흐름의 이용이 가능하다. 썰물 발전이 보통 최대 에너지를 생산하고, 양방향 발전의 경우 유연한 전력 생산이 가능하다. 터빈 발전기 시설은 전기 생산, 양수, 그리고 수문 계폐를 위한 용도로도 사용이 가능하다.

6. 조력 발전에 의한 주요한 환경적인 영향은 다음과 같다.

- 유역 내의 평균 수위를 변화시킨다.
- 유역 내의 조차와 갯벌의 면적을 감소시킨다.
- 물막이 댐과 터빈이 어류의 이동에 영향을 준다.
- 유역 내 해수의 염도와 탁도를 감소시킨다.
- 유역 내에 떠다니는 오염물의 확산에 영향을 준다.

7. 조류 발전 장치는 해일이 육지에 접근할 때 생성되는 물 흐름이 가지는 운동에너지를 이용한다. 조류 자원은 12.4시간의 조류 주기 동안 방향과 크기가 계속해서 변화한다.

8. 조류의 속도는 일련의 분조를 사용하여 예측이 가능하다.

$$U(t) = U_0 + \sum_{n=1}^{m} U_n \sin(\omega_n t + \alpha_n)$$

여기서

$U(t)$는 특정 시간(t)에서의 속도

U_0는 조류의 평균 유속

U_n은 n번째 조류 분조의 속도

ω_n은 n번째 조류 분조의 각속도

α_n은 n번째 조류 분조의 위상 변위

t는 시간

m은 조류 분조의 총수

9. 조류 터빈의 작동 원리는 풍력 터빈과 유사하다. 조류 터빈의 회전자를 통해 생성되는 전력은 다음과 같다.

$$P = C_P \frac{1}{2} \rho_W A U_W^3 \ \ [\mathrm{W}]$$

여기서

C_P는 회전자의 성능 계수이고, 일반적인 최댓값은 약 0.45

ρ_W는 물의 밀도(1025 kg/m^3)

A는 배관을 포함한 회전자의 면적

U_W는 자유 흐름 속도로 일반적인 정격값은 약 2~3 m/s

10. 풍력 터빈과 조류 터빈의 주요 차이점은 다음과 같다.

- 물은 공기보다 밀도가 820배 더 크다.
- 조류 터빈의 정격 속도는 풍력 터빈 정격 속도의 약 1/4이다.
- 조류의 평균 유속은 높은 정확도로 예측할 수 있다.
- 조류의 흐름은 해수면과 난류에 의해서 제한된다. 난류는 해저의 거칠기와 파도 작용에 의해 생성된다.
- 조류 터빈은 공동현상에 큰 영향을 받을 수 있다.
- 조류 터빈은 매우 높은 추력을 경험한다.

11. 파도는 바다 위를 흐르는 바람에 의해 생성된다. 바람은 태양복사 에너지에 의해 생성되므로 파력은 태양에너지가 집중된 형태라고 볼 수 있다.

12. 진행파의 속도는 다음 식으로 계산이 가능하다.

$$c = \frac{L}{T} = \sqrt{\frac{gL}{2\pi}\tanh\left(\frac{2\pi D}{L}\right)} \ [\mathrm{ms}^{-1}]$$

여기서
c는 개별 파도의 속도(파속 또는 위상 속도라고 함) [m/s]
D는 수심 [m]
L은 파장 [m]
g는 중력 가속도 [m/s^2]
tanh는 쌍곡선 탄젠트

파장 길이의 절반보다 더 깊은 물, 즉 수심이 $L/2$보다 더 큰 곳에서 파도의 속도는 다음과 같다.

$$c = \sqrt{\frac{gL}{2\pi}}$$

수심이 $L/20$보다 얕은 천해에서 파도의 속도는 다음과 같다.

$$c = \sqrt{gD}$$

13. 복잡한 일련의 파도가 가지는 힘은 다음과 같다.

$$P = \frac{\rho g^2}{64\pi} H_S^2 T_e = 491 H_S^2 T_e \ [\mathrm{Wm}^{-1}]$$

여기서
H_S는 유의파고
T_e는 에너지 주기

연습 문제

1. 조력 발전, 조류 발전, 그리고 파력 발전 사이의 차이점을 명확하게 구분해서 설명하시오.

2. 조차가 큰 조력 발전 시설을 개발할 때 발생하는 주요 어려움에는 어떤 것들이 있는지 설명하시오.

3. 조류 발전 시설을 개발할 때 진행해야 할 일들에 대해 단계적으로 설명하시오.

4. 강 하구 15 km^2 규모의 지역에 조력 발전용 댐을 건설하려고 한다. 이곳에서 조차는 6 m에서 12 m 사이로 변한다. 조차에 의한 위치에너지와 이로 인해 생산할 수 있는 평균 전력을 예측하시오.
   (a) 대조 때
   (b) 소도 때
   [답: (a) 486.5 MW, (b) 121.6 MW]

5. 지름 3 km의 원형 조석호가 평균 조차 6 m를 가지는 곳에 위치해 있다. 그림 7.7에 나타나 있는 예처럼 썰물을 이용하여 발전할 경우 최대 발전 전력을 예측하시오.
   [답: 16.3 MW]

6. 조석호가 9.5 km 길이의 제방을 가진 하구에 조성되었고, 유역 내의 면적은 11.5 km^2이다. 320 MW의 정격 용량을 가진 터빈을 이용해서 연간 420 GWh를 생산할 수 있다고 한다. 이때 발전 시설의 용량 계수를 구하고, 유역의 총길이 대비 면적의 비율에 대해 답하시오.
   [답: 15%, 826]

7. 하구의 제방에서부터 만들어진 반원형 조석호의 제방 길이(m) 대비 유역 면적(km^2)을 계산하고, 이 계산이 의미하는 바가 무엇인지 답하시오.

8. 그림 7.12에서 다룬 조류 발전을 위해 사용되는 회전자는 400 kW의 전력을 생산할 수 있다. 이때의 전력 계수를 계산하시오.
   [답: 0.42]

9. 지름이 10 m인 수평축 조류 터빈은 추력 계수(C_T)가 0.5이고, 허브 높이에서의 유속이 2.8 m/s이다. 허브는 해저에서 15 m 위에 위치해 있다. 회전자의 추력과 바닥 고정형 지지 구조물의 전도 모멘트를 계산하시오.
   [답: 157.8 kN, 2.37 MNm]

10. 가정을 적절히 활용하여 위 연습 문제 9에서 언급된 조류 터빈과 같은 정격 전력을 가지고 풍속 12 m/s에서 작동하는 풍속 터빈의 전도 모멘트를 비교하시오. (단, 예제 7.4를 참조한다)

[답: 풍력 터빈: 1.15 MNm, 조류 터빈: 2.37 MNm]

11. 삼중 블레이드, 지름 10 m의 수평축 조류 터빈이 가지는 팁 속도비가 5이고, 유속 2.8 m/s에서 작동하고 있다. 각각의 블레이드의 무게는 2000 kg이고, 질량 중심은 0.4R이다. 이때 회전자에 저장되는 회전 운동에너지를 계산하시오. 조류 터빈의 정격 용량이 800 kW일 때 관성 상수(H)를 계산하고, 다른 발전소들에서 보이는 일반적인 관성 상수의 값들과 비교해 보시오. 관성 상수에 대한 설명은 10.4절에 자세히 나와 있다.

[답: 94.1 kJ, 0.12 s]

12. 심해에서 10초 주기 파도의 속도와 파장을 계산하시오.

[답: 156 m, 15.6 m]

13. 깊이 1 m의 얕은 물에서 10초 주기 파도의 속도와 파장을 계산하고, 얕은 물에서 근사법을 사용하는 것이 적절한지 확인하시오.

[답: 31.3 m, 3.13 m/s]

14. 25 m 깊이에서 12초 주기 파도의 속도(c)와 파장(L)을 구하시오.

[답: 13.8 m/s]

15. 진폭 1.5 m, 파장 10초인 규칙파의 이상적인 파면으로부터 얻을 수 있는 전력을 계산하시오.

[답: 88.3 kW/m]

더 읽을거리

- Baker A. C., *Tidal Power*, IET, London, 1991.
- Clark R. H., *Elements of Tidal-Electric Engineering*, IEEE-Wiley, 2007.
- Cruz J. (Ed.), *Ocean Wave Energy; Current Status and Future Perspectives*, Springer, 2008.
- Hardisty J., *The Analysis of Tidal Stream Power*, Wiley Blackwell, 2009.
- Lynn P. A., *Electricity from Wave and Tide*, Wiley, 2014.
- McCormick M. E., *Ocean Wave Energy Conversion*, Dover, New York, 2007.
- Shaw R., *Wave Energy a Design Challenge*, Ellis Horwood, Chichester, 1982.

- The Open University, *Waves, Tides and Shallow-Water Processes*, Butterworth Heinemann, 1999.
- Twidell J. and Weir A., *Renewable Energy Resources*, 3rd Edition, Routledge, New York, 2015.

웹 사이트

- Atlas of UK Marine Renewable Energy Resources. 2008. ABPmer. Date of access (13 April 2014) www.renewables-atlas.info

8 바이오에너지

소개

바이오매스(biomass)는 세계 1차 에너지의 약 10%(주로 개발도상국의 전통적인 연료임)를 공급한다. 농촌 지역에서는 나무, 목탄, 작물 잔여물, 말린 가축분뇨 등의 전통적인 바이오매스 연료를 음식을 만들거나 난방을 하는 데 사용한다. 산업화된 지역에서는 상대적으로 부족한 기반에도 불구하고 전기 생산과 차량용 연료로서 바이오에너지(bioenergy)의 사용이 급격히 늘어나고 있다.

수많은 종류의 바이오매스와 바이오매스를 유용한 에너지로 전환할 수 있는 여러 공정이 있다(이 공정들 중 많은 수가 아직 연구 또는 개발 중임). 이 장에서는 이 모든 바이오에너지의 원료와 공정을 자세히 다루지는 않았지만, 대신 바이오매스가 유용한 에너지로 전환되는 주요 과정들 중 상업화된 것을 위주로 설명하였다. 바이오매스 전환하는 기술은 열화학적 공정, 생화학적 공정, 그리고 식물에서 기름을 추출하는 공정 이렇게 세 가지로 분류할 수 있다. 열화학 공정(예: 연소, 가스화)은 열과 촉매를 사용하고, 생화학 공정(예: 알코올 발효, 혐기소화)은 효소와 미생물을 사용하여 바이오매스를 유용한 에너지로 변환한다. 식물성 유지는 식물의 씨앗에서 추출되어 가공되며, 압축 점화 엔진에 직접 사용되거나 바이오디젤로 전환된다.

바이오에너지는 여러 가지 매우 유용한 속성을 가지고 있다. 바이오매스는 건조 후 고체로 저장할 수 있고, 기체 또는 액체 바이오연료로도 전환이 가능하다. 따라서 비록 바이오에너지가 태양에너지가 농축된 형태이기는 하지만 일사량과 상관없이 원하는 때에 사용할 수 있다. 종종 바이오매스는 원료가 자란 곳 근처에서 소규모로 바이오연료 전환이 가능하므로 시골 지방의 고용 창출에 기여한다. 또 바이오에너지를 사용하면 화석연료의 수입량을 줄일 수 있어 외화를 절약할 수 있다.

다른 신재생 에너지 기술은 장비가 제작 설치되면 온실가스의 배출 없이 전기를 생산한다. 바이오에너지의 경우, 바이오매스가 유용한 에너지로 전환될 때 배출되는 이산화탄소의 양과 같은 양의 이산화탄소를 광합성을 통해 대기로부터 흡수한다. 이 과정을 탄소 중립이라고 말할 수 있다. 실제로는 바이오매스를 재배, 비료, 수확, 수송 및 가공할 때 화석에너지가 필요하며, 따라서 바이오에너지의 환경적인 비용과 이익을 결정할 때 신중한 분석이 요구된다. 현존하는 많은 바이오에너지 공정(특히, 수송용 연료 생산 공정)이 식량으로 쓰일 수 있는 당, 전분, 기름작물을 원료로 사용한다. 식용작물을 바이오에너지의 원료로 사용하는 것과 이것이 세계 식량 가격에 미치는 영향에 대해 많은 논란이 있다.

바이오매스는 광합성을 통해 만들어지고, 재배를 위해 넓은 땅이 필요하며, 부피당 무게당 에너지 밀도는 화석연료보다 낮다. 따라서 바이오매스를 수거하고 수송하는 데에 비용이 많이 들어가고, 이에 대다수의 바이오매스 또는 폐기물 발전소의 용량이 20 MW_e 이하로 제한된다. 그레이트 브리튼(Great Britain)에 있는 수입 우드펠릿을 연료로 하는 대규모 발전 시설(500 MW_e)은 예외이다.

이 장에서는 현재 상업화된 바이오매스를 유용한 에너지로 전환하는 주요 과정들을 설명하였다. 8.1절에서는 바이오에너지의 여러 원료에 대해 개략적으로 알아볼 것이며, 광합성 과정에 대해 8.2절에서 다룰 것이다. 8.3절에서는 바이오에너지를 생산하는 여러 가지 전환 공정에 대해 논의할 것이다. 8.4절에서 고체 바이오매스의 특성과 연소 과정에 관해 설명할 것이다. 8.5절은 가스화와 가스화 반응기(gasifier)에 관해 다룰 것이다. 8.6절에서 혐기소화와 매립지 가스 생산에 대해 논의할 것이다. 마지막으로 8.7절에서는 바이오매스로부터 수송용 연료 생산에 대한 주제를 다룰 것이다. 에탄올 생산을 위한 바이오매스의 발효, 천연 식물성 유지의 추출과 바이오디젤로의 전환, 차량용 바이오연료가 사회와 환경에 미치는 영향이 이 주제에 포함된다.

8.1 바이오에너지: 바이오매스로부터 얻는 에너지

바이오에너지는 광합성을 통해 태양복사 에너지의 식물(이 식물 중 일부는 동물의 먹이로 쓰임)로의 전환을 나타내는 광범위한 용어이다. 식물 또는 동물로부터 유래되는 유기물은 열과 전기로 전환되거나 차량에 연료를 공급하는 데 사용된다. 바이오매스는 식물이나 동물로부터 유래되는 모든 종류의 유기물로 유용한 에너지를 공급하는 데 직접 사용될 수도 있고, 중간물질인 고체나 액체 또는 기체 상태의 바이오연료(biofuels)로 가공될 수도 있다.

18세기까지 나무와 같은 바이오매스는 난방과 금속 가공을 위한 주요 에너지원이었다. 나무는 직접 연소하거나 목탄으로 변환하여 이용하였다. 산업 혁명으로 인해 석탄, 석유 및 천연가스의 사용량이 급증되었지만, 유럽과 북미의 일부 지역에서는 여전히 나무를 난방과 발전기의 연료로 사용하였다. 영국에서는 도시 쓰레기 매립지에서 발생하는 메탄(매립지 가스)이 전기 생산을 위한 신재생 에너지의 많은 부분을 차지한다. 브라질과 미국의 에탄올, 유럽의 바이오디젤과 같은 액체 바이오연료는 수송용 대체연료로 일상적으로 사용된다. 다수 개발도상국의 가난한 가정에서는 나무와 가축분뇨를 덮개가 없는 난로에서 난방과 요리용 연료로 사용하는데, 이는 매우 비효율적일뿐만 아니라 건강에 치명적일 수 있는 연기를 배출한다. 바이오에너지는 현재 세계 신재생 에너지의 약 50%를 차지하며, 이 중 2/3는 개발도상국에서 전통적인 바이오매스로 사용된다.

표 8.1에 주요 바이오에너지원이 정리되어 있다. 이 에너지원은 매우 다양하며, 이 바이오매스를 유용한 에너지로 전환하기 위해 여러 공정 기술이 필요하다. 화석연료와 비교하였을 때 대부분의 바이오매스는 제한적인 에너지 밀도(MJ/kg 또는 MJ/m^3)를 가지므로 먼 거리를 운송하는 비용이 비싸다.

바이오매스를 만드는 것과 바이오에너지로의 전환은 화석연료를 이용하는 것보다 더 노동

표 8.1 주요 바이오에너지원

바이오에너지원	세부 사항
식량작물 및 사료작물	• 전통적으로 인간의 식량, 가축의 사료용으로 재배되는 당, 녹말, 유지식물의 먹을 수 있는 부분 • 밀, 옥수수, 콩, 야자유, 유채 지방종자, 사탕수수 등의 식량작물은 현재 바이오연료의 원료로 사용됨
농업 잔여물	• 밀짚, 왕겨, 사탕수수 잔여물[버개스(bagasse)] 등의 작물 부산물 • 가축으로부터 발생하는 슬러리, 가축분뇨
산림, 임업 잔여물	• 숲에서 발생하는 아마도 관리되는 목질계 물질 및 제재소와 나무 가지치기 등으로 생기는 잔여물
도시 폐기물	• 음식물, 생활 폐기물, 하수 및 기타 생물학적 폐기물
에너지 작물	• 에너지 생산을 위해 재배되는 속성(fast growing) 작물(나무, 풀). 예: 억새, 버드나무, 기름작물[예: 자트로파(jatropha)]

집약적이며 따라서 시골 지역 노동력 창출의 중요한 소스 중의 하나이다. 많은 국가의 정부에서 환경적 이익을 얻고 시골 지역의 경제에 기여하기 위해 재정적 지원 정책을 통해 바이오에너지를 장려하고 있다.

대부분의 신재생 에너지원과 대조적으로 건조 바이오매스는 저장이 가능하며 필요할 때 사용할 수 있다. 따라서 건조 바이오매스는 수요와 공급의 변화에 따라 조절이 필요한 발전용 연료로 사용하는 데에 적합하다. 영국에서는 대형 증기 발전기(500 MW_e급까지)의 연료로 가공된 나무 또는 가공된 나무와 미분탄(pulverized coal)의 혼합물을 사용한다. 그러나 매우 많은 양의 고체 바이오매스는 처리 비용이 많이 들고, 먼지가 발생하지 않는 건조한 상태로 보관하기 위해서는 주의가 필요하다.

다른 에너지원과 마찬가지로 바이오에너지의 사용이 환경과 사회에 미치는 영향은 반드시 잘 고려되어야 한다. 식량작물로부터 만드는 액체 바이오연료는 브라질과 미국에서 수송용 연료로 널리 사용된다. 하지만 비옥한 농경지를 에너지 작물 재배에 이용해야 하는 문제가 있으며, 또한 액체 바이오연료 생산이 세계 식량 가격의 상승에 영향을 미치고 있다. 현재 다른 용도로 이용하기 어려운 비옥하지 않은 토지에서 재배한 비식량작물을 바이오연료로 전환할 수 있는 방법에 대한 연구와 시도가 이루어지고 있다. 토지를 식량작물을 재배하는 데 이용할지 에너지 작물을 재배하는 데 이용할지에 대한 경쟁을 피하는 것이 분명히 바람직하다. 넓은 토지를 식량작물의 단일 재배에 이용하는 것이 환경에 미치는 영향도 논쟁의 대상이 되고 있다.

이론상으로 바이오매스를 재배하고 이를 사용해서 바이오연료를 생산하는 사이클은 이산화탄소 중립적(CO_2 neutral)이다(즉, 바이오매스를 에너지로 전환하는 과정에서 배출되는 이산화탄소의 양과 광합성을 통해 대기로부터 흡수하는 이산화탄소의 양이 비슷함). 실제로는 바이오매스를 재배하고 가공하는 과정에서 많은 양의 화석연료 에너지가 필요하다(예: 정지작업(soil preparation), 작물 수확, 비료). 만일 매년 에너지 작물을 심어 토지 용도가 바뀔 때 오랫동안 토양과 초목에 저장되어 온 이산화탄소가 배출될 수 있는데, 이 양이 상당할 수 있다. 어떤 바이오매스는 국가 간의 거래가 이루어지며, 그 비용과 수송으로 인한 배출량이 많을 수 있다.

바이오에너지가 환경에 미치는 영향과 이를 사용함에 따른 온실가스 배출량을 알기 위해 세심한 바이오에너지 전주기 평가가 요구된다. 대규모 바이오에너지 운영이 환경에 미치는 영향에 대한 전주기 분석(life cycle analysis) 결과는 수송용 연료와 대규모 발전용으로 바이오연료를 사용함으로써 환경에 들어가는 비용이 이익을 초과한다고 주장하는 환경운동가들에게 논쟁의 대상이 되고 있다. 예를 들어, 나무를 연소시켜 전기를 생산하는 것보다 나무를 건물을 짓는 데 사용하는 것이 더 효과적이라고 주장할 수 있다. 건물을 짓는 재료로 나무를 사용하는 것은 나무가 대기로부터 흡수한 이산화탄소를 배출하지 않도록 하며, 화석연료로부터 생산되는 철과 시멘트의 사용을 줄인다. 바이오에너지의 환경 비용과 이익 평가는 이를 평가하는 데 쓰인 가정과 방법에 크게 의존하며, 그 결과에는 이의가 있을 수 있다.

미래에는 발전소와 산업 공장에서 발생하는 이산화탄소를 포집하고 지하에 격리하는 것이 가능해질 것으로 예상된다. 만약 이것이 바이오연료를 사용하는 시설에 적용된다면 이산화탄소 저감 바이오에너지 사이클이 가능해질 것이다[즉, 전체적으로 네거티브 이산화탄소 배출(negative CO_2 emission)]. 그러나 탄소 포집 및 저장(CCS)으로 알려진 이 기술은 아직 비용 효율이 입증되지 않아 널리 효율적으로 이용되지 못하고 있다.

8.2 광합성

모든 바이오매스는 처음에 광합성(photosynthesis) 과정을 통해 만들어진다. 이후 여러 과정을 거치면서 바이오매스를 통해 바이오연료를 생산한다[예: 작물을 발효해서 에탄올 생산, 바이오매스를 동물에게 먹여서 만들어진 분뇨를 혐기소화(anaerobic digestion)하여 메탄을 생산].

그림 8.1과 같이 엽록소를 함유한 녹색식물은 태양에너지를 받아 이산화탄소와 물로부터 탄수화물을 만들어 낸다. 즉, 에너지를 저장한다. 식물의 잎에 들어 있는 엽록소는 태양 가시광선 영역 중 빨강과 파랑 파장에서 방출되는 광자를 흡수하고, 이 흡수된 에너지는 식물의

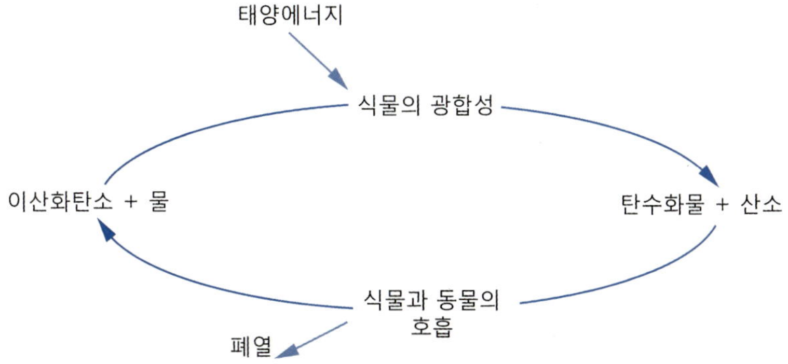

그림 8.1 대기 중의 이산화탄소와 산소 순환

구조를 형성하는 복잡한 유기 분자들을 합성하는 데 사용된다. 산소는 광합성의 부산물로 생성된다. 호흡(respiration)은 광합성의 반대 과정이라고 할 수 있다. 호흡 과정 중 탄수화물이 이산화탄소와 물로 분해되면서 에너지를 방출하며, 이로 인해 낮은 온도의 열을 낸다. 이상적인 조건에서 녹색식물의 광합성 속도는 호흡 속도의 약 30배 정도이다. 이 광합성과 호흡 사이클은 대기 중의 이산화탄소와 산소의 균형을 유지하며, 태양에너지를 바이오매스의 형태로 저장한다.

광합성은 다음 식과 같이 나타낼 수 있다.

$$CO_2 + H_2O + \text{빛에너지} \rightarrow [CH_2O] + O_2$$

여기서 $[CH_2O]$는 일반적인 탄수화물이다.

더 구체적으로

$$6CO_2 + 6H_2O + \text{빛에너지} \rightarrow C_6H_{12}O_6 + 6O_2$$

여기서 $C_6H_{12}O_6$는 포도당이다.

포도당은 생성된 이후 식물 내에서 셀룰로스(cellulose), 헤미셀룰로스(hemicellulose), 리그닌(lignin)으로 변환된다. 셀룰로스는 식물 세포벽의 주요 구성 성분이며, 화학식은 $(C_6H_{10}O_5)_n$이다($n = 50 - 4000$). 헤미셀룰로스는 셀룰로스와 유사하지만 더 많은 분지 구조(branched structure)를 가지며 화학적 열화(chemical degradation)가 더 잘 일어나며, 화학식은 $(C_5H_8O_4)_n$이다($n = 50 - 200$). 리그닌은 식물 세포벽을 단단하게 만들며 종종 셀룰로스, 헤미셀룰로스 섬유질과 결합하여 리그노셀룰로스(lignocellulose) 구조를 형성한다. 연목(soft wood)은 약 40%의 셀룰로스, 30%의 헤미셀룰로스, 30%의 리그닌으로 되어 있다.

리그닌을 포함하는 바이오매스의 일반적인 화학식은 $CH_{1.4}O_{0.6}$이다.

광합성에 의해 만들어지는 탄수화물은 탄수화물의 생성 시 사용되는 이산화탄소와 물보다 많은 에너지를 포함한다. 그래서 광합성은 태양에너지를 농축시키는 메커니즘으로 여겨진다. 오직 가시광선 영역대의 태양에너지(400~700 nm, 그림 4.11 참조)만이 광합성에 이용된다. 일반적으로 태양 일사량(solar insolation)을 에너지로 변환하여 저장하는 효율은 작물의 경우 0.5~1%이고, 사탕수수의 경우 6~8%로 증가할 수 있다.

광합성은 녹색식물의 엽록체 안에서 일어나며, (1) 산소를 발생시키고 에너지를 저장하는 분자를 만들어 내는 빛에 의존적인 반응과, (2) 수소를 첨가하여 이산화탄소를 탄수화물로 변환시키는 빛에 의존적이지 않은 반응 이렇게 두 단계로 진행된다. 식물 내에서 이 빛에 의존적이지 않은 복잡한 반응을 통해 탄수화물이 생성되는 과정을 캘빈 회로(Calvin cycle)라고 한다. 나무를 포함한 식물 대부분은 C_3 사이클(C_3 cycle)을 통해 탄소를 고정하지만, 사탕수수, 억새, 코끼리풀 등의 식물은 C_4 화합물을 이용해 더 높은 전환 효율을 얻는다. 광합성의 첫 단계가 일어나는 동안 C_3 식물(C_3 plants)은 탄소를 3개 포함하는 분자들이 생성되는 반면, C_4 식물(C_4 plants)은 탄소를 4개 포함하는 분자들이 처음으로 생성된다.

100~200 W/m^2 미만의 낮은 방사 조도(irradiance)에서 C_3 식물 내에서 일어나는 광합성 속도는 햇빛의 세기에 비례한다. 하지만 높은 방사 조도에서는 햇빛의 세기가 더 증가하더라도 광합성 속도는 증가하지 않는다. 따라서 식물은 최대 태양 방사 조도(1000 W/m^{2}까지)의 10~20%만 사용할 수 있다. 실제로는 식물의 잎이 정확히 태양을 향해 있지 않기 때문에 이것은 큰 문제가 아니다. 빠른 광합성 속도는 공기 중 이산화탄소의 농도를 증가시킴으로써 얻을 수 있으며, 이는 온실에서 행해진다.

예제 8.1 바이오에너지에 요구되는 땅

에너지 작물이 영국 전체 농경지의 10%에서 재배된다고 한다. 이 에너지 작물로 생산할 수 있는 에너지는 영국 전기 수요의 몇 %를 공급할 수 있는지 구하시오.

• 해답

다음을 가정하자.

영국의 농경지:	65,000 km^2
연간 일사량:	1000 kWh/m^2
바이오매스 전환 효율:	0.5%
전기 발전 효율:	30%
영국의 전기 수요:	360 TWh/year

작물의 에너지:

$$땅\ 면적 \times 일사량 \times 전환\ 효율 = \left(65 \times 10^9 \times \frac{10}{100}\right) \times \left(1000 \times 10^3 \times \frac{0.5}{100}\right) = 32.5\ \text{TWh}$$

생산되는 전기에너지:

$$32.5 \times \frac{30}{100} = 9.75\ \text{TWh}$$

이것은 연간 영국 전기 수요의 $\frac{9.75}{360} = 3\%$를 공급한다.

8.3 바이오에너지 공정

표 8.1과 같이 바이오에너지원은 매우 다양하며 많은 여러 공정이 바이오매스를 유용한 에너지로 전환하는 데 사용된다. 국가마다 소비하는 바이오매스 자원의 종류와 이에 이용되는 전환 기술이 다른데, 이는 기후, 땅, 해당 지역의 환경 조건, 국가 정책 등이 나라마다 다르기 때문이다.

바이오에너지 전환 공정은 열화학 공정, 생화학 공정, 식물로부터 연료 추출로 나눌 수 있다. 열화학 공정은 열과 촉매를 사용하여 바이오매스를 바이오에너지로 전환한다. 생화학 공정은 효소와 미생물을 사용한다. 식물로부터 식물유(vegetable oils)를 추출하는 것과 바이오디젤(biodiesel)을 생산하는 것은 더 직접적인 방법이다. 일반적인 예는 다음과 같다.

열화학 공정:
- 연소(combustion)
- 가스화(gasification)

생화학 공정:
- 혐기소화(anaerobic digestion)
- 알코올 발효(alcoholic fermentation)

식물로부터 연료 추출:
- 식물유 추출(extraction of vegetable oil)
- 바이오디젤 생산(manufacture of biodiesel)

이 공정들은 8.4절~8.7절에서 다루어질 것이다.

8.4 고체 바이오매스의 연소

연소는 바이오매스를 이용하는 가장 직접적인 방법이다. 연소는 잘 확립된 기술이고, 많은 제조사가 전기 발전용 장비를 제공한다. 그러나 바이오매스의 연소를 통한 전기 발전 전체 효율은 상대적으로 낮다(소규모 발전소: 15~20%, 대규모 발전소: 30~35%). 배기가스 저감과 바이오매스 연소 시 발생하는 회분(ash)의 처리는 신중하게 다루어질 필요가 있다.

고체 바이오연료는 개발도상국 시골 지역에서 사용되는 소형 조리용 난로부터 대형 전기 발전기용 증기 보일러에 이르기까지 여러 장치에서 연소된다. 고체 바이오매스는 자연 상태에서는 불에 쉽게 타지 않으며, 수분 함량을 줄이기 위해 연소 전에 건조 과정을 거쳐야 한다. 이후 복잡한 열화학적 전환 과정을 통해 충분히 연소하게 된다. 고체 바이오매스의 연소 단계는 다음과 같다.

(1) 가열 및 건조
(2) 열분해(pyrolysis)에 의한 휘발성 가스 생성
(3) 연료층(fuel bed) 외부에서 휘발성 가스의 연소
(4) 연료층 내부에서 차(char)의 연소

고체 바이오연료는 물을 제거하기 위해 우선 저장되어 있던 온도(약 15~20℃) 이상으로 가열되어야 한다. 225℃에서 700℃까지는 물이 완전히 제거된 연료가 열분해되며, 연료층으로부터 발생하는 휘발성 가스가 연소된다. 긴 고리로 구성된 휘발성 분자들은 더 짧은 고리로 구성된 물질로 분해되며, 이때 액체 타르(tar)와 가연성 일산화탄소(CO), 수소(H_2), 기체 탄화수소(C_mH_n)가 발생한다. 225℃보다 높은 온도에서 이런 가스들이 연소되기 시작하며, 이 과정에서 열이 발생하며(exothermic) 물이 제거된 연료가 산소의 영향 하에 분해된다. 500℃에서 700℃까지는 고체 탄소 차가 이산화탄소 존재 하에 가스화되며, 수증기와 산소가 일산화탄소와 수소를 형성하며 이 기체들도 연소된다.

고정층(fixed bed)과 유동층(fluidized bed) 시스템 이 두 가지 기본적인 형태의 퍼니스(furnace)가 바이오매스의 연소에 사용된다. 고정층 시스템은 평판형 쇠살대(grate)와 경사형 쇠살대(두 타입 모두 이동형일 수 있음)를 쓰고, 이와 함께 연료의 공급과 회분을 제거하는 데 쓰이는 수동 공급 시스템과 스크루 공급기(screw feeder) 등을 포함한다. 고정층 퍼니스

내부 온도는 850℃에서 1400℃ 사이이다. 대형 고정층 퍼니스는 연료 연소층과 가스 연소 영역에 각각 공기를 공급(각각 1차 공기, 2차 공기)하는 독립된 공기 공급을 통해 가동 조건을 만족시킨다. 연료층 내부 고체 탄소 차는 1차 공기와 함께 공급되어 산화되고, 이를 통해 새로 추가되는 연료의 열분해에 필요한 열을 공급한다. 2차 공기는 이 열분해에 의해 생성되는 휘발성 가스의 완전연소를 위해 공급된다. 이와 같은 이중 공기 공급은 연료가 좀 더 균일하게 연소되게 해 주며, 배기가스의 발생을 줄인다. 현대식 고정층 퍼니스는 연도 가스(flue gas) 내의 일산화탄소, 잔여 탄화수소, 질소 산화물의 양을 줄임으로써 효율을 극대화하고 환경에 대한 영향을 최소화한다. 또 현대식 퍼니스는 연료의 완전연소에 필요한 과잉 공기(excess air)의 양을 최소화함으로써 효율이 증가된다.

유동층 연소기에는 팬(fan)을 통해 공급되는 압축 공기에 의해 발생하는 난류상(turbulent state)에서도 잘 분산되어 있는 연소에 비활성인 모래 또는 석회석이 들어 있다. 연료는 700~1000℃에서 연료층 내부와 위에서 연소된다. 유동층 연소기에는 기포형 유동층(bubbling fluidized bed)과 순환 유동층(circulating fluidized bed)의 두 가지 일반적인 형태가 있다. 기포형 유동층에는 이 공기 흐름에 의해 형성된 비활성 입자들이 분산된 영역이 있다. 이 층 위는 연료가 들어 있는 난류 연소 영역이다. 순환 유동층은 공기의 속도가 더 빠르고, 비활성 입자와 탄 연료들이 이 기체 흐름을 통해 위쪽으로 이동하여 연소기 밖으로 나간 후 외부의 사이클론(cyclone)에 의해 분리되어 연소 영역으로 다시 돌아온다. 순환 유동층 연소기의 난류 상태는 연소 생성물과 비활성층이 잘 섞이도록 해 주며, 따라서 열 전달이 잘 일어난다. 순환 유동층 연소기는 비교적 소형이며 여러 종류와 다른 모양의 연료를 사용할 수 있다. 또 수분과 회분 함량이 높은 연료에도 적합하다.

바이오매스의 연소를 통해 난방이나 산업 공정 또는 전기 발전을 위한 에너지를 공급할 수 있다. 그림 8.2는 고체 바이오매스의 연소를 통한 전기 발전용 증기 터빈[랭킨 사이클(Rankine cycle) 기반]의 주요 구성 요소를 나타낸 것이다. 연료는 보일러관(boiler tube)이 감싸고 있는 보일러 내부에서 연소된다. 정제수가 보일러 급수 펌프로 고압으로 보일러관으로 공급되고 보일러 주위를 순환하여 보일러로부터 발생하는 열을 흡수한다. 이후 이 물은 보일러 드럼(boiler drum)으로 이동하여 증기로 변한다. 이 증기는 과열기(superheater)로 재순환되어 과열된다. 이 고온 고압의 건조 증기는 터빈을 구동하는 데 사용된다. 대형 증기 터빈은 고압, 중간 압력, 저압 단계 등 여러 단계의 회전자(rotor)로 구성되며, 이 단계 중에서 증기는 보일러로 재주입되어 재가열될 수 있다. 저압 단계의 배출구에서 증기는 응축기로 이동하여 다시 물로 응축되고, 이 물은 보일러 급수 펌프를 통해 보일러로 재공급된다. 터빈은 일정한 속도로 회전하는 동기 발전기(synchronous generator)를 구동한다.

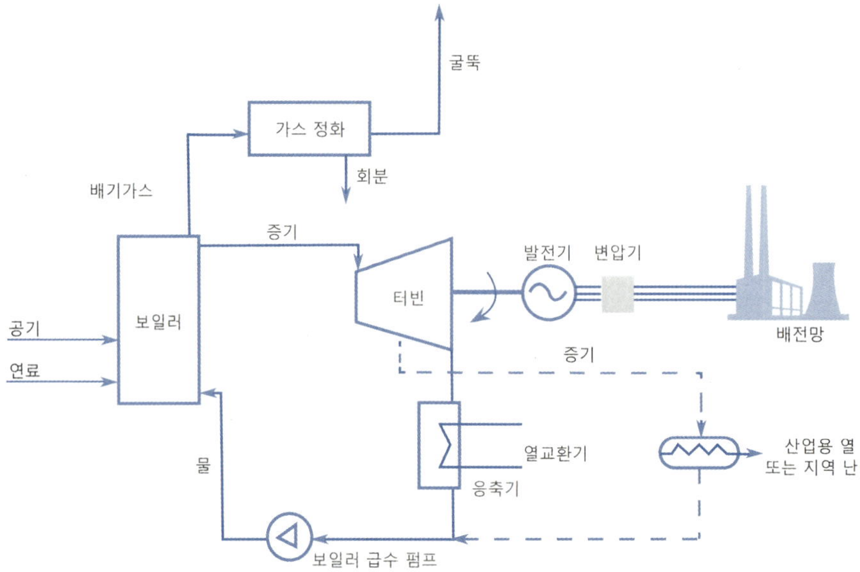

그림 8.2 증기 터빈 사이클

그림 8.2에서 점선으로 나타낸 바와 같이 터빈을 구동하기 위해 공급된 증기의 일부를 중압(intermediate pressure) 하에서 열교환기로 보낼 수 있으며, 이 증기로부터 열교환기에서 얻어진 열은 산업 공정 또는 지역 난방에 이용된다. 열과 전기를 동시에 공급하는 것, 즉 열병합 발전(combined heat and power)은 이 장치의 열효율을 30~35%에서 65~70%까지 증가시킬 수 있다. 이 특정한 방식은 패스아웃 콘덴싱 증기 터빈(pass-out condensing steam turbine)이라고 하며, 터빈에서 높은 압력의 증기를 뽑아내어 이용하는 방식이다. 다른 방식은 배압(back-pressure) 방식으로 저압 터빈의 배출구에서 나오는 증기를 이용하는 방식이다.

연소로부터 발생하는 뜨거운 가스는 보일러에서 배출된 후 전기 집진기 또는 백필터 집진기를 이용해서 고체 입자를 제거하는 가스 정제 과정을 거친다. 연도 가스의 화학적 정제(배기유로 내 암모니아수 주입을 통한 질소 산화물(NO_x) 제어, 활성탄으로 다이옥신과 같은 유기 화합물 제한, 소석회로 질소와 염소의 산성 화합물 제어 등)는 복잡할 수 있다. 대부분 바이오매스는 황 함량이 낮으므로 석탄화력발전소에서 이산화황의 배출 저감을 위해 널리 이용되는 탈황 설비의 필요성이 줄어든다(1장 참조). 1200~1300℃에서 연소가 일어날 때 형성되는 질소 산화물은 산성비의 주요 원인 중 하나이므로 배출 시 제거할 필요가 있다. 정제된 가스는 굴뚝을 통해 대기 중으로 배출된다.

대규모 연소 시설에서 배출되는 배기가스의 조성은 법으로 엄격히 규제된다. 여러 종류로 이루어진 원료를 사용하는 폐기물에너지화 시설에서 배출되는 배기가스에 관한 대중의 우려

그림 8.3 1 MW급 바이오에너지 시설에 사용되는 바이오매스 원료
출처: Lanka Transformers Ltd.

그림 8.4 고정층 퍼니스 내부 사진
출처: Lanka Transformers Ltd(컬러 사진 참조).

그림 8.5 발전기와 연결된 증기 터빈
출처: Lanka Transformers Ltd(컬러 사진 참조).

표 8.2 스리랑카 소규모 바이오매스 연소 시설의 세부 사항

연료	글리리시디아 나무(Gliricidia wood)
연료 소모	kWh_e당 4 kg
증기	400℃에서 9000 kg/h
터빈	1000 rpm 기어박스를 통해 연결됨
발전기(동기 발전)	1500 rpm, 1.6 MVA(1 MW 시설에 맞춰 출력 감소)
사이클	랭킨

가 있을 수 있고, 이는 쓰레기 소각 시설이 들어오는 것에 대한 계획 및 허가 단계에서의 대중의 반대로 이어질 수 있다.

그림 8.3~그림 8.5는 스리랑카에 있는 소규모 바이오매스 연소 실증 플랜트(demonstration plant)의 여러 부분을 보여 준다. 이 실증 플랜트의 세부 사항이 표 8.2에 나와 있다.

그림 8.3은 글리리시디아 나무를 잘라 만든 연료가 1 MW급 발전 시설의 컨베이어에 적재되고 있는 모습을 나타낸 것이다. 저목장은 연료의 함수율(moisture content)을 줄이기 위해 지붕으로 덮여 있다. 글리리시디아(Gliricidia)는 콩과식물이며, 토양 내의 질소를 고정함으로써 매우 빠르게 생장하는 나무이다.

그림 8.4는 고정층 퍼니스 내부의 연소 사진이다. 그림 8.5는 증기 터빈, 기어박스, 발전기의 구동렬을 보여 준다.

8.4.1 고체 바이오매스의 특성

바이오매스는 대부분의 화석연료보다 더 불균일하고 연소에 영향을 미치는 다양한 특성을 지니고 있다.

연료의 함수율은 전체 연료의 무게 중 물의 무게를 백분율로 나타낸다. 습량 기준(wet basis)은 수분을 포함한 연료의 무게를 기준으로 하고, 건량 기준(dry basis)은 건조시킨 연료의 무게가 기준이며, 무회분-건량 기준(dry and ash-free basis)은 건조연료에서 회분의 함량을 뺀 무게가 기준이 된다(그림 8.6, 예제 8.2 참조). 바이오매스의 함수율은 종류에 따라 10% 이하(예: 곡물의 짚)부터 50~70%(예: 산림 잔여물)까지 다양하다. 연소를 위해 최대로 허용 가능한 바이오매스의 함수율은 약 50~60%이고, 가스화의 경우 20%이다.

무기물 회분 함량(ash content)은 대개 건량 기준으로 표현되며 0.5%(예: 나무)에서 20~30%(예: 왕겨) 사이이다. 회분 함량이 높은 연료의 경우 퍼니스 내 자동 회분 제거 시스템과 유동층 연소기를 이용하는 데 어려움이 있을 수 있다. 게다가 매우 높은 온도에서는 회분이 녹기 시작하여 슬래그(slag)를 형성할 수 있고, 또한 이 슬래그가 열교환기와 같은 장치에 고장을 일으킬 수 있다.

연료의 발열량(heating value)은 대개 MJ/kg으로 표현되며 연소 생성물의 기준 상태(reference state)를 고려하여 측정된다. 저위 발열량(LHV)의 경우 물의 기준 상태가 기체이

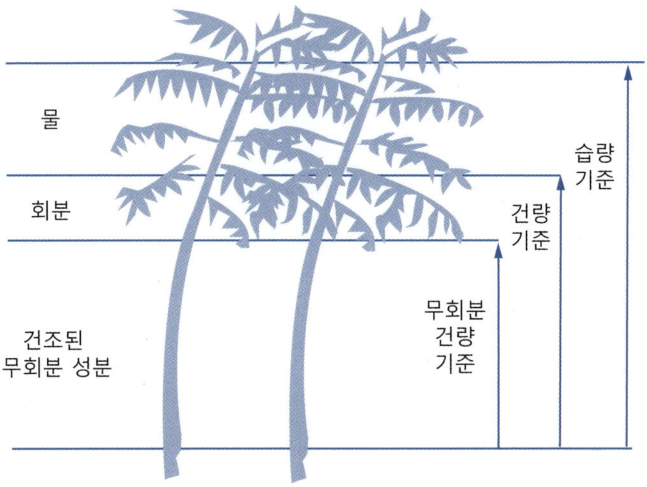

그림 8.6 바이오매스의 구성

표 8.3 고체 바이오매스 연료의 일반적인 특질

바이오매스	함수율(습량 기준)%	회분 함량(건량 기준)%	저위 발열량(MJ/kg)
버개스(사탕수수 잔여물)	40~60	1.7~3.8	7.7~8
토탄	15	1~20	9~15
왕겨	13~15	20~30	14
짚	10	4.4	12
나무	10~60	0.25~1.7	8.4~17
목탄	1~10	0.5~6	25~32

출처: World Bank Technology Paper No. 422.

며(즉, 연도 가스가 응축되지 않음) 고위 발열량(HHV)은 연도 가스에 포함된 모든 물이 응축되었다고 고려하여 측정된 값이다. LHV는 진발열량(net calorific value), HHV는 총발열량(gross calorific value)이라고도 한다.

고체 바이오매스 연료의 일반적인 특질을 표 8.3에 나타냈다.

예제 8.2 바이오매스의 함수율

1 kg의 바이오매스(w_T)가 다음과 같이 구성되어 있을 때

무회분 건조 물질(w_{daf}) 0.8 kg

회분(w_{ash}) 0.05 kg

물(w_{H_2O}) 0.15 kg

습량 기준, 건량 기준, 무회분-건량 기준일 때의 함수율을 계산하시오.

• 해답

습량 기준일 때의 함수율 M_w

$$M_w = \frac{w_{H_2O}}{w_T}$$

$$= \frac{0.15}{1} = 15\%$$

건량 기준일 때의 함수율 M_d

$$M_d = \frac{w_{H_2O}}{w_T - w_{H_2O}}$$

$$= \frac{0.15}{1-0.15} = 17.6\%$$

무회분-건량 기준일 때의 함수율 M_{daf}

$$M_{daf} = \frac{w_{H_2O}}{w_T - w_{ash} - w_{H_2O}}$$

$$= \frac{0.15}{1-0.05-0.15} = 18.75\%$$

또 다음과 같이 계산될 수 있다.

$$M_w = \frac{M_d}{1+M_d} = \frac{0.176}{1.176} = 15\%$$

$$M_d = \frac{M_w}{1-M_w} = \frac{0.15}{0.85} = 17.6\%$$

이 부분은 처음 읽을 때는 생략할 수 있다.

HHV로부터 LHV 계산

바이오매스의 에너지 함량(energy content)은 종종 함수율과 관계없는 HHV로 인용되어진다. 식 (8.1)에 나타낸 것과 같이 LHV는 HHV에서 바이오매스에 포함된 수분이 증발될 때 필요한 에너지를 뺌으로써 구할 수 있다. 식 (8.1)은 처음 상태의 연료의 수분과 이 연료가 연소되는 동안 추가적으로 생성되는 수분이 증발할 때 필요한 에너지에 관한 항을 포함한다.

$$LHV = HHV(1-M_w) - 2.3M_w - 2.3X_H \times 9(1-M_w)$$
$$= (1-M_w)[HHV - 2.3(M_d + 9X_H)] \quad [MJ/kg] \tag{8.1}$$

LHV: 저위 발열량 [MJ/kg]

HHV: 고위 발열량 [MJ/kg]

M_w: 함수율(습량 기준)

M_d: 함수율(건량 기준)

2.3: 물의 증발에너지 [MJ/kg]

9: 물과 수소의 몰질량 비

X_H: 바이오매스 중 수소의 무게분율

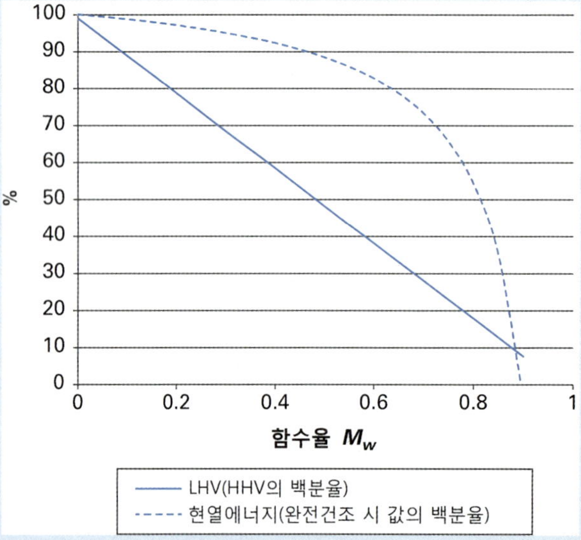

그림 8.7 연소 시 이용 가능한 저위 발열량과 현열에너지에 대한 함수율의 영향

미건조 바이오매스의 연소로 얻을 수 있는 유효 에너지

바이오매스의 함수율은 바이오매스를 유효 열로 전환하기 위해 이용 가능한 에너지에 매우 큰 영향을 미친다. 연료의 함수율이 습윤 기준으로 60%를 넘는 경우 연소가 지속될 수 없다. 그림 8.7은 수소를 무게 기준으로 5% 함유한 바이오매스 원료의 저위 발열량[식 (8.1)을 이용해 계산함]에 대한 함수율의 영향을 나타낸다. 그림 8.7은 또한 원료에 함유된 물이 증발하자마자 연소에 이용할 수 있는 잔류 현열에너지를 보여 준다. 이는 다음 식을 이용해 계산할 수 있다.

$$Q_{residual}(\%) = 100\left[1 - \frac{2.3M_w}{(1-M_w)\times HHV}\right]$$

$Q_{residual}(\%)$: 원료의 수분이 모두 증발한 후 잔류 현열에너지

HHV: 고위 발열량(건량 기준). 이 예에서는 20 MJ/kg으로 가정하였음.

HHV의 경험적 추정

바이오매스의 고위 발열량은 보통 건량 기준 18 MJ/kg에서 22 MJ/kg 사이이다. 실험 데이터에 근거하여 식 (8.2)를 이용해 고위 발열량을 추정할 수 있다.

$$HHV = 34.91X_C + 117.83X_H + 10.05X_S - 10.34X_O - 1.51X_N - 2.11X_{Ash} \ [\text{MJ/kg}] \quad (8.2)$$

X_C: 바이오매스 중 탄소의 무게분율
X_H: 바이오매스 중 수소의 무게분율
X_S: 바이오매스 중 황의 무게분율
X_O: 바이오매스 중 산소의 무게분율
X_N: 바이오매스 중 질소의 무게분율
X_{Ash}: 바이오매스 중 회분의 무게분율

이 경험적 추정식으로부터 추정한 값은 바이오매스의 HHV보다 2 MJ/kg 정도 더 높게 추정될 수 있으며, 따라서 아주 정확하지는 않다.

8.4.2 연소

연소 시 연료와 산소(보통 공기임) 사이에 복잡한 화학 반응들이 연속적으로 일어나며 불빛 또는 불꽃의 형태로 열과 빛이 발생한다. 효과적인 연소를 위해서는 여러 조건들이 충족되어야만 한다. 공기는 과잉 공급되어야 하고(즉, 완전연소에 필요한 최소 공기양보다 더 빠른 속도로 공급되어야 함), 충분히 높은 연소 온도가 유지되어야 한다. 연료 가스와 공기가 잘 섞여야 하고 반응 영역에서 충분히 긴 체류 시간이 유지되어야 한다. 이런 조건들은 연소의 세 가지 T로 정리할 수 있다.

- 완전연소를 위한 충분한 시간(Time)(체류 시간)
- 연료가 점화되기 위한 충분한 온도(Temperature)
- 산소와 연료를 완전히 섞기 위한 강한 난류(Turbulence)

연소가 일어날 때 서로 충돌하는 분자들 간에 원자 교환이 일어나면서 열을 발생하거나 흡수한다. 연소 시 일어나는 반응에서 원자는 보존되지만 분자는 보존되지 않는다. 몇 가지 간단하지만 중요한 연소식을 아래에 나타냈다.

$C + O_2 = CO_2$	(탄소와 산소, 완전연소)
$2C + O_2 = 2CO$	(탄소와 산소, 부분연소)
$2H_2 + O_2 = 2H_2O$	(수소와 산소)
$CH_4 + 2O_2 = CO_2 + 2H_2O$	(메탄과 산소)

이 원자들은 보존되므로 각 반응에 참여하는 원소들은 위 간단한 반응식에서 살펴본 바와 같이 양론적으로 균형을 이룬다.

간단한 연소 반응에서 볼 수 있는 주요 원소와 화합물의 원자 질량과 몰질량이 표 8.4에 주어져 있다. 이 값들은 연소 과정과 연소 생성물에 필요한 산소의 질량을 계산하는 데 이용될 수 있다.

표 8.4 원소와 화합물의 원자량과 분자량

물질	기호	원자 질량	몰질량	성질-상태
탄소	C	12	–	원소-고체
수소	H_2	1	2	원소-가스
산소	O_2	16	32	원소-가스
질소	N_2	14	28	원소-가스
이산화탄소	CO_2	$12 + 16 \times 2$	44	화합물-가스
메탄	CH_4	$12 + 1 \times 4$	16	화합물-가스

산소 또는 공기 공급은 효과적인 연소를 위해 매우 중요하다. 양론적 상태(stoichiometric conditions)는 연소에 요구되는 정확한 양의 공기가 공급될 때이며 간단한 계산은 보통 이 가정으로 시작한다.

예제 8.3 양론적 연소

1 kg의 메탄을 화학 양론적 상태에서 연소시킬 때 필요한 산소의 질량과 이때 생성되는 이산화탄소와 물의 질량을 계산하시오.

• 해답

산소 존재 하에서 메탄이 연소되면 이산화탄소와 물이 생성된다.

$$CH_4 + O_2 \rightarrow CO_2 + H_2O$$

위 식의 양변에 있는 원소를 양론적으로 균형을 맞추면 다음과 같다.

$$CH_4 + 2O_2 = CO_2 + 2H_2O$$

따라서 1 mol의 메탄이 연소되는 데 필요한 산소의 양은 2 mol이며, 이때 1 mol의 이산화탄소와 2 mol의 물이 생성된다.

반응물과 생성물의 몰질량은 다음과 같다.

	물질	몰질량
반응물	CH_4	$12+(4\times1)=16$
	$2O_2$	$2\times(2\times16)=64$
생성물	CO_2	$12+(2\times16)=44$
	$2H_2O$	$2\times((2\times1)+16)=36$

따라서 1 kg의 메탄이 연소되려면 64/16=4 kg의 산소가 필요하다.

이를 통해 44/16=2.75 kg의 이산화탄소와 36/16=2.25 kg의 물이 생성된다.

완전연소와 미연소 물질의 배출을 최소화하기 위해 바이오매스 연소용 퍼니스에는 일반적으로 40%까지 과잉 공기를 공급한다. 그러나 과잉 공기는 퍼니스를 냉각시키는 데 영향을 주어 연소 온도를 떨어뜨리고, 이것은 전체 효율에 영향을 미친다.

질량 기준으로 연소의 공연비(*AFR*: air/fuel ratio)는 다음과 같이 정의된다.

$$AFR = \frac{mass\ of\ air}{mass\ of\ fuel}$$

공연비를 AFR_{stoich}(양론적 공연비 또는 이론 공연비: 모든 공기와 연료가 과잉 없이 완전히 반응하는 경우)와 연관시키는 것은 편리하다.

공기/연료 당량비(air/fuel equivalence ratio) λ는 다음과 같이 정의된다.

$$\lambda = \frac{AFR}{AFR_{stoich}}$$

연료/공기 당량비(fuel/air equivalence ratio) ϕ는 다음과 같이 정의된다.

$$\phi = \frac{AFR_{stoich}}{AFR} = \frac{1}{\lambda}$$

그리고

$$\phi < 1 \text{ 희박 연소(lean combustion)}$$
$$\phi > 1 \text{ 과잉 연소(rich combustion)}$$
$$\phi = 1 \text{ 양론적 상태}$$

이며, 과잉 공기(e)는 다음과 같다.

$$e = \frac{1}{\phi} - 1$$

8.4.3 바이오매스의 연소

고체 바이오매스는 취급을 쉽게 하고 에너지 밀도와 연소 효율을 증가시키기 위해 연소 전 가공된다. 우드펠릿, 우드칩, 장작, 목재탄(wood briquettes), 폐기물 가공연료(refuse derived fuel) 펠릿, 짚더미 등이 일반적인 바이오매스를 가공해 만든 고체 연료이다. 그림 8.8과 같이 우드펠릿은 건조한 톱밥 또는 대팻밥을 결착제와 함께 약 100 kPa로 압축시켜 만들며, 지름 6~8 mm와 45 mm까지의 길이를 가진다. 이렇게 만들어진 균일한 펠릿의 밀도는 650 kg/m^3, 발열량은 약 5 kWh/kg(18 MJ/kg)이다. 우드펠릿의 제조는 바이오매스에 저장된 에너지의 아주 작은 부분만을 사용하는 데 반해, 나무를 건조하고 펠릿을 수송하는 데 사용될 추가적인 에너지가 필요하다. 펠릿은 자동 연료 공급 시스템을 갖춘 50 kW$_{th}$급까지의 퍼니스와 매우 큰 보일러에 주로 사용된다(그림 8.8 참조). 통나무를 직접 잘라 만든

그림 8.8 대규모 발전용 연료로 사용되는 우드펠릿
출처: Drax Power Ltd(컬러 사진 참조).

우드칩도 사용된다. 이런 칩의 길이는 1~10 cm이고 폭은 4 cm이며, 연소 전에 약 20%의 함수율까지 공기를 건조한다.

예제 8.4 바이오매스의 연소

양론적 상태에서 연소되는 바이오매스의 산소/연료의 몰비를 계산하시오. 또 40% 과잉 공기로 1 kg의 바이오매스를 연소하는 데 필요한 공기의 질량을 계산하시오.

• 해답

리그닌을 포함하는 일반적인 바이오매스는 $CH_{1.4}O_{0.6}$으로 나타낼 수 있으며, 다음과 같이 연소된다.

$$CH_{1.4}O_{0.6} + O_2 \rightarrow CO_2 + H_2O$$

이 식의 양변에 있는 수소를 양론적으로 균형을 맞추면 다음과 같다.

$$CH_{1.4}O_{0.6} + O_2 \rightarrow CO_2 + 0.7H_2O$$

이 식의 양변에 있는 산소를 양론적으로 균형을 맞추면 다음과 같다.

$$CH_{1.4}O_{0.6} + 1.05O_2 = CO_2 + 0.7H_2O$$

따라서 산소/연료의 몰비는 1.05이다.

공기는 질량 기준 23%의 산소와 77%의 질소로 구성되어 있으므로 다음과 같이 된다.

$$CH_{1.4}O_{0.6} + 1.05\left(O_2 + \frac{77}{23}N_2\right) = CO_2 + 0.7H_2O + 1.05\frac{77}{23}N_2$$

바이오매스의 몰질량은

$$CH_{1.4}O_{0.6} \rightarrow 1\times12 + 1.4\times1 + 0.6\times16 = 23$$

이고, 공기의 몰질량은

$$1.05\left(O_2 + \frac{77}{23}N_2\right) \rightarrow 1.05\left(32 + \frac{77}{23}28\right) = 132$$

이다. 따라서 1 kg의 바이오매스를 양론적 상태에서 연소시키는데 132/23=5.74 kg의 공기가 필요하다.

40% 과잉 공기로 연소 시 필요한 공기의 양은 1.4×5.74=8 kg이다.

8.4.4 고체 바이오매스 연소 분석

다른 연료와 마찬가지로 고체 바이오매스 연료도 공업 분석(proximate analysis) 또는 원소 분석(ultimate analysis)을 통해 그 성분을 분석한다.

공업 분석은 연료를 수분 함량, 휘발분, 고정 탄소, 회분의 성분으로 나타낸다. 휘발분은 유기물 액체 및 기름, 영구 기체(메탄, 일산화탄소, 이산화탄소 등)와 증기 등으로 구성된다. 표 8.5는 몇몇 바이오매스의 공업 분석 결과(건량 기준)를 요약한 표이다. 나무(2%)와 왕겨(20%)의 회분 함량이 매우 큰 차이가 있음을 주목하자. 이 결과는 벼 잔여물을 원료로 사용하는 퍼니스와 가스화 반응기를 설계하는 데 있어 매우 중요한 결과이다.

표 8.5 여러 바이오매스의 공업 분석 결과(중량 %, 건량 기준)

	밀짚	왕겨	스위치그래스 (switchgrass)	사탕수수 버개스	버드나무
휘발분	75	64	77	86	82
고정 탄소	18	16	14	12	16
회분	7	20	9	2	2
HHV(MJ/kg)	18	16	18	19	19

출처: Jenkins B. M. et al., Combustion properties of biomass, *Fuel Processing Technology*, 54(1998) 17-46.

원소 분석은 바이오매스의 구성 원소(탄소, 산소, 수소, 질소, 황)를 검출하여 함량을 구하는 것이다. 작물의 종류에 따라 염소가 오염과 식물의 부식을 초래할 수 있기 때문에 이런 작물들의 경우 염소 함량도 측정한다. 표 8.6은 몇몇 바이오매스의 원소 분석 결과를 요약한 표이다. 바이오매스 연료의 산소 함량(일반적으로 35~45%)은 석탄(10% 이하)에 비해 높고, 황 함량은 석탄(1~3%)에 비해 낮은 편이다. 그래서 바이오매스 보일러에는 비싼 연도

표 8.6 여러 바이오매스의 원소 분석 결과(중량 %, 건량 기준)

	밀짚	왕겨	스위치그래스	사탕수수 버개스	버드나무	석탄
C	45	38	47	49	49	70
O	42	35	37	43	42	12
H	5	5	6	6	6	5
N	0.5	0.5	0.8	0.2	0.6	2
S	0.2	0.1	0.2	0	0.1	1
Cl	0.2	0.1	0.2	0	0	0

출처: Jenkins B. M. et al., Combustion properties of biomass, *Fuel Processing Technology*, 54(1998) 17-46.

가스 탈황 장치가 거의 필요하지 않다.

연료의 원소 분석 결과는 연소에 요구되는 공기와 연소 생성물의 양을 계산하는 데 이용될 수 있다(예제 8.5 참조).

예제 8.5 원소 분석을 이용한 바이오매스의 연소 분석

버드나무 연료 1 kg을 연소시키는 데 필요한 공기의 질량을 계산하시오.

만약 이 연료가 1 MW의 당량 열 소비율에서 연소되고 이 연료의 고위 발열량이 19 MJ/kg일 때 물이 생성되는 속도를 계산하시오.

• 해답

버드나무의 질량 조성(건량 기준)은 표 8.6에 주어져 있다(탄소 49%, 산소 42%, 수소 6%).

탄소의 연소는 다음 식으로 표현된다.

$$C + O_2 = CO_2$$

산소의 원자량은 16이므로 산소 분자의 몰질량은 32이다.

탄소의 원자량과 몰질량은 12이다.

따라서 산소와 탄소의 질량비는 $32/12 = 2.67$이다.

하지만 버드나무는 탄소를 49% 함유하고 있으므로 버드나무 1 kg에 함유된 탄소를 태우는 데 필요한 산소의 양은 $(32/12) \times 0.49 = 1.31$ kg이다.

수소의 연소는 다음 식으로 표현된다.

$$2H_2 + O_2 = 2H_2O$$

수소의 원자량은 1이므로, 수소 분자의 몰질량은 2이다.

따라서 산소와 수소의 질량비는 $32/4 = 8$이다.

하지만 버드나무는 탄소를 6% 함유하고 있으므로 버드나무 1 kg에 함유된 수소를 태우는 데 필요한 산소의 양은 $(32/4) \times 0.06 = 0.48$ kg이다.

버드나무는 산소를 42% 함유하고 있고, 이것은 퍼니스에 공기를 통해 공급될 필요가 없다. 그래서 필요한 산소 양에서 0.42 kg의 산소를 뺀 양만 공급하면 된다.

따라서 건량 기준 1 kg의 버드나무를 이상적인 양론적 조건에서 연소시키는 데 필요한 산소의 양은 $1.31 + 0.48 - 0.42 = 1.37$ kg이다.

바이오매스의 연소에는 일반적으로 40%의 과잉 공기가 필요하다. 40% 과잉 공기가 공급될 때 증가하는 산소의 양은 $1.37 \times 1.4 = 1.92$ kg이다.

공기는 23%의 산소와 77%의 질소(무게 기준)로 되어 있고, 따라서 1 kg의 건조 나무(dry wood)를 연소할 때 필요한 공기의 질량은 $(1+77/23)\times1.92=8.35$ kg이다.

수소의 연소 시 다음과 같이 물이 생성된다.

$$2H_2+O_2=2H_2O$$

따라서 1 kg 연료당 생성되는 물의 질량은 $36/4\times0.06=0.54$ kg이다. 이 시스템의 열출력이 1 MW_{th}이고, HHV가 19 MJ/kg인 건조 나무를 연료로 사용한다면 연료 공급 속도는 $1/19=0.053$ kg/s이다. 따라서 물이 생성되는 속도는 $0.54\times0.053=0.029$ kg/s(103 kg/h)이다.

8.4.5 대규모 발전소에서 바이오매스의 연소

영국에서는 이산화탄소 배출량을 줄이기 위해 화석연료의 사용량을 감소시켜 석탄화력발전소에서 석탄과 바이오매스를 함께 태운다. 이때 사용하는 바이오매스는 보통 우드펠릿이 많이 선택되는데 석탄과 섞어서 분쇄하여 쓰이기도 하고 직접 분쇄하여 쓰이기도 한다. 석탄과 함께 분쇄하는 경우 한정된 양의 바이오매스만 석탄과 섞을 수 있다. 보일러와 연료 취급 시스템을 약간 개조하면, 석탄의 5~10%까지 우드칩 또는 우드펠릿으로 대체할 수 있다. 직접 분쇄하여 사용하는 경우 연료의 취급과 분쇄가 석탄과 따로 이루어지며, 분쇄된 바이오매스는 직접 퍼니스에 공급된다. 이 방법은 연료로 바이오매스를 100% 이용할 수 있지만 낮은 에너지 밀도 때문에 석탄을 사용하는 것보다 더 낮은 열출력을 얻게 된다.

드락스(Drax) 사의 4000 MW급 석탄화력발전소는 그레이트 브리튼에서 사용하는 전기의 약 7~8%를 공급한다. 이 석탄화력발전소의 660 MW급 발전 설비 3개는 오직 바이오매스 연료만 사용한다. 북미에서 제재소 및 삼림 잔여물로부터 제조된 우드펠릿이 선박을 이용해서 영국으로 수송된 후 기차를 이용해 이 발전소로 옮겨진다. 이 펠릿은 그림 8.9에 나와 있는 큰 돔에 저장되어 컨베이어로 분쇄기로 옮겨져 고운 가루 형태로 만들어져 석탄과 비슷한 방식으로 보일러로 공급된다. 석탄의 연소 시 발생하는 이산화황을 처리하기 위한 탈황 장치가 바이오매스 연료의 경우에는 필요하지 않다. 이 발전소에서는 연간 4.1×10^6 톤의 바이오매스를 소모하며, 바이오매스를 원료로 사용할 때 평균적으로(바이오매스의 수송도 포함하여) 1 MJ당 34 g의 이산화탄소를 배출한다.

드락스 사의 발전소에서 사용하는 바이오매스 연료의 공업 분석 및 원소 분석 결과를 표 8.7과 표 8.8에 각각 나타냈다. 이 우드펠릿의 함수율은 주로 4~8%이며, 이 발전소에서 소모하는 다른 농업 잔여물의 경우 10~12%까지 올라간다.

그림 8.9 드락스(Drax) 발전소의 바이오매스 연료 취급 설비. 우드펠릿은 왼쪽의 큰 돔에 저장됨. 출처: Drax Power Ltd(컬러 사진 참조).

표 8.7 드락스(Drax) 발전소에서 사용하는 바이오매스 우드펠릿의 공업 분석 결과(중량 %)

휘발분	78.7
고정 탄소(차이에 의함)	20.4
회분	0.9

출처: Drax Power Ltd.

표 8.8 바이오매스 우드펠릿의 원소 분석 결과(중량 %, 건량 기준)

C	47.8
O(차이에 의함)	46.2
H	5.8
N	0.18
S	0.02
Cl	0.01

출처: Drax Power Ltd.

8.5 바이오매스의 가스화

가스화는 매우 제한된 양의 산소/공기 하에서 유기성 물질을 가연성 가스로 열적으로 전환시키는 것을 말한다. 바이오매스의 연소는 양론적 상태보다 130~140%의 공기가 필요한 반면, 가스화는 양론적 상태의 25% 정도만 있으면 된다.

가스화에는 많은 양의 열에너지가 요구되며, 간접 가열 가스화 반응기(indirectly heated gasifier)에는 외부 열원(external heat source)으로부터 열에너지를 공급해 준다. 더 일반적으로 가스화에 쓰일 바이오매스의 일부를 부분 산화[partial oxidation, 즉 양론적 이하의 상태(sub-stoichiometric conditions)에서의 불완전연소]시켜 이 열을 제공한다. 부분 산화 가스화 반응기(partial oxidation gasifier)는 필요한 온도를 유지하기 위해 가스화 과정 중에 발생하는 열을 이용한다. 수소 생산을 증가시키기 위해 물 또는 증기가 간접 가열 또는 부분 산화 가스화 반응기에 주입될 수 있다.

불행히도 가스화 과정과 이에 따른 생성물 가스를 표현하는 데 이용되는 명명법은 정확하지 않으며 종종 아무렇게나 쓰이기도 한다.

열분해는 연소와 가스화의 일부를 묘사하는 데 사용하는 용어이며, 바이오매스가 가열되어 휘발성 가스가 생성되는 것을 말한다(생성 후 연소됨). 또 열분해는 외부 열원 또는 부분 산화를 통해 공급받은 열을 이용해 고체 바이오매스가 양론적 이하의 상태에서 가스와 차로 변환되는 전체 과정을 묘사하는 데 사용하기도 한다. 목탄은 나무를 열분해하여 제조한다. 급속 열분해(fast pyrolysis)는 산소가 없는 상태에서 작은 바이오매스 입자를 급속도로 고온으로 가열하여 액체 바이오오일을 생산하는 공정이다.

발생로 가스(producer gas)는 가스화의 생성물이고 가연성 일산화탄소, 수소, 메탄, 소량의 탄화수소와 비활성 이산화탄소로 이루어져 있다. 만약 가스화 매체로 공기가 사용된다면 많은 양의 질소가 포함될 것이다. 발생로 가스의 발열량은 약 5 MJ/kg(메탄 발열량의 약 10%)으로 다소 낮다. 발생로 가스는 어떻게 제조되었는지에 따라 나무 가스, 석탄 가스, 도시가스 등 여러 이름으로 불린다. 표 8.9에 가스화 매체로 공기를 사용하여 나무로부터 만든 발생로 가스의 대략적인 조성이 나타나 있다. 나무 가스의 경우 비활성 질소와 이산화탄소 때문에 오직 40%만 가연성 가스임에 주목하자.

표 8.9 가스화 매체로 공기를 사용하여 나무로부터 만든 발생로 가스(나무 가스)의 대략적인 조성(부피 %)

N_2	CO	H_2	CO_2	CH_4
50	20	15	10	5

합성 가스(syngas 또는 synthesis gas)의 엄격한 정의는 일산화탄소와 수소, 작은 양의 이산화탄소와 메탄으로 구성된 가스이다. 합성 가스는 탄소가 풍부한 물질을 (공기보다는) 산소 또는 증기를 매개로 가스화하여 생산하며, 그 결과 발생하는 가스에 질소가 포함되지 않는다. 가스화 중에 생성되는 대부분의 이산화탄소는 제거된다. 합성 가스는 원래 화학 물질을 합성하기 위해 개발되었고, 발생로 가스의 약 2배에 달하는 발열량을 가지고 있으며, 대부분 가연성 가스로 이루어져 있다.

그러나 최근 합성 가스는 열화학 공정을 이용하는 가스화 시설에서 생산되는 가스를 지칭하는 용어로 널리 사용되고 있다. 따라서 지금은 일반적으로 합성 가스가 열화학적 가스화로 생산되는 모든 종류의 생성물을 의미하는 용어로 받아들여지며, 단지 혐기소화와 같은 생화학 공정을 통해 생성되는 바이오가스와 구별하여 사용할 필요가 있다(8.6절 참조). 앞으로 본 교재에서 이 용어들은 이처럼 사용될 것이다.

가공되지 않은 바이오매스(예: 짚, 작물 잔여물, 나무)는 화석연료에 비해 부피와 질량 기준 모두 상대적으로 낮은 에너지 밀도를 가지며, 따라서 취급하는 데에 비용이 들어간다. 이런 바이오매스는 건조한 환경에서 잘 보관되어야 한다. 바이오매스의 가스화는 여러 종류로 이루어진 유기물에서 불순물이 제거되어 보관과 수송이 좀 더 용이할 수 있는 동질의 가스로 전환시키는 것이다. 가스는 고체 바이오매스보다 훨씬 더 편리한 연료이고 더 높은 온도에서 연소될 수 있어 연료 사용 시 열역학적 효율이 증가한다. 또 가스는 압축, 이동 및 공급이 고체 연료보다 용이하다. 이런 장점 때문에 열화학적 과정을 통해 바이오매스를 가스화하는 것에 많은 관심이 집중되고 있다.

8.5.1 가스화

전기 발전용 바이오매스 가스화는 아직 몇몇 실증 플랜트가 운영 중이고 몇몇 제조사가 장비를 제공하는 시장 진입 단계에 있다. 그러나 아직은 바이오매스 가스화는 널리 쓰이지 않고 있다. 이 기술은 바이오매스의 화학적 에너지를 가스 연료의 에너지로 바꾸는 고효율 전환 방법으로서 큰 가능성을 가진다. 만약 가스화 반응기에서 빠져나가는 가스의 현열이 무시된다면(냉가스 효율) 60~80%의 전환 효율이 얻어지고, 만약 가스화 반응기를 빠져나가는 가스의 열이 포함된다면(열가스 효율) 80~95%의 전환 효율이 얻어진다. 그러나 다양한 조성을 가진 바이오매스를 자동으로 공급할 수 있는 실용적이고 경제적인 가스화 반응기를 개발하기는 쉽지 않다. 합성 가스가 타르에 의해 오염되는 것이 까다로운 문제 중의 하나이다.

바이오매스가 가스화되는 초기 단계는 연소의 초기 단계와 비슷하다. 가스화의 초기 단계는 다음과 같다.

(1) 가열과 건조
(2) 열분해에 의한 휘발성 가스 생성
(3) 가스와 고체 차(char)와의 반응
(4) 가스-가스 반응

가열과 건조 과정에서 함수율이 20~50%(습량 기준)인 바이오매스는 300℃에서 건조 상태로 변하면서 수증기를 방출한다. 열분해는 약 225℃에서 시작되며 열분해 속도는 점점 빨라지다 온도가 400~500℃에 이르면 완료된다. 이를 통해 휘발성 가스, 영구가스(permanent gas, 응축되지 않은 가스), 기타 잔여가스(tarry vapor), 다공성 탄소 물질인 고체 차가 생성된다. 열분해는 바이오매스의 80%(질량 기준)까지 증기와 기체로 전환할 수 있다. 열분해 후 네 가지 중요한 가스-고체 차 반응이 기체와 잔여 고체 탄소 차 사이에서 발생해서 일산화탄소, 수소, 메탄이 추가적으로 생성된다.

가스와 고체 탄소 차 사이에 일어나는 이 네 가지 중요한 반응은 다음과 같다.

탄소-산소 반응	$C+\frac{1}{2}O_2 \leftrightarrow CO$
부다 반응(Boudouard reaction)	$C+CO_2 \leftrightarrow 2CO$
탄소-물 반응	$C+H_2O \leftrightarrow H_2+CO$
수소화 반응	$C+2H_2 \leftrightarrow CH_4$

탄소-산소 반응은 강한 발열 반응이고, 흡열 반응인 부다 반응과 탄소-물 반응을 위한 열을 제공한다. 수소화 반응은 약한 발열 반응으로 메탄을 생성한다.

가스-가스 반응을 통해 일산화탄소로부터 추가적인 수소와 메탄을 생성한다. 가스-가스 반응은 다음과 같다.

수성가스 전환 반응(water-gas shift reaction)	$CO+H_2O \leftrightarrow H_2+CO_2$
메탄화 반응	$CO+3H_2 \leftrightarrow CH_4+H_2O$

물이 더 공급되면(수증기를 공기와 함께 주입, 함수율이 높은 원료를 사용 등) 수소가 더 많이 생성될 수 있다. 화학 평형이 이루어진다면 모든 차가 가스로 전환될 것이다. 실질적으로는 약 10%(질량 기준) 정도의 차가 남게 된다. 작은 입자의 바이오매스가 가스화 반응기로 공급될 때 위에 언급된 반응 단계들은 매우 빠르게(예를 들어, 몇 초 동안) 연속적으로 일어날 수 있다.

가스화가 일어나기 위해서는 열이 필요하다. 부분 산화 가스화 반응기는 강한 발열 반응인 탄소-산소 반응을 이용해 바이오매스 원료의 일부 탄소가 산화할 때 발생하는 열을 이용한다. 공기를 주입하여 부분 산화 가스화 반응기를 운영할 경우 연료/공기 당량비는 4 정도이고, 생성되는 가스는 약 50%의 질소를 포함한다. 공기 대신 증기나 산소가 가스화 매체로 사용될 경우 생성되는 가스는 높은 수소와 일산화탄소 함량을 가지며, 따라서 더 많은 에너지를 가진다. 부분 산화 가스화 반응기는 600~1500℃의 넓은 온도 범위에서 운용된다.

탄소를 공기 또는 산소와 반응시켜 얻는 열을 이용하는 것보다 외부 열원을 이용하는 것이 하나의 대안이 될 수 있다. 외부에서 발생(종종 합성 가스 또는 차의 연소로부터 발생한 열)하여 가스화 반응기 내부로 전달되는 열은 600~800℃의 운용 온도를 제공한다. 간접 가열 가스화 반응기는 열을 공급하기 위해 공기 또는 추가적인 산소를 주입하지 않으므로 간접 가열 가스화 반응기에서 생성되는 가스는 높은 발열량을 가진다.

8.5.2 가스화 반응기

상업적으로 이용 가능한 가스화 반응기는 고정층 또는 유동층 반응기이며, 주로 몇몇 바이오매스를 공기와 부분 산화시켜 얻은 열을 이용하는 방식이다. 그림 8.10(a)는 고정층 상향

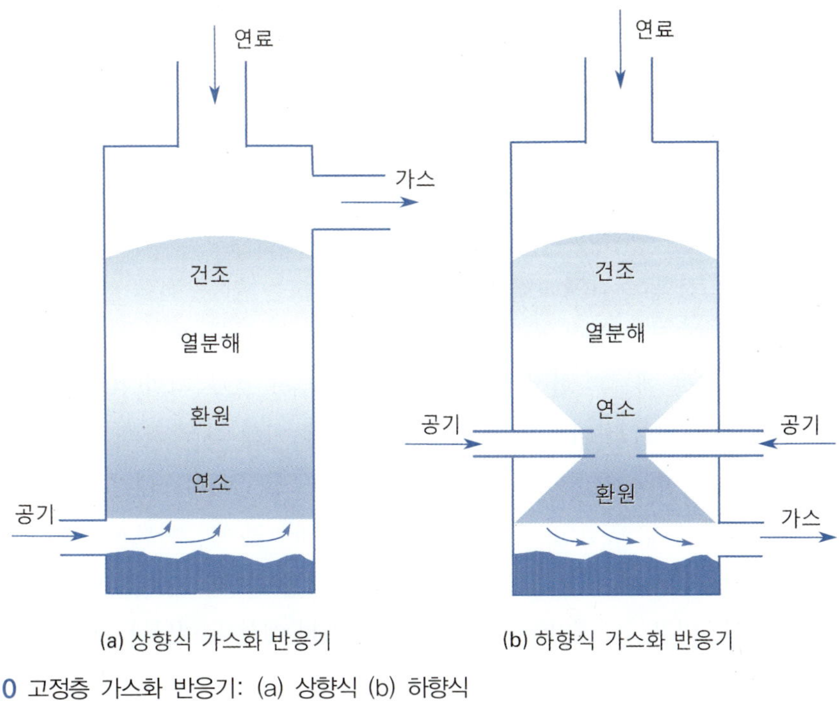

그림 8.10 고정층 가스화 반응기: (a) 상향식 (b) 하향식

식 가스화 반응기의 작동 원리를 보여 준다. 이 방식은 가장 간단한 형태의 가스화 반응기이며 1 MW까지의 장치에 가끔 이용된다. 바이오매스는 가스화 반응기의 위쪽에서 연속적으로 공급된다. 우드펠릿 또는 우드칩을 연료로 사용하는 경우 로터리 밸브(rotary valve)가 자주 사용된다. 바이오매스가 공기의 흐름과 반대로 내려오므로 연료는 건조되고 열분해가 일어나 수소, 일산화탄소, 메탄을 방출한다. 형성된 차와 타르의 일부가 쇠살대 위에서 공기와 만나 연소되어 가스화에 필요한 열을 제공한다. 회분과 연소되지 않은 차는 반응기 맨 밑에서 배출된다. 가스화 반응기 아래쪽 연소 영역에서의 온도는 1200℃까지 올라갈 수 있으나 배출되는 가스의 온도는 100℃ 정도이다. 이 낮은 배출 온도로 인해 바이오매스를 가스로 전환시키는 높은 에너지 효율을 얻을 수 있지만 생성되는 합성 가스는 반응기 아래쪽 고온 연소 영역을 통과하지 않고 연소된 많은 양의 타르를 포함한다. 타르를 포함한 가스는 파울링(fouling)을 유발하기 때문에 엔진이나 가스터빈용 연료로 적절하지 않다. 그래서 상향식 가스화 반응기에서 생산된 합성 가스는 퍼니스로 직접 공급되어 가스와 타르를 함께 연소시키는 것이 일반적이다. 몇몇 현대적인 디자인은 엔진에 공급하기 전에 가스로부터 타르를 제거하기 위한 정제와 여과 공정을 포함한다.

그림 8.10(b)는 하향식(또는 병류식) 가스화 반응기를 나타낸 것으로 이 방식에서 공기는 연소 영역의 측면에서 주입된다. 바이오매스는 반응기의 위쪽으로부터 공급되고, 가스화 과정 중 발생하는 열로 건조된다. 열분해로부터 생성된 가스는 고온 연소 영역에서 연소되어 적은 양의 타르만 발생한다. 고온을 견딜 수 있도록 세라믹으로 만든 좁은 통로는 환원(reduction) 영역을 만든다. 이 환원 영역에서 열분해 산물인 타르와 가스는 일산화탄소와 수소로 분해된다. 가스화 반응기에서 배출되는 가스 생성물의 온도는 약 700℃이다.

하향식 가스화 반응기로부터 나오는 가스를 엔진에 사용하려면 먼저 식힌 후 정제 및 여과를 통해 차, 회분 입자와 잔여 타르를 제거해야 한다. 하향식 가스화 반응기로 생산한 정제된 가스는 스파크 점화 엔진(spark-ignition engine) 또는 압축 점화 엔진(compression-ignition engine)의 연료로 사용할 수 있다. 스파크 점화 엔진은 100% 합성 가스로 구동이 가능한 반면, 압축 점화 엔진은 합성 가스와 디젤유(전부하 소모 시의 10~25% 비율임)가 함께 공급되어야 한다. 하향식 가스화 반응기는 상향식에 비해 더 흔하다. 1940년대 스웨덴에서 나무를 연료로 하향식 가스화 반응기로 생산한 가스를 휘발유 대신 차량 구동용으로 널리 사용하였었으나, 원유 공급이 원활해지면서 다시 화석연료로 빠르게 회귀하였다.

유동층 가스화 반응기는 유동층 연소기와 많은 점에서 유사하다. 가스화 반응은 비활성 알갱이(모래 등)로 이루어진 고온층(hot bed)의 안쪽과 위쪽에서 일어난다. 이 고온층은 공기 흐름에 의한 난류성 분산에도 유지된다. 이 층은 유체처럼 작용하고 연료 입자는 모래와 완전히 섞인다. 이를 통해 난류성 혼합물이 형성되어 연료 입자에 열 전달이 잘되도록 해 준다. 유동층의 온도는 750~900℃이며 고정층 바이오매스 가스화 반응기 아래쪽 온도인 1200℃에 비해 낮다.

고정층 가스화에 비해 유동층 가스화가 가지는 장점은 다음과 같다.

- 소형이며 난류 조건으로 인해 반응 속도와 열 전달 속도가 빠름.
- 다른 함수율을 가지는 다양한 바이오매스 원료를 사용할 수 있음. 높은 회분 함량의 물질(예: 왕겨)도 이용 가능함.

단점은 다음과 같다.

- 상대적으로 작은 크기의 연료가 필요함(<20 mm).
- 공기 압축기용 에너지와 연료 주입 시 복잡한 조작이 필요함.
- 고온에서 합성 가스가 배출되며 많은 양의 타르와 회분이 포함될 수 있음.

유동층 가스화 반응기에는 기포형 유동층 반응기와 순환 유동층 반응기 이렇게 크게 두 가지 형태가 있다. 기포형 유동층 반응기에서 바이오매스 연료는 분산된 고온층으로 공급되어 난류 반응 영역을 형성한다. 바이오매스는 위쪽으로부터 가스화 반응기로 들어가든지 또는 이 고온층의 측면에서 오거(auger)를 통해 가스화 반응기로 들어간다. 측면에서 바이오매스를 유동층 반응기로 직접 주입하는 것은 바이오매스 원료의 체류 시간(특히, 작은 입자의 체류 시간)을 매우 섬세하게 조절할 수 있게 해 준다. 유동층 위 가스화 반응기의 단면적이 증가하면 반응기 내 남는 공간이 생기고 가스의 속도가 줄어든다. 이것은 층을 이루는 물질과 잔여 바이오매스의 가스 생성물로의 캐리 오버(carry over) 현상을 제한한다. 사이클론은 배출 가스로부터 회분을 제거하는 데 사용된다.

공기, 산소, 증기 등의 산화 가스 흐름이 증가할수록 층을 이루는 물질과 바이오매스의 난류 혼합물이 가스화 반응기의 전체 부피를 차지하고, 이 고체 물질의 가스 생성물로의 캐리 오버 현상이 증가한다. 이후 사이클론으로 가스 생성물로부터 층을 이루는 물질과 바이오매스를 분리하여 가스화 반응기로 재공급할 필요가 있다. 이것이 순환 유동층 반응기의 작동 원리이다. 순환 유동층 반응기는 기포형 유동층 반응기보다 공기 속도가 3~5배 더 빠르다. 그림 8.11에 유동층 가스화 반응기를 나타냈다.

그림 8.12와 그림 8.13은 바이오매스 가스화를 통해 만든 합성 가스로 작동하는 35 kW_e급 왕복 기관 발전기를 보여 준다.

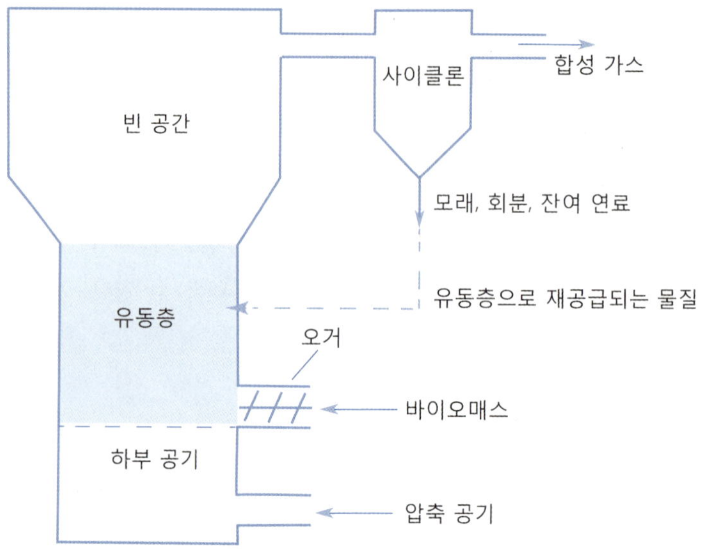

그림 8.11 유동층 가스화 반응기

그림 8.12 35 kW$_e$급 왕복 기관 발전기 세트(앞쪽)와 가스화 반응기(뒤쪽)
출처: Lanka Transformers Ltd(컬러 사진 참조).

그림 8.13 바이오매스 가스화 반응기
출처: Lanka Transformers Ltd(컬러 사진 참조).

8.6 혐기소화

산소가 없는 조건에서 미생물에 의해 바이오매스가 분해되는 자연적인 생화학 과정을 혐기소화라고 한다. 자연적으로 존재하는 미생물이 바이오매스를 소화시켜 바이오가스(메탄과 이산화탄소의 혼합 기체)와 고체/액체 잔여물을 생성한다. 바이오가스는 연소시켜 요리, 조명, 난방용으로 쓰거나 전기 발전용 내연 기관의 동력원으로 사용할 수 있다. 바이오가스 내 메탄은 정제하여 가스 공급망을 통해 공급될 수도 있지만 널리 쓰이지는 않는다. 혐기소화 후 남는 잔여물은 혐기소화액(digestate)이라고 하며, 혐기소화시킨 원료에 따라서는 비료로 유용하게 쓰일 수 있다. 그러나 만일 원료가 환경적으로 '폐기물'로 분류된 경우에는 혐기소화액이 규정에 따라 매우 엄격하게 처리되어야 한다. 혐기소화는 오랫동안 사용되었으며 현재 매우 성숙 단계에 있는 기술이다.

포도당의 혐기소화는 다음과 같이 간단히 표현된다.

$$C_6H_{12}O_6 \rightarrow 3CO_2 + 3CH_4$$

여기서 $C_6H_{12}O_6$는 포도당, CH_4는 메탄, CO_2는 이산화탄소이다.

혐기소화로 생성되는 바이오가스의 정확한 조성은 원료와 공정 조건에 따라 달라진다. 일반적으로 바이오가스는 50~80%의 메탄(CH_4)과 50~20%의 이산화탄소(CO_2)로 구성된다(부피 기준). 그 밖에도 약간(1% 미만)의 질소(N_2), 수소(H_2), 암모니아(NH_3), 황화수소(H_2S)가 포함되어 있다.

혐기소화는 다음과 같은 네 가지 순차적 단계를 거쳐 일어나며, 각 단계는 각기 다른 종류의 혐기성 세균(bacteria)에 의해 일어난다.

(1) 가수분해(hydrolysis): 큰 분자량을 가지는 탄수화물, 지방, 단백질이 단당류, 지질, 아미노산으로 분해됨.
(2) 산발효(acidogenesis): 가수분해 생성물이 알코올과 지방산으로 전환됨.
(3) 산 생성(acetogenesis): 지방산과 알코올이 아세트산으로 전환됨.
(4) 메탄 생성(methanogenesis): 앞 단계의 중간 생성물들이 메탄과 이산화탄소로 전환되어 바이오가스가 형성됨.

바이오가스의 발열량은 17~25 MJ/Nm^3(Nm^3: 표준 온도 압력에서의 부피)이다. 포도당을 혐기소화시켜 메탄을 만드는 과정의 이론적 효율은 약 90%이지만, 농업이나 도시에서 발생하는 원료를 사용한 실제 혐기소화 시스템의 전환 효율은 40~60%이다.

혐기소화 과정은 약 36℃에서는 중온성(mesophilic)이고, 슬러지가 탱크 안에서 약 55℃ 정도에서 발효될 때는 호열성(thermophilic)이다. 개발 도상국의 시골 지역 등에서 사용하는 간단한 혐기소화조의 경우 중온성 혐기소화를 이용한다. 호열성 혐기소화의 경우 추가적인 혐기소화조 가열과 더 섬세한 공정 조작이 요구되지만, 높은 온도에서 바이오가스 수율이 증가한다. 큰 혐기소화조의 경우 온도를 일정하게 유지하고 새로운 바이오매스 원료를 잘 섞어 주기 위해 교반을 자동으로 시행하는 것이 일반적이다.

혐기소화조 내 온도가 높으면 원료에 들어 있는 병원균이 많이 죽는다. 이것은 특히 호열성 혐기소화에서 효과적이다. 가축분뇨 슬러리로부터 생성된 혐기소화액은 분뇨에 들어 있던 질소, 인, 칼륨을 함유하고 있다. 작물 잔여물로부터 생성된 혐기소화액에는 혐기소화되지 않는 식물의 리그닌이 들어 있으며, 땅에 뿌릴 경우 토양의 구성을 향상시킨다.

음식물 쓰레기, 농장 슬러리, 가축분뇨, 작물 및 작물 잔여물 등 다양한 형태의 바이오매스가 혐기소화하기에 적절하다. 목질 바이오매스는 전처리 없이는 미생물이 리그닌을 파괴하지 못하기 때문에 혐기소화의 원료로 잘 사용되지 않는다. 혐기소화로부터 생성되는 바이오

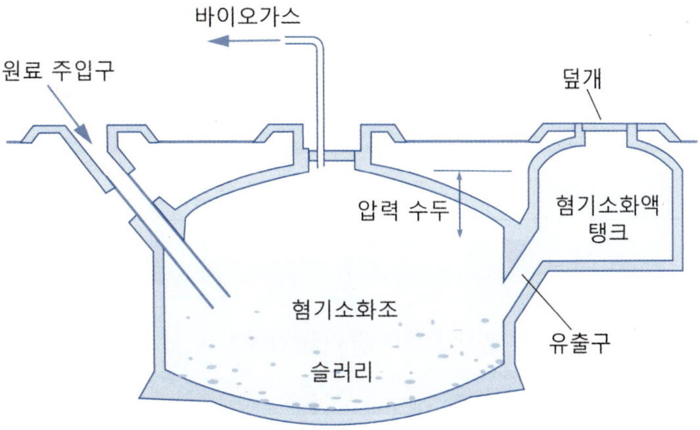

혐기소화조는 일정한 온도를 유지하기 위해 땅에 묻혀 있음.

그림 8.14 중국의 시골 지역 가정에서 사용되는 단식 혐기소화조

가스의 일반적인 수율은 약 25 Nm^3/톤(비건조 우분을 원료로 쓸 경우)에서 220 Nm^3/톤(목초 사일리지를 원료로 쓸 경우)까지 다양하다.

바이오가스는 연소시켜 열을 공급하거나 전기 발전용 스파크 점화 왕복 엔진의 연료로 사용될 수 있다. 바이오가스에서 이산화탄소와 여러 불순물 가스를 제거하여 바이오메탄(biomethane)으로 업그레이드할 수도 있다. 요구되는 순도가 얻어지면 바이오메탄을 천연가스 공급망을 통해 공급할 수 있다.

혐기소화는 다양한 유기물을 원료로 사용하고, 중국과 인도의 시골 지역에 요리와 조명에 필요한 에너지를 공급하기 위한 소형 회분식 혐기소화조부터 하수와 음식물 쓰레기를 원료로 발전용 엔진 또는 열병합 발전용으로 사용하기 위한 대형 혐기소화조까지 규모도 다양하다. 그림 8.14에 중국의 시골 지역에서 널리 사용되는 부피가 일정하고 압력을 조절할 수 있는 간단한 회분식 혐기소화조를 나타냈다. 농업 및 생활 폐기물이 발효조로 옮겨져 단식(single-stage) 소화 과정을 통해 바이오가스를 생산한다. 신선한 바이오매스가 주입구를 통해 매일 추가되고 혐기소화액은 유출구를 통해 빠져나간다. 생성되는 바이오가스는 파이프를 통해 집으로 공급되어 요리와 난방에 쓰인다.

유럽과 미국의 대규모 낙농장은 더 복잡한 다단식(multi-stage) 연속식 혐기소화조를 사용하여 가축 폐기물(슬러리)을 처리한다. 이 슬러리는 바이오가스 생산량을 높이기 위해 흔히 작물 잔여물 등의 고형 농업 폐기물에 추가된다.

혐기소화의 여러 가지 적용 방법이 표 8.10에 정리되어 있다.

표 8.10 혐기소화의 적용

적용	원료	바이오가스 사용처
인도와 중국의 시골 가정	농업 및 생활 폐기물	요리, 조명, 난방
대규모 집약적 목장	가축 슬러리와 추가적인 고체 바이오매스	전기 발전용 가스 엔진, 열병합 발전 시설
도시 하수 처리장	하수 슬러지	전기 발전용 가스 엔진, 열병합 발전 시설
도시 폐기물 처리 시설	도시 고형 폐기물의 유기성 성분	전기 발전용 가스 엔진, 열병합 발전 시설
매립지 가스 발생지	도시 고형 폐기물	전기 발전용 가스 엔진

8.6.1 매립지 가스

영국과 미국에서는 도시 폐기물을 매립하는 것이 일반적인 처리 방법이다. 매립된 도시 폐기물에 함유된 생물학적 성분은 시간이 지남에 따라 혐기성 조건에서 분해되어 바이오가스를 생성한다. 매립지에서 배출되는 메탄은 강한 온실가스(이산화탄소의 25배)이고 폭발을 일으킬 수 있으므로 엄격한 규제 대상이다.

매립지에서는 도시 폐기물을 땅을 파내어 만들어진 공간에 위치하여 압축하고 파묻는다. 이 큰 공간은 점토 또는 플라스틱으로 둘러져 액상 폐기물이 새는 것과 혐기성 조건이 되는 것을 막는다. 매립지가 가득 차게 되면 흙(주로 점토)으로 덮은 다음 조경을 한다. 매립지에서 발생되는 바이오가스는 매립지 곳곳에 위치한 일련의 가스정(gas well)을 사용해 채집한 후 정제하여 태워버리거나 전기 발전용 엔진의 연료로 사용한다(그림 8.15 참조). 매립지는 일반적으로 열에너지 수요처에서 멀리 떨어진 곳에 위치하기 때문에 매립지 가스는 열병합 발전용으로 사용하기 어렵다.

영국은 매립지 가스로부터 약 1 GW_e의 전기를 생산한다. 연간 발전 설비 이용률은 55~60%이다. 매립지가 채워지는 동안 쓰레기의 분해는 호기성으로 일어나지만, 매립지가 가득 차면 혐기성 조건이 만연하게 되고 바이오가스가 생성된다. 지역적 조건에 따라 바이오가스 생산은 매립지가 가득 찬 뒤에 최대 5년까지 이어진 다음, 바이오가스 생산은 20년 간 점차 줄어든다. 그림 8.15는 매립지 가스가 어떻게 채집되고 발전용 스파크 점화 엔진 구동에 사용되는지를 보여 준다.

영국과 유럽의 정책 방향은 매립되는 도시 폐기물의 양을 줄이는 것이고, 특히 매립지 가스를 생성할 수 있는 생분해성 폐기물의 부피를 제한하고 있다. 따라서 점점 더 생분해성 물질을 도시 폐기물에서 분리하여 이것을 통합 폐기물 처리 및 에너지 회수 설비의 일환인 혐

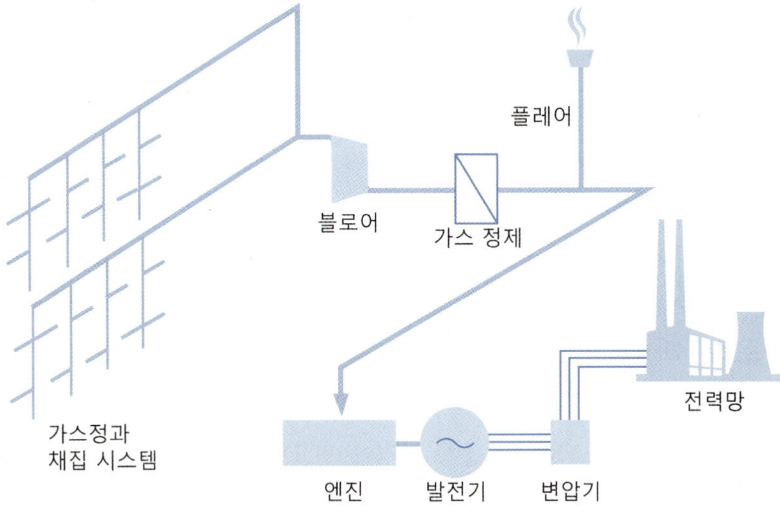

그림 8.15 매립지 가스의 채집과 이를 이용한 전기 발전

기소화조에서 처리하고 있다.

8.7 바이오매스의 수송 연료로의 전환

바이오매스는 두 가지 크게 다른 방식으로 차량용 액체 연료로 전환된다. 알코올 발효는 당이나 녹말작물로부터 에탄올을 생산하는 데 사용된다. 이 에탄올은 일부 또는 전체로 스파크 점화 엔진용 가솔린 대체연료로 쓰인다. 다른 방법은 작물(포도, 해바라기, 올리브 등)의 씨앗에서 기름을 추출하여 압축 점화 엔진의 연료로 직접 사용하든지 전이에스테르화(transesterification)를 통해 바이오디젤을 생산하는 것이다. 유럽에서 판매되는 수송 연료 대부분은 유럽 연합의 Renewable Energy Directive(각 유럽 연합 회원국은 2020년까지 수송 연료의 적어도 10%를 신재생 에너지원으로 대체해야 함)에 맞추기 위해 일정량의 바이오연료를 포함한다.

8.7.1 에탄올 생산을 위한 바이오매스 발효

식물의 당을 에탄올로 전환하는 알코올 발효는 잘 정립된 공정이다. 에탄올은 가솔린과 혼합하거나 또는 그 자체로 스파크 점화 엔진의 연료로 사용된다. 브라질에서는 1930년대부터 바이오에탄올을 자동차 또는 오토바이의 연료로 이용하고 있으며, 이로 인해 화석연료의 수입량을 줄인다. 브라질에서는 에탄올 25%와 가솔린 75%가 혼합된 연료를, 미국에서는 에탄올 10%와 가솔린 90%가 혼합된 연료를 가솔린 엔진의 연료로 판매하고 있다. 가장 현대적인 스파크 점화 엔진은 추가적인 개조 없이 10%까지의 에탄올이 섞인 연료를 사용할 수 있다. 브라질에서 판매되는 가변 연료 자동차(flexible fuel car)는 자동으로 엔진의 설정을 조정하여 에탄올과 휘발유, 어떤 비율의 에탄올/휘발유 혼합연료도 사용할 수 있다.

바이오에탄올은 이스트(yeast) 존재 하에 당의 발효를 통해 쉽게 생산할 수 있다. 브라질에서는 사탕수수를 가공하여 수크로스(sucrose)를 제거한 후 당밀을 얻는다. 이 당밀이 이스트에 의해 발효되어 이산화탄소와 에탄올이 생산된다. 이산화탄소는 흔히 청량음료용으로 판매된다. 에탄올은 물-에탄올의 혼합물로부터 증류를 통해 분리한다. 이 과정을 거친 뒤에 남은 잔여물, 즉 버개스는 연소되어 이 증류 과정에 필요한 열을 공급하는 데 쓰인다. 사탕수수에서 당, 이산화탄소, 에탄올을 얻는 이 통합 과정은 매우 에너지 효율적인 공정이다.

포도당의 발효로 에탄올과 이산화탄소를 생산하는 것은 다음과 같이 나타낸다.

$$C_6H_{12}O_6 \rightarrow 2C_2H_5OH + 2CO_2$$

여기서 $C_6H_{12}O_6$은 포도당, C_2H_5OH는 에탄올, CO_2는 이산화탄소이다.

발효는 수상 혼합물에서 일어나지만, 에탄올의 농도가 15%(부피 기준)보다 높아지면 이스트에 치명적이다. 그래서 에탄올의 농도를 95% 정도까지 높이기 위해 분별 증류(fractional distillation)을 사용한다. 분별 증류 후 만들어진 생성물을 수화 에탄올(hydrous ethanol)이라고 한다. 수화 에탄올은 그 자체로 스파크 점화 엔진에 사용될 수 있지만 가솔린과 혼합해서 쓸 수는 없다. 가솔린과 혼합하기 위해서는 감암 증류(vacuum distillation), 벤젠 또는 분자체(molecular sieve)를 이용한 증류 등을 이용한 탈수 반응을 통해 나머지 5%의 물을 제거해야 한다. 이 최종 산물을 무수 에탄올(anhydrous ethanol)이라고 한다.

옥수수에서 얻는 녹말은 미국에서 바이오에탄올을 제조하는 데 가장 많이 쓰이는 원료이다. 분쇄한 옥수수대를 물과 섞어 슬러리 형태로 만든다. 이 슬러리는 가열되고 효소(enzyme)를 첨가하여 전분을 당으로 가수분해(hydrolysis)한다. 이후의 과정은 사탕수수를 사용할 때와 비슷하다. 이스트는 당을 에탄올과 이산화탄소로 발효시키고, 증류와 분자체를 이용한 탈수 반응을 통해 거의 모든 물을 제거하여 무수 에탄올 연료를 생산한다.

목질섬유소(lignocellulose) 물질(많은 종류의 비식용 식물에서 얻을 수 있음)의 발효에 관한 연구가 이루어지고 있다. 이런 연구를 통해 기름지지 않은 땅에서도 잘 자라는 여러 비식용작물로부터 바이오에탄올을 생산할 수 있을 것이다. 하지만 현재 비식용식물의 발효로 에탄올을 만드는 기술은 비경제적인 전처리 과정이 필수적이기 때문에 아직 상용화되지 않았다.

8.7.2 식물유(Vegetable Oil)의 추출과 바이오디젤

당 또는 전분을 발효시켜 에탄올을 만드는 것과는 완전히 다른 공정은, 기름이 풍부한 씨앗(기름씨 작물의 씨앗)을 갈고 걸러서 SVO(straight vegetable oil)를 만드는 것이다. SVO는 때때로 PPO(pure plant oil)라고 불리기도 한다. 이 공정에 흔히 사용되는 작물에는 유체, 해바라기, 콩 등이 있다. 냉압착법(cold pressing) 후 여과하는 간단한 공정은 농장에서 바로 활용할 수 있다는 장점이 있다. 열압착법(warm pressing) 후 유기용매 추출 및 정제 과정을 거치면 더 높은 수율을 얻을 수 있다. 폐식용유(waste cooking oil)는 업무용 주방에서 회수되어 여과 및 정제되면 WVO(waste vegetable oil)라고 불리게 된다. 식물유는 화석연료인 디젤 연료보다 훨씬 점도가 높아서 보통 가열 후 사용한다. 식물유를 연료로 사용할 때 식물유의 양이 신중하게 조절하지 않으면 엔진 내부에 왁스(wax)가 형성되어 연료 주입구가 막히게 된다. 특히, 압축 점화 엔진을 사용하는 농·임업용 차량에는 때때로 간접 분사 방식을 이용한다. SVO와 WVO를 차량용 엔진에 사용하는 것은 여전히 논란이 되고 있으며 제조사의 품질 보증과 세금 납부와 관련하여 주의가 필요하다.

바이오디젤은 식물유에서 유래된 잘 정제된 물질이며 점도가 식물유에 비해 매우 낮다. 바이오디젤은 SVO와 지방으로 된 폐기물 등으로부터 제조하며 전이에스테르화 공정을 사용한다. 이 공정에서는 수산화나트륨 또는 수산화칼륨을 촉매로 사용하여 기름에 포함된 트리글리세리드(triglyceride)를 메탄올과 반응시켜 지방산 메틸 에스테르(FAME: fatty acid methyl ester)(즉, 바이오디젤)와 글리세롤을 생산한다. 글리세롤 부산물은 정제된 후 판매되며 막 생산된 바이오디젤은 여과 및 정제된다. 바이오디젤은 SVO보다 엔진 구동에 더 알맞은 특성을 가진다. 보통 바이오디젤은 디젤 연료와 혼합하여 사용한다. 바이오디젤 5%와 디젤 95%로 이루어진 혼합연료가 일상적으로 압축 점화 엔진에 별다른 엔진의 개조 없이 사용된다. 몇몇 차량 제조사는 20%까지 바이오디젤이 혼합된 연료를 사용하는 것을 엔진 보증에 대한 문제 없이 승인하고 있다.

8.7.3 바이오매스 수송 연료의 사회적·환경적 영향

수송 부문은 일반적으로 20~30%의 국가 에너지를 사용하며 화석연료를 많이 소모한다. 그래서 수송 부문의 환경에 대한 영향을 줄이는 것이 특히 어려운 문제이다. 가능한 선택은 다음과 같다.

- 저탄소원으로 생산한 전기를 사용하는 전기 차량. 이 가능성은 현재 승용차에 한정되어 있다.

- 저탄소원으로 생산한 수소를 사용하는 수소 연료 차량. 이것은 수소의 원료와 공급 인프라에 따라 제한적이다.
- 바이오매스로부터 유래된 연료. 이것은 재배, 생산, 그리고 바이오매스 유래 차량 연료를 사용하는 것에 대한 전주기 사이클(entire life cycle)의 사회적·환경적 영향에 따라 제한적이다.

바이오매스 유래 연료를 사용하는 것은 원론적으로는 운송 수단이 환경에 미치는 영향을 많이 줄일 수 있으나, 명백한 문제는 현존하는 여러 바이오매스 수송 연료의 원료(예: 사탕수수, 옥수수, 유채, 콩)가 비옥한 땅에서 재배하고, 때로는 재배에 많은 물이 필요한 식용작물이라는 것이다. 몇몇 연구 결과는 미국(옥수수 작물의 40% 이상을 바이오에탄올 생산에 사용하고 있음)에서 대량의 옥수수를 바이오에탄올의 원료로 사용하는 것이 전 세계 식량 가격 상승에 주목할만한 영향을 미치고 있음을 말하고 있다. 이것은 가족 소득의 절반을 식량 구입에 지출하는 가난한 국가에서 매우 중요한 현실적인 문제이다. 식량 가격은 기후, 작물 생산량, 시장 상황에 의존하므로 이 영향을 정확히 측정하는 것은 어렵지만 대부분의 연구는 식용 바이오매스를 수송 연료용으로 사용하는 것이 세계 식량 가격을 높이는 데 기여하고 있음을 나타낸다.

작물을 수송 연료로 사용하는 가치를 나타내는 지표 중에서 중요한 것은 작물을 재배 가공하는 데 사용되는 화석연료에 대한 바이오연료의 에너지 비율이다. 이것을 FER(fossil energy ratio) 또는 fossil energy replacement ratio라고 한다. 연료의 FER 값은 계산에 필요한 가정과 경계를 어떻게 세우느냐에 따라 변하기는 하지만, 옥수수 에탄올의 FER는 1.4:1, 바이오디젤의 FER는 1.3~3.5:1, 사탕수수 에탄올의 FER는 5~8:1이라고 보고되고 있다. 낮은 FER 값을 가지는 바이오연료는 온실가스 감축에 대한 기여도가 낮지만, 화석연료 수입의 필요성은 낮출 수 있다. 이런 연구들은 모든 에너지원을 대등한 관계로 고려하고 에너지원의 증가하는 가치와 편리성 및 액체 연료는 왕복 엔진과 가스터빈에 사용할 수 있다는 점 등을 무시한다는 점에서 한계가 있다.

요약

1. 바이오에너지는 광합성을 통해 태양복사 에너지를 저장한 식물을 열이나 전기로 전환하거나 또는 연료 합성에 사용하는 것을 아우르는 용어이다.

2. 광합성 과정 중 녹색식물은 태양으로부터 얻은 에너지를 사용하여 이산화탄소와 물로부터 산소를 생산하고 탄수화물을 형성함으로써 에너지를 저장한다. 광합성은 다음과 같은 일반적인 식으로 나타낼 수 있다.

$$CO_2 + H_2O + \text{빛에너지} \rightarrow [CH_2O] + O_2$$

여기서 $[CH_2O]$는 일반적인 탄수화물이다.
일반적으로 작물은 태양에너지의 약 0.5~1%만 저장할 수 있는 반면, 사탕수수는 6~8%를 저장할 수 있다.

3. 식물은 셀룰로스, 헤미셀룰로스, 리그닌으로 구성된다. 리그닌을 포함하는 바이오매스의 일반적인 화학식은 $CH_{1.4}O_{0.6}$이다.

4. 바이오매스 전환 공정은 다음과 같이 분류될 수 있다.

   열화학 공정
     예: 연소, 가스화
   생화학 공정
     예: 혐기소화, 알코올 발효
   식물로부터 연료 추출
     예: 식물유 추출

5. 연소는 바이오매스를 이용하는 가장 직접적인 방법이다. 고체 바이오매스의 연소 단계는 다음과 같다.
   (a) 가열 및 건조
   (b) 열분해에 의한 휘발성 가스 생성
   (c) 연료층 외부에서 휘발성 가스의 연소
   (d) 연료층 내부에서 차의 연소

6. 연료의 함수율은 전체 연료의 무게 중 물의 무게를 백분율로 나타내며, 습량 기준, 건량 기준 등이 있다.

7. 연료의 발열량(MJ/kg)은 저위 발열량(LHV) 또는 고위 발열량(HHV)으로 표현될 수 있다. HHV는 연도 가스에 포함된 모든 물이 응축되었을 때의 값인 반면, LHV는 물이 증기로 남아 있으며 잠열이 회수되지 않을 때의 값이다.

8. 연료/공기 당량비, ϕ는 다음과 같이 정의된다.

$$\phi = \frac{AFR_{stoich}}{AFR}$$

그리고 $\phi < 1$ 희박 연소

$\phi > 1$ 과잉 연소

$\phi = 1$ 양론적 상태(연소에 필요한 정확한 양의 공기가 공급되는 상태)

9. 공업 분석은 연료를 수분 함량, 휘발분, 고정 탄소, 회분의 성분으로 나타낸다. 원소 분석은 바이오매스의 구성 원소(탄소, 산소, 수소, 질소, 황)를 검출하여 함량을 구한다.

10. 가스화는 매우 제한된 양의 산소/공기 하에서 유기성 물질을 가연성 가스로 열적으로 전환시키는 것을 말한다.
발생로 가스는 가연성 일산화탄소, 수소, 메탄, 소량의 탄화수소와 비활성 이산화탄소로 이루어져 있다.
합성 가스는 열화학 공정을 이용하는 가스화 시설에서 생산되는 가스를 지칭하는 용어로 현재 널리 사용되고 있다.
바이오가스는 혐기소화의 생화학 공정을 통해 생산되며, 주로 메탄과 이산화탄소로 이루어져있다.

11. 상업적으로 이용 가능한 가스화 반응기는 고정층 또는 유동층 반응기이며, 주로 몇몇 바이오매스를 공기와 부분 산화시켜 얻은 열을 이용하는 방식이다. 유동층 가스화 반응기에는 기포형 유동층 반응기와 순환 유동층 반응기로 크게 두 가지 형태가 있다.

12. 바이오매스는 두 가지 크게 다른 방식으로 차량용 액체 연료로 전환된다. 알코올 발효는 당이나 녹말작물로부터 에탄올을 생산하는 데 사용된다. 이 에탄올은 일부 또는 전체로 스파크 점화 엔진용 가솔린 대체연료로 쓰인다. 다른 방법은 작물(포도, 해바라기, 올리브 등)의 씨앗에서 기름을 추출하여 압축 점화 엔진의 연료로 직접 사용하든지 전이에스테르화를 통해 바이오디젤을 생산하는 것이다.

13. 작물을 수송 연료로 사용하는 가치를 나타내는 지표 중 중요한 것은 작물을 재배 가공하는 데 사용되는 화석연료에 대한 바이오연료의 에너지 비율이다. 이것을 FER(fossil energy ratio) 또는 fossil energy replacement ratio라고 한다.

연습 문제

1. 바이오매스를 유용한 에너지로 전환하는 핵심적인 공정들을 열거하고, 각 공정의 생성물을 한 가지씩 예를 드시오.

2. 바이오가스, 합성 가스, 발생로 가스를 명확히 구별하시오. 각각 어떻게 생성되는지 논의하고, 주요 구성 가스를 열거하시오.

3. 스파크 점화 엔진과 압축 점화 엔진용 연료를 바이오매스로부터 생산하는 여러 가지 방법에 대해 설명하시오.

4. 연료의 고위 발열량과 저위 발열량의 차이점은 무엇인가?

5. 그레이트 브리튼의 전력 요구량 40 GW의 1%를 바이오매스로 생산하려고 한다. 바이오매스를 생산하기 위해 필요한 땅의 면적을 추산하시오.
   [답: 2300 km^2]

6. 영국에 면적이 1 km^2인 땅이 연간 1헥타르당 10톤(건조 후)의 바이오매스를 생산할 수 있다고 가정할 때, 이 땅에서 나온 바이오매스로 생산할 수 있는 전기에너지를 추산하시오.
   [답: 지속적으로 5.55 GWh 또는 190 kW]

7. 연간 에너지 작물 재배와 비료에 필요한 화석연료 에너지는 헥타르당 35 GJ이고, 수확과 가공에 추가적으로 1톤당 8 GJ의 에너지가 더 필요하다. 작물 생산량이 헥타르당 15톤(건조 후)이고 에너지 수율은 20 MJ/kg이라고 한다.
   (a) FER를 계산하시오.
   (b) 만약 이 작물이 3년 주기로 1년에 한 번 어린 나무가 빨리 자라도록 윗부분을 잘라 준다고 할 때 향상된 FER를 계산하시오.
   [답: (a) 1.93, (b) 2.28]

8. 어떤 바이오매스 연료의 함수율이 20%이고 회분 함량이 5%(습량 기준)이다. 건량 기준과 무회분-건량 기준일 때의 함수율을 계산하시오.
   [답: 25%, 27%]

9. 어떤 오븐 건조 바이오매스의 고위 발열량이 12 MJ/kg이다.
   (a) 이 바이오매스의 습량 기준 함수율이 15% 또는 40%일 때 고위 발열량을 각각 쓰시오.
   (b) 연소 시 모든 물이 증발하였을 때 현열에너지를 계산하시오.

(c) 이 바이오매스가 5%(무게 기준)의 수소를 포함한다고 할 때 저위 발열량을 계산하시오.

[답: (a) 10.2 MJ/kg, 7.2 MJ/kg, (b) 9.86 MJ/kg, 6.28 MJ/kg, (c) 9 MJ/kg, 5.7 MJ/kg]

10. 산소와 공기 중에서 수소와 황의 화학량 반응(stoichiometric reaction)을 쓰시오.

11. 산소와 공기 중 데칸($C_{10}H_{22}$)의 양론적 연소식을 쓰시오. 연소 생성물은 이산화탄소, 수증기, 질소뿐이라고 가정하시오.

12. 공기 중에서 메탄이 연소될 때의 연소식을 쓰고, 연료/공기 당량비가 0.8일 때 AFR(질량 기준)를 계산하시오.

[답: 26.8]

13. 어떤 바이오매스 1 kg을 양론적 상태에서 연소시킬 때 1.25 kg의 산소가 필요하지만, 실제로는 바이오매스 1 kg당 6 kg의 공기가 공급된다.

(a) 양론적 상태에서 연소 시 필요한 공기의 양을 쓰시오.

(b) 연료/공기 당량비와 과잉 공기를 계산하시오.

[답: (a) 4.18 kg, (b) 0.7, 43%]

14. 어떤 고체 바이오매스 연료의 원소 분석 결과는 탄소 55%, 수소 15%, 황 1%, 산소 9%, 질소 2%, 회분 5%, 수분 13%로 나타났다.

이 연료의 발열량은 1 MJ/kg이다.

(a) 28% 과잉 공기 하에서 완전연소시킬 때 연료 1 kg당 필요한 산소의 질량을 구하시오.

(b) 이 연료가 1 MW의 당량 열 소비율로 연소될 때 수분이 생성되는 속도를 계산하시오 (배기가스 내의 모든 수분은 액체로 응축된다고 가정함).

원자 질량: C = 12, H = 1, S = 32, O = 16, H = 14 kg/kmol

[답: (a) 14.3 kg, (b) 355 kg/h]

15. 어떤 장작의 원소 분석 결과가 다음 표와 같을 때 고위 발열량을 추산하시오.

원소	%(건조 후, 무게 기준)
C	50
H	6
S	0
O	40
N	1
회분(ash)	3

[답: 20.3 MJ/kg]

16. 어떤 바이오매스의 원소 분석 결과(무게 기준, 건량 기준)가 다음 표와 같고, 함수율은 30% (습량 기준)이다.

원소	wt.%
C	38
O	36
N	1
H	6
S	1
회분(ash)	18

(a) 고위 발열량을 추산하시오.

(b) 저위 발열량을 계산하시오.

(c) 이 바이오매스가 35%의 과잉 공기 하에서 연소된다면, 1 kg을 연소시키는 데 필요한 공기의 양은 얼마인가?

[답: (a) 16.32 MJ/kg, (b) 9.86 MJ/kg, (c) 4.7 kg]

더 읽을거리

- Brown R.C., *Thermochemical Processing of Biomass*, John Wiley and Sons, Chichester, 2011.
- German Solar Energy Society and Ecofys, *Planning and Installing Bioenergy Systems: A Guide for Installers, Architects and Engineers*, Earthscan, 2004.
- Goettmoeller J. and Goettmoeller A., *Sustainable Ethanol*, Prairie Oak Publishing, Maryville, Missouri, 2007.
- Hornung A., *Transformation of Biomass Theory to Practice*, John Wiley and Sons, Chichester, 2014.
- Quaak P., Knoef H. and Stassen H., Technology Paper No. 422 *Energy from Biomass*, World Bank, 1999.
- Twidell J. and Weir A., *Renewable Energy Resources*, 3rd Edition, Routledge, New York, 2015.
- Van Loo S. and Koppejan J., *The Handbook of Biomass Combustion and Co-firing*, Earthscan, Abingdon, Oxon, UK, 2010.

RENEWABLE ENERGY ENGINEERING

9 신재생 에너지 프로젝트 개발 및 평가

소개

일반적으로 전기를 생산하는 신재생 에너지 프로젝트는 건설 예산이 제한된(일반적으로 50 메가와트 미만, 100 메가파운드 미만) 프로젝트로서 현대 화석연료 발전소와 비교하면 상대적으로 작은 프로젝트이다. 따라서 각 국가의 전기 수요를 충족시키기 위해 많은 계획이 필요하다. 또 신재생 에너지 프로젝트가 모두 건설 단계로 진행되지 않으므로 공학자 및 관련 전문가들은 프로젝트 개발 및 평가 단계에 많은 시간을 할애해야 할 필요가 있다. 이번 장에서는 세 가지 중요한 신재생 에너지 프로젝트 개발 및 평가에 대해 기술할 것이다.

- 신재생 에너지 자원의 프로젝트 개발 및 평가
- 경제적인 평가
- 환경 영향 평가

위 세 가지 주제들을 일반적인 신재생 에너지 프로젝트 개발 관점에서 다루게 된다. 여러 형태의 신재생 에너지의 특징이 다를지라도 프로젝트 개발 과정은 각기 다른 자원과 기술을 뛰어넘는 많은 공통점들이 있다. 앞 장에서는 각기 다른 자원와 기술을 이용한 프로젝트 개발에 대해 자세히 다루었다. 이번 장에서는 프로젝트를 수립하기 위해 장비와 서비스를 구입해야 하는 프로젝트 개발자의 관점에서 알아보고자 한다.

신재생 에너지 프로젝트는 재생 가능 에너지를 잘 이해한다는 점에서 다른 전력 프로젝트와는 다르다. 자원에 대한 이해는 필수적이고 신재생 에너지 발전소는 주로 훌륭한 경관과 생태학적으로 가치가 있는 곳에 위치한다. 그러므로 재생 가능 자원을 수량화하고 환경과 지역 사회에 잠재적 영향을 식별하기 위해서는 상세하고 값비싼 비용이 소요되는 조사가 필요하다. 타당성 단계 및 허가 계획 전에 지출을 제한하는 균형을 유지하는 것과 동시에 계획의 성공적인 결과 도출의 가능성을 높이기 위해 필요한 작업을 수행하는 것이 특히 중요하다. 그 결과 프로젝트가 계획대로 시운전되고 그 수명 동안에 수익성 있게 작동하는 것이다.

9.1 프로젝트 개발

신재생 에너지 프로젝트의 개발은 화석연료를 사용하는 전력 프로젝트와 많은 중요한 방법 관점에서 다르다. 신재생 에너지 자원은 프로젝트의 에너지 생산량과 소득을 결정하는 핵심적인 요소이고, 대중적인 이해는 계획 당국이 플랜트 건설 및 운영의 허가를 결정하는 데 매우 중요한 영향을 끼친다. 신재생 에너지 프로젝트는 일반적으로 초기 자본 지출이 많이 필요하나 운영 비용은 낮다. 따라서 프로젝트 자금의 가용성과 부여되는 계약 사항들은 중요한 고려 사항들이다. 육상 풍력 발전과 결정질 실리콘 모듈을 이용하는 태양광 발전과 같은 일부 기술들이 잘 설립되어 있을지라도 많은 새로운 신재생 기술은 중요한 기술에 아직 위험성을 내포하고 있다. 이것은 장비에 대한 보증(warranty)이 짧아지고 또한 프로젝트의 자금 조달에 영향을 미치게 됩니다. 만약 주요 장비가 새로 형성된 작은 회사에 의해 지원된다면, 기술의 성능과 계약자에 대한 보증은 규모가 더 크고 오래된 조직에서 찾아야 할 수도 있다. 기존 화석연료 발전소에서 화석연료 연소의 환경 비용이 전기 가격에 완전히 반영되어 있지 않기 때문에 현재 많은 신재생 가능 기술은 전통적인 화석연료 에너지와 경쟁하기 위해 정부의 지원에 의존하고 있다. 따라서 신재생 에너지의 추가 위험은 프로젝트의 수명 동안 정부의 지원이 지속될 것인지의 여부이다.

신재생 에너지 프로젝트를 위해 선택된 부지는 종종 인구 밀도가 낮은 지역, 이전에 전기 네트워크를 개발할 이유가 없는 곳에 있다. 따라서 신재생 에너지 체계에서 생산한 전력을 내보내기 위한 그리드(grid) 접근이 제한적이다. 제한적인 그리드 접근의 신재생 에너지 프로젝트 개발의 예는 영국의 남서쪽이다. 거기서 태양 및 풍력 자원은 양호하지만 생산된 전력을 내보내는 전기 네트워크의 용량이 제한적이다. 그리드 강화는 일반적으로 거주 환경에 영향을 미치고 건설 허가를 얻는 데 오랜 시간이 소요되는 선들을 구축하는 것이다.

9.1.1 프로젝트 개발 단계

신재생 에너지 프로젝트의 개발은 점점 더 많은 복잡성과 비용을 수반한다. 개발 단계는 다음과 같다.

- 초기 위치 선택
- 원가 계산, 경제적인 평가 및 자금 출처의 식별을 포함하는 프로젝트 타당성 평가
- 환경 성명서 준비 및 계획 신청서의 제출
- 이정표: 계획 허가 획득, 프로젝트 승인 및 재무 마감의 달성

• 건설
• 운영
• 해체 및 토지 복구

첫 번째 단계는 좋은 재생 가능한 에너지 자원을 가지고 있으며, 토지 소유자와 기획 당국 및 지역 주민들이 환영하는 적절한 장소를 찾는 것이다. 그런 다음 건설 비용, 공장 운영, 에너지 생산 및 미래 수입을 추정하여 프로젝트 실현 가능성을 평가하는 것이다. 경제적인 평가가 수행되고, 자금 출처가 확인된다. 타당성 평가 단계를 시작할 때 비용은 예산 견적에서 가져와 대략적으로만 알려져 있다. 여러 장비의 공급업체 및 우선 입찰자가 선택되면서 공장 건설에 대한 확실한 가격 제안을 얻을 때까지 점진적으로 비용은 세분화된다. 환경 영향 평가는 착수되고, 그에 다른 환경 성명서는 계획 신청서의 중요한 부분을 형성한다.

프로젝트 계획과 타당성 단계, 프로젝트 계획 및 건설 허가 승인까지의 이정표는 수년이 걸리고 프로젝트 예산의 10%를 소비한다. 개발 허가를 얻고, 재정이 동의되며, 프로젝트 개발자의 관리에 의해 프로젝트가 승인되어도 프로젝트의 진행 여부는 여전히 확실하지 않다. 따라서 프로젝트 관리자는 예비 기간 동안에 발생하는 이정표를 통과하고 프로젝트 위험을

그림 9.1 건설 중인 풍력 발전 단지에 브레이드를 배달(납품)하는 모습
출처: 신재생 에너지 시스템(컬러 사진 참조).

그림 9.2 풍력 터빈 콘크리트 슬래브 및 타워 인터페이스 캔 배치
출처: 신재생 에너지 시스템(컬러 사진 참조).

줄이는 일에 필요하지만 낭비될 수도 있는 지출의 균형을 유지해야 한다. 일단 필요한 모든 권한 부여와 함께 이정표가 성공적으로 통과되면 실제적인 건설 단계는 제한된 부지 토목 공사만 필요하다면 꽤 빠르다. 예를 들면, 완전한 멀티 메가와트 육상 풍력 또는 태양 농장의 실제 현장 설치 작업은 몇 개월 걸리는 반면, 단일 풍력 터빈과 타워의 최종적인 설치는 하루만에 완료된다.

그림 9.1은 육상 풍력 발전 단지에 공급되는 풍력 터빈 블레이드를 보여 준다. 하중의 길이는 공공 도로와 현장 트랙 건설을 최소화하기 위해 종종 개선하는 작업이 필요하다.

그림 9.2는 풍력 터빈 슬레이브 기초가 건설되고 있음을 보여 준다. 인터페이스 캔은 더 많은 콘크리트가 철근에 쏟아지기 전에 아래에 설치한다. 콘크리트 터빈 기초 작업은 설치 및 보살핌에 몇 주가 소요된다.

9.1.2 신재생 에너지 자원의 평가

신재생 에너지 시스템의 에너지 생산량과 소득은 재생 가능한 에너지 자원에 의해 크게 좌우된다. 그러므로 미래 신재생 에너지 자원의 신중한 평가가 중요하고, 프로젝트의 모든 투자자가 신중히 조사할 것이다. 자원의 초기 평가의 대부분은 데이터 소스 및 컴퓨터 모델링을 사용하여 수행될 수 있다. 그러나 어떤 시점에서는 실제 사이트에서 측정을 수행해야 하는 경우가 종종 있다. 재생 가능한 자원의 평가에는 목표가 두 가지 있다.

(1) 프로젝트 기간 동안의 에너지 생산량 및 그에 따른 수입 추정
(2) 장비가 작동하는 위치와 환경 조건들의 특성 평가

프로젝트의 수명은 적어도 20년 이상이고, 자원(풍속, 파도 기후, 강의 흐름 또는 태양복사)들은 일년 내내 또는 해마다 지역에 따라 크게 달라질 수 있으므로 장기 에너지 생산량 및 그에 따른 수입 추정은 상당히 어렵다. 지역의 자원 변화는 바람 측정을 위한 기상 마스트(meterological masts), 파도 평가를 위한 부표(buoys), 강의 흐름을 위한 위어들(weirs) 같은 상당히 값비싼 장비들을 이용하여 사이트 측정 캠페인을 통해 조사할 수 있다. 이러한 측정은 단지 측정할 때의 자원을 나타내고 있고, 이것은 해마다 또는 한 해 동안 상당한 변화가 있을 수 있다. 예를 들어, 영국 내 사이트의 평균 풍속은 해마다 최대 20%까지 변화하고 있다. 몬순(monsoon, 바람의 일종)의 구름들은 일부 열대 국가의 태양 자원에 큰 영향을 미치기도 한다.

많은 현장에서 과거의 신재생 에너지 자원에 대한 측정을 시행할 이유는 없으며, 그들의 장기적인 기록 또한 없다. 장기적인 기록이 없는 사이트의 경우 타당성 조사 기간인 1~2년만 측정된다. 타당성 기간 동안만 측정이 가능하다고 하면, 향후 20년 동안 지속 가능한 신재생 에너지 플랜트의 생산량을 추정하는 데 어려움이 있으나 이러한 어려움은 측정-상관-예측의 일반적인 접근법을 이용하여 해결한다. 일반적인 접근법의 특정 구현은 2절과 3절에서 더 자세히 설명할 것이다. 일반적인 접근법은 태양광 발전의 평가에 대한 신뢰도를 높이는 데 이용할 수도 있으며, 강우와 복사 및 온도에 의존하는 작물 생산량에 따른 바이오매스 응용 분야에도 이용될 수 있다.

일반적으로 측정-상관-예측은 다음과 같이 진행된다. 타당성 조사 기간 동안 가능한 한 많이 오랫동안 자원을 측정한다. 만일 한 해의 데이터를 모두 수집할 수 없는 경우에는 자원이 연중 최대일 때 측정하는 것이 중요하다(예를 들어, 영국에서는 풍력 및 수력 발전을 위해 겨울에 측정할 필요가 있음). 그 다음 근처의 국가 기상 또는 환경 서비스(예를 들면, 풍속을 알기 위해 지역 공항 또는 강 흐름을 알기 위해 게이지 스테이션)에서 동시에 측정된 일련의 유사한 측정들과 상호 연관시킨다. 이러한 모니터링 스테이션은 프로젝트 사이트와 비슷한 환경이어야 한다. 사이트 측정과 모니터링 스테이션의 기록과 연관된 하나 이상의 스케일링 요소들을 계산하고, 모니터링 스테이션에 의해 형성된 장기적인 기록을 응용한다. 이러한 스케일링 요소들은 지난 20~30년 동안 해당 사이트의 자원에 대한 장기 기록들을 다시 만들

어 낸다. 프로젝트의 미래 수명 동안의 자원은 과거의 자원과 비슷할 것이라고 가정하고, 신재생 에너지 체계의 성능이 평가되고 예측되는 것이다.

측정-상관-예측의 사용은 사이트 측정 기반으로 한다는 장점이 있으나 이 또한 여러 가지 어려움이 상존해 있다. 사이트 인근에 모니터링 스테이션이 없거나 유사한 환경을 가진 모니터링 스테이션이 없기도 하다. 일반적으로 불완전한 또는 부분적으로 손상된 데이터를 클리닝할 필요도 있다. 기상 조건이 안정적이고 미래 신재생 자원이 과거와 동일하다는 가정이 있는데, 이 가정은 기후 변화로 인해 의문의 여지가 있다. 따라서 프로젝트의 성공을 결정하는 데 있어서 예상 에너지 생산량을 측정-상관-예상을 통해 얻은 값의 일부(예: 80~90%)를 줄이는 것이 현명하다. 또 다른 접근 방법은 프로젝트의 연 생산량이 향후 50% 또는 90%를 초과할 것으로 예상하고 미래 에너지 생산량을 계산하며, 이를 미래 에너지 생산량 추정값으로 사용하는 것이다.

프로젝트 개발자는 사이트의 특징을 이해하고 운영하고자 하는 플랜트에 맞는 구매 사양을 장비 공급업체에게 정보를 제공해야 한다. 예를 들어, 플렌트 제조사 업체에게 알려야 할 구매 사양 및 정보는 다음과 같다. 바이오매스(biomass) 공급 원료의 조성과 수분 및 회분 함량, 바람과 조류 자원의 평균값과 변화, 태양에너지 현장에서의 복사와 온도 및 풍속 등이다. 신재생 에너지 기술을 잘 확립하기 위해 사이트의 특징과 현장 조건에 맞게 제조업체가 장비를 설계하도록 만드는 국제 표준(클라스에 따라 정의)이 있다. 그러나 이머징 기술에는 특정 사이트의 측정은 필요하다.

태양복사는 풍력과 수력 자원보다 좀 더 예측이 쉽고, 지상 또는 위성 측정 및 모델링을 기반으로 많은 데이터 정보의 이용이 가능하다. 역사적으로 이러한 정보는 직접적으로 태양광 설비의 출력을 예측하는 데 이용되었다. 그러나 확산 조도에 의해 크게 의존하는 곳에서는 직접 측정을 통한 확인이 요구된다.

9.1.3 프로젝트 개발 측면

타당성 조사의 중요한 부분은 출력 에너지를 어떻게 판매할 것인지 정의하는 것이다. 이것은 종종 전기에너지이며, 다음 두 가지 중요한 측면이 있다. 전기에너지(kWh)의 판매와 발전소(발전소 등급에 따라 결정됨, kW)에서 네트워크 연결에 필요한 비용과 시간이다. 일부 국가에서는 에너지 판매 및 그리드 접근 보안은 단일 통합 전력 유틸리티를 사용하더라도 두 가지 측면에서 두 부서의 책임이므로 분리된 두 회사와의 계약을 필요로 한다.

일부 신재생 에너지 기술, 특히 작은 계획의 경우 에너지는 정부가 정한 비율로 구매된다.

종종 이것은 몇 년 동안 장비와 생성 기술의 등급 전력에 따라 kWh당 고정 프리미엄 가격을 지불하는 관세 기간 동안 이루어진다. 공급 관세 기간 동안 플랜트가 계획대로 작동하면 예상 수입을 확실하게 받을 것이다. 좀 더 큰 발전 계획은 구매자를 식별하고 에너지 판매 계약에 동의해야 한다. 플랜트의 전체 수명 동안의 공급 관세 기간 또는 확고한 상업적인 에너지 판매 계약을 기대하기는 어렵다. 초기 기간 이후의 전기 구매자를 찾는 위험은 프로젝트 개발자가 받아들여야 한다.

그리드에 대한 접근은 로컬 네트워크 운영자와 함께 이루어지며, 그 지역 네트워크의 전기 강도 및 유사한 작동 특징을 가지는 발전기가 공급되고 있는 방식에 의존한다. 그리드가 로컬 하중을 공급할 수 있다면 바람직하고, 따라서 수출 및 장거리 전송에 필요한 전력을 제한한다. 프로젝트의 개발자는 그리드 접근을 얻기 위해 직접적으로 통제하기 힘들고, 특히 네트워크 강화가 필요한 경우 프로젝트를 상당히 지연시킬 수 있다.

에너지 출력 예측과 신재생 에너지 프로젝트의 수입은 그림 9.3과 같이 요약할 수 있다. 현장에서의 신재생 에너지 자원은 프로젝트의 미래 수명에 걸쳐 평가된다. 풍력 및 수력 발전 프로젝트는 측정-상관-예측 형태를 확실히 사용하는 반면, 태양 시스템은 위성 측정 및 모델링 데이터베이스를 사용한다. 자원 데이터는 수학적 모델에서 사용되며, 이를 통해 신재생 에너지의 출력을 얻고 생산할 전기에너지를 예측할 수 있다. 이 모델은 풍속에 대한 터빈(출력 전력과 연관된)의 간단한 전력 곡선이다. PV 배열의 경우 모듈의 출력 전력은 표준 테스트 조건(STC)에 명시되어 있으며, 모델은 셀 온도 증가 및 시간에 따른 분해로 인한 모듈 성능 변화와 오염에 의한 성능 저하를 포함한다. 신재생 에너지 계획이 클수록 많은 소자들이 서로 연결되어 있으며 배열 영향도 고려해야 한다. 배열 영향은 다른 장치들의 아래 부분에 위치하여 풍력 또는 조류 터빈이 받는 흐름의 감소와, 대형 PV 설치에서 인버터 및 상호 연결 안에서 발생하는 전기 손실이다. 마지막으로 연간 소득은 계획된 발전소 생산량과

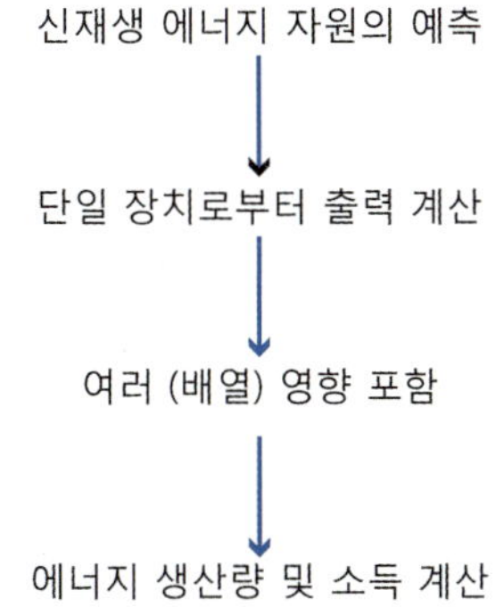

그림 9.3 신재생 에너지 프로젝트의 예상 수입

예상되는 에너지 가격으로부터 예측된다.

프로젝트 개발자에게 중요한 결정은 장비를 구매하는 방식에 대한 것이다. 엔지니어링, 조달 및 전체 플랜트의 건설을 하나의 공급업체로 이루어진 턴키 배열(turn-key arrangement)은 개발자의 위험을 최대화한다. 주 계약자는 상세 설계를 수행하고 계약을 체결하며, 필요한 전문 장비와 전체 프로젝트 관리에 대한 책임이 있다. 시운전 후 완전하게 작동하는 플랜트는 전문 운영자를 약속하는 개발자에게 양도된다. 프로젝트 개발자는 아마도 예상과 다른 신재생 자원과 제품의 판매 가격(예: 전기)이 고정되어 있지 않음을 알아야 한다.

대안적인 접근법은 건설을 여러 작업 패키지, 즉 기계적인 플랜트, 토목 공사, 전기 장비 및 각각의 계약 체결로 분할하는 것이다. 이것은 개별 요소에 대한 가격을 낮출 것이다. 그러나 전체 디자인과 프로젝트 개발자 또는 엔지니어와의 코디네이션에 대한 책임은 남는다.

프로젝트 개발자가 만일 강력한 재정 자원을 보유한 대규모 조직이라면 각 프로젝트를 구성하고 운영할 새로운 회사가 설립될 수도 있다. 이런 회사를 특별 목적 자동차(SPV: special purpose vehicle)라고 한다. 각 프로젝트를 위한 SPV 설립의 장점은 만일 프로젝트가 제대로 수행되지 않을 경우 모회사가 보호된다는 것이다. 그 프로젝트는 상위 조직 또는 다른 프로젝트의 성능에 의해 영향을 받지 않는다. 모회사는 프로젝트에 일부 지분을 투자하지만 대부분의 자금은 은행 또는 기타 금융 기관의 부채가 될 것이다.

따라서 은행(또는 엔지니어와 변호사)은 타당성 조사 동안 모든 위험을 적절히 알고 있으며 통제할 수 있는지 프로젝트의 모든 측면을 신중하게 조사할 것이다. 자금을 주기 전에 면밀히 조사해야 할 매우 많은 동의서와 계약서가 있다(표 9.1 참조).

신재생 에너지 프로젝트는 자원을 최대한 활용하기 위한 장소에 배치되어야 하며, 종종 오

표 9.1 신재생 에너지 프로젝트에 필요한 동의 및 계약

계획 허가
토지권 계약
그리드 연결 동의
장비 공급 계약
에너지 생산량 평가 합의
식물의 균형: 민사 및 전기 계약
전력 구매 계약
운영 및 유지 계약
보험
은행 보험
법인 거버넌스
보증 및 단계별 계약

염되지 않은 농촌 및 해양에 배치한다. 이러한 장소가 이미 농업이나 어업 활동에 이용되지 않는다고 여기는 것은 실수가 된다. 여기서 기존 환경 사용자 및 지역 주민의 지원을 받는 것이 특히 중요하다. 이것은 프로젝트 개발을 주도하는 공동체 또는 재정적 관심을 가지고 있는 지역 주민에 의해 달성된다.

9.2 신재생 에너지의 경제 가치

신재생 에너지는 고비용이고 이것을 위해 재정 자원을 어떻게 하느냐를 결정하는데 공식적인 경제 가치를 이용한다. 오랜 세월 동안 할인 현금 흐름(DCF: discounted cash flow) 기반 기술이 사용되어 왔다. DCF 평가는 제안된 에너지 효율 측정이 진행되고 동일한 원칙이 발전 프로젝트 평가에 적용되는지 평가하는 데 사용되었다(1.2.2절 참조). 정부가 어떤 유형의 프로젝트를 지원해야 하는지 결정하는 데 동일한 접근법을 사용하고, 회사는 어떤 프로젝트를 구매할지 결정하는 데 동일한 접근법을 이용한다. DCF 분석의 주요 속성은 '돈의 시간 가치(time value of money)'를 인식한다는 것이다.

신재생 에너지 프로젝트는 종종 건설에 상대적으로 큰 자본 지출이 필요한 반면, 운영 비용은 낮고 프로젝트 수명 동안 수익이 발생한다. 예를 들어, 수력 발전소는 건설 비용이 많이 들지만 수년간 지속 가능하다. 그러나 바이오매스 플랜트의 경우는 연료 비용이 상당히 높고 그들의 장비 수명 또한 짧다. 돈의 시간 가치를 무시한 간단한 투자 회수 계산은 프로젝트를 진행해야 하는지 평가하는 데 한계가 있다. 즉, 돈의 시간 가치를 고려해야 한다는 의미이다. DCF 분석은 재무 프로필이 다른 프로젝트 중에서 특정한 프로젝트를 선택하는 데 도움이 되는 방법이다. 프로젝트들을 비교할 때 고려해야 할 유일한 측면은 경제적인 가치일 것이다.

9.2.1 간단한 DCF 평가

에너지 효율 측정의 경제적 가치를 위해 DCF 분석법이 1.2.2절에 소개되었다. DCF 평가의 기본은 인간이 미래의 돈보다 현재의 돈을 더 선호한다는 것이다. 따라서 동일한 이익을 위해 n년 동안 돈의 합계는 오늘의 합계보다 커야 한다.

이것은 다음과 같은 수식으로 표현된다.

$$V_n = V_p(1 + r_d)^n$$

V_n: n년 동안의 합계

V_p: 현재의 합계

r_d: 돈 선호 시간을 반영한 할인율(%)

미래에 받거나 지불하는 합의 현재가는 다음과 같이 감소되었다.

$$V_p = \frac{V_n}{(1 + r_d)^n} \tag{9.1}$$

만일 m년 동안 지속된다면 현재가는

$$V_p = \sum_{n=1}^{m} \frac{V_n}{(1 + r_d)^n}$$

이것은 m년까지 동등한 지불($V_1 = V_2 = \cdots = V_m = A$)일 경우 기하급수이므로 그 합은

$$V_p = \frac{1 - (1 + r_d)^{-m}}{r_d} A \tag{9.2}$$

식 (9.1)은 미래 또는 과거에 언제든지 지불하거나 수령할 수 있는 현재 가치를 계산하는데 사용할 수 있다. 순 현재 가치(NPV: net present value)는 단순히 특정 시점에서 과거 또는 미래의 수입 및 지출에 대한 모든 현재 가치의 합산이다.

간단한 DCF 계산에서 일반 인플레이션은 무시한다. 그런 경우 할인율을 실제 할인율이라고 한다. 이 가정을 표현하는 또 다른 방법은 비용과 이익이 같은 비율로 늘어나는 것이다.

할인율의 선택은 프로젝트 개발자가 내린 상업적 결정이다. 규제 완화 전력 시스템의 경우 8~12%의 할인율(자본과 인식된 위험 수준을 반영)은 일반적인 것이다. 위험 수준이 높은 프로젝트는 개발자에 의해 할인율이 올라간다. 몇 년 전(전기 공급업체가 국유이었을 때) 영국 정부의 할인율은 5%이었고, 이것은 나중에 8%로 증가하였다. 경제적인 측면에서 할인율은 자본의 기회 비용을 의미한다. 기회 비용은 차기 최고의 투자 수익이고 평가 받고 있는 프로젝트에 투자할 가치가 없는 비율이기도 하다. 수력 발전 계획의 토목 공사는 80년의 수명을 가지는 반면, 주요 기계 및 전기 장비는 40년 동안 지속될 수 있다. 수명이 짧지만 운영비가 상당한 플랜트와 수력 발전의 DCF 비교는 할인율 선택에 특히 매우 민감하다.

모든 비용과 혜택이 할인된 날짜(예: $n = 0$일 때)는 프로젝트를 시작할 때 초기 자본 지출 날짜 또는 플랜트의 시운전의 날짜가 될 수 있다. 만일 시운전 날짜를 선택한다면 그 전의 건설 과정에서 발생한 비용에 대하여 n은 음수이다.

동일한 할인율 기술을 이용하여 다른 재무 지표를 계산할 수 있다.

- 이익/비용 비율은 모든 이익의 현재가를 모든 비용의 현재가로 나눈 값이다.
- 내부 수익률(IRR: internal rate of return)은 순수 현재 가치가 0이 되는 할인율의 값이다.

식 (9.1)에 있는 할인율을 기반으로 한 지표는 아래와 같은 할인되지 않은 즉각적인 현금 합계와 혼동해서는 안 된다.

- 연 단위로 표시하는 회수 기간은 프로젝트의 자본 비용을 평균 연간 수익, 즉 소득이 적은 운영 비용으로 나눈 것이다.
- % 단위로 표시하는 투자 수익률은 평균 연간 수익률을 자본 비용으로 나눈 것이다.

중요한 프로젝트의 경제적인 가치 평가를 위해 일부 할인된 현금 흐름이 일반적으로 필요하고, 할인되지 않은 지표들은 프로젝트의 진행 여부를 위한 기본 지표로 거의 이용되지 않는다. 프로젝트의 재무 DCF 계산은 세금과 자본의 차액을 고려하면 좀 더 복잡할 수 있다. 의심할 여지 없이 돈에 대한 우리의 가정된 시간 선호도 기반 DCF 분석은 경제 평가에 대한 접근 방법을 확립해 준다. 그러나 현재 이익 또는 비용이 미래의 유사한 혜택보다 더 가치가 있다는 가정은 원칙적으로 도전하기 쉬운 가정이다.

예제 9.1 할인된 현금 흐름을 이용한 경제 평가

표 9.2와 같이 작은 수력 발전 계획의 세부 사항이 제안되었다.
다음을 계산하시오.

(a) 프로젝트의 간단한 투자 회수 기간(년)

(b) 프로젝트의 순수 현재 가치

표 9.2

수력 발전 체계의 정격 전력	5 MW
연간 용량 계수(이용률)	30%
자본 비용	£6,500,000
연간 운영비	£30,000
에너지 판매로부터 수익률	8.5 p/kWh
수명	10년 작동
할인율	9%

• 해답

연간 에너지 생산량은 정격 전력에 시간(365일×24시간=8760시간)과 연간 용량 계수를 곱한다.

$$E = 5 \times 10^6 \times 0.3 \times 8760 = 13.14 \text{ TWh} = 13.14 \times 10^9 \text{ Wh} = 13.14 \text{ GWh}$$

연간 소득은 연간 에너지 생산량(13.14 GWh= 13.14×10^6 kWh)에 에너지 판매로부터 수익률(8.5 p/kWh)을 곱한다.

$$13.14 \times 10^6 \times \frac{8.5}{100} = £1,116,900$$

연간 순수 이익은 £1,116,900 − £30,000 = £1,086,900이다.

표 9.3과 같이 평가 계산을 보여 주고 있다.

따라서 투자 회수 기간은 프로젝트의 자본 비용을 평균 연간 수익, 즉 소득이 적은 운영 비용으로 나눈 것이므로 아래와 같이 6년이다.

$$\frac{6,500,000}{1,086,900} = 6\text{년}$$

할인 요소는 다음과 같다.

$$\frac{1}{(1 + r_d)^n}$$

표 9.3으로부터 NPV는 £475,352이다.

할인율이 9%, 운영 기간이 10년이고 순수 운영 가치(NPV)는 플러스이므로 프로젝트는 진행해야 한다.

연간 소득의 할인된 현재 가치가 £997,156에서 £459,118(42%)로 10년 동안 감소되었다.

표 9.3 할인된 현금 흐름의 계산

자본 비용	£6,500,000	
연간 에너지	13.14×10^6 kWh	
연간 순이익	£1,086,900	
회수 기간	6.0년	
	할인 요소	현재 가치
지출 연도 0	1.000	−£6,500,000
수입 연도 1	$0.917 = (1.09)^{-1}$	£997,156
수입 연도 2	$0.842 = (1.09)^{-2}$	£914,822

수입 연도 3	$0.772 = (1.09)^{-3}$	£839,286
수입 연도 4	0.708	£769,987
수입 연도 5	0.650	£706,410
수입 연도 6	0.596	£648,083
수입 연도 7	0.547	£594,572
수입 연도 8	0.502	£545,478
수입 연도 9	0.460	£500,439
수입 연도 10	0.422	£459,118
NPV		£475,352

9.3 신재생 에너지 프로젝트의 환경 영향 평가

신재생 에너지 프로젝트는 온실가스 및 기타 오염 물질의 배출 없이 전기에너지를 생성함으로써 환경 개선에 큰 기여를 할 수 있다. 그러나 장비는 재생 가능한 에너지 지원을 포착하기 위해서 종종 넓은 영역에 퍼져 있고, 상당히 높은 가치를 가지고 있는 생태 및 조경 지역에 위치하고 있다. 따라서 사회에 대한 이익이 환경과 사회 및 기타 비용을 능가하는지 여부를 결정하기 위해 공식 프로세스가 이용된다. 프로젝트 진행 여부에 대한 최종 결정은 선출된 사람들(예: 지역계획위원회 또는 지역 시장 및 카운슬러)에 의해 결정된다. 그러나 그들은 제안에 대한 기술적 특성과 더 넓은 환경 및 사회 정책 목표에 어떻게 맞는지 공무원들에게 조언을 받는다. 공무원들은 차례로 환경 영향 평가의 결과와 프로젝트 개발자가 작성한 환경 성명서 문서를 바탕으로 위치와 프로젝트에 대한 정보를 얻는다.

환경 영향 평가(EIA: environmental impact assessment)는 프로젝트의 환경적 결과를 평가하는 데 사용되는 잘 정의된 프로세스이고, 시민 당국으로부터 계획 허가를 확보하는 데 필수적인 단계이다. 환경 영향 평가를 위한 요구 사항은 국가 계획 입법(유럽은 EU 지침을 기반)에 명시되어 있다.

환경 성명서(ES: environmental statement)는 환경 영향 평가의 일에 기반한 공식적인 성명서이다. 계획에 대한 허가 없이 프로젝트는 진행될 수 없다.

환경 영향 평가의 범위와 환경 성명서의 범위는 프로젝트의 기술, 규모, 위치에 따라 달라진다. 제한적 환경 영향을 가지는 장비를 사용하는 소규모 프로젝트, 예를 들어 주거지에서 보이지 않거나 공개적으로 접근할 수 없는 산업 건물 위에 10~100 kW 작은 결정질 실리콘

PV 설치의 경우 제한된 환경 평가만 요구된다. 그러나 대부분의 MW 사이즈의 신재생 에너지 프로젝트 경우 환경 영향 평가와 환경 성명서 준비는 요구된다. 대규모의 풍력 단지, 수력 또는 바이오매스 연소 플랜트를 위해 요구되는 환경 성명서는 매우 범위가 넓고 값비싼 성명서이다.

9.3.1 환경 성명서의 사용

환경 성명서의 주된 목적은 제안된 계획의 계획 권한, 환경 영향의 정도, 가능한 대안 계획이 고려되었는지, 사용할 모든 환경 영향 완화 측정에 대해서 공무원 및 의사 결정자에게 알리는 것이다. 기본 철학은 영향을 제한하는 완화 조치에 의존하기보다는 대안을 찾음으로써 환경 피해를 항상 피하는 것이 바람직하다는 것이다.

문서의 가장 중요한 두 번째 목적은 지역 인구 및 기타 프로젝트의 이해 관계자들에게 정보를 주는 것이다. 따라서 환경 성명서에는 공적인 상담 동안에 사용되는 비기술적인 요약이 항상 포함되어 있다.

환경 성명서의 자세한 목적은 다음과 같다.

- 프로젝트의 필요성을 설명하고, 물리적 특성과 규모 및 디자인을 설명
- 현장의 환경적 특성과 영향을 받을 수 있는 주변 지역을 조사
- 계획의 환경 영향 가능성을 예측
- 악영향을 피하거나 상쇄하거나 줄이기 위해 취하는 조치에 대한 설명
- 계획 영역에서 환경을 개선하기 위해 취하는 조치를 설명
- 계획 당국과 기타 이해 당사자 및 대중에게 계획 허가 결정에 도움이 되는 정보를 제공

9.3.2 전형적인 환경 성명서의 내용

환경 성명서의 내용과 환경 영향 평가 기간 동안에 수행된 연구는 제안된 계획에 따라 다르지만 다음 사항을 포함한다.

- 지원자, 부지 위치, 계획의 성질과 구조를 설명하는 소개 부분
- 국가 에너지와 지역 계획 정책에 대한 설명과 계획이 이들과 얼마나 잘 맞는지에 대한 설명
- 계획의 필요성과 특정 위치가 다른 위치보다 선호되는 이유에 대한 토론 및 설명
- 평가 범위와 수행된 모든 연구에 대한 설명. 환경 영향 평가(EIA)의 작업이 시작되기

전에 계획 당국과 합의하여 범위를 정하는 것이 바람직함.

- 프로젝트에 대한 설명 및 악영향을 피하기 위해 어떻게 디자인이 변경되었는지에 대한 설명
- 프로젝트 기술과 위치에 따라 달라지는 일련의 세부 기술은 다음 내용을 포함함.
  - 풍경과 시각적 영향
  - 대기 질(특히, 바이오매스 생성 플랜트에 중요)
  - 소음
  - 문화 유산과 고고학(영향을 받을 중요한 고고학 유적지가 있는지 여부)
  - 공장 건설 및 운영 중에 현장 접근과 교통 영향
  - 생물 다양성과 자연 유산(프로젝트가 요구되기 전에 식물군과 동물군을 결정하기 위한 기준 사이트 설문)
  - 수질 환경(특히, 수력 발전에서는 습지와 집수 구역에 대한 영향 평가 필요)
  - 폐기물 처리(특히, 바이오매스 계획인 경우)
  - 사회 경제적인 측면

필요한 연구 목록은 위와 같이 길고 많은 전문가들이 필요하다. 환경 영향 평가가 시작되기 전에 계획 당국과 연구 범위에 대해 동의하는 것이 일반적이다.

요약

1. 신재생 에너지 프로젝트의 경우 재생 가능 자원에 대한 이해가 필수적이다.

2. 신재생 에너지 프로젝트 개발의 도전은 다음과 같다.
   (a) 프로젝트의 예상 수명 동안에 재생 가능 에너지 자원의 추정
   (b) 계획 (허가) 권한 획득
   (c) 전기에너지 판매를 위한 전력 구매 계약을 확보
   (d) 그리드 접근 확보

3. 재생 가능 에너지 체계의 생산량 예측은 다음 단계를 따른다. 프로젝트의 미래 수명 동안 신재생 에너지 자원의 예측과 배열 영향을 포함하여 개별 장치의 전력 생산량을 계산하고 연간 수익을 계산한다.

4. 대부분의 신재생 에너지 계획은 특수 목적 차량(SPV: special purpose vehicle) 회사에 의해

자금을 조달하고 금융의 상당 부분 부채를 사용한다.

5. 할인된 현금 흐름 평가의 기초는 인간이 미래의 돈보다 현재의 돈을 선호한다는 것이다.

6. 기본 할인 공식은 다음과 같다.

$$V_p = \frac{V_n}{(1 + r_d)^n}$$

V_n: n년 동안 합계

V_p: 현재의 합계

r_d: 돈 선호 시간을 반영한 할인율(%)

7. 순수 현재 가치는 과거 또는 미래 소득과 지출의 모든 현재 가치들의 합이다.

8. 환경 영향 평가는 프로젝트의 환경적인 결과를 평가하는 데 사용되는 잘 정의된 절차이고, 시민 당국의 계획 허가를 확보하는 데 필수적인 단계이다.

9. 환경 성명서는 환경 영향 평가의 활동에 근거한 공식 문서이다. 환경 성명서는 계획 허가를 받기 위한 신청서의 일부로서 계획 당국에 제출한다.

연습 문제

1. 아래와 같은 발전 계획의 에너지 출력을 평가할 수 있는 방법을 설명하시오.
   - 풍력 단지
   - 태양 PV 프로젝트
   - 바이오매스 플랜트

2. 위 연습 문제 1에 나열된 유형의 프로젝트의 주요 위험을 나열하고, 토론하시오.

3. 턴키 계약(turn-key contract)이란 무엇인지 설명하시오. 또 이런 종류의 조달 유형의 장점과 단점을 토론하시오.

4. 높은 할인율이 신재생 에너지 프로젝트에 미치는 영향을 설명하시오.

5. 환경 성명서에서 다루어야 할 주요 쟁점 사항을 열거하고 논의하시오.
   - 작은 수력 체계

- 육상 풍력 발전 단지
- 바이오매스 발전

6. 표 9.4와 같이 작은 수력 체계의 세부 사항들이 제안되었다.

표 9.4

머리	40 m
최고 유량	3 m^3/s
연간 용량 계수	45%
자본 비용	£800,000
연간 운영 비용	£5500
수익	4 p/kWh
수명	10년
할인율	11%
터빈 효율	85%
발전기 효율	97%

(a) 위 프로젝트의 단순 회수 기간(년)을 계산하시오.

(b) 순수 현재 가치를 계산하시오.

[답: (a) 5.4년, (b) £68,458]

7. 작은 풍력 발전 단지에 대한 세부 사항들이 아래 표 9.5와 같이 제안되었다.

표 9.5

풍력 발전 단지의 정격 정력	5 MW
연간 용량 계수	23%
자본 비용	£3,000,000
연간 운영 비용	£10,000
에너지 수익	5.5 p/kWh
수명	7년 운영
할인율	12%

(a) 프로젝트의 단순 회수 기간(년)을 계산하시오.

(b) 프로젝트의 순수 현재 가치를 계산하시오. (단, 풍력 단지의 자본 비용은 공사가 시작된 다음에 발생하고, 1년 후에 수입이 발생한다고 가정한다)

(c) 내부 수익률을 계산하시오.

(d) 프로젝트의 주요 재정 위험을 나열하고, 논의하시오.

[답: (a) 4.5년, (b) £32,000, (c) 12.3%]

더 읽을거리

- Burton A. et al., *Wind Energy Handbook*, 2nd Edition, Wiley, 2011.
- Committee on Environmental Impacts of Wind Energy Projects, National Research Council, 'Environmental Impacts of Wind-Energy Projects', 2007, ISBN: 978-0-309-10834-8.
- Glasson J. et al., *Introduction to Environmental Impact Assessment*, 4th Edition, Routledge, 2012.
- Khatib H., *Financial and Economic Evaluation of Projects in the Electricity Supply Industry*, London, Institution of Electrical Engineers, 1997.

10 전기에너지 시스템

소개

열, 조명, 동력 및 정보 교환을 위해 세계의 전기 의존도는 계속 증가하고 있다. 전기에너지의 세계 소비는 2004년 17,500 TWh에서 2015년 24,000 TWh까지 연평균 약 3.4%로 증가하였다. 기후 변화를 제한하기 위한 이산화탄소 배출 감소는 열(예: 가스보일러에서 열펌프로) 및 운반(예: 내부 연소 엔진에서 전기자동차) 같은 서비스를 화석연료 사용에서 전기 사용으로의 전환을 요구하고 있다. 이것은 전기 수요를 더욱 증가시킬 것이다.

전통적인 전력 시스템은 대규모 화석 연소 또는 수력 장치와 동기화된 발전기에 의해 공급된다. 이러한 장치의 작동은 잘 이해되었으며, 화석연료 또는 대형 저수지에 저장된 에너지 때문에 비교적 제어하기 쉽다. 반면에 많은 재생 발전기(예: 풍력 및 태양광 발전 장치)는 즉각적인 재생 가능 자원에 반응하며, 대형 회전 발전기의 특성과 꽤 다른 정전력 인터페이스를 통한 네트워크에 연결되어 있다.

풍력 발전 단지 또는 수력 발전기와 같은 대형 재생 발전기에서 생성되는 전력은 전달 및 분배 네트워크를 통해 부하로 운송되어야 한다. 작은 발전기(예: 국내 PV 시스템)는 고객과 가까이 연결되어 있지만 안정된 전압과 주파수를 제공하는 중앙 전력 시스템에 의존하고 있다. 그들의 위치와 로컬 부하와 관련된 전력 출력에 따라 네트워크에 분배된 재생 발전기들은 전력과 주파수에 다소 영향을 끼친다.

재생 에너지 보급이 증가함에 따라 전력 시스템의 운영은 더욱 더 어렵다. 그러나 많은 소규모 국가 전기 시스템(예: 아일랜드)은 풍력에너지로부터 전력의 50% 이상을 공급받고 있다. 전통적으로 전력 시스템은 전기가 필요할 때 공급하려고 한다. 재생 에너지 발전 시스템 운영의 많은 부분은 예상치 못한 발전기의 고장 또는 재생 가능한 자원 예측에 오류가 있는 경우 특히 부하를 제어해야 한다.

이 장에서는 재생 발전기의 연결 및 작동을 제어하는 요소들과 많은 비율을 차지하는 재생 발전기들로 이루어진 미래 전기 시스템을 운영할 때 예상할 수 있는 몇 가지 문제들에 관해 설명하고자 한다. 에너지 벡터에 대한 일반적인 논의 후에 전기 시스템이 어떻게 구성되고 작동하는지 알아보고, 재생 가능 발전기가 어떻게 전압과 주파수에 영향을 미치는지를 알아볼 것이다. 그 다음 신재생 발전기의 몇 가지 특별한 특성들(예: 낮은 관성과 매장량 증가의 필요성)에 대해 논의할 것이다.

10.1 에너지 시스템

에너지는 여러 경로(종종 에너지 벡터라고 함)를 통해 필요한 위치로 운송된다. 이것은 전기, 열 또는 가연성 가스들이 포함된다. 많은 국가에서 전기에너지는 소비되는 총에너지의 약 1/3을 차지한다. 나머지는 화석연료(천연가스, 석유 제품 또는 석탄)에서 직접 공급된다. 증기 또는 온수 열 시스템은 열부하가 많은 산업 공장 및 도시 지역에서 사용된다. 전기는 현대 사회에서 매우 유연한 에너지 벡터이지만 많은 국가에서 에너지 일부만 사용한다.

화석연료의 주요 특징 중 하나는 높은 에너지 밀도를 가진다는 것이다(표 10.1 참조). 화석연료는 트럭이나 파이프라인으로 쉽게 수송할 수 있고, 소량 필요한 장치에서 변환도 가능하다. 화석연료는 대형 발전소에 의한 전기 발전 또는 지역적으로 천연가스 보일러와 작은 열병합 발전 장치에서 얻은 열과 전기에 의해 유용한 에너지로 변환될 수 있다.

대조적으로 재생 가능 자원의 에너지 밀도는 상대적으로 낮으며, 자원 또는 발생하는 곳에서 이용되어야 하는 단점이 있다. 파도와 조력 에너지는 더 집중되어 있으나 바람과 태양 에너지는 특히 확산한다(표 10.2 참조). 표 10.2의 값은 정상 작동 조건에서의 수치이고, 비정상적인 상황에서 나타나는 에너지 밀도는 반영하지 않고 있다.

화석연료의 두 번째 중요한 특성은 적은 저하로 장기간 보관할 수 있다는 것이다. 화석연료는 밀집된 형태로 에너지를 저장하며, 가장 유용한 속성은 에너지 요구가 있는 현 건물에

표 10.1 연료들의 대략적인 에너지 밀도

화석연료	에너지 밀도[MJ/l]	에너지 밀도[MJ/kg]
디젤 오일	36	45
석탄, 역청(도로 포장에 쓰이는 찐득한 시커먼 물질)	20	25
나무	2	15
수소 가스(실온 및 압력)	0.01	140
천연가스(실온 및 압력)	0.04	50

표 10.2 재생 가능 에너지 자원의 대략적인 출력 밀도

재생 가능 에너지 자원	출력 밀도	조건
바람	625 W/m^2	풍속 10 m/s
태양광	1000 W/m^2	밝은 햇빛
조수 흐름	8 kW/m^2	유량 2.5 m/s
파도	50 kW/m^2	노출된 위치에서 평균 선형 전력

서 기존 에너지 시스템을 발전시켜 수용한다는 것이다. 신재생 에너지 시스템은 재생 가능 자원의 변화에 따라 에너지 수요의 일부가 통제되지 않고 있다. 미래에 신재생 에너지 시스템이 구축되고 비용 측면에서 효율적으로 운영하기는 어려울 것이다.

적어도 값비싼 에너지 저장 장치(예: 수력 저장고)가 사용되지 않는 한 재생 가능한 자원은 자원이 이용 가능할 때만 유용한 에너지로 전환된다. 그런 신재생 에너지 자원(예: 개별 로드가 필요한 지붕 장착 태양광 시스템)은 개별 주택에 사용될 수 있다. 그러나 대형 풍력 발전 단지는 전기 전송 네트워크를 이용하여 에너지를 필요로 하는 부하로 전송한다.

신재생 에너지 발전기는 전기 그리드와 연결되거나 격리된 시스템에서 작동할 수 있다. 일반적으로 외딴곳에서의 신재생 에너지 발전기는 작고, DC 전류를 생산하며 배터리를 충전하는 데 이용한다. 배터리에 저장된 에너지는 작은 시스템 운영에 사용된다.

특히, 태양광 패널은 외딴 장소에서 필요한 전기 수요에 소량의 에너지를 공급하는 데 유용하다. 일반적인 응용 분야는 조명, 백신 냉장고 또는 그리드 전원 연결이 없는 외딴곳에서의 항행 보조이다. 배터리는 안정적인 직류 전압을 제공하고 제어 시스템은 간단하다. 그러나 고립된 DC 시스템의 최대 실제 크기는 5~10 kW 미만이다. 일부 섬 및 외딴곳에서 고출력 AC 신재생 에너지 시스템이 있으나 시스템 제어가 어렵고 시스템 작동을 위해 화석연료 발전기가 지속적으로 작동하거나 큰 배터리 같은 에너지가 필요하다. 따라서 대부분의 신재생 에너지 발전기들은 AC 그리드와 연결하여 정압 및 주파수 안정성을 확보하고 있다.

대형 전기 시스템은 부하의 다양성에 큰 문제가 없다. 예를 들면, 개별 가정에서 1년에 한 번 순간적으로 최대 10 kW의 부하(예: 식기세척기, 세탁기, 회전식 건조기, 냉장고, 다리미)가 있을 수 있다. 그러나 많은 가정에서 가전제품을 드물게 사용하고 서로 다른 시간에 사용

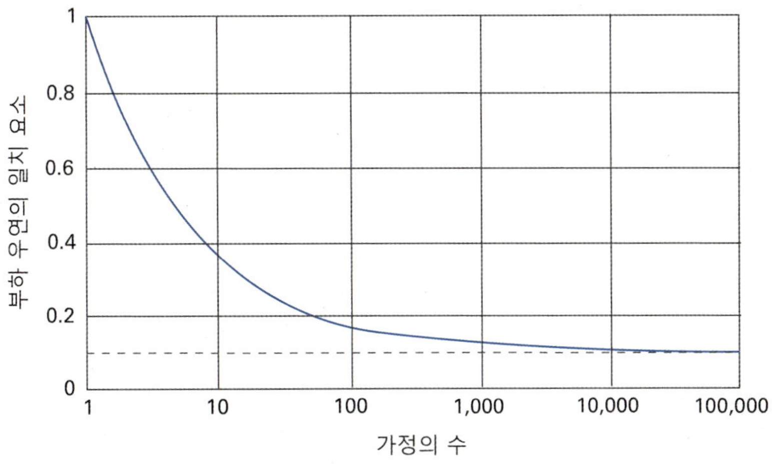

그림 10.1 일반 가정의 부하 우연의 일치 요소

하기 때문에 연중 평균 부하는 약 1 kW에 불과하다. 따라서 개별 가정에 최종 공급 케이블은 10 kW의 정격이어야 하지만 가정에서 그리드까지의 연결은 한 가정당 1 kW이다. 그림 10.1은 국내 전기 부하 우연의 일치 요소를 보여 주고 있다. 10,000 이상의 가정이 장비의 한 품목(예: 발전기 또는 고전압 전송 회로)에서 공급되고 모든 개별 피크 부하의 합을 크게 줄일 수 있으며, 그 품목의 전력 정격은 사용에 맞게 선택된다.

10.2 교류(AC) 전력 시스템

현대 전력 시스템은 일반적으로 그림 10.2에 표시된 배열을 따른다. 큰 중앙 발전소는 화석연료 보일러나 원자로 또는 수력으로 발생한 고압 증기에 의해 최대 1000 MW 등급의 발전 장치들을 가지고 있다. 전력은 고전압으로 변환시키는 변압기가 그리드라고 불리는 전송 시스템과 상호 연결되어 공급된다. 전송 시스템은 벌크 전력을 때로는 상당한 거리로 전송하는 데 사용되고, 고객에게 전달하기 위해 방사형 분배 회로 변압기들에 의해 다시 추출되고 전달된다. 일부 큰 재생 가능 에너지 발전기들(예: 풍력 발전 단지 및 수력 세트)은 변속기

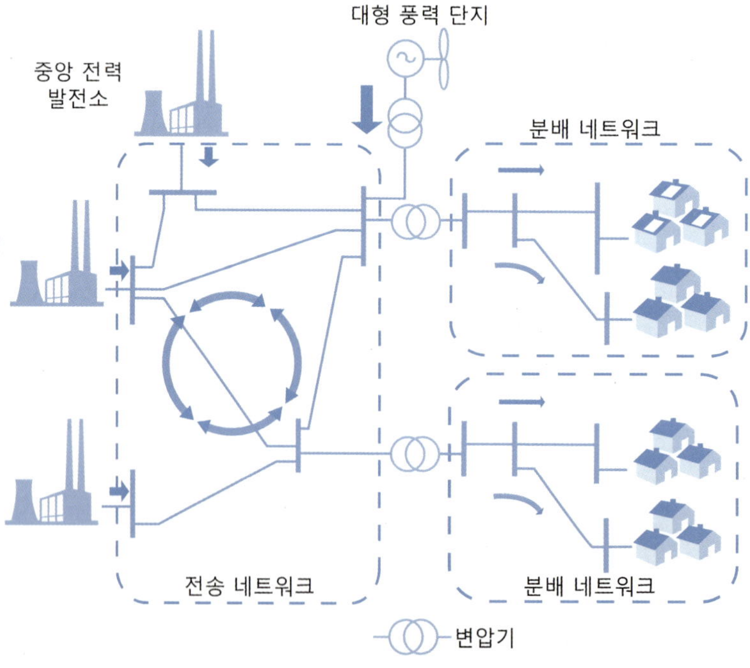

그림 10.2 일반적인 대형 전력 시스템

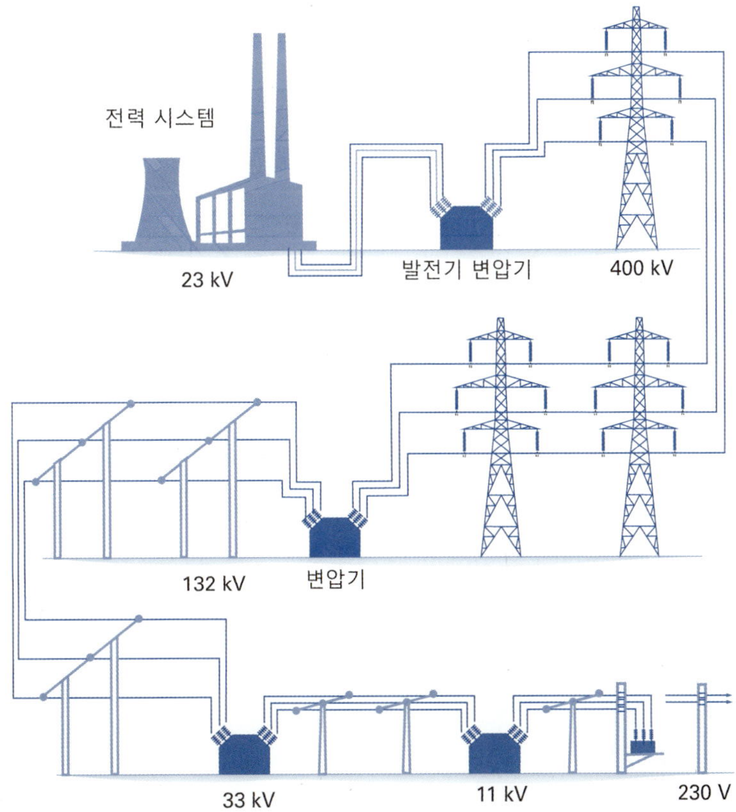

그림 10.3 영국 전력 시스템의 전압 변환

그림 10.4 수력 발전소와 변전소
출처: 실론(Ceylon) 전기 보드(컬러 사진 참조).

또는 고전압 분배 네트워크와 연결된 반면, 작은 발전기들(예: PV 시스템)은 더 낮은 전압에 연결되어 있다.

변압기는 3상 교류 전력 시스템의 다양한 전압 레벨을 연결하는 데 사용된다. 예를 들어, 400 kV는 영국에서 벌크 전송에 사용되는 반면, 소비자는 가정용 장비에 230 V 단상이 필요하다. 영국 파워 시스템의 다양한 회로에서 사용되는 일반적인 전압 레벨은 그림 10.3에서 보여 주고 있다.

그림 10.4는 스리랑카에 있는 60 MW 수력 발전소를 변전소와 함께 보여 주고 있다. 2개의 30 MW 발전기가 내부에서 작동하고 있다. 각 발전기의 정격은 37.5 MVA, 12.5 kV, 500 rpm이다. 발전기는 프랜시스 터빈에 의해 움직이며 수직축으로 동기화되어 있다. 발전기들의 출력은 38 MVA, 12.5/132 kV 변압기들을 통해 132 kV 전력망으로 연결되어 있다. 그림은 고전압 스위치 야드, 전송선과 예비 변압기에 연결된 2개의 발전기 변압기들을 보여 주고 있다. 발전소 뒤쪽 언덕에 위치한 2개의 큰 파이프는 물 급수 파이프이다.

고전압은 다음과 같이 장거리의 전력을 전송하는 데 사용된다.

$$P_{\text{전송된}} = VI \tag{10.1}$$

여기서 V는 회로의 전압, I는 회로를 통과하는 전류이다.

고전력 오버헤드 전송을 위해 공기를 단열재로 사용할 수 있으므로 고전류 장비 구축보다 고전압 장비 구축이 저렴하다. 따라서 고전압은 벌크 전력 전달에 사용된다. 유럽에서는 최대 400 kV의 전송 전압이 일반적이다(미국 및 중국에서는 750 kV가 일반적임). 이때 각 회로에 흐르는 전류는 2 kA 또는 3 kA 미만으로 제한된다. 고전압에서 많은 양의 전력은 제한된 양의 전기 손실로 대량의 전력을 전송할 수 있다. 회로의 저항 손실은 다음과 같다.

$$P_{\text{손실}} = I^2R \ \ [\text{W}] \tag{10.2}$$

여기서 R는 회로의 저항이다.

식 (10.1)은 고전압이 사용될 때 필요한 전류의 양이 적다는 것을 보여 준다. 따라서 전송선에서 저항 손실을 낮게 유지할 수 있다.

국가 전력 시스템은 일정한 주파수로 작동한다. 작동 주파수는 20세기 초 공학자에 의해 선정되었으며, 많은 나라에서 50 Hz를, 북미에서는 60 Hz를 사용한다. 일본에서는 지역에 따라 50 Hz 또는 60 Hz가 사용되고 있다.

10.3 유효 및 무효 전력

순간 전력에서 유효 전력은 $P = VI\cos\phi$로 양의 평균값을 가지며, 무효 전력은 평균은 0이지만 피크값은 $Q = VI\sin\phi$이다.

그림 10.5(a)는 임피던스 Z를 가지는 부하에 연결된 발전기를 보여 주고 있다. 전류의 부호 규칙에 따라 양의 전류가 항상 발전기 또는 부하로 흐른다. 부하 임피던스 Z는 세 가지의 형태를 가질 수 있다. 저항성, 용량성 또는 유도성이다. 유도성 부하의 경우를 고려해 보자. 임피던스 Z에 의해 소비된 유효 전력은 전압 위상과 같은 위상이고, 무효 전력은 전압 위상과 직교한다.

그림 10.5(b)는 위상 그림을 보여 주고 있고, 그림 10.5(c)는 PQ 사분면을 보여 주고 있다. 부하 전류(I_L)와 발전기 전류(I_G)는 그림 10.5(b)에서 점선으로 보여 주고 있다. $I_L = -I_G$이고, 음의 부호는 그림 10.5(a)에 표시된 전류의 방향 때문이다. P_L과 Q_L은 PQ 그림에 나타낸 것과 같이 1사분면에서 보여 주고 있다. 유효 및 무효 전력에 의한 전력 소모는 $P + jQ$이다.

만일 $Z = R$이면 Q는 0이며, 실제 유효 전력만 소비된다.

만일 Z에 저항성 및 용량성 부하가 있다면 부하는 유효 전력을 소비하고 무효 전력을 만든다. 그 결과 전력 소비는 $P - jQ$이다. 이 경우 P와 Q는 4사분면에 존재한다.

발전기는 항상 유효 전력을 생성하고 P는 음수이다. 동기화된 발전기는 무효 전력을 소비하거나 생성할 수 있다(따라서 P와 Q는 2사분면 또는 3사분면에 있을 수 있음). 고정 속도 유도 발전기는 항상 무효 전력을 소비하므로 P와 Q는 2사분면에 있을 수 있다. 인버터를 통해 연결된 재생 가능한 에너지 자원[풍속 또는 FPC(full power converter) 또는 PV 패널과 연결된 수력 발전소]은 무효 전력을 소비하거나 생성할 수 있으므로 P와 Q는 2사분면 또는 3사분면에 있다.

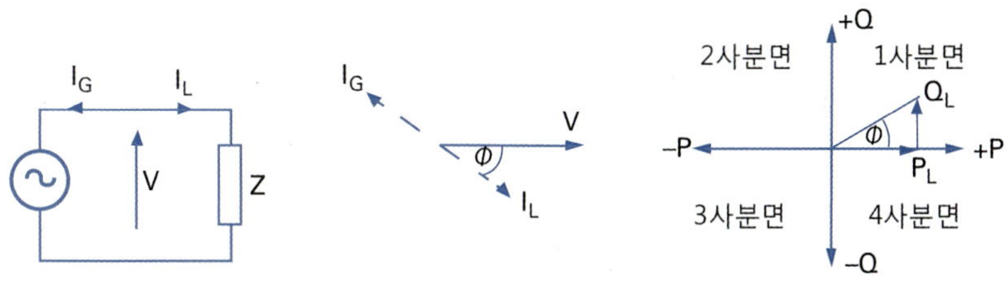

(a) 발전기-부하 (z)회로　(b) 위상 그림　(c) 유효(P_L)과 무효(Q_L) 전력 그림

그림 10.5 간단한 발전기-부하 회로에서 위상 그림과 유효 및 무효 전력 그림

실제 전력 시스템에서 많은 부하들은 분배 회로에 연결되어 있다. 이것들은 저항성, 유도성 및 용량성 부하들의 조합이 될 수 있다. 산업 부하의 일부는 그림 10.6과 같다. 저전압(low voltage) 부하는 건물의 조명 및 난방뿐만 아니라 팬이나 펌프에 사용되는 작은 모터들이다. 이 공장에서 소비되는 총전력은 큰 유도 모터, 모든 저전압 부하들에 의해 소비되는 전력, 1MVA 변압기와 연결선들에서 발생하는 전력 손실이다. 식은 아래와 같다.

$$P_{\text{공급}} - P_{\text{모터}} - P_{\text{저전압}} - P_{\text{손실}} = 0 \tag{10.3}$$

무효 전력의 흐름도 유사한 방식으로 고려될 수 있다. 유도 모터와 저전압 부하는 무효 전력을 소비하는 반면, 커패시터는 무효 전력을 생성한다. 따라서 공급 라인에서 끌어온 총 무효 전력은 부하와 손실에 의해 소비된 무효 전력에서 커패시터에 의해 공급된 무효 전력을 뺀 것이다. 즉, 다음과 같다.

$$Q_{\text{공급}} + Q_{\text{커패시터}} - Q_{\text{모터}} - Q_{\text{저전압}} - Q_{\text{손실}} = 0 \tag{10.4}$$

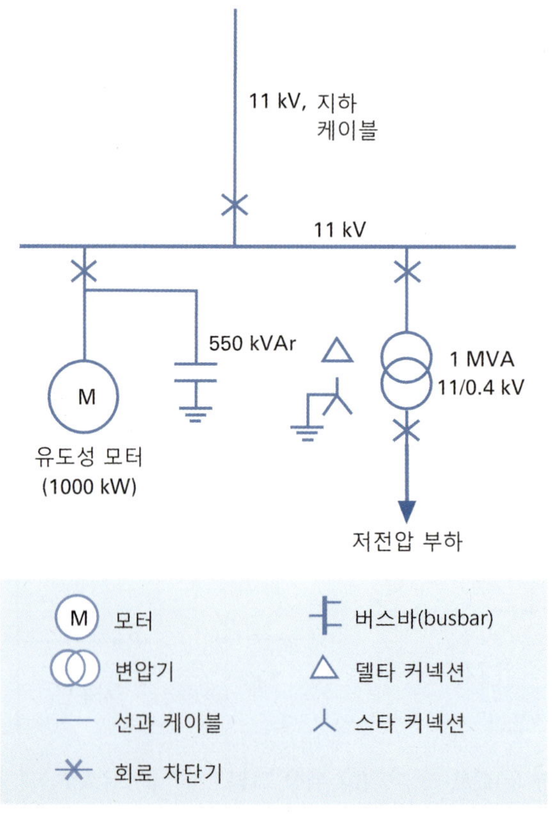

그림 10.6 전형적인 산업 부하

일반적으로 노드 또는 경계에서 $\sum P = 0$ 및 $\sum Q = 0$이다. 따라서 회로의 노드와 경계에서 흐르는 P와 Q는 독립적으로 취급할 수 있다. 실제 전력 손실($P_{손실}$)은 열을 생성하므로 에너지 손실이다. 반대로 무효 전력 손실($Q_{손실}$)은 커패시터 및 인덕터 같은 반응성 구성 요소에 의해 에너지가 진동하므로 결과적으로 에너지 손실은 없다.

이러한 개념 프레임에서 유효 전력($\pm P$)과 무효 전력($\pm Q$)의 흐름은 개별적으로 고려된다. 이런 유용한 개념은 고전압 전송 네트워크를 고려할 때 유용하게 사용된다. 또 분배 시스템의 발전기들의 영향을 설명하는 데 유용한 표현이다.

10.4 전력 시스템의 전압

그림 10.3에서 보듯이 전원 시스템의 각기 다른 부분들은 다른 전압 레벨을 사용한다. 이런 전압들은 국가 지침에서 정의된 한계 내에서 유지된다. 예를 들어, 영국에서는 전송 시스템의 일부인 275 kV와 132 kV의 전압을 비정상적인 조건이 우선하지 않는 한 정상값의 $+10\%$ 이내로 유지한다.

10.4.1 변압기 탭 변경

전압을 제어하는 데 사용되는 일반적인 기술은 변압기의 권선 비율을 변경하는 것이다. 변압기 권선 중 하나의 연결을 변경하는 기계식 스위치는 회전 비율을 변경하는 데 사용된다. 고전압 네트워크의 변압기들은 작동 중에 회전 비율을 바꿀 수 있다. 이러한 전압을 '부하 시 탭 변환 변압기(on-load tap changing transformer)'라고 한다. 저전압 네트워크에 연결된 변압기도 탭 변경 메커니즘을 가지고 있을지라도 탭을 변경하기 전에 변압기를 사용하지 않아야 한다. 이러한 탭 체인저를 오프-부하(전류가 흐르지 않을 때) 또는 오프-회로(전압이 인가되지 않을 때)라고 한다.

10.4.2 전압 강하 및 전력 흐름

위 그림 10.5(a)는 이상적인 회로를 통해 부하에 연결된 발전기를 보여 주고 있다. 더욱 현실적인 회로는 직렬로 연결된 저항과 인덕터이다. 그림 10.7은 저항 R와 리액턴스 X를 가지는 회로를 통해 임피던스 Z를 가지는 부하와 발전기의 연결을 보여 주고 있다.

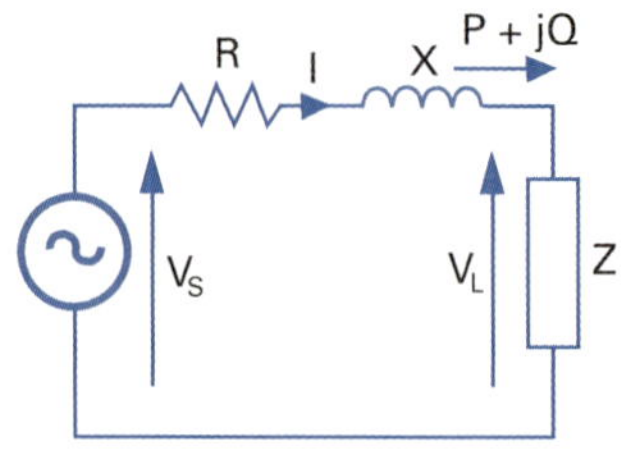

그림 10.7 전송 회로의 일부분

부하에 의해 취해지는 피상 전력은 다음과 같다.

$$\mathbf{V}_\mathrm{L}\mathbf{I}^* = P + jQ$$

$$\mathbf{I} = \frac{P - jQ}{\mathbf{V}_\mathrm{L}^*}$$

발전기 또는 송신단($\mathbf{V}_\mathrm{S}$)과 부하($\mathbf{V}_\mathrm{L}$)의 전압들은 다음과 같이 관련되어 있다.

$$\begin{aligned}\mathbf{V}_\mathrm{S} &= \mathbf{V}_\mathrm{L} + (R + jX)\mathbf{I} \\ &= \mathbf{V}_\mathrm{L} + (R + jX)\left[\frac{P - jQ}{\mathbf{V}_\mathrm{L}^*}\right]\end{aligned} \tag{10.5}$$

만일 $\mathbf{V}_\mathrm{L}$을 기준 위상으로 하면, $\mathbf{V}_\mathrm{L} = \mathbf{V}_\mathrm{L}^* = V_L$이고 $\mathbf{V}_\mathrm{S}$와 $\mathbf{V}_\mathrm{L}$ 사이의 위상각은 δ이다.

$$\begin{aligned}V_S(\cos\delta + j\sin\delta) &= V_L + (R + jX)\left[\frac{P - jQ}{V_L}\right] \\ &= \left[V_L + \frac{RP + XQ}{V_L}\right] + j\left[\frac{XP - RQ}{V_L}\right]\end{aligned} \tag{10.6}$$

식 (10.6)은 송신 전압과 부하 전압의 차이가 회로의 임피던스를 지나는 유효 및 무효 전력에 의해 결정된다는 것을 보여 준다.

일반적으로 전송에서 150 kV보다 높은 전압 레벨과 분배에서 150 kV보다 낮은 전압 레벨을 설명하는 것이 유용하다. 동일한 물리 법칙에 의해 지배받더라도 실제로 전송과 배전 회로들은 다른 특성들을 보여 준다. 전송 회로는 매우 낮은 저항을 가지는 반면, 분배 회로에서는 송신 전압과 부하 전압 사이에 매우 작은 위상각을 가진다. 분배 회로에서 δ가 작으므로 $\cos\delta \approx 1$이고 $\delta \approx 0$이다. 따라서 식 (10.6)은 다음과 같이 간단해진다.

$$\Delta V = V_S - V_L = \frac{RP + XQ}{V_L} \tag{10.7}$$

전송 회로의 경우 저항이 작으므로 식 (10.6)은 다음과 같이 쓸 수 있다.

$$\Delta V \approx \frac{XQ}{V_L} + j\frac{XP}{V_L} \tag{10.8}$$

식 (10.8)은 유효 전력 또는 P 흐름이 허수항과 전압 각도에 영향을 미친다는 것을 보여 주고 있으며, 무효 전력 또는 Q 흐름은 전압의 크기에 영향을 미친다는 것을 보여 주고 있다. 그러므로 전송 회로의 전압은 일반적으로 무효 전력의 흐름을 변화시킴으로써 제어된다.

10.4.3 P 및 Q 흐름에 따른 로컬 전압의 변화

그림 10.8은 소규모 풍력 단지가 연결된 분배 네트워크의 섹션을 보여 주고 있다. 버스바 A는 작은 임피던스 뒤의 전압으로 표시되는 주 전원 시스템의 경직된 소스이다. 버스바 A는 부하 및 다운 스트림 분배 네트워크에서 생성된 변화와 무관하게 일정한 전압을 주는 사실상 무한 버스바이다. 전력 시스템 연구에서 그 전압은 일반적으로 베이스 전압에 기초한 단

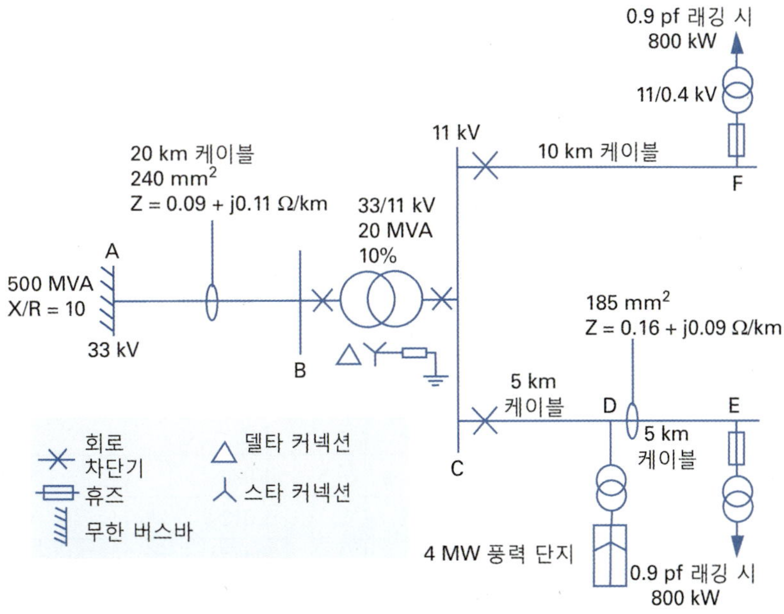

그림 10.8 작은 풍력 발전 단지와 연결된 분배 네트워크의 일부분

위 전압으로 기술된다. 기본 전압이 33 kV인 버스바 A의 경우 단위 전압은 유닛(unit)당 1.0 pu이다. 그림 10.8은 또한 회로 차단기와 단락이 발생하는 경우 네트워크의 일부를 격리하는 데 사용되는 퓨즈의 위치를 보여 주고 있다.

버스바 A의 전압을 알고 있으므로 버스바 B의 전압은 식 (10.6)을 이용하여 계산할 수 있다. 그러나 이 식은 버스바 B에서의 유효 및 무효 전력 흐름과 알려지지 않은 버스바 B의 전압을 알아야 한다. B에서 흐르는 유효 및 무효 전력은 변압기와 11 kV 회로에서 발생하는 손실과 함께 부하와 풍력 발전 단지의 유효 및 무효 전력의 합이다. 식 (10.2)와 같이 손실 계산은 라인에 전류가 필요하다. 그러나 전류를 계산하기 위해서는 11 kV 네트워크에 있는 전압을 알아야 한다. 그러므로 네트워크의 다른 부품들의 전압과 전류, 즉 전력 흐름을 직접적으로 계산하는 것은 불가능하다. 전력 시스템 연구에서 반복적인 기술이 이러한 계산에 사용되며, 일반적으로 로드 흐름 프로그램(load flow program)이라고 한다.

로드 흐름 프로그램은 그림 10.8에 나타낸 것과 같이 각 버스바에서 전압과 네트워크에서 전력 흐름을 얻는 데 사용된다. 다음 세 가지 경우가 검사되었다. (1) 버스바 D와 연결된 풍력 발전 단지의 생산량이 없을 때, (2) 완전 유효 출력량이 생산되고 무효 전력을 수출할 때, (3) 완전 유효 전력 출력량이 생산되고 무효 전력을 수입할 때이고, 그 결과는 표 10.3에 나타냈다. 전압들은 표 10.3의 첫 번째 열에 표시된 기본 전압을 기준으로 단위 수량을 나타내고 있다.

그림 10.9(a)와 그림 10.9(b)(그림 10.8에서 90° 회전하고 모든 회로 차단기 기호가 제거됨)는 풍력 발전 단지가 무효 전력을 수출하고 수입할 때 네트워크의 다른 부분에서 유효 및 무효 전력 흐름을 보여 주고 있다. 라인 및 변압기의 손실은 무시되었다. 그림과 같이 모든 노드에 들어오는 유효 및 무효 전력은 노드에서 떠나는 유효 및 무효 전력의 합과 같다. 예

표 10.3 그림 10.8의 각 버스바의 전압

		각 바스바에서 전압(pu)		
			풍력 발전 단지의 생산량이 4 MW일 때	
기본 전압	버스바	풍력 발전 단지의 생산량이 0일 때	수출하는 무효 전력	수입하는 무효 전력
33 kV	A	1.0	1.0	1.0
	B	0.996	1.006	0.998
	C	0.992	1.012	0.983
11 kV	D	0.985	1.037	0.986
	E	0.978	1.031	0.989
	F	0.978	0.998	0.969

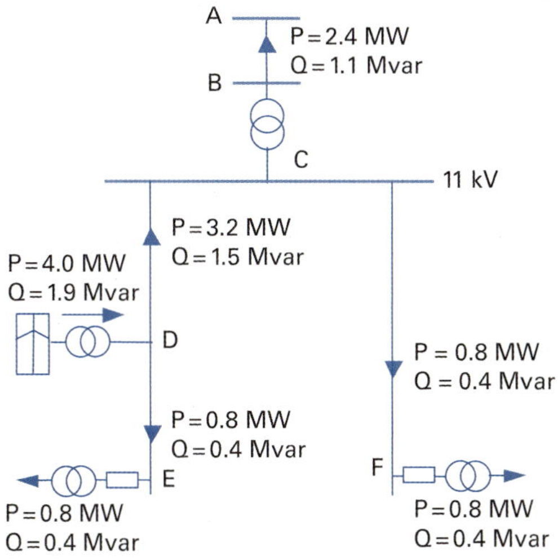

(a) 풍력 단지가 무효 전력을 수출할 때

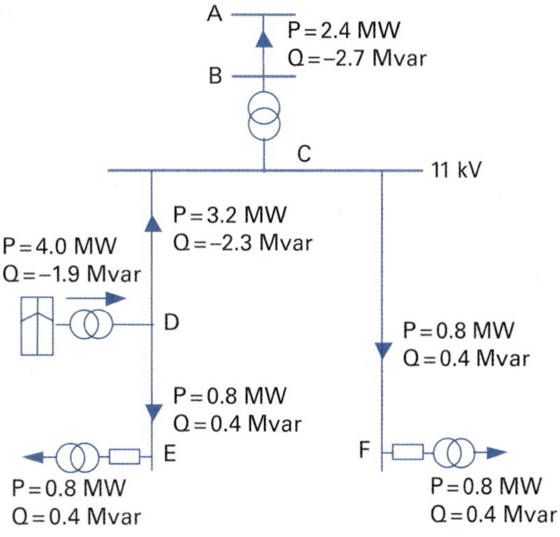

(b) 무효 전력을 수입할 때

그림 10.9 무효 전력의 수출 및 수입 시 부하 흐름

를 들어, 풍력 발전 단지에서 무효 전력을 내보내면 4 MW의 유효 전력과 1.9 Mvar의 무효 전력을 생산한다. 버스바 D를 떠나는 유효 및 무효 전력은 버스바 $E(P = 0.8$ MW, $Q = 0.4$ Mvar)와 연결된 부하에 의해 소비되고, 버스바 $C(P = 3.2$ MW, $Q = 1.5$ Mvar)로의 전력 흐름이다. 따라서 버스바 D에 들어오고 나가는 총전력은 $P = 0.8 + 3.2 = 4$ MW이며, $Q = 0.4 + 1.5 = 1.9$ Mvar이다.

풍력 터빈이 무효 전력을 내보내거나 가져오는 경우를 비교하면, 라인 AB의 유효 전력 흐름은 두 경우 모두 동일하다(B에서 A로 2.4 MW). 풍력 터빈이 무효 전력을 내보내는 경우 B에서 A로 흐르고, 버스바 B의 전압은 버스바 A의 전압보다 크다(표 10.3 참조). 한편, 풍력 터빈이 무효 전력을 수입할 때는 무효 전력은 A에서 B로 흐르고, 버스바 B에서 전압은 버스바 A의 전압보다 작다.

표 10.3과 그림 10.9에서 전압 변동이 국소적이고 인접 회로에 흐르는 유효 및 무효 전압에 의존함을 보여 주고 있다.

10.4.4 무효 전력에 의한 전압 제어

변압기에서 탭 체인저들(tap changers)을 사용하는 것과 더불어, 무효 전력에 의해 네트워크 전압을 제어할 수 있다. 일부 소규모 풍력 발전 단지와 수력 발전 설비는 고정 속도 유도 발전기(FSIG: fixed speed induction generators)를 사용한다. FSIG는 자기장을 만들기 위해 무효 전력을 흡수한다. FSIG에 의해 흡수된 무효 전력의 양은 유효 전력 생성에 따라 달라진다(유효 전력은 풍속이나 물의 흐름에 따라 변함). 이것은 그림 10.10에서 잘 보여 주고 있다. 즉, 실제 전력 출력이 0과 -1 pu 사이에서 변할 때 무효 전력은 0과 0.55 pu 사이의 값을 가진다. 발전기의 정격이 1 MVA인 경우 P는 0~$-$1MW, Q는 0~550 kvar 사잇값을 가진다. FSIG가 저항 R와 리액턴스 X를 가지는 회로를 통해 시스템에 연결된 경우 유효 전력의 수출 및 무효 전력의 수입에 의해 주어진 전압은 다음과 같다.

$$\Delta V \approx \frac{RP - XQ}{V_S} \tag{10.9}$$

FSIG는 항상 무효 전력을 흡수하므로 식 (10.9)의 XQ 항은 음수이다. 또 FSIG가 송신단의 끝에 위치하므로 식 (10.9)의 분모는 송신단 끝의 전압이다.

FSIG의 무부하 무효 전력 요구 사항을 보상하기 위해 무효 전력을 공급하는 커패시터 뱅크는 일반적으로 FSIG의 단자에 연결되어 있다. 국부적으로 Q_c와 동일한 무효 전력을 만일 커패시터가 공급한다면 식 (10.9)는 다음과 같이 수정된다.

$$\Delta V \approx \frac{RP - XQ + XQ_c}{V_S} \tag{10.10}$$

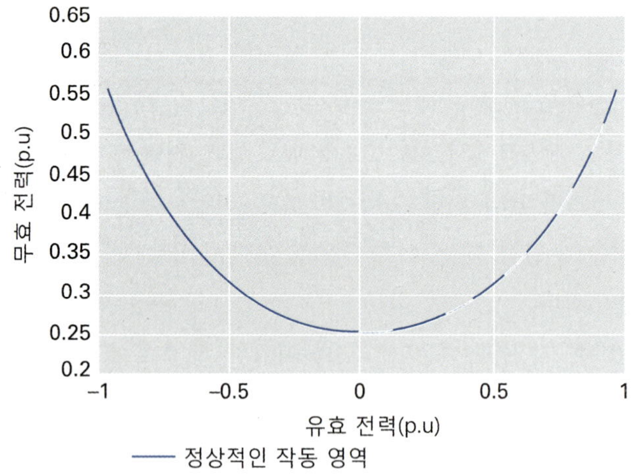

그림 10.10 고정 속도 유도 발전기(FSIG)에 의해 요구되는 무효 전력

예제 10.1 신재생 발전기에 연결 시 전압 상승 문제

그림 10.11과 같이 FSIG가 연결된 풍력 단지가 있다고 가정해 보자. 저항 0.127 Ω/km, 리액턴스 0.114 Ω/km인 콜렉터 케이블이 8 km 길이로 연결되어 있고, 연결점에서의 전압은 33 kV이다. 연결점의 전압은 전원 시스템에 의해 33 kV로 유지된다. 연결점에서 측정된 유효 전력 및 무효 전력은 15 MW와 1 Mvar(수입, importing)이다.

(a) 풍력 발전 단지와 연결된 점에서 콜렉터 케이블의 전압을 구하시오.

(b) 유효 전류(in-phase, 같은 위상)에 의한 33 kV 케이블에서의 손실을 구하시오.

• 해답

$$R = 0.127 \times 8 = 1.016\ \Omega$$

$$X = 0.114 \times 8 = 0.912\ \Omega$$

(a) 연결점에서 위상(phase)당 유효 전력 $= 15/3$ MW

연결점에서 위상(phase)당 무효 전력 $= 1/3$ Mvar

연결점에서 위상(phase)당 전압 $= 33/\sqrt{3}$ kV $= 19.05$ kV

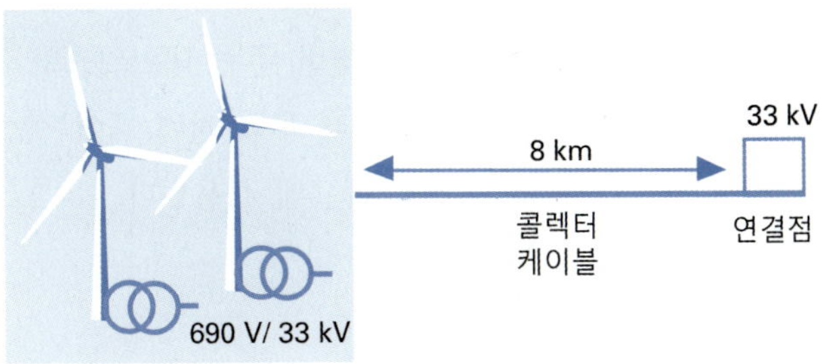

그림 10.11 전형적인 풍력 발전 단지의 연결

식 (10.9)로부터

$$\Delta V \approx \left[\frac{(1.016 \times 15/3 \times 10^6) - (0.912 \times 1/3 \times 10^6)}{19.05 \times 10^3} \right]$$

$$\Delta V \approx 250\ \text{V}$$

따라서 풍력 발전 단지에 있는 콜렉터 케이블의 전압은

$$(19.05 \times 10^3 + 250) \times \sqrt{3} = 33.43 \text{ kV}$$

(b) 33 kV에 흐르는 유효 전류는 다음과 같다.

$$I_P = \left(\frac{15/3 \times 10^6}{\sqrt{3} \times 33 \times 10^3} \right) = 87.48 \text{ A}$$

따라서 유효 전류에 의한 손실은 다음과 같다.

$$3I_P^2 \times R = 3 \times 87.48^2 \times 1.016 = 23.33 \text{ kW}$$

최신 가변 속도 풍력 터빈 및 일부 소형 수력 장치에는 전력 전자 인터페이스를 통해 무효 전력 제어 기능이 있다. 네트워크에 연결된 컨버터가 가변량의 무효 전력의 생산을 제어한다. 컨버터의 무효 전력 성능은 등급에 따라 다르다. 정격 등급이 S [MVA]이면 무효 전력 성능 Q [Mvar]는 다음과 같다.

$$Q = \sqrt{S^2 - P_{generated}^2}$$

표 10.3에 나타난 바와 같이 풍력 터빈(또는 전력 전자 장치를 통해 연결된 다른 발전기)에 의해 생성된 무효 전력을 제어함으로써 풍력 터빈 주변 네트워크의 전압은 제어 가능하다. 풍력 발전 단지에 풍력 터빈이 2개 이상 있을 때 무효 전력 제어 시스템은 전체 풍력 발전 단지에서 네트워크까지 필요한 출력을 제공하는 데 사용된다.

10.5 주파수

기존의 전력 시스템은 주파수를 제어하기 위해 화석연료 장치 또는 저수지에서 공급되는 수력 터빈을 사용한다. 화석연료 또는 물의 위치에너지로 에너지를 저장한다. 터빈은 그림 10.12와 같이 동기식 발전기(synchronous generators)에 연결되어 있다.

단일 발전기가 부하를 공급하는 경우, 전원 시스템이 총계(total blackout)에서 시작하는 경우, 주파수는 터빈의 기계적 동력과 부하에 의해 소비되는 전력 사이의 균형에 의해 정해진다. 주파수는 발전기 샤프트(shaft)의 회전 속도에 의해 제어되며, 더 많은 증기와 물을 터빈에 허용함으로써 터빈의 속도는 올라간다.

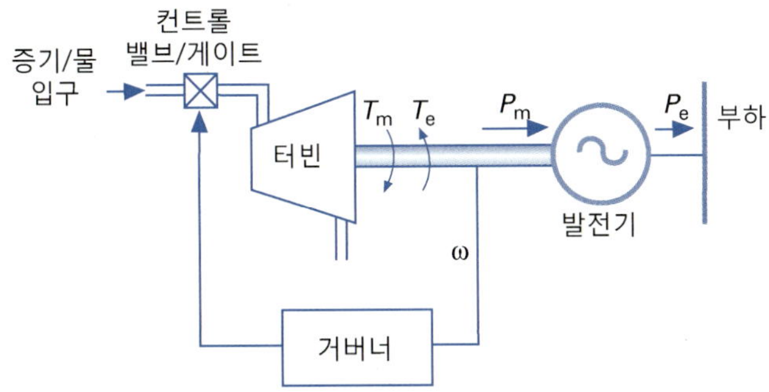

그림 10.12 주파수 제어를 보여 주는 일반적인 발전기

많은 발전기에 연결된 전력 시스템에서는 주파수는 모든 발전기의 전원 출력과 전력 시스템에 연결된 총부하의 균형에 의해 정해진다. 정상 작동 조건에서 상호 연결된 전기 전원 시스템의 주파수는 시스템 전체에서 동일하다. 따라서 GB 시스템의 주파수는 스코틀랜드에서 잉글랜드 남부까지 동일하고, 유럽 전역의 전력 시스템은 같은 주파수를 가지고 있다. 동기식 발전기의 회전자는 자기장 커플링(magnetic coupling)에 의해 회전 고정자 필드(rotating stator field)에 고정되어 있다. 고정자 필드의 회전 속도와 발전기 로터의 속도는 전력 시스템의 주파수에 의해 결정된다. 전력 시스템에 연결된 모든 발전기의 회전자들은 같은 회전 속도(동기식 속도, ω_s)로 운영된다.

2극 기계의 로터가 1회전할 때 코일에 걸리는 유도 전압은 1주기씩 변한다. 동기화 기계를 통해 각속도(ω)와 주파수(1/주기)의 관계가 정해진다. 예를 들어, 50 Hz 전원 시스템에서 2극용 기계인 경우는 다음과 같다.

$$\omega = 2\pi f = 2\pi \times 50 = 314.15 \text{ rad/s} = 3000 \text{ rpm}$$

병렬로 작동하는 발전기의 출력 전력을 공유하기 위해 처짐(drop) 특성에 기반으로 거버너들(governors)의 비례 제어가 이용된다(그림 10.13 참조). 시스템 주파수가 변할 때 대형 발전 장치 원동기의 거버너들이 처짐 특성에 기반한 전력 출력을 변경한다. 예를 들어, 전원 시스템이 50 Hz에서 작동하면 그림 10.13에 나타난 처짐 특성이 있는 장치는 점 A에서 P_1의 출력으로 작동한다. 전원 시스템의 부하가 증가하면 주파수는 점 B로 Δf만큼 떨어지고 발전기는 더 많은 증기 또는 물을 터빈에 보냄으로써 P_2로 출력을 증가시킨다.

연료를 더 천천히 연소시켜 보일러에 저장된 열에너지를 이용하여 대형 증기 발생기의 출력을 높일 수 있다. 시스템 주파수 변화에 따라 수력 장치들의 출력은 변한다. 다른 재생 가능 에너지 발전기들은 이런 에너지 저장 장치가 없으며 전력 시스템 주파수 제어도 할 수 없

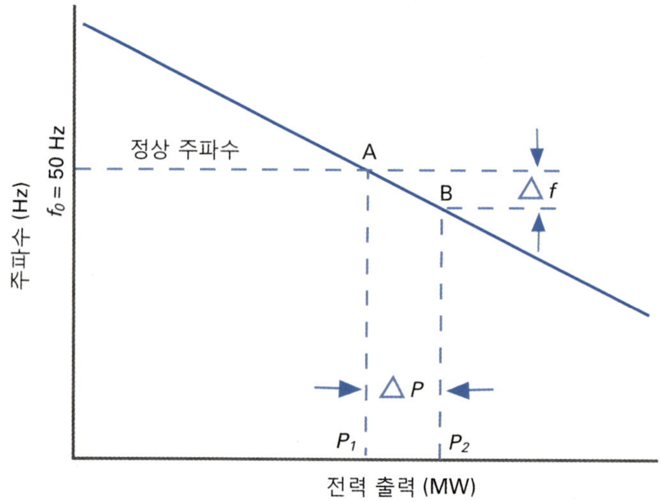

그림 10.13 거버너의 처짐 특성

다. 오히려 재생 가능 에너지 자원이 유효할 때 전력 시스템에 에너지를 주입한다.

주파수 측면에서 전력 시스템은 단일 회전 등가 관성 모멘트 I_{eq}로 간단히 살펴볼 수 있다. 모든 터빈 발전기 및 회전 부하들은 하나의 회전 속도(ω)와 단일 시스템 주파수(f)를 가지는 하나의 코히런트 발전기로서 작동한다. 등가 관성 모멘트 I_{eq}는 전력 시스템에 연결된 모든 터빈과 발전기 로터 관성들의 합이다.

모든 회전 질량들에 저장된 에너지는 다음과 같다.

$$KE = \frac{1}{2} I_{eq} \omega^2 \tag{10.11}$$

여기서

KE는 운동에너지 [J]

I_{eq}는 등가 관성 모멘트 [kgm^2]

ω는 각속도 [rad/s]

발전기의 토크는 발전기의 각속도를 결정한다.

$$\frac{d\omega}{dt} = \frac{1}{I}(T_m - T_e) \tag{10.12}$$

여기서

T_m은 원동기에 의한 토크

T_e는 전기 발전기에 의한 감속 토크

터빈-발전기 장치의 관성 상수(H)는 회전 운동에너지와 터빈-발전기 등급의 비율로 정의된다.

$$H = \frac{\frac{1}{2} I\omega^2}{S} \text{ [s]} \tag{10.13}$$

여기서

H는 관성 상수 [s]

S는 터빈-발전기의 등급 [MVA]

식 (10.13)의 I를 식 (10.12)에 넣으면

$$\frac{d\omega}{dt} = \frac{1}{2H} \frac{T_m - T_e}{S} \omega^2 \tag{10.14}$$

전력(P), 토크(T), 각속도(ω)의 관계는 $P = T\omega$이므로 식 (10.14)는 다음과 같이 쓸 수 있다.

$$\frac{d\omega}{dt} = \frac{1}{2H}(P_m - P_e)\omega \tag{10.15}$$

여기서

P_m은 터빈에 의해 샤프트에 입력되는 전력

P_e는 발전기의 출력

P_m과 P_e 모두 발전기 세트의 전력 등급 S에 기반한 단위 수량당으로 표시된다.

$\omega = 2\pi f$이므로 다음과 같이 쓸 수 있다.

$$2\pi \frac{df}{dt} = \frac{1}{2H}(P_m - P_e)2\pi f \tag{10.16}$$

$$\frac{df}{dt} = \frac{1}{2H}(P_m - P_e)f$$

전력 시스템에 연결된 모든 회전 질량들의 관성 상수가 H이면 다음과 같이 쓸 수 있다.

$$H = \frac{\frac{1}{2} I_{eq}\omega^2}{S_{sys}}$$

모든 시스템 생성과 수요의 불일치($P_m - P_e$)가 있으면 식 (10.16)은 전체 전력 시스템에 적용된다.

식 (10.16)은 H 값이 작을수록 주파수의 변화율이 더 크다는 것을 보여 준다. 기존의 대형 발전기 세트는 회전 질량이 크고 시스템 관성을 증가시킨다. 반면, 재생 에너지 발전기들은 일반적으로 H에 기여하지 않는다. 즉, 가변 속도 풍력 터빈의 전력 전자 인터페이스는 네트워크에서 발전기와 기계식 구동 트레인을 분리한다. 따라서 시스템 관성 H에 기여하지 않는다. PV 시스템 또한 정적이고 질량을 회전시키지 않으므로 시스템 관성 H에 기여하지 않는다.

신재생 에너지 발전기가 기존의 발전기와 대체하여 시스템에 연결되면 시스템 관성 H는 감소하고, 그 결과 주파수 변화를 초래한다. 신재생 발전기의 연결로 인한 전력 시스템의 관성 감소는 전력 시스템 운영자가 주로 고려하는 사항이다.

예제 10.2 PV 발전이 시스템 관성에 미치는 영향

1000 MW의 석탄, 500 MW의 석유, 1000 MW의 수력 발전으로 작동하는 전력 시스템이 있다. 이 중에 750 MW의 석탄과 250 MW의 석유를 1000 MW의 PV로 교체한다면 시스템의 관성은 몇 % 감소하는가?

발전기 종류	관성 상수 H [s]
석탄	4.5
석유	6
수력	4.5

모든 발전기의 전력 시스템은 50 Hz로 작동한다. 250 MW의 대형 발전기가 결함으로 인해 스위치가 꺼졌다. 이때 주파수가 선형으로 떨어진다고 가정하면 PV 발전 유무에 따라 시스템의 1초 후의 주파수를 계산하시오.

• 해답

시스템 베이스의 등가 관성 상수 H_{eq}는 다음과 같이 계산된다.

$$H_{eq} = \sum_{coal,\, gas,\, \cdots} H_i \times \frac{S_i}{S_{sys}}$$

여기서 H_i, S_i는 관성 상수와 발전기의 MVA 등급을 의미한다.

PV 발전이 없을 때

$$H_{eq} = \frac{4.5 \times 1000 + 6 \times 500 + 4.5 \times 1000}{(1000 + 500 + 1000)} = 4.8 \text{ s}$$

PV 발전이 있을 때

$$H_{eq} = \frac{4.5 \times 250 + 6 \times 250 + 4.5 \times 1000 + 0 \times 1000}{(250 + 250 + 1000 + 1000)} = 2.85 \text{ s}$$

시스템 관성의 감소 백분율은 다음과 같다.

$$(4.8 - 2.85) \times 100/4.8 = 40.63\%$$

변화된 발전은 $P_m - P_e = 250$ MW이므로 식 (10.16)을 이용하여 주파수 변화를 알 수 있다.

$$\Delta f = \frac{1}{2H}(P_m - P_e) f \Delta t$$

PV 발전이 없을 때

$$\Delta f = \frac{1}{2 \times 4.8} \times \frac{250}{2500} \times 50 \times 1 = 0.52 \text{ Hz}$$

따라서 새로운 주파수는 $50 - 0.52 = 49.48$ Hz이다.

(250 MW 발전 손실은 전체 2500 MW에 대한 pu로 표시하였음)

PV 발전이 있을 때

$$\Delta f = \frac{1}{2 \times 2.85} \times \frac{250}{2500} \times 50 \times 1 = 0.88 \text{ Hz}$$

따라서 새로운 주파수는 $50 - 0.88 = 49.12$ Hz이다.

일반적으로 TSO(transmission system operator)는 주파수를 $+1\%$(0.5 Hz) 이내 유지하려고 하는데, 화석연료를 PV 발전으로 대체하였을 때 시스템 관성은 감소하였으며, 그 결과 주파수는 빈도 우연성 한계 아래로 상당히 떨어졌음을 알 수 있다.

10.6 전력 시스템 운영

10.6.1 발전 스케줄

그림 1.6에서 전력 시스템의 전기 수요가 지속적으로 변화하는 것을 확인할 수 있다. 수요와 발전 사이의 균형을 유지하기 위해 항상 일부 발전기들만 사용 중이다. 사용하지 않는 다른 장치들은 증가하는 부하를 충족시키고 고장난 발전기를 대비할 수 있도록 예비 상태이다. 발전기들은 운영 비용과 유지 보수, 연료 및 이산화탄소 배출, 그리고 예비 용량에 대한 요구에 따라 작동하도록 요구된다. 스케줄링이라고 알려진 발전기들의 제어를 통한 배치는 전원 시스템을 어떻게 관리하는지에 따라 달라진다. 일부 국가에서는 시장 메커니즘이 사용되는 반면, 중앙 조직은 전력 시스템의 최적화 운영을 결정한다.

발전소 비용은 자본 비용과 운영 비용으로 나눌 수 있다. 표 10.4는 여러 가지 발전 기술들의 자본 비용과 운영 비용 및 이산화탄소 배출을 보여 주고 있다.

발전소를 스케줄링할 때는 건설 비용은 이미 발생하였으므로 운영 비용만 고려하면 된다. 운영 비용에는 고정 운영 비용, 유지 보수(O&M) 비용, 가변 비용이 포함된다. 고정 O&M 비용(C_F)은 발전소 크기(용량) 및 종류에 따라 다르다. 그것은 운영 직원의 임금과 발전소 운영에 필요한 일상 유지 보수 비용 및 기타 비용이 포함된다. 가변 비용(C_V)은 연료 비용(C_{FU})과 각 발전기의 전력 출력 및 효율에 의해 정해진다.

화력 발전소에서 연료가 사용되는 비율(열비율, heat rate, η)은 사용된 발전 기술과 연료에 따라 다르다. 열비율은 효율의 역수이고, 다음과 같이 나타낼 수 있다.

$$\eta = r + sP \ \text{[MJ/MWh]}$$

여기서 P는 출력 [MW]이고, r와 s는 상수이다.

따라서

$$C_V = C_{FU}\eta = C_{FU}(r + sP) \ [£/\text{MWh}]$$

시간당 총 운영 비용 C는 다음과 같다.

$$\begin{aligned} C &= C_F + C_V P = C_F + C_{FU}(r + sP)P \\ &= C_F + rC_{FU}P + sC_{FU}P^2 \ [£/\text{h}] \end{aligned}$$

이것은 다음과 같이 쓸 수 있다.

$$C = a + bP + cP^2 \ [£/h] \tag{10.17}$$

여기서 a, b, c는 상수이다.

표 10.4 여러 가지 종류 발전 기술의 비용과 이산화탄소 배출량

		운영 비용		
	자본 비용 [£/kW]	거장 O&M (C_F) [£/kW.y]	연료 비용(C_{FU}) [£/MWh]	배출 [kgCO_2/MWh]
석탄	2500	44	30	972
가스(CCGT)	750	25	48	411
바이오매스	4000	120	40	15
원자력	3500	100	5	12
풍력-육상	1400	100	0	9
풍력-해상	4000	280	0	22
PV(태양전지)	2700	220	0	51

예제 10.3 비용 함수

표 10.4에 제시된 데이터를 사용하여 100 MW 바이오매스와 100 MW 육상 풍력 발전의 운영 비용 함수를 도출하시오. 바이오매스 발전소의 경우 사용된 연료 비율은 $\eta = 0.3 + 0.001P$ MJ/MWh이다.

• **해답**

바이오매스 발전소의 경우

고정 O&M 비용은

$$120 \ £/\text{kW.y} = 120 \times 1000/8760(£/\text{MWh}) = 13.7 \ £/\text{MWh}$$

따라서 100 MW 바이오매스 발전소이므로

$$a = 13.7 \times 100 \ £/\text{h} = 1370 \ £/\text{h}$$

가변 비용은

$$rC_{FU}P + sC_{FU}P^2 = 0.3 \times 40P + 0.001 \times 40P^2 = 12P + 0.04P^2 \ £/\text{h}$$

따라서 총비용은

$$C_{biomass} = 1370 + 12P + 0.04P^2 \ \text{£/h}$$

육상 풍력 발전의 경우

고정 O&M 비용은

$$100 \ \text{£/kW.y} = 100 \times 1000/8760 \ \text{£/MWh} = 11.4 \ \text{£/MWh}$$

따라서 100 MW 발전소이므로

$$C_{wind} = 11.4 \times 100 \ \text{£/h} = 1140 \ \text{£/h}$$

출력에 대한 두 기술의 비용을 그림 10.14에 나타냈다.

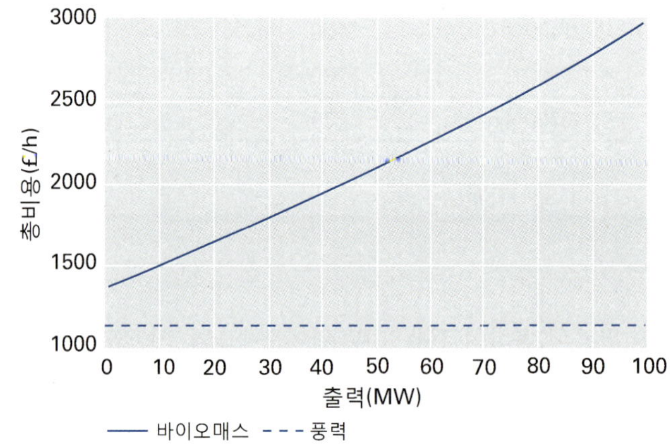

그림 10.14 바이오매스와 풍력 발전소의 운영 비용

이제 발전소의 스케줄을 고려해 보자. 발전을 할당하는 작업은 총 운영 비용을 최소화하면서 동시에 수요에 맞는 전력을 생산해 내는 최적화 문제이다.

두 발전소의 운영 비용이 C_1과 C_2일 때 최적화는 다음과 같다.

$$C_1 = a_1 + b_1P_1 + c_1P_1^2 \ [\text{£/h}]$$

$$C_2 = a_2 + b_2P_2 + c_2P_2^2 \ [\text{£/h}]$$

$$\min[C_1(P_1) + C_2(P_2)] \tag{10.18}$$

수요는 항상 충족되어야 한다. 따라서

$$P_1 + P_2 = P_D \tag{10.19}$$

여기서 P_D는 수요이다.

식 (10.18)은 식 (10.19)를 이용하여 다음과 같이 쓸 수 있다.

$$\min[C_1(P_1) + C_2(P_D - P_1)]$$

최적화를 만족하는 최소 조건은 함수의 미분값이 0이다.

$$\therefore \quad \frac{d}{dP_1}[C_1(P_1) + C_2(P_D - P_1)] = 0 \tag{10.20}$$

예제 10.4 발전 스케줄링

다음과 같은 비용 함수를 가지는 발전소가 두 군데 있다[식 (10.17)에서 보여 준 형식임].

$$C_1 = 1000 + 11P_1 + 0.03 \times P_1^2 \text{ £/h}$$

$$C_2 = 1200 + 14P_2 + 0.04 \times P_2^2 \text{ £/h}$$

여기서 P는 MW이다.

총수요가 200 MW일 때 두 발전소의 최상의 경제적인 부하 분배를 계산하시오.

• 해답

식 (10.20)으로부터

$$\frac{d}{dP_1}\{(1000 + 11P_1 + 0.03 \times P_1^2) + [1200 + 14(200 - P_1) + 0.04 \times (200 - P_1)^2]\} = 0$$

$$\therefore \quad 11 + 0.06P_1 - 14 - 0.08(200 - P_1) = 0$$

위 방정식을 풀면 $P_1 = 135.7$ MW이다. 총수요가 200 MW이므로 $P_2 = 64.3$ MW이다.

두 발전소가 어느 곳에서나 작동할 수 있다고 가정하였는데, 실제로는 각 발전소에 맞는 최소한의 안정적인 생산과 최대한 가능한 생산이 있다. 따라서 실제적인 경제적 부하 분배는 이러한 한계에 의해 제약을 받는다.

최적화는 각 발전기의 한계 또는 증분 비용을 고려하여 설명할 수도 있다.

$$MC = \frac{dC}{dP}$$

식 (10.17)의 미분에 의해 한계 비용은 다음과 같다.

$$MC = b + 2cP \ [£/MWh] \tag{10.21}$$

예제 10.4의 두 군데 발전의 한계 비용을 계산해 보자.

$$MC_1 = 11 + 0.06 \times P_1 \ [£/h]$$
$$MC_2 = 14 + 0.08 \times P_2 \ [£/h]$$

아래 그림 10.15는 한계 비용을 보여 준다. 처음에 플랜트 1이 150 MW(점 S_1)와 플랜트 2가 50 MW(점 S_2)를 생산한다고 가정해 보자. 플랜트 1의 한계 비용은 20 £/MWh이고, 플랜트 2의 한계 비용은 18 £/MWh이다. 표 10.5의 첫 번째 열은 운영 비용과 총비용을 보여 준다. 총비용은 5325 £/h이다. 다시 말하면, 플랜트 1은 125 MW(점 U_1)와 플랜트 2는 75 MW(점 U_2)를 생산하는 경우 플랜트 1의 한계 비용은 18.5 £/MWh이고, 플랜트 2의 한계 비용은 20 £/MWh이다. 표 10.5의 세 번째 열에 나타낸 것과 같이 총 운영 비용은 5319 £/h이다. 두 군데 플랜트의 한계 비용이 같은 점 T_1과 점 T_2가 작동할 때 발전의 최소 비용은 5310 £/h이다.

작동하는 지점(점 T_1과 점 T_2)에서

$$\frac{dC_1}{dP_1} = \frac{dC_2}{dP_2} = 19.14 \ [£/MWh]$$

표 10.5 두 군데 플랜트(예제 10.4)의 운영 비용

부하 조건	P_1 MW	P_2 MW	C_1 £/hr	C_2 £/hr	$C_1 + C_2$ £/hr	MC_1 £/MWh	MC_2 £/MWh
S	150	50	3325	2000	5325	20	18
T	135.7	64.3	3045	2265	5310	19.14	19.14
U	125	75	2844	2475	5319	18.5	20

유럽 연합을 포함한 많은 국가에서 환경 피해를 나타내고 재생 가능한 에너지의 사용을 장려하기 위해 발전소에서 이산화탄소를 배출하는 데에 비용이 부과되고 있다. 예제 10.5에서 이산화탄소 배출 비용과 함께 발전 스케줄링을 보여 주고 있다.

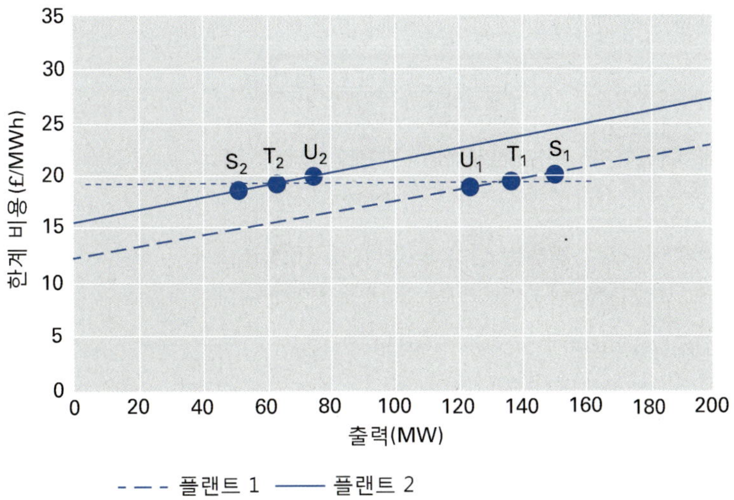

그림 10.15 발전기들(예제 10.4)의 한계 비용 곡선

예제 10.5 이산화탄소 비용을 고려한 발전 일정

250 MW 복합 사이클 CCGT 가스 발전과 100 MW 바이오매스 발전이 있다. 200 MW의 수요를 충족시키기 위해 다음 (a) CO_2 배출 비용을 고려하지 않는 경우, (b) 톤당 £50의 CO_2 비용이 있는 경우에 가장 경제적인 발전의 분배를 각각 계산하시오.

CO_2 배출 비용을 무시한 경우 운영 비용은 다음과 같다.

$$C_{CCGT} = 200 + 5P_{CCGT} + 0.03 \times P_{CCGT}^2 \ \text{£/h}$$

$$C_{biomass} = 1200 + 14P_{biomass} + 0.04 \times P_{biomass}^2 \ \text{£/h}$$

여기서 P의 단위는 MW이다.

• 해답

(a) CO_2 배출 비용을 고려하지 않는 경우는 다음과 같다.

한계 비용을 동일하게 하여 다음 방정식을 얻을 수 있다.

$$\frac{dC_{CCGT}}{dP_{CCGT}} = 5 + 0.06 \times P_{CCGT} = \frac{dC_{biomass}}{dP_{biomass}} = 14 + 0.08 \times P_{biomass} \ [\text{£/MWh}]$$

$$0.06 \times P_{CCGT} - 0.08 \times P_{biomass} = 9$$

수요-공급 균형에 의해

$$P_{CCGT}+P_{biomass}=200$$

위 방정식에 대입하여 가장 경제적인 부하를 가지는 $P_{CCGT}=178.6$ MW이고 $P_{biomass}=$ 21.4 MW이다.

(b) CO_2 배출 비용이 있는 경우는 다음과 같다(표 10.4 참조).

$$\begin{aligned} C_{CCGT} &= 200+5P_{CCGT}+0.03\times P_{CCGT}^2+\frac{411\times 50}{1000}P_{CCGT} \\ &= 200+25.55P_{CCGT}+0.03\times P_{CCGT}^2 \ \ [£/h] \\ C_{biomass} &= 1200+14P_{biomass}+0.04\times P_{biomass}^2+\frac{15\times 50}{1000}P_{biomass} \\ &= 1200+14.75P_{biomass}+0.04\times P_{biomass}^2 \ \ [£/h] \end{aligned}$$

한계 비용이 같으므로

$$\frac{dC_{CCGT}}{dP_1}=25.55+0.06\times P_{CCGT}=\frac{dC_{biomass}}{dP_2}=14.75+0.08\times P_{biomass} \ \ [£/MWh]$$

$$0.08\times P_{biomass}-0.06\times P_{CCGT}=10.8$$

그리고 수요-공급 균형에 의해

$$P_{CCGT}+P_{biomass}=200$$

위 방정식에 대입하여 가장 경제적인 부하를 가지는 $P_{CCGT}=37.1$ MW이고 $P_{biomass}=$ 162.9 MW이다.

이산화탄소 배출 비용이 있는 경우에는 바이오매스 발전의 비중이 더 증가하였음을 확인할 수 있다.

기술에 따라 주어진 출력을 제공하기 위해 몇 시간이 걸릴 수도 있다. 따라서 일정은 항상 실시간보다 때로는 몇 시간 앞서야 한다. 재생 가능한 에너지 자원을 정확하게 예측할 수 없으므로 재생 가능한 발전기의 출력도 정확히 예측할 수 없다. 이 불확실성은 발전기들의 경제적인 운행에 추가적인 복잡성을 가져온다.

10.6.2 생성과 부하 사이의 불일치

신재생 발전의 주된 비율이 없는 전력 시스템일지라도 예정된 발전과 수요 사이의 불일치는 피할 수 없다. 이것은 (1) 고객 요구의 변동성(사소한 편차), (2) 큰 부하의 갑작스러운 연결 또는 끊어짐(중간 편차), (3) 장애로 인한 전송 네트워크의 일부분 손실(중간 편차), (4) 큰 발전기의 갑작스러운 손실(주요 편차) 때문이다.

생성과 부하 사이의 불일치는 초기에는 회전 운동에너지에 의해 주파수를 변하게 한다. 10.4절에서 보여 주듯이 위와 같은 변동 후 초기 몇 초 동안 주파수 변화의 속도는 전력 시스템의 관성에 좌우된다.

고객 요구와 생산 사이의 작은 불일치는 대형 발전기의 거버너에 의해 자동적으로 해결된다. 중간 정도의 불일치를 수용하기 위해 일부 발전기들의 출력을 요구에 따라 증가시킴으로써 해결할 수 있다. 이러한 발전기들은 때때로 '회전 유보(spinning reserve)'라고 한다.

갑작스러운 발전 손실 또는 고객 부하의 많은 부분과 수요의 많은 불일치는 주파수의 변화를 크게 일으킨다. 주파수의 변화를 제어하기 위해 시스템 운영자는 여러 가지 자동 주파수 대응 서비스를 이용한다. 이것은 응답과 유보 및 부하 분리이다. 만일 자동 측정으로 이러한 불일치를 해결할 수 없다면, 전력 시스템은 불안정해져서 부분 정전이나 완전 정전이 발생한다.

신재생 발전기들이 작동 중일 때 발전과 부하 사이의 불일치는 발전의 변동성에 의해 발생하기도 한다. 그림 10.16은 2012년 6월 어느 날 하루 동안 10 MW 풍력 발전소의 출력 변동성을 보여 준다. 하루 동안 매우 빠른 변동성이 일어났음을 알 수 있다.

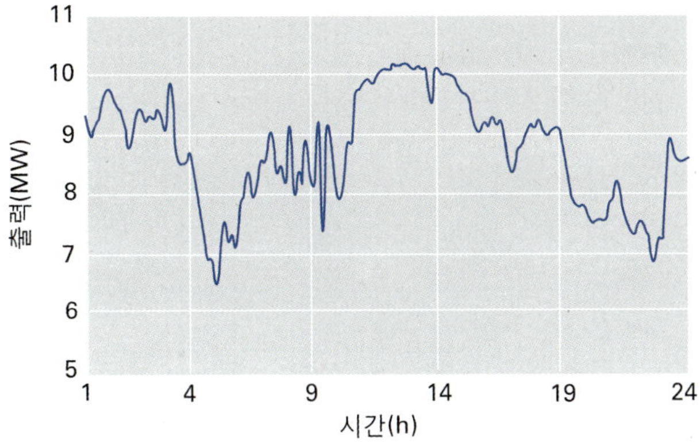

그림 10.16 스리랑카에 있는 10 MW 풍력 발전소의 출력

10.6.3 예비 발전 요구

전통적으로 예비 발전의 필요성은 가장 큰 발전기의 갑작스러운 고장과 예상 수요보다 큰 편차를 고려하여 정해진다. 그러나 재생 가능 발전이 도입됨에 따라 신재생 발전의 실제 생산량과 예상 수요 사이의 차이를 예비 유보 발전 요구 사항에 고려되어야 한다.

예비 발전량을 결정하는 불확실성은 다음과 같다.

(a) 수요의 불확실성

전기 수요 예측은 이미 잘 알려진 과정이고, 실제 수요과 예측 수요 간의 차이는 일반적으로 피크 수요의 1%이다.

(b) 신재생 발전의 불확실성

예측과 신재생 발전의 실제 발전량의 차이는 예측 수평선에 좌우된다. 그림 10.17은 풍력발전의 경우 예측 오차의 표준편차와 예측 수평선을 보여 주고 있다. 예측 수평선이 4시간이면, 예측 오차의 표준편차는 설치된 총 풍력 용량의 약 8.5%이다. 부하 및 바람 예측의 오류로 인한 불균형을 해결하기 위한 예비는 일반적으로 예측 오차 표준편차의 3배로 간주된다.

(c) 발전 정전

정전 발생을 보상하기 위해 예비 발전은 적어도 가장 큰 발전기의 크기(PMAX)와 같도록 해야 한다.

이러한 불확실성으로 인해 총 예비 유보 요구는 가장 큰 발전기의 크기(PMAX)와 실제와 예측 수요 사이의 표준편차, 그리고 신재생 발전의 생성 표준편차를 더하여 아래와 같이 정

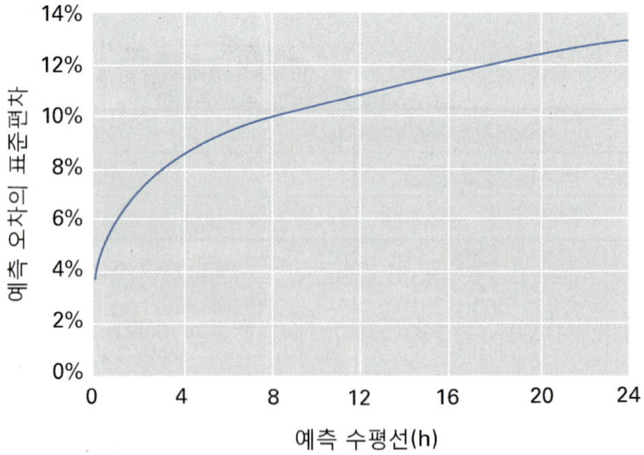

그림 10.17 풍력에너지 예측 오차의 표준편차

해진다.

$$\text{예비 유보(reserve)} = P_{MAX} + 3\sqrt{(\sigma_{demand})^2 + (\sigma_{renewables})^2} \tag{10.22}$$

예제 10.6 예비 유보 요구

최대 수요가 3000 MW인 전력 시스템에서 가장 큰 발전기의 생산량은 500 MW이고, 375 MW인 풍력 발전이 있다고 하자. 예측 수평선(바람 예측)이 4시간이라고 할 때 예비 유보 요구량을 계산하시오.

• 해답

$$P_{MAX} = 500 \text{ MW}$$

$$\sigma_{demand} = 3000 \times 0.01 = 30 \text{ MW}$$

예측 수평선이 4시간에 해당하는 표준편차는 8.5%이므로

$$\sigma_{renewables} = 375 \times 8.5/100 = 31.88 \text{ MW}$$

식 (10.22)로부터

$$\text{예비 유보(reserve)} = 500 + 3 \times \sqrt{(30)^2 + (31.88)^2} = 631.3 \text{ MW}$$

풍력 발전이 없다면 유보 용량은 590 MW이다.

10.6.4 안정성

기존 전력 시스템의 안정성은 동기식 발전기들에 의해 제공된다. 이러한 장치들은 시스템의 수요와 공급이 균형을 이루도록 출력을 조정한다. 또 시스템 관성의 대부분을 차지한다. 대부분의 신재생 발전기들은 시스템 균형에 참여하지 않고 바람 또는 태양으로부터 단순히 에너지를 공급한다. 이러한 신재생 발전기들은 대형 동기식 발전기들에 의해 제공되는 강한 전압과 주파수 기준이 있을 때만 작동한다.

소형 신재생 에너지 발전기가 주 전원 시스템과 연결되지 않았을 경우를 '아일랜딩(islanding)'이라고 하며, 즉시 셧다운해야 한다. 대형 동기식 발전기들에 의해 제공된 주파수와 전압 기준을 잃어버렸으므로 작동하지 않아야 한다. 신재생 발전기들이 주 전원 네트워

크로부터 끊어지는 것을 감지하기 위해 '안티-아일랜딩(anti-islanding)' 보호 기능을 사용한다. 안티-아일랜딩은 발전기가 끊어졌음을 암시하는 주파수의 변화율을 측정하는 것이다.

적당한 신재생 발전이 있을 때 전원 시스템의 안정성이 만족된다. 더 많은 신재생 발전이 전원 시스템과 연결될수록 전원 시스템의 안정성과 제어에 더 기여할 것이다.

10.7 수요 측면 참여

전력 시스템 운영자는 불가피한 발전기 고장과 신재생 발전의 출력과 요구를 불확실성 때문에 보유 용량을 유지한다. 많은 국가에서 보유 용량은 부분적으로 또는 대기(stand-by) 상태의 열 발전기에 의해 공급된다. 열 발전기가 정격 출력 미만으로 작동할 때 또는 따뜻하지만 생산하지 않을 때 연료 효율은 감소한다. 대기 상태의 발전기는 경제적이지 못하다.

많은 신재생 발전은 자원, 즉 바람, 파도, 태양에 즉각적으로 반응하므로 출력이 변동적이다. 더 많은 신재생 발전기들이 연결되어 있을수록 예비 보유 용량에 대한 요구는 높아진다. 신재생 발전 출력의 불확실성을 극복하기 위해 많은 양의 열 발전기를 유지하는 것은 매우 값비싸고 이산화탄소 발생을 증가시킨다.

따라서 다른 접근법은 유연한 수요이다. 이것은 수요 측면 참여(demand side partici-

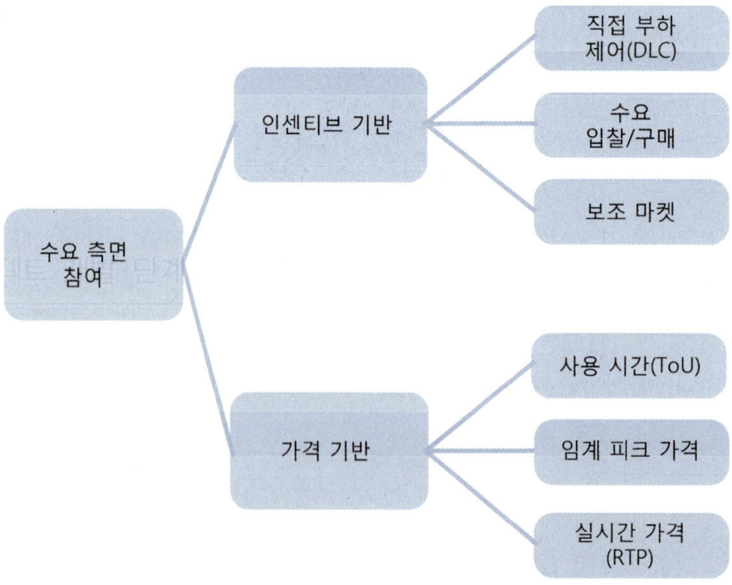

그림 10.18 수요 측면 참여의 종류

pation)라고 한다. 그림 10.18에 나타낸 것과 같이 수요 측면 참여는 인센티브 기반과 가격 기반의 두 가지 종류로 나눌 수 있다.

인센티브 기반 수요 측면 참여에서 고객은 전력 시스템의 발전이 부족할 때 전기 사용의 감소에 대한 보상을 받는다. 이것은 에너지에 대해 지불한 가격과 다르다.

직접 부하 제어를 사용하면, 전력 시스템 운영자는 원격으로 국내 및 소규모 상업 고객의 부하를 감소시키거나 끊는다. 일반적으로 제어되는 부하는 난방 환기 및 냉방(HVAC: heating ventilation and air conditioning) 시스템이다. 고객은 연간 몇 시간 동안 부하(예: 에어컨)의 제어를 운영자에게 넘겨 주는 계약을 체결한다. 발전 부족이 발생하면, 계약한 고객에게 알리고 고객의 부하를 감소시킨다. 신호를 수신하면 에어컨과 같은 제어 가능한 부하의 작동이 수정된다. 예를 들어, 온도계의 온도가 몇 도 올라가거나 에어컨의 스위치가 꺼지기도 한다.

수요 입찰/구매 프로그램에서 참여 고객은 수요 감소를 제공하는 시장에 입찰할 수도 있다. 입찰은 당일 또는 당일 이벤트를 위한 것이다. 수요 감소를 위한 최소한의 기간이 있다. 고객은 수요 감소를 이행하지 않았을 때 패널티가 있다.

시스템 운영자는 다른 마켓을 사용하여 대규모 전기 사용자(예: 알루미늄 또는 철강 공장)로부터 예비 유보 용량을 조달한다. 참가자는 운영자가 필요할 때 부하를 감소시켜야 한다.

가격 기반 수요 측면 참여에서는 전기의 가격이 실시간 전기에너지의 가치에 따라 변동한다.

사용 시간(ToU) 관세는 고객이 높은 가격에서 낮은 가격의 전기 사용을 장려한다. 피크와 오프-피크의 두 가지 가격이 있다. 가격은 시즌에 따라 달라지기도 한다. 가장 성공적인 사용 시간 관세의 예는 1000만 명의 고객이 참여한 프랑스의 '전체 시간/중공 시간'이다. 8시간의 중공 시간 동안 30%의 전기 요금이 감소된다.

영국에서는 300~350만 명의 주거 고객이 수요가 낮은 밤시간 동안 전기 요금을 낮춘 사용 시간 관세를 통해 전기 요금을 지불한다.

임계 피크 가격은 수요가 매우 높은 시간에 적용된다. 전기에너지 가격이 표준 가격보다 3~5배 증가한다. 임계 피크 가격이 활성화되는 전날 참가자에게 알림이 간다. 임계 피크 가격 기간 동안 주민들의 평균 14% 피크 수요 감소가 이루어졌다고 캘리포니아 주 전체 요금 파일럿에 기록되어 있다.

실시간 가격이 책정된 고객의 전기 요금은 시간마다 다르다. 고객은 매일 또는 시간 단위로 관세가 부과된다. 시간당 요금은 도매 전기 가격을 따른다. 이 방법은 운영자와 미터기 사이의 통신 링크가 필요하고, 시간당 에너지 사용량을 기록할 수 있는 미터기의 기능도 있어야 한다. 그런 기능을 가진 미터기를 스마트 미터기라고 한다. 유럽 연합에서는 거의 모든

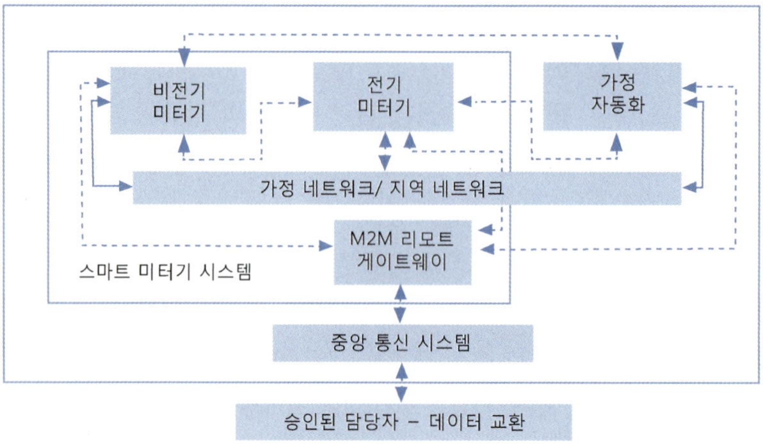

그림 10.19 스마트 미터기의 레이아웃

고객이 2020년까지 스마트 미터기를 보유할 예정이다.

그림 10.19는 유럽에 제안된 스마트 미터기의 개략도를 보여 주고 있다. 가정 네트워크는 스마트 미터기와 다른 장치들과 연결되어 있다. 미터기와 가정 자동화를 실시간 가능하게 하는 M2M(machine-to-machine) 리모트 게이트웨이는 업데이트 및 자동화가 가능하다. 에너지 공급업체, 네트워크 운영자 및 기타 승인된 담당자는 스마트 기기와 자동화 장치의 데이터를 읽고 제어 명령을 보낼 수 있다.

10.8 에너지 저장

신재생 발전의 출력은 자원에 따라 변동성이 있으며 자원이 가능한 시간에만 가능하다. 예를 들어, 풍력 터빈은 일반적으로 3~5 m/s 이상의 풍속으로 출력하고 그 출력은 풍속에 따라 달라진다. PV 패널의 출력도 태양복사 조도에 따라 바뀌고 밤에는 출력이 0이다.

그리드 연결 응용에서 이러한 출력 가변성과 간헐성은 운영을 어렵게 하고 추가적인 비용을 발생시킨다. 이러한 신재생 발전의 출력을 원활히 하기 위해 에너지 저장 장치가 필요하다. 단기 제공 에너지 저장 장치, 슈퍼 커패시터 또는 플라이휠을 사용할 수 있으나 이러한 장치들은 상대적으로 느린 변동성에 균형을 잡는 목적으로 사용하기에는 유용하지 않다. 반면에 장기 에너지 저장 배터리, 연료 전지 또는 펌핑된 하이드로가 제공된다. 배터리와 연료 전지는 위치와 상관없이 사용될 수 있다. 여기서는 배터리와 연료 전지만을 다룬다.

전 세계적으로 신재생 발전과 함께 에너지 저장의 사례를 많이 찾아볼 수 있다. 예를 들어, 일본의 51 MW 롯카쇼 풍력 발전 단지에는 풍력 발전의 출력을 원활히 하고 일정에 따라 수요를 공급하기 위해 245 MWh, 34 MW의 NaS 배터리가 설치되었다. 영국은 지역 부하가 낮고 필요에 따라 에너지를 공급하기 위해 대규모 PV 단지와 함께 배터리 설치에 관심이 있다.

신재생 발전과 함께 에너지 저장 장치를 설치하는 것이 바람직해 보인다. 그러나 전기를 저장하는 비용은 일반적으로 높다. 에너지 저장 장치의 초기 자본 비용은 최대 1500 £/kV이고, 전기에너지 저장 및 회복의 최대 달성 가능 효율은 약 80%이다. 신재생 에너지 시스템에서 에너지 저장의 목적은 변동성과 간헐성으로 야기된 어려움들을 해결하는 것이다. 현재 이 목적을 이루기 위한 좀 더 효율적이고 경제적인 방법은 다음과 같다.

- 신재생 발전기를 대규모 전력 시스템에 연결하고 부하 및 발전기들의 다양성으로부터 혜택을 받는 방법
- 기존 발전기의 화석연료에 저장된 에너지에 의존하는 방법
- 부하 제어를 위해 수요 측면 참여를 이용하는 방법

따라서 에너지 저장은 위와 같은 방법을 사용하기 어려운 네트워크에서 떨어진 지역에 유리하다. 독립형 신재생 에너지 발전소는 부하와 출력을 맞추기 위해서 항상 에너지 저장이 필요하다.

10.8.1 배터리 에너지 저장

배터리는 충전 및 방전 시에 화학에너지를 저장한다. 배터리는 양극과 음극의 두 가지 전극이 있다. 양극(캐소드)에서는 전자가 배터리로 흐르고, 전류는 외부 회로를 통해 흘러 나간다. 음극(에노드)에서는 전자를 생성한다.

현재 유틸리티 응용 분야에서 납축(lead-acid), 리튬 이온(Li-ion), 나트륨 황(Na-S) 배터리가 사용되고 있다. 니켈 카드뮴(NiCd)과 니켈 금속수소화물(NiMH: nickel metal hydrides) 또는 미래 유망할 것으로 예상된다.

납축 전지는 그리드 없는 신재생 에너지 시스템에 수년 동안 사용되어 왔으나 그리드 연결 응용에는 거의 사용되지 않았다. 딥 사이클 납축 전지는 오프 그리드 신재생 에너지 시스템에 매우 적합하고, 다음과 같은 형태가 있다. 침수 또는 '습식' 젤 셀과 흡수 유리 매트(AGM: absorbed glass mat) 형태이다. 5장에서 논의한 것처럼 침수 형태 납축 전지는 가장 비용면에서 효율적이고 오프 그리드 신재생 에너지 응용에 널리 사용되어지고 있다.

전기 자동차에서 리튬 이온 배터리의 사용이 증가하고 있고, 이와 함께 많은 응용 분야로 리튬 이온 배터리의 응용이 확대되고 있다. 음극은 리튬 이온의 저장소로서 흑연, 초크 또는 열분해 탄소로 이루어졌다. 양극은 리튬 코발트 옥사이드, 리튬 철 인산 또는 리튬 망간 산화물로 되어 있다. 전해질은 일반적으로 유기 용매에 리튬 염을 사용한다.

나트륨 황 배터리는 300~400℃에서 작동하며 단위 부피당, 그리고 단위 무게당 에너지 용량이 크다. 양극은 용융 황으로 이루어졌고, 음극은 용융 나트륨으로 이루어졌다. 나트륨 베타-알루미나 세라믹(동일한 원자 배열에서 네 층의 산소 원자와 알루미늄 원자) 전해질은 이온 교환이 일어나게 해 준다.

10.8.2 연료 전지

연료 전지와 배터리의 주된 차이점은 연료와 산화제가 지속적으로 연료 전지에 공급된다는 것이다. 따라서 연료 전지는 연료(메탄 또는 수소)를 탱크에 저장할 수 있으므로 신재생 발전 출력의 균형을 맞추는 데 사용 가능한 강력한 후보자이다.

연료 전지(그림 10.20 참조)에서 연료는 지속적으로 에노드에 공급되어지고, 산화제는 캐소드에 공급된다. 에노드에서 생성된 전자들은 외부 회로를 통해 흐르고 캐소드에서 산소와 이온을 만나 결합한다. 전해질은 이온 교환을 촉진하기 위해 두 전극 사이에 위치한다.

여러 종류의 전해질과 작동 온도에 따라 다양한 연료 전지 기술이 개발되었다. 표 10.6에 간단하게 요약하였다. 250℃ 이하의 저온 연료 전지는 수소 연료를 사용한다. 수소는 비싸고 에너지 집약적이며 수소의 제조는 종종 이산화탄소 배출을 야기한다. 고온 연료 전지는 메탄

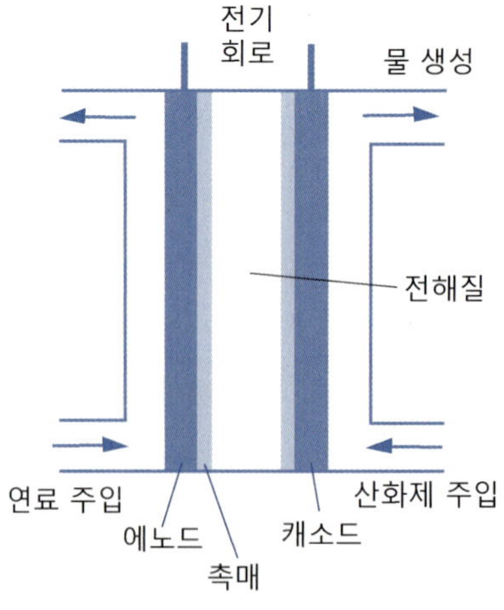

그림 10.20 연료 전지의 구조

표 10.6 연료 전지의 종류

연료 전지 종류	전해질	작동 온도(℃)
양성자 교환막(PEMFC)	고체 폴리머	60~90
알칼리성 연료 전지(AFC)	알칼리성 수산화칼륨	90~250
인산 연료 전지(PAFC)	액체 인산	60~200
용융 탄산염 연료 전지(MCFC)	알칼리 금속 탄산염	500~800
고체 산화물 연료 전지(SOFC)	비다공성 금속 산화물	750~1000

을 사용하며, 이것 또한 이산화탄소를 배출한다.

10.9 신재생 에너지의 연결

10.9.1 육상 풍력 단지의 연결

풍력 터빈은 상대적으로 낮은 전압(일반적으로 1000 V 이하)을 생성한다. 더 큰 터빈(>3 MW)은 3~5 kV까지 더 높은 전압을 생성하지만 그만큼 안전성이 요구된다. 타워 안

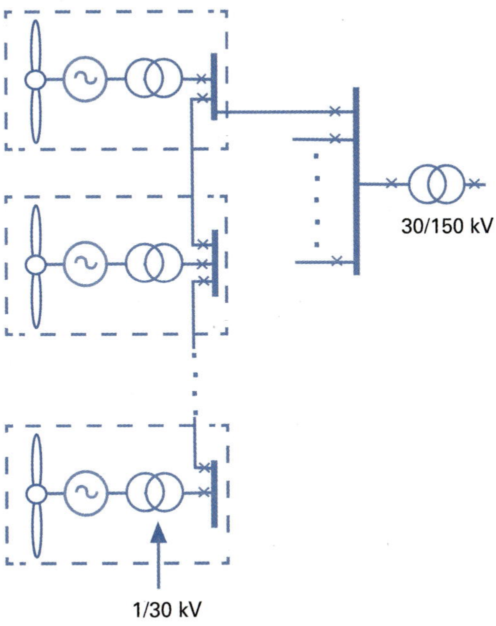

그림 10.21 전형적인 육상 풍력 단지의 연결

또는 근접에 위치한 변압기를 통해 전력 콜렉션 네트워크 전압(예를 들어, 30 kV)에 연결한다. 이를 위해 각 터빈은 여러 종류의 스위치기어(회로 차단기, 절연기 및 퓨즈)가 있다. 많은 풍력 터빈 제조사들은 터빈 공급 장치의 일부분에는 변압기와 스위치기어들이 포함된다.

전형적인 육상 풍력 단지의 연결은 그림 10.21과 같다. 풍력 터빈의 여러 줄들이 30 kV에서 콜렉터 버스바에 연결되어 있다. 중앙 풍력 단지 변압기는 공용 네트워크에 연결하기 위해 전압을 150 kV로 올린다.

10.9.2 해상 풍력 단지의 연결

해상 풍력 단지는 AC 또는 DC 해저 케이블을 통해 육상 네트워크에 연결되어 있다. AC 또는 DC의 선택은 해안까지의 거리와 풍력 발전 단지의 전력에 따라 달라진다. 80 km 이상의 케이블 경로 길이의 경우 DC 전송이 비용면에서 효율적이다. 100 km 및 50 MW 이상의 경우 AC 케이블의 커패시턴스에 의해 야기되는 높은 무효 전력 때문에 DC 전송만이 가능하다. 200 MW보다 큰 풍력 발전 단지의 경우 해변을 가로지르는 여러 케이블을 피할 수 있도록 좀 더 적은 케이블이 필요하므로 DC가 더 좋다.

그림 10.22는 AC를 사용하는 해상 풍력 발전 단지의 연결을 보여 준다. 풍력 단지 콜렉터 네트워크 전압은 30 kV이다. 터빈으로부터 케이블들은 해상 플랫폼 위에 놓인 스위치보드와

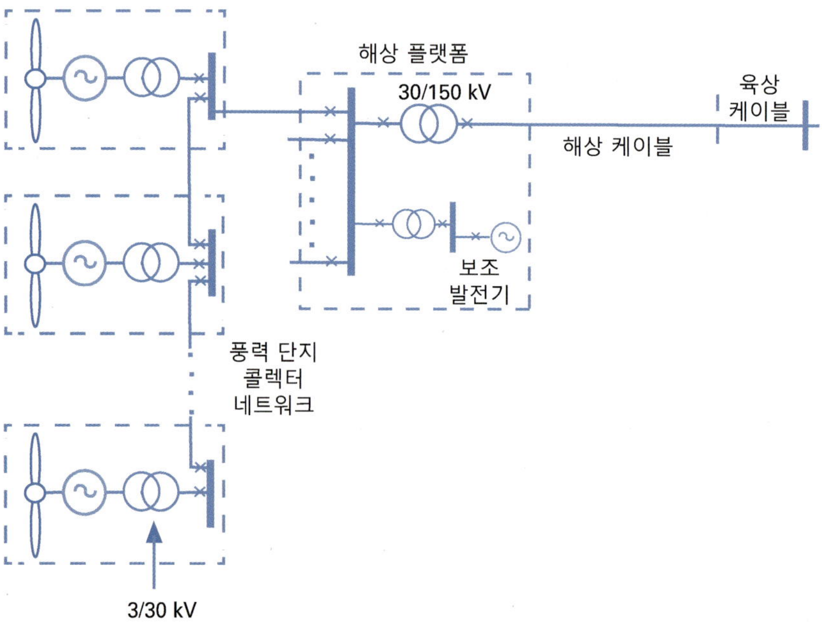

그림 10.22 해상 풍력 단지의 AC 연결

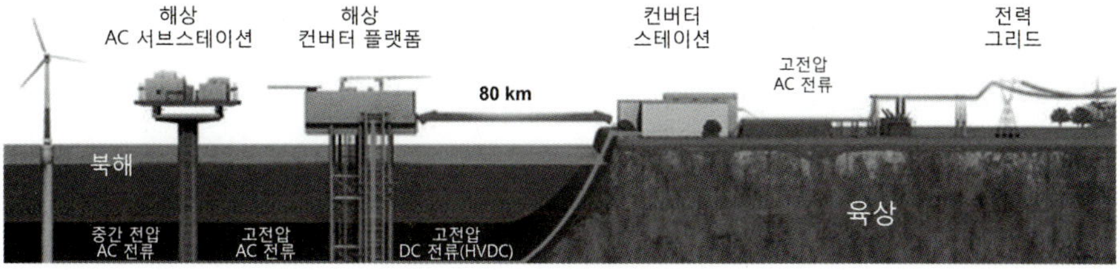

그림 10.23 해상 풍력 단지의 DC 연결(컬러 사진 참조).

연결되어 있다. 플랫폼은 변압기, 보조/접지 변압기, 보조 발전기, 스위치기어, 계략 및 보호 장비들이다. 풍력 터빈에는 많은 모터, 펌프, 히터, 네비게이션 라이트 등이 있다. 해안으로 연결이 끊어졌을 경우 해상 플랫폼에 있는 디젤 보조 발전기가 보조 부하를 공급하는 역할을 한다.

80 km 이상 떨어진 풍력 단지는 DC 전송을 사용한다. 그림 10.23 및 그림 10.24에서 개략적으로 보여 주고 있다. 풍력 터빈으로부터 AC 중간 전압(~30 kV) 전력이 수집된다. 대형 풍력 단지 또한 전력을 모으고 전압을 약 150 kV로 증가시키기 위해 해상 AC 서브스테이션을 이용한다(그림 10.23 참조).

그런 다음 전력은 컨버터가 있는 또 다른 해상 플랫폼으로 전달된다. 컨버터는 AC를 DC로 변환한다. 그런 다음 DC 해저 케이블을 통해 육상 컨버터 스테이션으로 전송되고, 육상

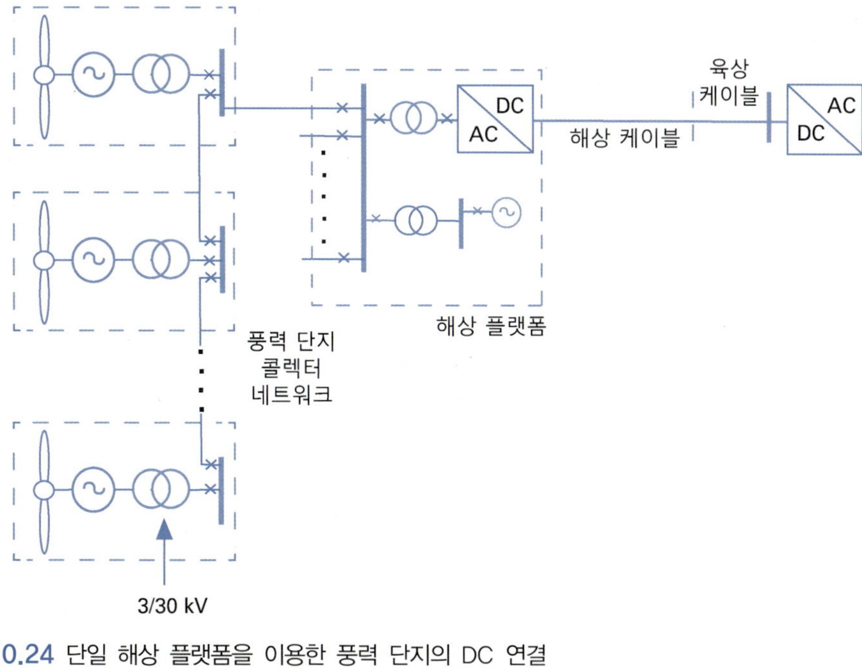

그림 10.24 단일 해상 플랫폼을 이용한 풍력 단지의 DC 연결

컨버터는 다시 DC를 AC로 변환한다. 해상 풍력 단지가 작으며 해상 AC 서브스테이션을 생략할 수 있고, 그림 10.24와 같이 ~30 kV에서 해상 컨버터 플랫폼에 연결할 수 있다.

10.9.3 PV 연결

모듈 내 광전지(PV)셀은 전력을 증가시키기 위해서 직렬 및 병렬로 연결되어 있다. 대규모 PV 배열은 상이한 구성을 한 모듈들을 줄로 연결한 것이다. 일반적으로 사용된 토폴로지는 중앙 인버터에 병렬로 연결된 줄 및 여러 인버터와 마이크로 인버터에 연결된 개별 모듈에 연결된 줄이다.

그림 10.25는 중앙 인터버에 연결된 PV 배열을 나타낸 것이다. 각 PV 줄은 차단 다이오드를 통해 병렬로 연결되어 있다. 이러한 다이오드는 한 줄로부터 다른 줄로 흐르는 역전류를 방지해 준다.

긴 줄의 주요 단점 중의 하나는 그들의 성능이 가장 열악한 모듈에 좌우된다는 것이다. 음영, 모듈 표면의 먼지 또는 제조 결함에 의해 모듈의 성능이 감소할 때 전체 줄의 성능도 저하된다. PV 모듈에는 바이패스 다이오드가 장착되어 음영, 저하 또는 손상된 모듈을 차단해 준다. 그림 10.25는 하나의 줄에만 있는 바이패스 다이오드를 보여 주고 있다. 실제로 각 줄에 있는 모듈을 통해 연결되어 있고, 때로는 모듈의 일부에만 연결되어 있다.

중앙 인버터 연결이 비용 효율적이더라도 중앙 인버터의 수명은 종종 PV 모듈의 수명보다 짧다. 따라서 인버터를 교체해야 하는 경우가 발생하므로 상당한 비용이 추가된다.

그림 10.26은 스트링 인버터의 사용을 보여 준다. 각 모듈의 스트링은 최대 전력점(maximum power point)을 최적화할 수 있는 DC/AC 컨버터에 연결되어 있다. 추가적인

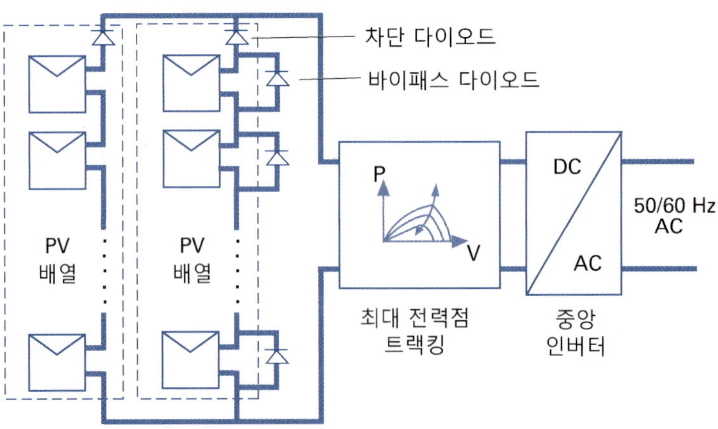

그림 10.25 중앙 컨버터에 연결된 PV 패널

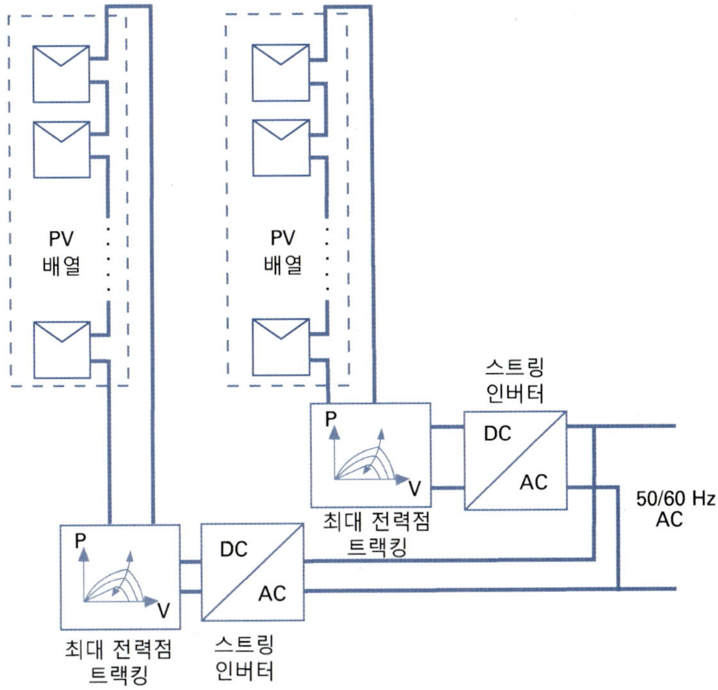

그림 10.26 많은 스트링 컨버터에 연결된 PV 패널의 스트링

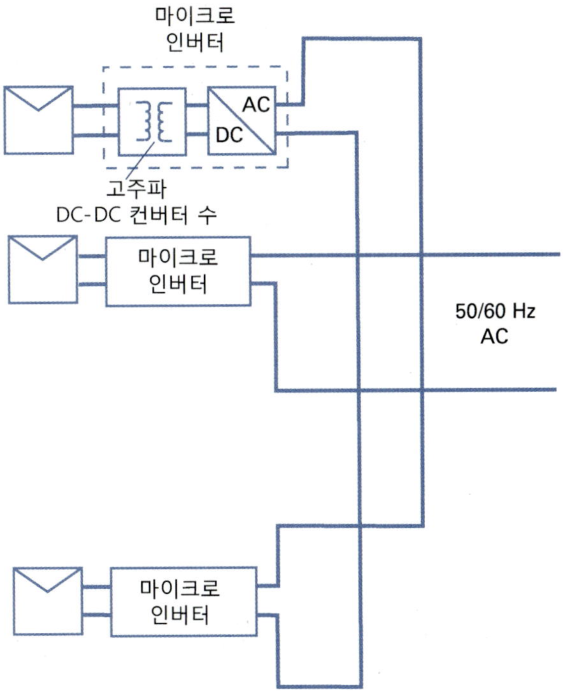

그림 10.27 마이크로 인버터에 연결된 개별 솔라 패널

모듈 스트링과 인버터를 설치하여 PV 시스템을 확장할 수 있다.

그림 10.27과 같이 PV 모듈을 연결할 수도 있다. 각 PV 패널에 150~300 W의 마이크로 인버터가 있다. 마이크로 인버터는 DC를 AC로 변환하고 배열을 형성하기 위해 병렬로 연결되어 있다. 이 경우 가장 열악한 모듈에 좌우되지 않으므로 나아보일지라도 주된 단점은 고비용이다.

요약

1. 에너지: 전기는 현대 생활에 필수적이지만 대부분의 사회에서 에너지는 약 1/3만 공급된다.

2. 부하의 유효 및 무효 전력: 저항성 부하라면 실제 전력 P만 소비한다. 유도성 부하라면 실제 전력 P와 무효 전력 Q를 모두 소비한다. 용량성 부하라면 실제 전력 P를 소비하고, 무효전력 Q를 내보낸다.

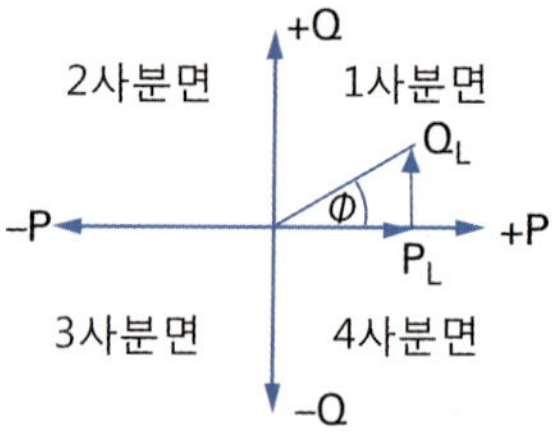

그림 10.5(c) 유효 및 무효 전력 그림[생성된 전력은 음수임($-P$)]

3. 전력 시스템에서 전력 흐름

   노드 또는 경계에서 아래 조건을 만족하므로 노드와 경계에서 P와 Q를 독립적으로 취급할 수 있다.

$$\sum P = 0 \quad \text{와} \quad \sum Q = 0$$

4. 전압 강하

$$\text{분배 회로: } \Delta V \approx V_S - V_L = \frac{RP + XQ}{V_L}$$

$$\text{전송 회로: } \Delta V \approx \frac{XQ}{V_L} + j\frac{XP}{V_L}$$

5. 관성 상수와 주파수

시스템 생성과 수요($P_m - P_e$) 간의 불일치에 대한 주파수의 변화율은 다음과 같다.

$$\frac{df}{dt} = \frac{1}{2H}(P_m - P_e)f$$

여기서 f는 주파수 [Hz]

P는 전력 [발전기 등급당 pu]

H는 전체 전력 시스템의 관성 상수 [s]

발전기 종류	관성 상수 H(s)
석탄	4.5
석유	6
수력	4.5

전형적인 발전기의 종류에 따른 관성 상수는 위 표에서 보여 준다.

6. 전력 발전소의 운영 비용

$$C = C_F + C_V P = C_F + rC_{FU}P + sC_{FU}P^2$$

여기서 C_F는 발전소 용량과 종류에 따라 달라지는 고정 O&M 비용

C_V는 연료 비용(C_{FU})에 의해 정해지는 가변 비용

P는 전력 결과

각 발전기의 열효율($\eta = r + sP$)

7. 경제적인 분배

경제적인 분배에서 여러 발전 장치들의 출력은 총 운영 비용을 최소화하고, 생성된 총전력과 총부하가 같게끔 유지하도록 결정된다.

경제 분배에서 각 발전기의 증분(여분) 비용은 같아야 한다.

$$\frac{dC_i}{dP_i} = \frac{dC_j}{dP_j}$$

8. 예비 유보 요구 사항

$$\text{예비 유보(reserve)} = P_{MAX} + 3\sqrt{(\sigma_{demand})^2 + (\sigma_{renewables})^2}$$

여기서 σ_{demand}는 수요 예측에서 불활실성의 표준편차

$\sigma_{renewable}$은 신재생 발전 생성의 예측의 표준편차

P_{MAX}는 발전기 최대 생산량

9. 수요 측면 참여의 종류

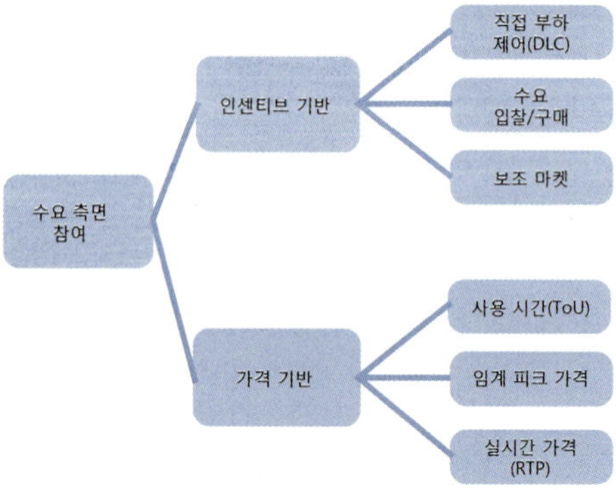

그림 10.18 수요 측면 참여의 종류

10. 신재생 응용에 일반적으로 사용되는 배터리
   - 납축: 침수 또는 '습식' 납축, 젤 셀과 흡수 유리 매트(AGM: absorbed glass mat) 형태
   - 리튬 이온
   - NaS: 나트륨-황

연습 문제

1. 에너지원으로서 신재생 에너지와 화석연료를 비교하시오.

2. 많은 양의 전력을 장거리 전송할 때 왜 고전압이 사용되는지 설명하시오.

3. 큰 부하를 연결하면 전원 시스템에서 주파수가 급격히 감소된다. 그 이유가 무엇인지 설명하시오.

4. 전송 라인에 다음과 같은 데이터가 있다. 길이가 100 km, 선저항이 38 mΩ/km, 라인에서의 전력 흐름이 100 MW이다. 라인 전압이 (a) 132 kV, (b) 220 kV일 때 라인의 손실을 계산하시오.
   [답: (a) 2.2 MW, (b) 785 kW]

5. 그림 10.28과 같이 공장은 길이 4 km, 11 kV 라인에 연결되어 있다. 11 kV 라인의 임피던스는 0.25+j0.3 Ω/km이다. 버스바 B에 다음과 같은 장비가 연결되어 있다.
   - 전력 인자 0.9 래깅으로 최대 부하에서 작동하는 1 MW 유도 전동기

- 300 kvar 전력 인자 보정 커패시터 뱅크
- 전력 인자 0.85 래깅으로 500 kW 피크 부하를 가진 1 MVA, 11/0.4 kV 변압기
- 전력 인자 1에서 운영하는 500 kW PV 배열

만일 400 V 피크 부하의 경우 모터의 전체 부하와 PV 패널의 전체 출력이 일치한다. 다음을 계산하시오.

(a) 버스바 B에 연결된 모든 장비에 의한 유효 및 무효 전력

(b) 라인 AB에서 손실된 전력

[**답:** (a) 1000 kW, 494 kvar, (b) 8.3 kW]

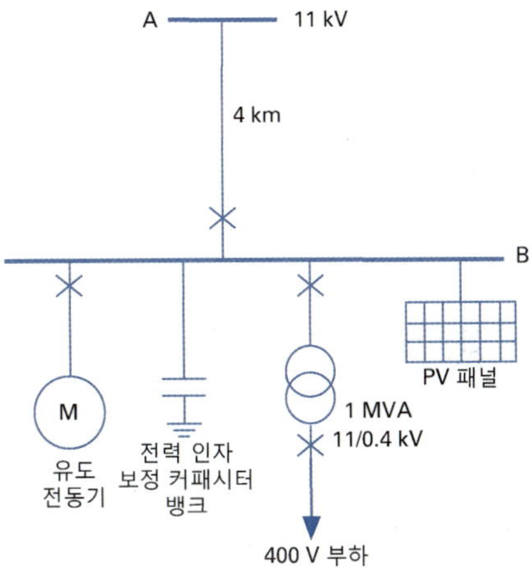

그림 10.28 문제 5의 그림

6. 그림 10.29는 2 MW 바이오매스 발전소가 있는 분배 네트워크를 보여 주고 있다. 11 kV 라인의 임피던스는 $0.25+j0.3\ \Omega/\text{km}$이다. 11 kV 버스바 전압은 변압기 탭 스탭의 크기에 따라 ±1% 변한다. 1 MVA, 0.9 전압 인자 부하가 점 B에 연결되어 있다고 할 때 다음을 구하시오.

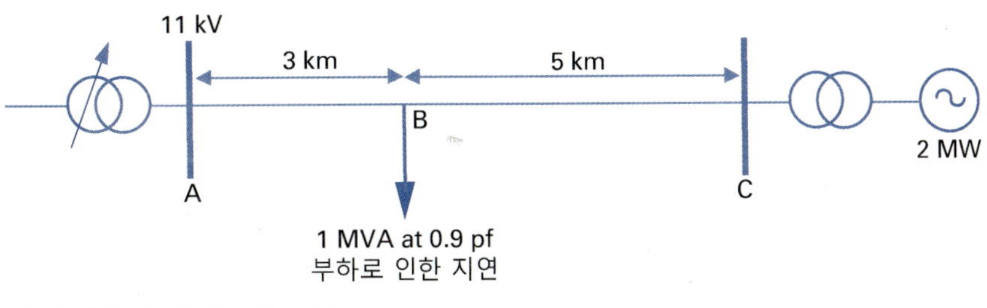

그림 10.29 문제 6의 그림

(a) 바이오매스 발전소가 3 MW를 생산할 때 라인 BC의 손실을 구하시오. (단, 버스바 C의 전압은 11 kV라고 가정한다)

(b) 부하의 최대 전압과 최소 전압을 구하시오.

[답: (a) 41.3 kW, (b) 11.15 kV, 10.8 kV]

7. 50 MW 풍력 단지가 10 km 콜렉터 회로를 통해 그리드에 연결되어 있다. 회로 계획에서 다음과 같은 연결을 고려하고 있다.

- 단일 회로(400 mm^2 케이블)를 통해 132 kV 연결
- 이중 회로(300 mm^2 케이블)를 통해 33 kV 연결

케이블 정보는 아래 표와 같다.

	$R[\Omega/km]$	$X[\Omega/km]$
132 KV, 400 mm^2 케이블	0.05	0.12
33 KV, 300 mm^2 케이블	0.06	0.11

풍력 단지는 15 Mvar 무효 전력을 보내거나 받아들이면서 작동한다. 위 두 가지 회로 연결을 고려하여 풍력 단지에서 만드는 최대 전압을 정상 전압에 대한 백분율로 계산하고, 케이블에서의 손실을 계산하시오.

[답: 132 kV 연결 시: 0.25%, 78.2 kW, 33 kV 연결 시: 2.14%, 750.7 kW]

8. 총 설치 용량이 3000 MW인 전원 시스템의 관성 상수 H는 4.5 s이고 50 Hz에서 작동한다. 결함으로 인해 350 MW의 큰 발전기가 꺼졌다. 이때 주파수의 변화율을 계산하시오. 풍력 발전기의 연결로 인해 등가 관성이 3.5 s로 떨어질 때 주파수의 변화율을 구하시오.

[답: 0.65 Hz/s, 0.85 Hz/s]

9. 100 MW 바이오매스 발전소 두 군데와 50 MW 풍력 발전소 한 군데로부터 전원을 공급받는 섬이 있다. 비용은 다음과 같다.

$$C_{biomass\_1} = 1000 + 11P_{biomass\_1} + 0.03 \times P_{biomass\_1}^2 \text{ £/h}$$

$$C_{biomass\_2} = 1200 + 14P_{biomass\_2} + 0.04 \times P_{biomass\_2}^2 \text{ £/h}$$

$$C_{wind} = 1140 \text{ £/h}$$

P의 단위는 MW이다.

(a) 피크 수요가 200 MW인 경우 발전기들은 어떻게 전송해야 하는지 쓰시오.

(b) 바이오매스 발전소의 최소 발전이 50 MW라고 할 때, 피크 수요 200 MW를 위해 발전기들은 어떻게 전송해야 하는지 쓰시오.

(c) 수요 측면 참여 프로그램이 섬에 소개되어 피크에서 25 MW 오프-피크로 이동하였다. 이런 경우 최소 발전이 고려 없이 발전기들은 어떻게 전송할 수 있는지 쓰시오.

[답: (a) 42.8 MW, (b) 50 MW, (c) 32.15 MW]

10. 다음과 같은 전력 시스템이 있다.

- 피크 수요: 5000 MW
- 시스템에서 가장 큰 발전기: 500 MW
- 풍력 발전: 500 MW

시간당 풍력 예측이 시스템 유보를 결정하기 위해 사용된다고 한다.

(a) 그림 10.17에 있는 풍력에너지 예보 오차 곡선을 사용하여 유보 요구 사항을 계산하시오. (단, 수요에 대한 불확실성은 1%라고 가정한다)

(b) 이러한 유보를 오픈 사이클 가스 터빈(OCGT: open cycle gas turbines)에 의해 공급된다고 하자. 이때 고정 O&M 비용은 연간 50 £/MWh이고, 가변 비용은 2.5 £/MWh, 연료 비용은 60 £/MWh이다. 유보를 제공하기 위해 필요한 총비용(£/h)을 구하시오.

[답: (a) 667.7 MW, (b) 45,543 £/h]

더 읽을거리

- Jenkins N., Ekanayake J., Strbac G., *Distributed Generation*, IET, UK, 2010.
- Grainger J. J. & Stevenson W. D., *Power System Analysis*, McGraw Hill Inc, 1994.
- Weedy B. M. et al., *Electric Power Systems*, Wiley, UK, 2012.
- Wood A. J. & Wallenberg B. F., *Power Generation Operation and Control*, Wiley, USA, 2013.

찾아보기

ㅅ

ㅇ

ㅈ

ㅊ

저자 소개

지은이 Nick Jenkins
Janaka Ekanayake

옮긴이 권일한 세종대학교 환경에너지공간융합학과 교수
남충희 한남대학교 전자공학과 교수
이동훈 원광대학교 화학융합공학과 교수
이제찬 아주대학교 환경안전공학과 교수
정성엽 세종대학교 환경에너지공간융합학과 교수
정혜경 대구대학교 신소재에너지공학과 교수

신재생 에너지

RENEWABLE ENERGY ENGINEERING

2020년 8월 25일 1판 1쇄 펴냄
지은이 Nick Jenkins · Janaka Ekanayake
옮긴이 권일한 · 남충희 · 이동훈 · 이제찬 · 정성엽 · 정혜경
펴낸이 류원식 | **펴낸곳 교문사**

편집팀장 모은영 | **책임편집** 이진숙 | **표지디자인** 신나리 | **본문편집** 홍익 m&b

주소 (10881) 경기도 파주시 문발로 116(문발동 536-2)
전화 1644-0965(대표) | **팩스** 070-8650-0965
등록 1968. 10. 28. 제406-2006-000035호
홈페이지 www.gyomoon.com | E-mail genie@gyomoon.com
ISBN 978-89-363-2079-9 (93560)
값 32,000원